全国高等职业教育技能型紧缺人才培养培训推荐教材

建筑装饰基础

(建筑装饰工程技术专业)

本教材编审委员会组织编写

主　编　魏鸿汉
主　审　赵　研

中国建筑工业出版社

图书在版编目（CIP）数据

建筑装饰基础/魏鸿汉主编. —北京：中国建筑工业出版社，2005

全国高等职业教育技能型紧缺人才培养培训推荐教材.建筑装饰工程技术专业

ISBN 978-7-112-07173-9

Ⅰ.建... Ⅱ.魏... Ⅲ.建筑装饰-高等学校：技术学校-教材 Ⅳ.TU767

中国版本图书馆CIP数据核字（2005）第060467号

全国高等职业教育技能型紧缺人才培养培训推荐教材

建 筑 装 饰 基 础
（建筑装饰工程技术专业）

本教材编审委员会组织编写

主编 魏鸿汉

主审 赵 研

*

中国建筑工业出版社出版、发行（北京西郊百万庄）
各地新华书店、建筑书店经销
北京市书林印刷有限公司印刷

*

开本：787×1092毫米 1/16 印张：22 字数：531千字
2005年9月第一版 2015年11月第四次印刷
定价：**30.00**元
ISBN 978-7-112-07173-9
（13127）

版权所有 翻印必究
如有印装质量问题，可寄本社退换
（邮政编码 100037）

本教材是按照该门课程的教学基本要求及最新的国家标准和行业标准编写的。全书共分5个单元，内容包括：绪论、建筑投影与识图、建筑与装饰常用材料、房屋建筑构造、建筑力学与结构基本知识。

本教材主要作为技能型紧缺人才高等职业教育建筑装饰工程技术专业（二年制）的教学用书，也可作为岗位培训教材或供建筑装饰工程技术人员参考使用。

本书在使用过程中有何意见和建议，请与我社教材中心（jiaocai@china-abp.com.cn）联系。

* * *

责任编辑：朱首明　杨　虹
责任设计：赵　力
责任校对：关　健　张　虹

本教材编审委员会

主 任 委 员: 张其光

副主任委员: 杜国城　陈　付　沈元勤

委　　　员:（按姓氏笔画为序）

马小良　马松雯　王　萧　冯美宇　江向东　孙亚峰
朱首明　陆化来　李成贞　李　宏　范庆国　武佩牛
钟　建　赵　研　高　远　袁建新　徐　辉　诸葛棠
韩　江　董　静　魏鸿汉

序

改革开放以来，我国建筑业蓬勃发展，已成为国民经济的支柱产业。随着城市化进程的加快、建筑领域的科技进步、市场竞争的日趋激烈，急需大批建筑技术人才。人才紧缺已成为制约建筑业全面协调可持续发展的严重障碍。

面对我国建筑业发展的新形势，为深入贯彻落实《中共中央、国务院关于进一步加强人才工作的决定》精神，2004年10月，教育部、建设部联合印发了《关于实施职业院校建设行业技能型紧缺人才培养培训工程的通知》，确定在建筑施工、建筑装饰、建筑设备和建筑智能化等四个专业领域实施技能型紧缺人才培养培训工程，全国有71所高等职业技术学院、94所中等职业学校、702个主要合作企业被列为示范性培养培训基地，通过构建校企合作培养培训人才的机制，优化教学与实训过程，探索新的办学模式。这项培养培训工程的实施，充分体现了教育部、建设部大力推进职业教育改革和发展的办学理念，有利于职业院校从建设行业人才市场的实际需要出发，以素质为基础，以能力为本位，以就业为导向，加快培养建设行业一线迫切需要的高技能人才。

为配合技能型紧缺人才培养培训工程的实施，满足教学急需，中国建筑工业出版社在跟踪"高等职业教育建设行业技能型紧缺人才培养培训指导方案"编审过程中，广泛征求有关专家对配套教材建设的意见，组织了一大批具有丰富实践经验和教学经验的专家和骨干教师，编写了高等职业教育技能型紧缺人才培养培训"建筑工程技术"、"建筑装饰工程技术"、"建筑设备工程技术"、"楼宇智能化工程技术"4个专业的系列教材。我们希望这4个专业的系列教材对有关院校实施技能型紧缺人才的培养培训具有一定的指导作用。同时，也希望各院校在实施技能型紧缺人才培养培训工作中，有何意见及建议及时反馈给我们。

建设部人事教育司
2005年5月30日

前 言

本教材依据高等职业学校建筑装饰装修领域技能型紧缺人才培养培训指导方案，按全国土建学科高职高专教学指导委员会的安排进行编写，系首批启动的建设行业技能型紧缺人才培养培训建筑装饰工程技术专业（二年制）主干课程的教材之一。

《建筑装饰基础》是高等职业教育建筑装饰工程技术专业的一门主要技术基础课，重点学习和介绍建筑和建筑装饰企业的组织结构、管理模式和生产运作方式；建筑与装饰常用材料；建筑与装饰制图的基本知识；房屋建筑构造；建筑力学与结构的基本知识等内容。为进一步学习该专业的其他相关内容和课程打下基础，对培养学生的专业和岗位能力具有重要的作用。

本教材的编写遵循本专业技能型紧缺人才培养培训的基本原则，即"以全面素质为基础，以能力为本位"，"以企业需求为基本依据，以就业为导向"，"适应企业的技术发展，体现教学内容的先进性和前瞻性"，"以学生为主体，体现教学组织的科学性和灵活性"。理论部分以够用和满足岗位和职业能力的需要为原则，重点以提高学习者的职业能力和职业素质为宗旨，通过相关教学内容和教学手段的有机结合，强化职业技术实践活动，突出职业教育的特色，全面提高学生的职业道德、职业能力和综合素质。

文字教材仅是达到教学目标的一种媒体和手段。教师在教学中还要针对教学内容及时组织和安排其他教学方式。本教材各单元后设有"实训课题"、"思考题与习题"等配套的教学模块，供教师组织教学过程中选用。

本书单元1、单元3由天津建筑工程职工大学魏鸿汉编写，单元2由天津建筑工程职工大学杜军编写，单元4由山西建筑职业技术学院张艳芳编写，单元5由南京职业教育中心董静编写。本书由魏鸿汉任主编，黑龙江建筑职业技术学院赵研任主审。

由于编者水平和经验有限，书中难免存在疏漏和错误，衷心希望使用本书的读者批评指正。

编　者
2005年3月

目 录

单元 1　绪论 ··· 1
　课题 1　建筑和建筑装饰 ··· 1
　课题 2　建筑和建筑装饰业 ··· 4
　课题 3　建筑装饰业企业 ··· 9
　课题 4　建筑装饰的生产方式和施工方式的发展趋势 ··································· 15
　实训课题 ··· 17

单元 2　建筑投影与识图 ··· 18
　课题 1　投影的基本知识 ··· 18
　课题 2　剖面图与断面图 ··· 38
　课题 3　建筑工程识图 ··· 46
　实训课题 ··· 90
　思考题与习题 ·· 90

单元 3　建筑与装饰常用材料 ·· 95
　课题 1　绪论 ··· 95
　课题 2　气硬性胶凝材料 ··· 104
　课题 3　水泥 ··· 110
　课题 4　混凝土和砂浆 ··· 116
　课题 5　装饰石材 ··· 127
　课题 6　建筑装饰陶瓷 ··· 137
　课题 7　建筑玻璃 ··· 148
　课题 8　金属材料 ··· 158
　课题 9　木材及制品 ·· 169
　课题 10　有机高分子材料 ·· 173
　课题 11　防水材料 ·· 182
　实训课题 ··· 184
　思考题与习题 ·· 185

单元 4　房屋建筑构造 ·· 187
　课题 1　基础 ·· 187
　课题 2　墙体 ·· 193
　课题 3　楼地层与楼板 ··· 207
　课题 4　楼梯及电梯 ·· 220
　课题 5　窗与门 ··· 233
　课题 6　屋顶 ·· 244

实训课题 ··· 261
　　思考题与习题 ··· 261
单元5　建筑力学与结构基本知识 ··· 263
　　课题1　建筑力学基本知识 ·· 264
　　课题2　建筑结构基础 ·· 301
　　实训课题 ··· 338
　　思考题与习题 ··· 338
主要参考文献 ··· 343

单元 1 绪　　论

知识点：建筑与建筑装饰的关系；建筑装饰企业；建筑装饰企业的组织结构；建筑装饰企业工程管理的模式；建筑装饰装修的生产方式和施工方式的发展趋势。

教学目标：通过教学，学生应当对建筑与建筑装饰的关系有初步了解，对建筑装饰行业的行业特点、发展前景、企业的组织结构、工程管理模式、生产方式和施工方式有一定的感性认识。

课题 1　建筑和建筑装饰

1.1　建筑的定义、范围和构成要素

1.1.1　建筑的定义和范围

"建筑"一般是指可满足人们居住、工作、学习、娱乐和生产等社会活动要求的人工创造的空间环境。"建筑"通常也可指这种人工创造的空间环境的构筑活动。"建筑"也是一个通称，包括建筑物和构筑物，凡可供人们在其中生活、生产或进行活动的房屋或场所叫做"建筑物"，如住宅、学校、医院、剧院、会议厅、厂房、办公楼等；而人们不在其中生活、活动的则称为"构筑物"，如水塔、堤坝等。建筑装饰专业研究的主体是指建筑物含义上的建筑。

建筑的产生起源于原始社会的人们为了生存而用石块、树枝、泥土构筑巢穴的活动。随着生产力的发展、社会的进步，房屋建筑早已超出了一般居住的范围，无论是由单个的房屋建筑及包含于周围的环境构成的住宅小区，还是某些像纪念碑、拱、柱廊的艺术造型部分，还是随着交通事业发展而产生的机场、车站、港口都可归于建筑。建筑类型日益丰富，功能范围已扩充到社会生活的各个领域。但总的说建筑活动的最终目的是要创造一个与自然环境（风、雪、雨、雷电……）相异，适合于人们生存和从事各种活动的有遮掩的内部空间，当然也可包括一个不同于自然形式的外部空间。

从本质上讲，建筑是一种人工创造的空间环境，是人们劳动创造的实体财富，具有实用性，属于社会物质产品；建筑又具有艺术性，它反映了特定的社会思想意识，因此建筑又是一种精神产品。"建筑是一切艺术之母"，"建筑是凝固的音乐"，"建筑是城市的重要标志"，这些著名格言，从不同侧面都反映出人们对建筑的重视和认识上的不断深化。

1.1.2　建筑的构成要素

建筑构成的基本要素是指在不同历史和社会条件下的建筑的功能、建筑的物质技术条件和建筑的形象。它形成了对建筑的实用、坚固、美观的三个基本要求。

（1）建筑的功能

建筑的功能是指建筑物为达到适用性而必须满足的功能要求。主要有以下三个方面：

1) 人体活动尺度的要求

人要在建筑的内外部空间活动,所以人体的各种活动尺寸与建筑空间具有十分密切的关系。如人体的站立坐卧和日常活动(一般存取动作、厨房的操作动作、厕浴动作、生产操作动作等)所占用的适宜空间尺度是确定建筑物各种空间尺度的基本依据。由于人的体型、身高各异,所以通常在建筑的空间设计中是以统计方法得出的普通人的平均高度为依据的,例如我国成年人(以长江流域的人群为参考)平均高度量男为1.67m,女为1.56m。

2) 人的生理要求

人的生理要求是指人生存和活动所必须的外部条件,而这些要求是由建筑物的功能来满足的,如建筑物的保温隔热、隔声、防水、通风、采光等功能。随着物质技术水平的提高,如建筑物和建筑装饰材料的性能不断完善、人工照明技术对自然光的替代、空调通风系统取代自然通风等都在更大程度上使建筑物满足人的生理要求。

3) 建筑物使用特点的要求

不同类型的建筑物有不同的使用特点要求,如观演建筑主要是看和听,交通建筑主要是人流和物流的移动,商场主要是展示、交易和付款,实验室则主要是温度、湿度的控制及废弃物的处理等。这些不同的使用特点都对建筑物提出了特殊的功能要求。

(2) 建筑的物质技术条件

建筑的物质技术条件主要是指建筑物用什么和怎么去建造的问题。它包括建筑材料及制品、结构技术、施工方法和设备技术等。其中,建筑材料和制品是建筑的物质基础;结构技术可为建筑物提供安全、坚固的骨架和满足使用的内部空间;而施工方法则是建筑物最终形成的手段。可见,建筑是多门技术科学的综合产物,建筑的物质和技术条件的不断发展使建筑科学日新月异,对社会、经济和文化的发展起到了巨大的推动作用。

(3) 建筑形象

建筑形象可简单解释为建筑物的观感或美观问题。它是建筑功能和技术的综合反映。建筑形象的表现手段有建筑的空间和型体、材料的色彩和质感、建筑的光影和装饰处理等。这些表现手段的综合运用,创造出不同的历史、社会、人文背景下反映时代特征的建筑形象。建筑形象处理得当,能产生良好的艺术效果,带给人们美的享受。

古埃及的金字塔、古希腊的神庙、欧洲中世纪的教堂、中国古代的宫殿、巴黎的凡尔赛宫、中国上海的金茂大厦无不体现时代的生产水平、文化传统、民族风格和建筑文化等特点。

建筑的三个基本要素是相互联系、互相制约、不可分割的。在一定的功能和技术条件下,使三者有机地融会贯通,可使建筑物更加美观,不但满足使用功能等要求,更可成为具有特色的造型艺术产品。

1.2 建 筑 装 饰

1.2.1 建筑装饰的定义

对于建筑装饰的定义和外延界定,在学术界和工程界多年来一直存在着不同的观点,但大致可分为统一定义和分离定义两种处理方法。

统一定义方法是将建筑装饰和建筑装修统一到"建筑装饰"这个概念中。按这种观点,应从两个方面理解"装饰"的概念。一方面是,建筑装饰是在建筑物本体已完成后对内外部空间的造型、饰面、工艺、空间等进一步的完善及声、光、电、视效果的综合配置及完善；另一方面，建筑装饰包括装修和配饰两个方面，装修是指固定附着物的制作安装，而配饰是指与建筑内外空间配套完善所需的各类饰品、饰物的配置和安放，包括各类摆设、绿化、工艺品、绘画、布艺、家具及其他艺术品等。从本质上看，这种定义是"大装饰"的观念，其主要应用在学术界和科技书中。

分离定义方法是随着我国建筑装饰业的市场化进程、行业的发展和人们对事物认识的全面、科学和深化而对建筑装饰概念的一种新的释义方法。按这种定义方法，建筑装饰被称为"建筑装饰装修"（building decoration）。它是指为保护建筑物的主体结构、完善建筑物的使用功能和美化建筑物，采取装饰装修材料或饰物对建筑物内外表层及空间进行的各种处理过程。这种定义是在国家标准《建筑装饰装修工程质量验收规范》GB 50210—2001中被首先提出的，主要应用在行业和工程界中，这种定义方法主要是从建筑装饰的作用、处理过程的空间位置来表述的。

由于建筑装饰装修业在我们国家是一个新兴的行业，一些相关的名词定义和使用还有待进一步的探讨，我们在学习时要注意从本质和内涵上去理解、把握和应用。对于"建筑装饰"或"建筑装饰装修"在本节不同单元和课题内容的阐述中都有所应用，其内涵应是统一的，无区别的。

1.2.2　建筑装饰装修的作用

（1）建筑物使用功能的完善

从1.1节中我们已知，建筑最主要的功能就是要创造适合人们生活、生产和社会活动的空间环境，而这种空间环境一定要与自然环境有所区别，如自然界一年四季的温差、雨雪、风的侵蚀、阳光的暴晒，在建筑物的空间中都要给予避免。这就需要建筑物具备保温、隔热、防风、防水、防冻、采光调节等功能。这些功能一方面是由建筑物自身（如空间分隔、墙体和门窗的设置、材料的运用等）来解决的，但更多是靠建筑本体完成后的装饰装修来完成的，如内外墙面的处理、门窗玻璃品种的选用、采光灯具灯带的设置等都可对建筑的功能进行进一步的补充和完善。

另一方面，不同的用户对建筑往往有不同的个性化的功能和使用要求，或增加一些对建筑新的功能要求，这些功能要求的新变化在建筑本体的设计和形成中往往是难以顾及的，只有通过建筑的装饰装修给予解决。

（2）对建筑物保护作用的加强

建筑物区别于一般工程产品的主要特征就是使用年限长，其寿命至少要达到十几年、几十年，特殊的建筑物如纪念馆、博物馆等则需上百年甚至几百年。建筑物的耐久性主要决定于建筑物自身的结构形式、材料的性质、使用环境条件等，而建筑物内外表面的装饰装修也可有效提高和延长建筑物使用寿命，如墙体外饰面采用陶瓷面砖、新型涂料或高分子金属复合板材（铝型板、氟碳涂层钢板）幕墙装饰可有效防止城市空气中酸介质对墙体材料的腐蚀；内墙墙面采用耐擦洗涂料或护墙板、釉面板装饰可有效提高其耐污性，延长其使用时间；而地面采用石材、塑料、陶瓷地砖铺设，可明显保护地面并防起灰，耐磨损。可以说采用适宜的装饰装修，对建筑物保护作用的加强可起到至关重要的作用。从另一方面看，建筑是一次建成的工业产品，重造或改造的可能性很小，而建筑装饰装修却可多次进行，通过适时的装饰装修可使保护作用不断延续。

(3) 美化建筑物

建筑物的物质产品和精神产品的双重属性，决定了建筑装饰装修既属于建筑范畴也属于表现艺术的范畴。建筑装饰装修可在建筑形象上对建筑物进行创新和再造，赋予其新的生命力，形成民族和时代的特征。中国古典建筑中的各种隔断、门窗棂格、天花、藻井的装修以及丰富多彩变化无穷的匾额、楹联、彩画的装饰；西方古典建筑的柱式结构以及位于山花、柱头、牛腿等部位的立雕和浮雕；近代和现代建筑从结构和材料本身去寻求建筑装饰美，运用材料的色彩、质感、形状，对建筑形体中大小、虚实等各种对比关系进行变化与运用而达到建筑的和谐与统一，都反映了建筑装饰装修在建筑形象美化中的不可替代的作用。

1.3 建筑与建筑装饰的关系

从建筑和建筑装饰在相互依存、相互延伸、相互渗透、相互关联、相互融合的互动关系上看，两者之间决不仅仅是主体和外在修饰和附加的关系，而是更深层次的内在互通交流和共存的关系，是有机的不可分割的。两者间的关系可简单从以下几个方面去分析。

1.3.1 时间和空间的关系

从时间和空间的关系上看，建筑在先，装饰在后，建筑实体在内，装饰在外。建筑主体先于建筑装饰装修而完成，建筑是建筑装饰的承载体。从深层次看，建筑设计的初期，就应综合考虑后期装饰装修对建筑整体形象的影响。

1.3.2 相互制约的关系

既然有时间和空间上的先后、内外关系，那么建设和建筑装饰间就必然存在着一定的制约关系。例如，建筑结构设计中对荷载大小的考虑和取值就对后期装饰装修材料和制品重量的选择造成了制约；而装饰装修如涉及到建筑结构或构造的改变，又必然要受到原建筑相关构造和结构的制约。近年来，由于野蛮施工造成的结构破坏引起的事故屡见不鲜，正是施工单位对这种制约关系不了解造成的后果。

1.3.3 功能与形象的统一关系

这里指的功能与形象的统一主要是指建筑的使用功能和建筑装饰的形象功能间的统一。不论是我国在建国初期提出的建筑要"适用、经济、在可能条件下注意美观"的原则，还是在改革开放后，结合我国实际情况而提出的建筑要"全面贯彻适用、安全、经济、美观"的方针中都有强调功能与形象统一的内涵。但在实际运作中两者的统一往往会出现困难，如屋顶的防水功能与防水材料的色调、质感往往矛盾；铺地石材的生、硬、冷往往又难与功能上的柔、软、暖要求相统一；采光玻璃的采光功能与装饰玻璃光透过率低之间也存在矛盾。因此，从设计到材料运用进而到构造做法都要注意建筑功能和装饰形象间的统一。

课题 2　建筑和建筑装饰业

建筑装饰业从我们国家 20 世纪 80 年代以来一直是建筑业中一个从属行业或分支行业。随着近 20 多年来的改革开放，我国的经济、社会、文化有了令世人瞩目的发展，特别是房地产业的迅速发展和人民生活消费水平的不断提高以及新型建筑和装饰装修材料发展的推动，不论是从其专业特点还是从业人员、行业总产值及对国民经济的贡献率，都使建筑装饰业逐渐从建筑业中分离出来，成为了我国国民经济中不可缺少的一个重要行业。

建筑业是指从事房屋建筑新建、改建、扩建的勘察、设计、施工、监理等专业的产业总称，在我们国家的产业分类中被划归为第二产业，是对国家的经济和社会发展影响重大的一项基础产业。其特点是投资大、基础性强与国计民生直接关联，历来被看作是衡量一个国家或地区经济社会发展的晴雨表。在2003年经国家标准化管理委员会批准、国家统计局公布的《国民经济行业分类》GB/T 4754—2002中将建筑业划分为四大类行业：房屋和土木工程建筑业、建筑安装业、建筑装饰业、其他建筑业。建筑装饰业是专门指对建筑工程后期的装饰装修和清理活动，以及对居室的装修活动。具体的说，建筑装饰装修包括门窗和玻璃的安装；防护门窗、防护栏、防盗栏的安装；地面、地板的处理、安装；墙面、墙板的处理、粉刷，顶棚的处理、粉刷，涂漆；室内其他木工、金属制作的任务；工程完成后的室内装修与保养；房屋的一般维修、装修和保养；其他竣工活动。而在世贸组织中，作为"中心产品"中的第五大类，建筑与建筑服务中的建筑包括建筑和土木工程两大类，而建筑服务则包括房屋一般的施工服务、土木工程的一般服务、安装与装配服务、建筑装修服务和其他。

综上所述，无论是国际标准还是国家标准，都是把建筑装饰装修划分在建筑之列，不同点在于国际标准是将其划归于"服务"之中的建筑装修服务，而我国国家标准则是将其划归于"行业"之中称为建筑装饰业。

2.1 我国建筑装饰业的特点

中国建筑装饰业的起步较晚，是随着改革开放后我国的房地产业、旅游业的发展应运而生的一种新型"朝阳产业"。其巨大的市场潜力和较高的利润空间，使众多的社会投资趋之若鹜，从大型的楼、堂、馆、所装饰装修到一般民用住宅的装饰装修，一浪高过一浪，方兴未艾，整个市场的发展速度为国内其他市场所不及，其鲜明的行业特点可概括为以下几个方面：

2.1.1 市场化程度高

因我国的建筑装饰业发展的社会背景是20世纪80年代以后，正是我国的社会经济由计划经济向市场经济变革的时期，整个行业从形成初期到逐渐成熟始终是与市场经济相伴而生而发展的，故整个行业市场化程度高，传统计划经济的痕迹较少，无论是中外合资比率、引进先进施工技术、先进的企业文化思想还是现代化施工工具的推广速度均高于其他行业。

2.1.2 从业人员年轻，"新兴"特色鲜明

由于大部分装饰企业的成立时间较短，对从业人员的素质有一定的要求，故从业人员年轻化的特点较为突出，且知识化的程度高于传统的建筑施工企业，对新生事物接受快，知识和信息更新快，"新兴"的特色十分鲜明。

2.1.3 服务性的要求越来越高

建筑装饰业与国计民生的密切关系，越来越表现为生产和生活服务的行业特征，特别是在家装业更为突出，传统的管理体制和行业要求已不适应新的市场需求，行业的自律、市场的法制化、服务的"人性化"和诚信准则已成为我国建筑装饰业能否健康发展的关

键。

2.1.4 市场的细分显和专业化日趋明

随着我国建筑装饰装修市场的不断发展和扩大，市场的主体——消费者对装饰装修工程的认识逐步地理性化，根据市场需求和行业服务意识的增强，装饰装修市场细分和专业化的趋向日益明显，公装（公用建筑的装饰装修）和家装（民用住宅的装饰装修）逐渐市场细分，而公装市场又可细分为宾馆酒店类、写字楼类、商铺类等。幕墙、灯光、特种地面装修等专业化施工队伍的出现，形成了近些年我国建筑装饰业的发展亮点。

2.1.5 装饰工程造价趋低

虽然近年来装饰工程在整个建筑工程中所占的投资比例有所增大，但由于装饰工程文化性、艺术性较高，在同一建筑物中也允许不同装饰设计风格出现，故业主往往倾向于将同一工程分成多个区段，由不同的施工单位进行施工，以达到装饰风格的多样化和形成竞争以求高的质量、服务及合理的造价。但这样同时也增加了工程整体整合和协调管理的难度。

2.1.6 高技术含量少，入门门槛较低

最初的装饰从业者多是农村的剩余劳动力，往往只需一把锯子、一柄锤子、几副铲刀或刮板等简单工具即可进行施工，至今这种状况仍没有根本转变。特别是家装仍以农民工为主，虽然施工机具改为了手提式电动机具，但施工企业对新技术、新工艺的使用完全决定于装饰材料的制造行业而无法拥有自己的核心技术，故影响了行业的发展水平。

2.1.7 施工周期短、生产要素简单、管理人员较少

装饰工程的施工一般在建筑工程施工的最后阶段，由于装饰工程规模相对较小，造成装饰施工周期较短，一般装饰工程的施工周期平均在 2~3 个月。通常造价在 100 万元~200 万元之间的装饰工程，工期仅 50~70 天，与土建工程一般在一年甚至几年的施工周期相比相距较大。

装饰工程施工现场分隔较细，不利于大型施工机具的展开，所以生产要素较简单，施工机具只是一些简单的手提式电动工具，所涉及的材料种类虽较多，但一般数量不大。

由于装饰工程施工周期短，现场管理人员相对土建工程人数较少，但是由于一个装饰公司往往同时开工的项目较多，需要大量的人才储备，但如果在某一时期开工数量不足，又易造成人力资源浪费或管理人才的流失。在这种情况下，装饰企业的规模要与其经营规模相适应，企业间简单的合并如没有相应的市场规模，易造成人力资源的浪费和企业效益的下降。

2.1.8 设计投入大，设计管理困难

在国内目前的情况下，装饰设计大多数还是依赖于企业，形成专业装饰设计公司的并不多，施工企业为了完成施工任务，需要在设计上投入大量的资金，以一个 1000 万元左右的装饰工程为例，往往需要邀请十几家或更多的公司参与设计投标，平均每家公司在设计方案上投入要达十几万元，而工程中标率却很低，但如不参加设计投标又会失去中标的机会，而且设计中标单位往往又经常压低设计费，故减少了施工的利润空间。结果造成设计水平的降低和现场服务水平的降低，投标投入较少，又有保底费，竞争压力不大，而土建施工单位则没有设计费的负担。

另一方面，由于装饰设计涉及的环节较少，而配合的专业不多，往往只需几个设计人

员、几台电脑的组合，便完成设计的组合，故造成了设计人员对公司缺乏归属感和忠诚感，往往一个设计师同时为几家装饰施工单位服务，同时一旦有了一定的设计能力，就立即从原先的设计组合中分离出去，这样就造成了设计整合的困难，并加大了施工企业设计人力资源的成本。

2.2 我国建筑装饰业的发展现状

改革开放以来的20年，我国建筑装饰业迅速发展，不仅是行业年总产值，企业数量还是从业人数都在不断增长，呈现出强劲的发展势头。

2.2.1 行业年生产总值和发展速度

进入21世纪，我国建筑装饰行业年生产总值以年均20%以上的速度发展。2000年为5500亿元，2001年为6600亿元，2002年为8000亿元，2003年为9840亿元，年均行业年生产总值约占当年GDP（国民生产总值）的7%左右。2000、2001、2002、2003年行业的发展速度分别为25%，20%，21%，23%，如图1-1所示。

2.2.2 从业人员数量

2000年和2001年我国建筑装饰行业从业人数保持在850万人左右，2002年为1250万人，年增加400万人，是20世纪90年代建筑行业年均增加就业人员50万人的8倍，我国建筑装饰行业创造的就业机会居全国各行业首位。

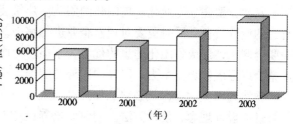

图1-1 我国建筑装饰行业年总产值

在2002年全行业从业的1250万人中，家装750万人，占60%；公装500万人，占40%。装饰装修设计人员约25万人，占全行业人数的2%。装饰装修施工人员1225万人，其中管理层125万人，约占10%，作业基层1100万人，约占90%。

我国培养建筑装饰装修专业人才的有100多所大学和200多所中等职业学校，每年毕业学生上万人。这个专业一直为热门专业，市场需求远大于供给。

2.2.3 建筑装饰企业的数量和资质

2000年至2002年，我国建筑装饰企业数量保持在25万家左右，经过2001年到2002年进行的资质认定和市场整顿。到2002年底，有建筑装饰工程专业承包（施工）资质的企业有2万多家，有建筑装饰工程专项设计资质的企业1500多家。

25万家建筑装饰企业中，公装企业2万余家占8%，家装企业23万多家占92%，幕墙工程企业1000多家，占0.4%。

截至2002年，全国29个省市自治区直辖市共有471家一级资质建筑装饰工程专业承包企业，26个省市区共有342家甲级资质建筑装饰工程设计企业，同时具有一级施工和甲级设计资质的建筑装饰工程企业231家。全国有18个省市区共有90家一级资质建筑幕墙专业承包企业，20个省市共有105家甲级资质建筑幕墙设计企业，同时具有一级施工和甲级设计资质的建筑幕墙企业有69家。

2.3 我国建筑装饰业的发展

进入21世纪，我国的建筑装饰业面临着新的发展机遇和巨大的挑战，特别是加入世贸组织后，我国将进一步对外开放，国外的装饰设计和施工名牌企业涌入国内以及合资企业的增加将会导致建筑装饰市场的竞争更加激烈。因此，我国的建筑装饰业，尤其是其中的中小装饰企业急待自我改进和自我完善，增加综合竞争能力，方可在新的市场较量中取胜。

2.3.1 提高建筑装饰业的设计水平

建筑装饰产品水平的高低，取决于设计水平，没有一个高水平的设计，就不会有一个高品位的建筑装饰产品的产生。

为此，首先要加强建筑装饰设计的科技含量，大胆采用新型装饰材料，大力推广国内外的装饰新技术，新工艺，新材料。如在玻璃中加入某些纳米材料后，玻璃的韧性、强度在不影响透光性的前提下会进一步提高，其中有屏蔽紫外线和短波辐射功能的玻璃，有可能替代传统的钢化玻璃和镀膜玻璃。在幕墙体系中，应大力采用玻璃、石材和涂层铝板的复合，既减少纯玻璃幕墙的光污染，又能体现现代建筑的装饰美。在室内装饰设计方面，应采用环保绿色装饰材料，不采用有毒、辐射性较强的危害人身健康的材料。

其次，要建立专业化、集团化的团队。建筑装饰企业要强化自己的专业化水平，形成自己的设计特色，同时更要对现有企业进行整合，把处于松散状态的中、小型建筑装饰企业联合起来，形成集团化的集约优势，不但可形成竞争优势，而且可使设计人力资源进一步整合以形成优势竞争力，以在国内外的装饰工程投标中取得优势，降低设计成本。

为达到以上两点，就必须从加强设计人员的理论水平和综合素质入手，不断学习国内外先进的设计理念、设计方法。同时要培养设计人员的创新意识，以创造出创意新颖、美观实用、功能合理、色彩造型独特的作品。

2.3.2 提高建筑装饰行业的工人技术素质和施工管理水平

当前，我国装饰业大部分企业技术投入不足，仍然是一个劳动密集型行业，尚未形成一整套技术进步体系，形成具备国际竞争力的技术优势。同时通过本身的技术含量来获得收益的能力十分有限，即缺乏全过程的技术与管理服务能力。为改变这一状况，保证企业在国内外建筑装饰市场中取胜，就应尽快提高企业自身的技术与管理能力。

首先要加大施工技术含量的投入，改变劳动密集型、资源消耗型的生产和管理模式，引进先进的生产工艺、先进的施工机械，提高操作的机械化水平，加强对现场的技术管理和技术监督力度。

其次要实行目标管理，使每一项施工程序都处于严格的质量控制之下。在材质采购方面要把好质量关，劣质材质决不能进场和应用，施工中特别是隐蔽工程要杜绝偷工减料情况的发生。施工程序和工艺流程要规范化，严格按国家施工质量验收标准和企业自身的工序要求进行规范操作。

为达到以上目标就必须加强一线施工人员的培训学习以提高其技术水平、责任心意识等综合素质。同时要大力增强合作意识，不能在行业内部和企业之间进行恶意竞争，应提倡中小型建筑装饰企业加强与国内外企业的合作，以实力强、信誉好的企业为核心，其他企业为紧密层，形成一个有市场竞争力，有自己核心技术的富有战斗力的装饰企业，挤进国际、国内的市场，并取得胜利。

2.3.3 实施品牌战略，增强服务意识

品牌就是形象，品牌就是信誉，品牌就是实力，品牌就是利润。实施品牌战略是企业

生存与发展的关键，企业实力增强了，如果没有形成品牌意识，那么企业的实力就不能得到最大程度的发挥，从而其发展目标也就不能得以实现。树立品牌战略，并使其在国内站稳，走向国外是建筑装饰行业发展的一个重要的策略。要创品牌，从合同承诺就应有较高的质量目标，从设计就要创下优秀设计，从管理全过程也应具有先进性，再加上客户和监理各方面的配合，才能形成名牌工程；而若干个名牌工程才可最终形成企业的品牌形象而被市场所认可。

我国建筑装饰行业的发展另一个重要方面就是要增强企业的服务意识，这也是实施品牌战略的关键一步。建筑业在国际上被称为服务业，是属于服务贸易的范畴。装饰工程承包商的服务过程可能起源于合同签订之时，也可能表现在未签订合同之前，工程全部建制和实施的过程都是服务的过程，交工后的维修也是服务的组成部分，维修结束后的持续回访服务更是售后服务的过程。要不断加强建筑装饰行业的服务意识和服务水平，以加强其与国际接轨的能力，这是保持我国建筑装饰业不断发展、不断前进的真谛，也是每一个该专业的学生在学习这一专业时应不断加强和牢记的基本原则。

课题3 建筑装饰业企业

3.1 企业和企业组织

3.1.1 企业和建筑装饰业企业

(1) 企业

在现代社会中，企业专门指从事以获利为目的的商品生产和商品服务的组织。在原始社会末期，出现了分工，某些产品需要由受过训练，掌握专门技艺的工匠来完成。当工匠生产的产品主要用于出售，并以此为职业时，企业就形成了。当生产的社会化程度较低，企业的组织形式简单，主要是独资企业和合作企业，而公司形式的企业则是在适应规模化的生产经营状况后才出现的。从较规范的定义来描述，企业是指依法成立并具备一定的组织形式，以营利为目的的独立从事商品生产经营活动和商业服务的经济组织。企业具有以下特征：

1) 以营利为目的进行商业活动

现代社会的构造日益复杂，但各种社会实体在社会中的地位和作用仍然是有区别存在的。就企业而言，其活动主要是经济活动，是将资金、劳力、技术、管理、原材料等各类生产经营要素融为一体，生产商品或提供商业服务以求营利的综合过程。企业的社会存在属性，显然与军队、医院、学校、政府机关有所区别。

2) 企业的存在及其活动具有连续性和独立性

企业的人们进行工商业直接投资的产物往往与投资者的职业选择相结合，因此具有连续性的特点。企业的存在和活动是以年为单位的，任何个人或联合的短期的商业行为都不能认为是企业的行为。

所谓独立性是指企业的活动是以企业的名义进行的，企业内部机构不具备商业上的独立性的特点。企业的管理机构有权独立对企业事务作出决定而不受其他主体的干扰。

3) 企业应依法成立并具备一定的法律形式

在现代社会，企业的设立不是完全无序的，世界各国对此都有宽严不等的法律要求。我们对企业的设立采取注册与核准相结合的制度，不仅规定企业设立的程序，也规定了各类企业设立的条件。

(2) 建筑和建筑装饰业企业

建筑装饰业企业按我国建筑业企业资源管理规定属于建筑业企业的范畴之内，是指从事建筑装饰装修工程的新建、扩建、改建活动的企业。建筑装饰企业应当按照其拥有的注册资本、资产、专业技术人员、技术装备和已完成的建筑工程业绩等状况由企业向其所在地区行政主管部门申请资质，取得相应等级的资质证书后，才可在其资质等级许可的范围内从事建筑装饰装修的商业活动。

建筑和建筑装饰业企业的资质分为施工总承包、专业承包和劳务分包三个原则。

获得施工总承包资质的企业，可对工程实行施工总承包或对主体工程实行施工承包。承担总承包的企业可对所承接的工程全部自行施工，也可将非主体工程或劳务作业分包给具有相应专业承包资质或劳务分包资质的企业。

获得专业承包资质的企业，可以承接总承包企业分包给的专业工程或建设单位按规定发包的专业工程。专业承包企业可对所承接的工程全部自行施工，也可以将劳务作业分包给有相应劳务分包资质的分包企业。

获得劳务分包资质的企业，可以承接总承包企业或专业承包企业分包的劳务作业。

总承包资质，专业分包资质，劳务分包资质按照工程性质和技术特点又可分别划分若干资质类别。各资质类别又可按照规定的条件划分为若干等级。

3.1.2 企业组织

"组织"一词可以在组织工作的对象、组织工作的本身和组织工作的结果三种意义上加以说明。

(1) 作为组织工作的对象

在这一内涵意义上，组织是指完成特定使命的人们，为了实现共同的目标组合而成的有机整体，而组织是人的集合体。在这个意义上可将组织理解为某一机构的代名词，可用英文中的集合名词"organizations"来表达。

(2) 作为组织工作的过程

在这个意义上，组织是指管理者所开展的对"一盘散沙"改变成有机聚合体的组织行为、组织活动的过程。可用英文中的动词"organize"来表达，也可理解为组织结构的设计与再设计，前者通常称为"组织设计"、后者常称为"组织变革"。

(3) 作为组织工作的结果

在这个意义上，组织是指管理者在组织中开展组织工作的结果，也就是将"一盘散沙"织结而成的聚合体，是一种体现分工和协作关系的框架，又可称为"组织结构"，可用英文中的抽象名词"organization"来表达。以下介绍的各种组织结构就是这个意义上的"组织"。

不同的组织结构可为不同的企业和不同层次的企业内部组织（如企业内部的项目管理组织）所采用，但在设计适合本组织的组织结构时，必须要使其尽可能达到高效、统一、合理、目标至上、权责分明的基本原则。

3.2 常见的组织结构形式

尽管从理论上讲，企业的组织结构可有无数类型，但在现代组织中实际采用并具有代表性的仅有几种，即直线制、职能制、直线职能制、事业部制、矩阵组织等组织形式，这几种典型的组织形式，在我国不同层次、不同级别的建筑装饰企业中都有所采用。当然各种组织结构形式没有绝对的优劣之分，不同的环境、不同的企业、不同的管理者，都可根据实际情况选用其中某种最合适于自身发展和目标实现的组织结构形式。下面介绍典型的几种组织结构形式。

3.2.1 直线制（又称线性组织）

直线制组织结构如图 1-2 所示。其突出特点是，企业的一切生产经营活动均由企业的各级主管人员直接进行指挥和管理，每一个工作部门只有一个指令源，不设专门的参谋人员或机构。企业的日常生产经营任务都是在经验的直线指挥下完成的。

直线制组织结构的优点是管理结构简单，管理费用低，指挥关系清晰、统一，决策迅速，责任明确，反应灵活，纪律和秩序较易维护，无重复和交叉指挥的现象，可避免矛盾的指挥而影响组织系统工作的正常运行。其要求各级领导者均有较强的工作能力和对上级要求的理解力及对下级的指挥力。

该种组织结构形式的缺点是每个管理人员精力有限，依靠个人的力量很难对工作统筹兼顾、全面周到，特别是在大型企业组织中，指令传达的路径过长，会造成组织系统运行的困难。而且组织成员只注意上情下达和下情上达，成员之间和组织单位之间横向联系较差。此外，一旦某一称职的管理人员退休或离岗很难再找到一个接替者立即接管其工作。以上这些缺点的根源是管理工作没有进行专业化分工。

直线制组织结构往往适用于中、小型，且处于发展初期的组织。

3.2.2 职能制

职能制组织形式（图 1-3）的主要特点是，采用专业分工的职能管理者代替直线制的全能管理者。在组织内部设立不同专业领域（如设计部门、生产部门、财务部门）的部门和职能负责人，由他们在各自的业务范围内，向下下达批示，各级部门负责人除服从上级行政领导指挥外，还需接受上级业务部门的专业指挥。

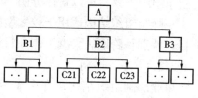

图 1-2 直线制组织结构

职能制的主要优点是：每个管理者只负责某一专业的工作，有利于发挥专业人才的作用，专业工作者可把工作做得很细、很深入。职能机构的作用如发挥得当，可补充各级行政领导人员的专业领导能力的不足。

职能制的缺点为：易形成多头领导，缺乏统一指挥，易形成"上头千条线，下边一根针"的局面，统一指挥力较弱，且可能形成多头指挥，令下级人员无所适从，缺乏统一协调。

职能制组织是一种传统国有企业常用的组织结构形式，适用于中型的，专业人员较为充足，较为成熟的组织。

对职能制改进的是直线职能制（图 1-4），它以直线制为基础，增加了为各级行政领导出谋划策，但不进行指挥命令的参谋部门。

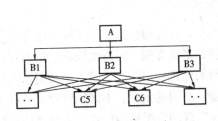

图 1-3 职能制组织结构

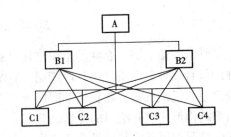

图 1-4 直线职能制组织结构

3.2.3 矩阵制

矩阵制组织形式是一种较新颖的组织结构形式,它是设置纵向和横向两种不同类型的工作部门(如专业业务部门和行政业务部门),根据具体工程项目的特点和要求由横、纵两向的工作部门共同组建新的短时间的工作班子(图1-5)。被抽调来的人员,行政关系上仍属于原所在部门,但工作过程中要同时接受新组建班子的领导(如项目经理),实际上他们拥有两个上级,一旦该工作项目完成,被抽调的人员仍回原部门,此时原工作班子不复存在。故该种组织结构又可称为"非长期固定性组织"。

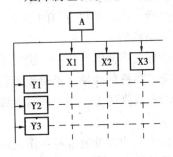

图 1-5 矩阵制组织结构

矩阵制组织结构的优点为:横向联系强,各职能部门工作不脱节,较统一;专业人员及设备随用随调,机动灵活,利用率高;可培养专业人员的合作精神和全局观念;不同部门的人员在一起工作可激发新思维,易出成果。

矩阵制组织结构的缺点为:组成人员的工作位置不稳定,不易树立责任心;组织中存在双重组织关系,难以责任分明。

矩阵制组织结构适用于较大型的企业组织系统和工期要求紧,质量有特殊要求的工程项目(特别是跨地区大型工作项目)的临时组织结构需要。

3.2.4 事业部制

事业部制组织结构是在多个专业领域或不同地域从事经营的大型企业常采用的一种典型的组织结构形式,其在企业内部可作为派往某一工程项目或地区的管理班子,在企业外则是具有独立经营权的独立法人(图1-6)。其具体作法是,在总公司下按产品或地区分为若干事业部或分公司。总公司只保留政策制定、重要人事任免等重大事项的决策权,其他经营权力尽可能下放。整个公司形成三级中心的结构特征,即总公司为投资决策中心,而事业部为利润中心,其下属的生产单位是成本中心,体现了"集中政策下的分散经营"原则。

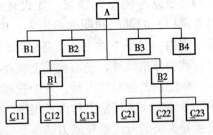

图 1-6 事业部制组织结构

事业部制组织结构的优点为:可把总公司的集中领导及事业部内专门化领导结合起来发挥各自的优势;总公司和事业部间形成明确的责、权、利关系,充分发挥中层经营各班人员的积极性,便于事业部独立自主的展开经营活动,以创造稳定的最大利润;有利于培养综合型管理人才。

事业部制组织结构的缺点为：对事业部经理的素质要求较高，需要有较高的专业素质，对特定地域环境特点较为熟悉的管理人才；各事业部有重复的日常经营管理机构，管理费用上升；各事业部有各自的经济利益，易造成各事业部不良竞争，总公司协调职能加重；总公司和事业部内的权力集中及分配的关系处理复杂，难以掌握权力和分配的程度。

总的来看，事业部制结构适用于多元、多地域经营的大型企业，利于总公司的业务扩展，但不利于各力量间的协调使用，因此不利于在动荡、不景气的环境下采用。

3.3 我国建筑装饰工程管理的现状

3.3.1 项目工程管理法

自20世纪80年代以来，随着我国建筑和建筑装饰业的经营管理体制发生深刻的变化，以项目工程管理为核心的生产经营管理体制已基本形成，成为了我国建筑和建筑装饰业工程管理的主流，特别是2002年1月10日公布的国家标准《建设工程项目管理规范》（GB/T 50326—2001）更使项目工程管理法走上了规范的道路。

（1）施工项目

1）项目 "项目"是由一组有起止时间的、相互协调的受控活动所组成的独特过程，该过程要达到包括时间，成本和资源等限制条件在内的有规定要求的目标。"项目"的范围非常广泛，常见的有科学研究项目、开发项目、建设项目等，但他们都具有共同的特征（如有明确的目标），有一定的限制条件，有特定的产生、发展、结束的时间特征，作为整体进行管理，按一定程序进行，不可逆转等。

2）施工项目 "施工项目"是建筑或建筑装饰业企业自工程施工投标开始到保修期满为止的全过程中所完成的项目。施工项目除具有一般项目的特征外，还具有自身的如下特征：它是建设项目或其中单项工程、单位工程的施工活动全过程；它是以建筑业企业为管理的主体；项目的任务范围由合同确定；产品具有多样性、固定性、体积庞大等特点。

（2）施工项目管理

施工项目管理是企业运用系统的观点、理论和科学技术对施工项目进行的计划、组织、监督、控制、协调的全过程管理。

施工项目管理是项目管理的一个分支，管理的对象是施工项目，管理的主体是建筑或建筑装饰业企业。其主要特征为：

1）项目的管理对象是施工项目，其包括施工项目的工程投标、工程承包、合同签订、施工准备、施工及交工验收和保修的整个过程。

2）管理的特殊性，由于施工项目本身的范围及特点，决定了施工项目管理的主要特点是生产活动与市场交易活动同时进行，两者很难分开，其复杂性和艰难性是其他生产管理不可比拟的。

3）项目管理的内容按阶段而变化，不论是施工准备、各部位的单项施工还是设备安装施工、验收竣工阶段，管理的内容相差很大。因此管理者必须做好动态管理，并使资源优化，以提高效率和效益。

4）要求强化组织协调工作，由于施工项目时间性强、生产环境复杂多变、工种交叉、经济关系、技术关系、法律关系、行政关系、人际关系复杂、项目过程不可逆风险较大，故必须强化组织协调工作，主要方法是优选项目经理，建立调度机构，努力使调度科学化、信息化、动态化。

3.3.2 我国建筑装饰业管理的发展现状

我国建筑装饰行业20多年的高速发展过程中，是在不断扩大的开放状态下进行的，伴随着设计新理念、新型装饰材料、新的施工工艺的不断引进和自身发展，在工程管理工作方面最大的收获就是与项目管理的接轨。经过近20年的实践，我国建筑和建筑装饰业的项目管理已达到一定的水平，一大批建筑装饰业企业的企业家、项目经理成长起来，一大批建筑装饰行业的职业项目管理人才脱颖而出，构成了建筑装饰工程管理的中坚力量。项目管理法有力地促进了我国建筑和建筑装饰业企业的健康发展。其发展现状主要表现为以下几个方面：

（1）注重合同管理。项目管理最主要的内容是合同管理，合理管理是项目管理的核心，在规范国内市场和与国际接轨的过程中，越来越多的施工企业将合同管理作为项目管理的首要关键，以此带动其他各项管理，从而创出精品工程，提升了企业的竞争力，创造了企业的品牌。

（2）注重质量管理。由国际标准化组织颁布的ISO系列质量管理体系是总结当代世界质量管理领域成功的国际标准，采用这种先进的、透明的质量管理体系，不但使企业的项目管理有了体系制度方面的保证，而且也促进了我们的企业和项目管理组织不断完善，持续改进，为创造更多更好的精品工程提供了可靠的保证。

（3）注重精品工程的打造。近10年来我国的建筑装饰业企业已逐渐从粗放经营型向精品工程型转化，越来越多的企业把精品工程的打造作为施工项目的目标和企业形象的生命线。企业在塑造精品工程中，努力掌握好质量、成本、文明三条线，其本质就是以项目为中心的质量、工期、成本、现场文明施工和全面要求，从而使施工项目管理水平不断提高。

（4）注重成本控制。企业的竞争力最终体现的项目上，而项目管理中最重要的就是成本控制，把成本作为经济杠杆的支点，这是施工项目管理成功的关键。企业在工程管理工作中不断强化成本意识，紧抓成本核算，严格成本控制，以形成"低成本竞争，高品质管理"的良性管理模式。从而打破了多年来在工程施工中扩大工程量，追求工作量，不计工本的落后管理思想，使得施工技术不断创新，管理水平不断提高。

但由于我国装饰业起步较晚，起点低，发展超常，企业素质参差不齐，加之目前建筑市场不够规范，故装饰工程质量较差，尤其是一些家装工程投诉率很高，这主要是建筑装饰业企业项目管理的发展还很不平衡，与先进企业和国际工程的运作还存在较大差距，主要表现为：

（1）对合同的内容和要求缺乏了解。市场经济下的合同运作应规范、严谨、操作性强，一些企业承接工程后，并没有真正的熟悉和理解合同内容，故对效益产生巨大影响。

（2）缺乏工程项目的文件化管理和运作体系。虽然在施工中多数施工企业已重视了文件化管理，但很不完善，执行不力。不能真正从合同文件管理，施工进程文件管理和索赔文件管理上全方位进行控制。

（3）高素质项目经理人才缺乏

由于建筑装饰行业发展迅速，市场高速膨胀，不少施工企业仅忙于跑市场而不注重项目经理的培养，故严重影响工程管理水平的提升，出现了"高资质企业，低素质的项目班子"的现象。

总之，积极推进与国际接轨的建筑装饰工程项目管理制度是提升我国建筑装饰业工程管理水平的别无选择的选择，特别我国2005年对建筑和建筑装饰业对外完全放开的承诺，将对我国建筑装饰业带来新的机遇和挑战，提高工程管理水平、提高竞争力将是新世纪我国建筑装饰业发展的重要推动力。

课题4 建筑装饰的生产方式和施工方式的发展趋势

4.1 建筑装饰生产方式的发展趋势

建筑装饰市场中，住宅装修占有相当大的比例，随着人民收入水平和生活需求的不断提高，将以较快的速度发展，而住宅装修（即家装）与公共建筑装修（即公装）将在建筑装饰市场平分秋色，甚至家装市场会超过公装市场。家装市场与公装市场相比最大的特点就是生产周期快、投资小、客户要求变化大、标准不一。随着住宅量增加和消费者购买目的的差异性加大，重装饰轻装修日渐成为潮流，这使得装饰市场上对精装修（亦称为一次性装修，即由开发商和装饰企业根据业主要求共同向业主提供特性的已经精细装修可直接入住的住宅）住宅发出了较强需求的信号，据预测毛坯房（即开发商向业主只提供初装修的住宅，进一步的精装修由业主找装饰企业自行进行）将很快退出市场。住宅精装修的逐渐兴起，不但符合大众的"重装饰"的要求，更可以避免业主与低素质的"路边装修游击队"造成的质量纠纷，引导装饰装修市场步入良性发展轨道。

据预测，从现在开始到2010年是精装修住宅发展的最关键的时期，也是装饰装修生产方式大转变、毛坯房最终退出市场的时期。从毛坯房过渡到精装修实际上是一次装饰装修生产方式上的改革，而工业化装修方式则代表了未来装饰装修生产方式的主潮流，这一方式从本质上讲也同样适用于公装建筑的装饰装修。为适应这一市场需求的转变，建筑装饰装修生产方式发展的新形式有以下几种。

4.1.1 "一站式"采购装饰模式

该种方式是由业主在家装超市中直接与设计人员一起选择装饰装修制品及材料，设计人员和施工人员一条龙服务，这种方式可解决产品与施工之间的衔接问题，可保证最终的质量，它可看作是一种向新型装饰装修生产方式的过渡。

4.1.2 "集成装修"模式

由住宅建设开发商、建材供应商和装饰业企业三大产业搭建一个平台，构筑产业战略联盟，实施住宅集成装修，达到多方共赢的目标，参与平台搭建的多是品牌企业。这种"品牌叠加"所产生的效应使得集成装修更具市场竞争力，更能保证产品的高品质。集成装修是建立在工业化生产的现代化供应方式的基础上，而品牌的参与和加盟是在此基础上提升装修产品的价值，体现了产业化生产方式所带来的效益。

4.1.3 "连锁特许经营"模式

以品牌、技术或者商标行为为知识产权的特许经营方式。在装饰装修行业中独树一帜成功的经营体制往往会发展成为连锁特许经营模式，它可在品牌效应的影响下，保证材料施工、效果、环境的高度统一，对促进装饰装修行业中生产方式的变革和生产经营的标准化、规范化的提高有深远的影响。

4.1.4 "家具专业整合"模式

家具生产企业借助雄厚的机加工实力，直接为消费者或开发公司服务，体现了工业化生产的优势，该种模式近些年在装饰装修市场上异军突起。精装修工程中的大件木工制品和机加工产品大都已由现场加工转为工厂加工，家具厂上门免费测量，回到工厂加工，再到现场拼装，省时省材保证质量，这种专业化的服务不但赢得了消费者的青睐，同无加工场地的装饰企业相比有明显的优势。

4.2 建筑装饰施工方式的发展趋势

传统建筑装饰施工方式是以现场施工的"切、割、裁、锯、焊、钻、刨、磨，雕、敲、粘、塑、粉、刷、抹、喷"十六种技艺为主，人工操作与手工组装方式主导着整个施工过程，这种传统的施工方式以其作业手段的原始性、分工非专业性和生产作坊性，难以使个性的装饰装修产品技术规范化，质量标准化，批量生产工业化，不但封死了劳动生产率的空间而且封死了质量标准提高的空间，严重限制了装饰行业的进一步发展。

根据世界先进国家的发展经验，建筑装饰施工方式的发展趋势主要是总成装配施工方式。所谓总成装配施工方式是指：装饰工程将零部件加工和构配件安装按体系划分开来，构配件完全在工厂加工和整合，形成一个总成或若干个总成。施工现场只是总成件房间内六面体上的安装。该种体系不仅局限在木装修等几个装修内容上（故区别于本装饰的工厂化和预构件装配化），而是遍及、覆盖所有装饰装修施工内容。

实践表明，只要通过增加现场测量、深化排版图、将收边处理设计成收边总成、异型构件（造型跌级、双曲线、弧线）采用预制造型构件或采用离缝做法无批嵌涂装工艺，完全可取消现场加工，实现总成化施工。

目前总成装配式施工已在木饰面、石材饰面、金属饰面、石膏矿棉板饰面上得到突破，但在涂料饰面、壁纸类饰面、塑胶地板饰面等方面还暂时无法实现预制装配式施工，但如能将壁纸粘贴、塑胶地板粘接归于装配概念，则绝大多数常规装饰饰面施工方式都可转化为总成装配式施工方式。

总成装配式施工方式的施工现场可理解为是一个装配车间或总装流水线，凡是进入现场的装饰材料不再是素材，而是经过预先加工而成的总成体系，即已是适合现场特定部位安装的组件，在现场再也见不到传统的十六道技艺为主的初加工过程和影响环境保护的现象，而仅仅是将各种总成件进行搭配安装的过程。

总成装配式施工技术管理已不再是将施工工艺、施工方法进行特定组合的方案编制管理的过程，不再是按工艺、质量标准进行现场监控的技术管理过程，而主要是施工深化设计。技术人员从事更多的工作是现场精密测量，相关配合数据收集，委托加工的分项总成设计、安装顺序设计、安装过程调节余量设计及设计结果的外加工清单编制和现场施工程序编制，因此其现场技术管理内容、方式与传统的管理方式完全不同。总成装配式装饰施工方式基于现代工艺的基本原则：专业社会化、加工机械化、生产批量化、出厂标准化，以提高劳动生产率、提高产品质量。总成装配式装饰施工应是一个渐进式的发展过程，是一个数量、质量及覆盖面不断扩展的过程，它是我国建筑装饰业施工方式的发展趋势及发展方向。

实 训 课 题

调查与分析：分组参观典型的建筑装饰企业，调查该企业的组织结构模式和生产方式，分析其特点并写出调查报告。

单元2 建筑投影与识图

知识点：正投影的基本原理；三面正投影；图示的基本方法；国家制图标准；建筑施工图的识读。

教学目标：通过教学使学生能运用正投影的基本原理，识读一般形体的三面正投影图，并能识读简单的建筑施工图。

课题1 投影的基本知识

1.1 投影的形成与分类

1.1.1 投影的形成

什么叫投影？在日常生活中，经常看到空间一物体在光线照射下在某一平面产生影子的现象。如图2-1(a)所示。如果把物体的影子经过如下科学的抽象，即假定光线可以穿透物体（物体的面是透明的，而物体的轮廓线是不透明的），并规定在影子当中，光线直接照射到的轮廓线画成实线，光线间接照射到的轮廓线画成虚线，则经过抽象后的"影子"称为投影，如图2-1(b)所示。

产生影子要有物体、光线和承受影子的面。光线称为投影线，承受影子的面称为投影面，形成投影的方法称为投影法。

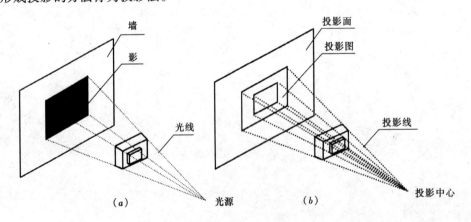

图2-1 投影图的形成
(a) 物体的影子；(b) 投影图的形成

1.1.2 投影的分类

对于同一形体，不同的投射方式和方向能得到不同形状的投影。根据投射方式的不同情况，投影一般分为两类。

(1) 中心投影

投影中心 S 在有限的距离内，发出锥状的投影线，用这些投影线作出的形体的投影，称为中心投影，如图2-2（a）所示。中心投影的特性，投影线集中一点 S，投影的大小与形体离投影面的距离有关，在投影中心 S 与投影面距离不变的情况下，形体距 S 点愈近，影子愈大，反之则小，如图2-3所示。中心投影适用于绘透视图。

(2) 平行投影

当投影中心 S 移至无限远处，投影线按一定的方向平行的投射下来（形成柱状），用平行投射线作出形体的投影，称为平行投影。平行投影的大小与形体离投影面的距离远近无关。

平行投影又分为正投影和斜投影。当投影线垂直于投影面时，称为正投影，如图2-2(b)所示；当投影线倾斜于投影面时，称为斜投影，如图2-2(c)所示。

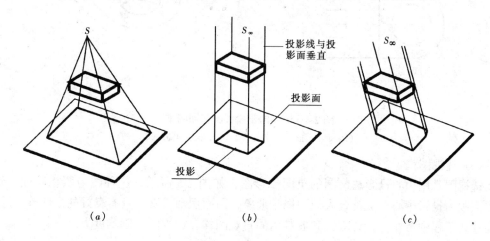

图 2-2 投影的分类
(a) 中心投影；(b) 正投影；(c) 斜投影

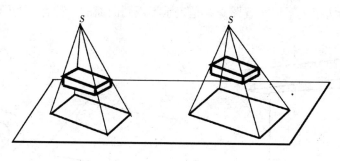

图 2-3 中心投影的特性

1.1.3 土建工程上常用的投影图

土建工程上常用的投影图有：正投影图、轴测图、透视图、标高投影图。

(1) 正投影图

正投影图是用平行投影的正投影法绘制的多面投影图。这种图能反映形体的真实形状和大小，度量性好，作图简便，是绘制建筑工程图的主要图示方法。但是，这种图缺乏立体感，无投影知识的人不易看懂，如图2-4（a）所示。

(2) 轴测图

轴测图是用平行投影的正投影法绘制的单面投影图。这种图具有一定的立体感和直观性，常作为工程上的辅助性图样。但这种图不能反映出形体所有可见面的实形，且度量性不好，绘制较麻烦，如图2-4（b）所示。

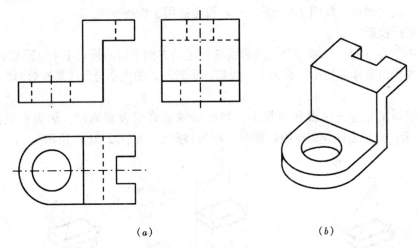

图 2-4 形体的正投影图和轴测图
（a）形体的三面正投影图；（b）形体的轴测图

(3) 透视图

透视图是用中心投影法绘制的单面投影图，如图2-5所示。这种图与照相原理一致，是以人眼为投影中心，故符合人们的视觉形象，因而图形逼真，具有良好的立体感。透视图在建筑工程中常作为设计方案和展览用的直观图样。透视图绘制难度大。

(4) 标高投影图

标高投影图是在一个水平投影面上标有高度数字的正投影图。常用来绘制地形图和道路、水利工程等方面的平面布置图样，是表示不规则曲面的一种有效的图示形式，如图2-6所示。

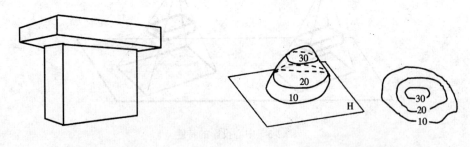

图 2-5 形体的透视图　　　　图 2-6 标高投影图

1.1.4 正投影的基本性质

各种物体都可以看成是由点、线、面组成的形体。在正投影法中，点、直线和平面的投影具有如下基本性质。

(1) 点的正投影基本性质

点的投影仍然是点，如图2-7所示。

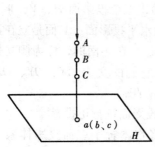
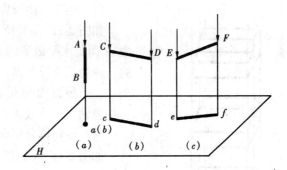

图 2-7 点的正投影基本性质　　　　图 2-8 直线的正投影基本性质

(2) 直线的正投影基本性质

1) 直线垂直于投影面,其投影积聚为一点,如图 2-8(a)所示。
2) 直线平行于投影面,其投影是一直线,反映实长,如图 2-8(b)所示。
3) 直线倾斜于投影面,其投影仍是直线,但长度缩短,如图 2-8(c)所示。

(3) 平面的正投影基本性质

1) 平面垂直于投影面,其投影积聚为直线,如图 2-9(a)所示。
2) 平面平行于投影面,其投影反映实形,即平面形状、大小不变,如图 2-9(b)所示。
3) 平面倾斜于投影面,其投影变形,图形面积缩小,如图 2-9(c)所示。

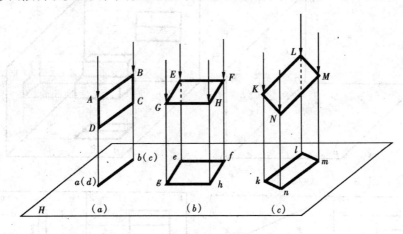

图 2-9 平面的正投影基本性质

1.2 三面正投影图

1.2.1 三面正投影图的形成

如图 2-10 所示空间有 3 个不同形状的形体,它们在同一投影面上的投影却是相同的。由此可以看出:虽然一个投影面能够准确的表现出形体的一个侧面的形状,但不能表现出形体的全部形状。为了确定物体的形状必须画出物体的多面正投影图——通常是三面正投影图。

三面正投影图的形成过程为:

(1) 建立三面投影体系

如图 2-11（a）所示，给出三个投影面 H、V、W。其中 H 面是水平放置的，称为水平投影面；V 面是立在正面的，称为正立投影面；W 面是立在侧面的，称为侧立投影面。三个投影面相互垂直，它们的交线 OX、OY、OZ 称为投影轴，三个投影轴相互垂直。

(2) 将物体分别向三个投影面进行正投影

如图 2-11（b）所示，将物体置于三面投影体系当中（尽可能地使物体表面平行于投影面或垂直于投影面，物体于投影面的距离不影响物体的投影，不必考虑），并且分别向三个投影面进行正投影。在 H 面上得到的正投影图叫水平投影图，在 V 面上得到的正投影图叫正面投影图，在 W 面上得到的正投影图叫侧面投影图。

(3) 把位于三个投影面上的三个投影图展开

三个投影图分别位于三个投影面上，画法非常不便。实际上，这三个投影图经常要画在一张纸上（即一个平面上），为此可以让 V 面不动，让 H 面绕 OX 轴向下旋转 90°，让 W 面绕 OZ 轴向右旋转 90°，

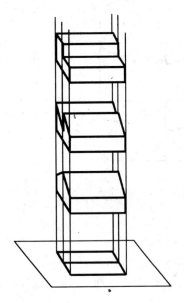

图 2-10 形体的单面投影

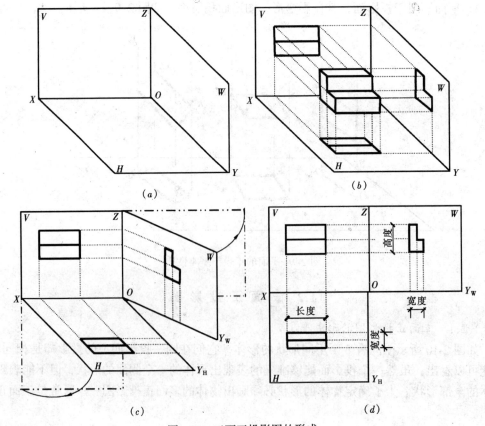

图 2-11 三面正投影图的形成

如图 2-11（c）所示。这样就得到了位于同一个平面上（展开后的 H、V、W 面上）的三个投影图，也就是物体的三面投影图，如图 2-11（d）所示。

1.2.2 三面正投影图的分析

从图 2-11（d）可以看出，形体的三个投影图之间既有区别又有联系，三个投影图之间具有下述规律：

投影面展开之后，V、H 两个投影左右对齐，这种关系称为"长对正"；V、W 两个投影上下对齐，这种关系称为"高平齐"；H、W 投影都反映形体的宽度，这种关系称为"宽相等"。这三个重要的关系叫做正投影的投影关系。

由于物体的三面正投影图反映了物体的三个面（上面、正面和侧面）的形状和三个方向（长向、宽向和高向）的尺寸，因此，三面正投影图通常是可以确定物体的形状和大小的。但形体的形状是多种多样的，有些形状复杂的形体，三个投影表达不够清楚，则可增加几个投影，有些形状简单的形体，用两个或一个投影图也能表示清楚，如图 2-12 所示。但需注意，两个投影图常常不能准确、肯定地表现出一个形体。

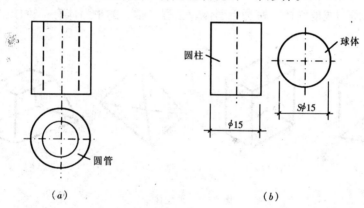

图 2-12 用两个或一个投影图来表示形体
（a）两面投影图；（b）单面投影图

1.2.3 三面正投影图的作图方法

（1）先画出水平和垂直十字相交线，表示投影轴，如图 2-13（a）所示。

（2）根据"三等关系"，V 和 H 面投影各相应部分用铅垂线对正；V 和 W 面投影的各相应部分用水平线拉齐，如图 2-13（b）所示。

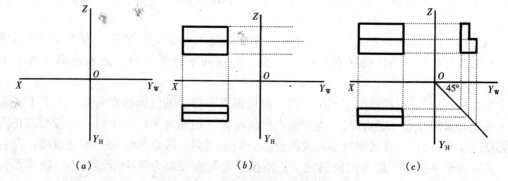

图 2-13 三面投影图作图步骤和方法

(3) H 和 W 投影宽度相等，作图时可用通过原点 O 作 45°斜线的方法求得，如图 2-13 (c) 所示。

(4) 投影面是设想的，并无固定的大小边界范围，故在作图时可以不必画出外框。三个投影图与投影轴的距离，反映形体与三个投影面的距离。而制图时，只要求各投影图之间的相应关系正确，图形与轴线的距离可灵活掌握。在实际工程图样中，投影轴一般也不画出。但在初学投影图时还需将投影轴保留，常用细实线画出。

1.3 基本形体的投影

无论建筑物或机械零件，不管它的形状如何复杂多变，只要细加分析，不难看出，它们都是由一些基本形体(简单几何体)所组成的。所以，如果我们能够熟练地掌握基本形体的投影图的读图法，那么复杂的建筑形体和机械零部件的投影图的读图就会迎刃而解了。

基本形体按其表面的几何性质，可分为平面体和曲面体两大类。

1.3.1 平面体的投影

由若干平面所围成的立体，称为平面体。工程上常见的平面体有：棱柱、棱锥、棱台等，如图 2-14 所示。

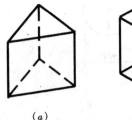   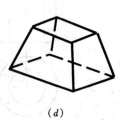

(a)　　　　　　(b)　　　　　　(c)　　　　　　(d)

图 2-14　平面体
(a) 三棱柱；(b) 四棱柱；(c) 三棱锥；(d) 四棱锥台

识读平面体的投影，就是识读围成平面体的各表面（棱面和上下端面）平面形的投影。因此，分析围成平面体表面的各平面对投影面的相对位置（平行、垂直或倾斜）及其投影特性，对正确识读平面体投影图是十分重要的。

(1) 棱柱体的投影

有两个平面相互平行，其余每相邻两个面的交线都互相平行的平面体，称为棱柱。平行的两个平面，称为棱柱的底面。其余的面，称为棱柱的棱面。两个相邻棱面的交线，称为棱线。

图 2-15 (a) 是一个直立的三棱柱向三个投影面上投影的空间情况。为了画图和看图方便起见，我们使三棱柱的底面平行于 H 面，后棱面平行于 V 面，左右棱面垂直于 H 面。

图 2-15 (b) 是三棱柱的三面投影图。由投影面平行面的投影特性可知，上、下底面的水平投影反映实形（三角形），正面投影和侧面投影积聚为两段水平线；后棱面的正面投影反映实形（矩形），水平投影和侧面投影分别积聚为一段水平线和一段竖直线；左右两个棱面的水平投影积聚为两段斜线，正面投影和侧面投影为两个矩形（不反映实形），由于左右两个棱面对称，所以侧面投影的两个矩形重合。

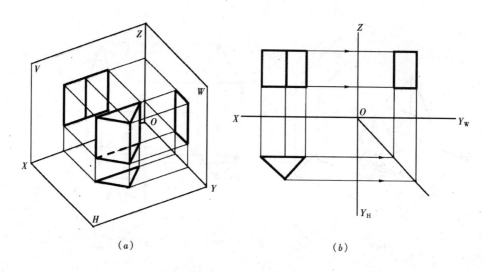

图 2-15 三棱柱的投影
(a) 直观图；(b) 投影图

具体作图步骤：
1) 画上、下底面相重合的 H 投影，如图 2-16 (a) 所示所示。
2) 画左、右棱面与后棱面相重合的 V 投影，如图 2-16 (b) 所示。
3) 根据"三等"关系画左、右棱面相重合的 W 投影，如图 2-16 (c) 所示。

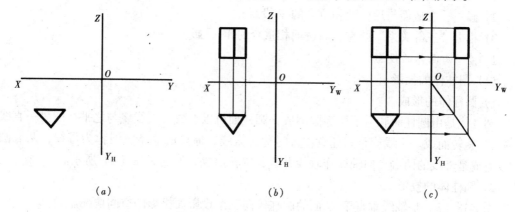

图 2-16 三棱柱投影图的画法

(2) 棱锥体的投影

如果平面体的一个面是多边形，其余各面是有一个公共顶点的三角形，这种平面体称为棱锥。这个多边形称为棱锥的底面，各个三角形称为棱锥的棱面；两相邻棱面的交线，称为棱线。

图 2-17 (a) 是一个三棱锥向三个投影面上投影的空间情况。它的底面平行于 H 面，后棱面垂直于 W 面，左、右棱面既不平行也不垂直于任何一个投影面，为一般位置投影面。

图 2-17 (b) 是三棱锥的三面投影图。由底面和各棱面投影的相对位置可知：底面的水平投影反映实形，正面投影和侧面投影各积聚成一段水平线；后棱面的侧面投影积聚成

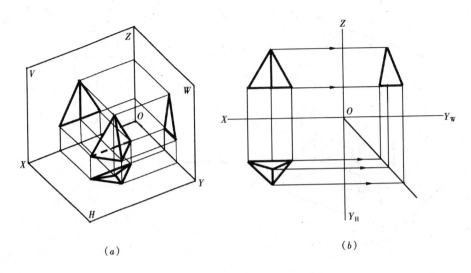

图 2-17 三棱锥的投影
（a）直观图；（b）投影图

一段倾斜的直线，水平投影和正面投影仍为三角形（不反映实形）；左、右棱面的三个投影均为三角形（不反映实形），其侧面投影重合。

具体作图步骤（图略，学生可根据下述步骤自行画出）：
1) 画三个棱面与底面相重合的 H 投影；
2) 画左、右棱面与后棱面相重合的 V 投影；
3) 根据"三等关系"画左、右棱面相重合的 W 投影。

1.3.2 曲面体的投影

(1) 圆柱体的投影

1) 圆柱体的形成

圆柱体是由圆柱面和上下两底圆围成，圆柱面可以看成一直线绕与之平行的另一直线（轴线）旋转而成。直线旋转到任意位置时称为素线，原始的这条直线称为母线，两底圆可以看成是母线的两端点向轴线作垂线并绕其旋转而成，如图 2-18（a）所示。

2) 圆柱体的投影

图 2-18（b）是轴线垂直于 H 面的圆柱体向三个投影面投影的空间情况。

图 2-18（c）是该圆柱体的三面投影图。由于圆柱面的所有素线都垂直于 H 面，所以它的水平投影是一个有积聚性的圆。在正面投影中画出圆柱面的最左素线 AA_1 和最右素线 BB_1 的投影 $a'a'_1$ 和 $b'b'_1$，以及上、下圆周的投影 $a'b'$、$a'_1b'_1$，因此它的正面投影 $a'a'_1b'_1b'$ 是一个矩形。

在侧面投影中画出圆柱面的最前素线 CC_1 和最后素线 DD_1 的投影 $c''c''_1$ 和 $d''d''_1$，以及上、下圆周的投影 $c''d''$、$c''_1d''_1$，圆柱的侧面投影 $c''c''_1d''_1d''$ 也是一个矩形。圆柱面是光滑的曲面，轮廓素线 AA_1 和 BB_1 的侧面投影和轮廓素线 CC_1 和 DD_1 的正面投影均不予画出，但应用点划线画出轴线的投影和圆的中心线。必须注意，$a'a'_1$ 和 $b'b'_1$ 是前后两半圆柱面分界线的正面投影，$c''c''_1$ 和 $d''d''_1$ 是左右两半圆柱面分界线的侧面投影，切不可把二者混为一谈。

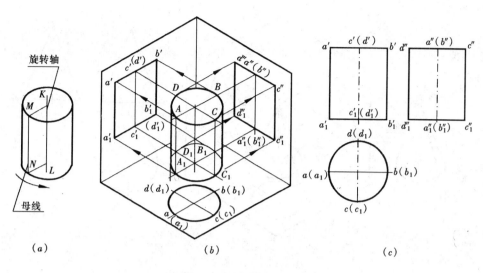

图 2-18 圆柱体的形成及投影
(a) 形成；(b) 直观图；(c) 投影图

圆柱面的投影还存在可见性问题，它的 V 面投影是前半圆柱面和后半圆柱面投影的重合，前半圆柱面为可见，后半圆柱面为不可见；它的 W 面投影是左半圆柱面与右半圆柱面投影重合，左半圆柱面为可见，右半圆柱面为不可见。

具体作图步骤：

(a) 作圆柱体三面投影图的轴线和中心线，如图 2-19 (a) 所示；

(b) 根据直径画 H 面投影圆，如图 2-19 (b) 所示；

(c) 根据"三等关系"作 V 面投影矩形和 W 面投影矩形，如图 2-19 (c) 所示。

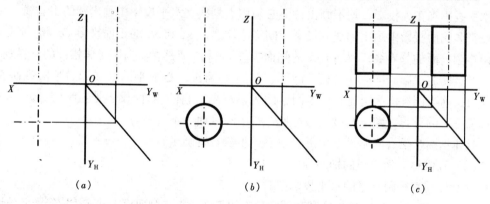

图 2-19 圆柱体三面投影的画法

(2) 圆锥体的投影

1) 圆锥体的形成

圆锥体由圆锥面和底圆所围成。圆锥体的形成可以看成是直角三角形 SAO 绕其一直角边 SO 旋转而成。原始的斜边 SA 称为母线，母线旋转到任意位置时称为素线，如图 2-20 (a) 所示。

2) 圆锥体的投影

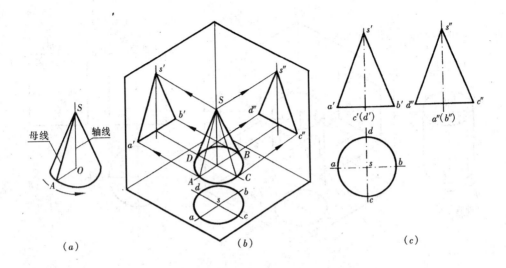

图 2-20 圆锥的形成与投影
(a) 形成；(b) 直观图；(c) 投影图

图 2-20 (b) 是轴线垂直于 H 面的圆锥面向三个投影面投影的空间情况。

图 2-20 (c) 是该圆锥体的三面投影图。它的水平投影是圆，没有积聚性。在正面投影中画出圆锥面的最左素线 SA 和最右素线 SB 的投影 $s'a'$ 和 $s'b'$，以及底圆的投影 $a'b'$，因此它的正面投影 $s'a'b'$ 是一个等腰三角形；在侧面投影中画出圆锥面的最前素线 SC 和最后素线 SD 的投影 $s''c''$ 和 $s''d''$，以及底圆的投影 $c''d''$，因此它的侧面投影 $s''c''d''$ 也是一个等腰三角形。

锥面是光滑曲面，轮廓素线 SA、SB 的水平投影和侧面投影，以及轮廓素线 SC、SD 的水平投影和正面投影，均不画出，但必须用点划线在水平投影中画出圆的中心线，在正面投影和侧面投影中画出轴线的投影。同样应注意，SA 和 SB 的正面投影 $s'a'$ 和 $s'b'$ 是前、后两半圆锥面的分界线；SC 和 SD 的侧面投影 $s''c''$ 和 $s''d''$ 是左、右两半圆锥面的分界线。

圆锥面的投影同样存在可见性问题，它的 V 面投影是前半圆锥面和后半圆锥面投影的重合，前半圆锥面为可见，后半圆锥面为不可见；它的 W 面投影是左半圆锥面与右半圆锥面投影的重合，左半圆锥面为可见，右半圆锥面为不可见。

具体作图步骤（图略，学生可根据下述步骤自行画出）：

(a) 画锥体三面投影的轴线和中心线；

(b) 根据直径画圆锥的水平投影图；

(c) 根据"三等关系"画出底圆和圆锥顶点的正面投影与侧面投影并连接成等腰三角形。

(3) 球的投影

1) 球的形成

一个圆围绕其自身的一条直径旋转所形成的物体称为球，如图 2-21 (a) 所示。

2) 球的投影

图 2-21 (b) 是球面向三个投影面投影的空间情况。

图 2-21 (c) 是该球面的三面投影图。它的三面投影是直径都相等的圆（圆的直径等于球的直径）。这三个圆实际上是位于球上不同方向的三个轮廓圆的投影：正面投影轮廓

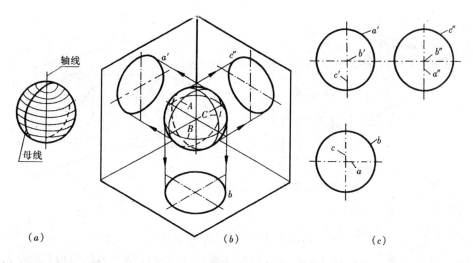

图 2-21 圆球的形成与投影
(a) 形成；(b) 直观图；(c) 投影图

圆 a' 是球上平行于 V 面的最大圆 A（即前、后两半球面的分界圆）的投影，A 的水平投影 a 和侧面投影 a''，分别与 b 的水平中心线和 c'' 的竖直中心线相重合；水平投影轮廓圆 b 是球上平行于 H 面的最大圆 B（即上、下两半球面的分界圆）的投影，B 的正面投影 b' 和侧面投影 b''，分别与 a' 和 c'' 的水平中心线相重合；侧面投影轮廓圆 c'' 是球上平行于 W 面的最大圆 C（即左、右两半球面的分界圆）的投影；C 的水平投影 c 和正面投影 c'，分别与 b 和 a' 的竖直中心线相重合。在三个投影图中，对称中心线的交点是球心的投影。

由于球面是光滑的曲面，所以圆 A 的水平投影和侧面投影、圆 B 的正面投影和侧面投影、圆 C 的水平投影和正面投影，均不予画出，但在各投影中必须画出圆的中心线。

球面投影的可见性：它的 V 面投影是前半球面和后半球面投影的重合，前半球面为可见，后半球面为不可见；它的 H 面投影是上半球面与下半球面投影重合，上半球面可见，下半球面为不可见；它的 W 面投影是左半球面与右半球面投影重合，左半球面为可见，右半球面为不可见。

1.4 轴侧投影的基本知识

如前所述，三面投影图能够比较全面地反映空间物体的形状和大小，具有表达准确、作图简便的优点，被广泛应用于工程实际。但因其缺乏立体感，往往给读图带来很大的麻烦。而轴测图具有立体感强的优点，故常被用来作为辅助性的图样。

1.4.1 基本知识

(1) 轴测投影的形成

如图 2-22 (a) 所示，假设给物体加上直角坐标轴，以确定它的长、宽、高三个方向的度量，然后用平行投影法把物体连同坐标轴一起投射到一个平面 P 上，所得到的投影称为轴测投影，如图 2-22 (b) 所示；平面 P 称为轴测投影面（简称投影面）。

(2) 轴间角和轴向伸缩系数

如图 2-23 所示。当物体连同坐标轴一起投射到轴测投影面 P 上时，坐标轴 O_1X_1、O_1Y_1、O_1Z_1 的投影 OX、OY、OZ 称为轴测投影轴（简称轴测轴）；轴测轴之间的夹角

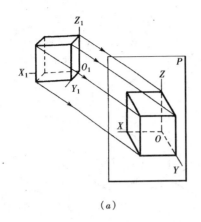 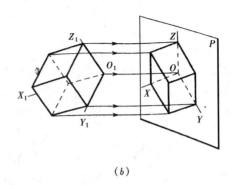

图 2-22 轴测投影图的形成

∠XOY、∠YOZ 和 ∠ZOX 称为轴间角。假设在空间三个坐标轴上各取单位长度 E_1,它们的轴测投影分别为 E_x、E_y 和 E_z。由于各轴与轴测投影面 P 之间的倾角不同,单位长度 E_1 的轴测投影长 E_x、E_y 和 E_z 也不同。投影长度与实际长度之比,称为该轴的轴向伸缩系数。通常用 p、q、r 表示 X、Y、Z 方向的轴向伸缩系数。

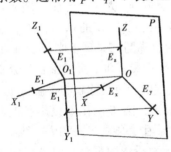

图 2-23 轴间角和轴向伸缩系数

(3) 轴测投影的基本特性

1) 平行性。由于轴测投影是采用平行投影法作图,故原来物体上平行的线段在轴测投影上仍平行。原来平行于坐标轴的线段则一定平行于相应的轴测轴。

2) 定比性。物体上与坐标轴平行的线段,应与其相应的轴测轴具有相同的轴向伸缩系数。

(4) 轴测投影的分类

轴测图的分类方法有两种:

1) 按投影方向分。当投影方向垂直于轴测投影面时,得到的轴测图称为正轴测图。当投影方向倾斜于轴测投影面时,得到的轴测图称为斜轴测图。

2) 按轴向伸缩系数不同分。当 $p = q = r$ 即三轴向变形系数相等时,得到的轴测图称为正(或斜)等测轴测图。当 $p = r = 2q$ 即 X、Z 轴向变形系数为 Y 轴向变形系数的二倍时,得到的轴测图称为正(或斜)二等测轴测图。

1.4.2 平面体正等轴测图

(1) 正等轴测图的特点

如图 2-24 所示,当物体的三个坐标轴和轴测投影面 P 的倾角相等时,物体在 P 平面上的正投影即为物体的正等轴测图,其特点如下:

1) 轴间角相等

$\angle XOY = \angle YOZ = \angle ZOX = 120°$,如图 2-24(a)所示。通常 OZ 轴总是竖直放置,而 OX、OY 轴的方向可以互换。

2) 轴向伸缩系数相等

由几何原理可知,正等轴测图的轴向伸缩系数相等,即 $p = q = r = 0.82$,如图 2-24

(b)所示。为了简化作图，制图标准规定 $p = q = r = 1$，如图2-24（c）所示。这就意味着用此比例画出的轴测图，从视图上要比理论图形大1.22倍，但这并不影响其对物体形状和结构的描述。

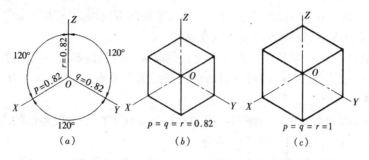

图 2-24　正等轴测图的轴间角和轴向伸缩系数

（2）平面体正等轴测图的画法

画轴测图的方法很多。常用的画平面体轴测图的方法有坐标法、端面法、叠加法和切割法四种。

1）坐标法

按物体的坐标值确定平面体上各特征点的轴测投影并连线，从而得到物体的轴测图，这种方法即为坐标法。坐标法是所有画轴测图的方法中最基本的一种。其他方法都是以该方法为基础的。

【例 2-1】　作图 2-25（a）所示四棱锥的正等测图。

分析：四棱锥的底面水平，故可确定作图思路为：先作出四棱锥底面的正等测图，然后依次连接底面各顶点及棱锥顶点，从而得出物体的轴测图。

作图：

（a）确定坐标原点和坐标轴：该步骤应在物体视图上进行，如图2-25（a）所示。为

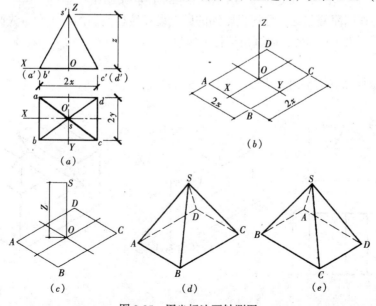

图 2-25　用坐标法画轴测图

了作图简便,应妥善选择坐标原点。通常可将坐标原点设在物体的可见点上,并尽量位于物体的对称中心。

(b) 作底面的正等轴测图

① 先确定 OX、OY、OZ 轴的方向,通常 OZ 轴的方向即为物体的高度方向,故总是竖直放置的,而 OX 和 OY 的方向是可以互换的。

② 分别在 OX 和 OY 轴的正、负方向上各截取锥底的长度和宽度的一半 x 和 y,然后过各截点作轴测轴的平行线,即可得到四棱锥底面四个顶点 A、B、C、D 的正等轴测投影,如图 2-25(b)所示。

(c) 作四棱锥顶点的正等轴测图:在 OZ 轴上从 O 点向上量取棱锥的高 z,得四棱锥顶点的正等轴测投影,如图 2-25(c)所示。

(d) 依次连接四棱锥顶点与底面对应点,描粗加深可见轮廓线,完成全图,如图 2-25(d)所示。

注意:

① 通常轴测图中只画出物体的可见部分,图中虚线不画。

② 比较图 2-25(d)、(e)可知,调换 OX 和 OY 轴的方向,实际上只是改变了观察方向,不影响物体的形状结构。前者是从物体的左前上方观察物体所得,而后者则是从物体的右前上方观察物体所得。

③ 根据"定比性",与轴不平行的的线段不能测量,所以在求作底面四边形时,须按照上述步骤进行,不能直接确定 A、B、C、D 四点。

2) 端面法

这是一种适用于柱体的绘制轴测图的方法。当物体的某一端面较为复杂且能够反映柱体的形状特征时,我们可先画出该面的正等轴测图,然后再"扩展"成立体,这种方法被称为端面法。

【例 2-2】 作出图 2-26(a)所示的棱柱体的正等轴测图。

分析:为作图简便起见,可把投影轴的原点设在棱柱前面的右下角,先画出棱柱前面的轴测投影,再沿 OY 轴的方向画出棱柱的宽度。

作图:

(a) 设坐标原点 O 和坐标轴,如图 2-26(a)所示。

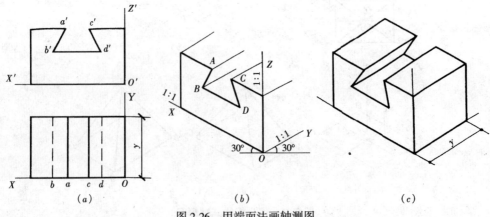

图 2-26 用端面法画轴测图

（b）作正等轴测图，如图 2-26（b）所示。注意：此时图中的两条斜线必须留待最后画出，其长度不能直接测量。

（c）沿棱柱体前端面上各角点作 OY 轴的平行线，并截取棱柱体的长度 y，然后顺序连接各点得棱柱体的正等轴测图。

（d）仔细检查后，描粗可见轮廓线，得棱柱体的正等轴测图，如图 2-26（c）所示。

3）切割法

当物体被看成为由基本体切割而成时，可先画基本体，然后再按切割的顺序来画轴测图，这种方法为切割法。

【例 2-3】 作图 2-27（a）所示物体的正等轴测图。

分析：该物体可看成为五棱柱被切去了两个三棱锥后所得到的立体，因而作图时可先作出五棱柱的正等轴测图，然后再切角。

作图：

（a）设定坐标轴，如图 2-27（a）所示；

（b）由端面法先画出五棱柱的轴测图，如图 2-27（b）所示；

（c）如图沿 OX 轴的方向截取长度 x，得到三棱锥的顶点；

（d）检查后，描粗加深物体的轮廓，得到物体的正等轴测图，如图 2-27（c）所示。

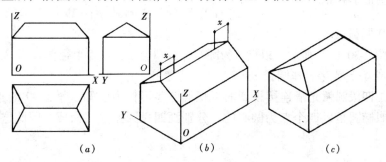

图 2-27 用切割法画轴测图

4）叠加法

对于那些由几个基本体相加而成的物体，我们可以逐一画出其轴测图，然后再将各部分叠加起来，这种方法称为叠加法。

【例 2-4】 作图 2-28（a）所示物体的正等轴测图。

分析：该物体由上、中、下三部分叠加而成，可由下而上的逐步画出其轴测图。

作图：

（a）设定坐标轴，如图 2-28（a）所示；

（b）分别画下部长方形底板、中间长方形板以及上部的四棱柱的正等轴测图，并叠加组合成如图 2-28（b）所示的轴测图。叠加时的左右、前后位置关系可从俯视图中得到。

（3）曲面体的正等轴测图

1）平行于坐标面的圆的正等测图

平行于坐标面的圆的正等轴测投影是椭圆。

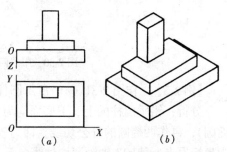

图 2-28 用叠加法画轴测图

由于它们与轴测投影面的倾角相等，所以它们的正等轴测投影是形状相同，只是长、短轴的方向不同的椭圆。平行于 XOY 面的椭圆，其长轴垂直于 OZ 轴，短轴平行于 OZ 轴；平行于 YOZ 面的椭圆，其长轴垂直于 OX 轴，短轴平行于 OX 轴；平行于 XOZ 面的椭圆，其长轴垂直于 OY 轴，短轴平行于 OY 轴，如图 2-29 所示。它们可用同样的方法作图。现以平行于 XOY 面的圆（水平圆）为例，介绍一种常用的近似画法——"四心法"：

（a）如图 2-30（a）所示，以圆心 O 为坐标原点，沿 OX、OY 轴向作圆的外切正方形 1-5-2-6，分别在 OX、OY 轴上得正方形的四个切点 a、b、c、d。

（b）如图 2-30（b）所示，做轴测轴 OX、OY，并在 OX、OY 轴上分别量取 Oa、Ob、Oc、Od 等于已知圆的半径；过切点 a、c 作直线平行于 OY 轴，再过切点 b、d 作直线平行于 OX 轴，得菱形 1-5-2-6，即为已知圆的外切正方形的正等轴测图。

（c）如图 2-30（c）所示，连线 1d 和 2a，交于点 3，连线 1c 和 2b，交于点 4。

（d）如图 2-30（d）所示，以点 1 为圆心，1d（或 1c）为半径作圆弧 dc，以点 2 为圆心，2a（或 2b）为半径作圆弧 ab。

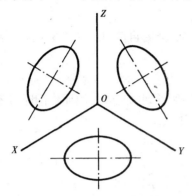

图 2-29　平行于坐标面圆的正等轴测图

（e）如图 2-30（e）所示，以点 3 为圆心，3a（或 3d）为半径作圆弧 da，以点 4 为圆心，4b（或 4c）为半径作圆弧 bc。

以上所画四段圆弧光滑连接得到的近似椭圆，可作为已知水平圆 O 的正等轴测图。由于这个近似椭圆是以四个点为圆心的，分别画四段圆弧连接而成，因此这种方法称为"四心法"。

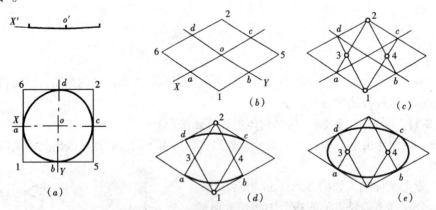

图 2-30　用"四心法"作水平圆的正等测图

【例 2-5】　作图 2-31（a）所示圆柱的正等轴测图。

分析：铅垂圆柱的上、下底面均为水平圆，先作出上、下底面圆的正等轴测图（两个椭圆），再作两椭圆的外公切线，即为该圆柱的正等轴测图。为简化作图，以上底圆心 O_1 为坐标原点，使 OZ 轴沿圆柱轴线向下，先画上底的椭圆，后画下底的椭圆。

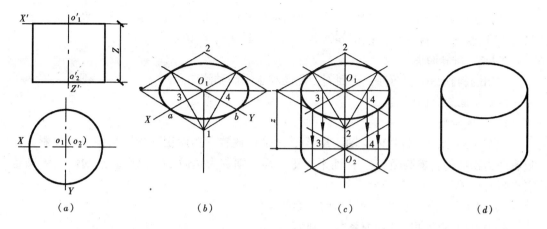

图 2-31 铅垂圆柱的正等轴测图的画法

作图：

（a）设定坐标系，如图 2-31（a）所示；

（b）作轴测轴，并用"四心法"作圆柱上底的椭圆 O_1，如图 2-31（b）所示；

（c）作圆柱下底面的椭圆 O_2，O_2 中的各切点和各圆心，均可由 O_1 中的相应点沿 OZ 轴向下移 z 求得，而且只作出前半个椭圆（可见部分）即可，如图 2-31（c）所示；

（d）作上、下两椭圆的公切线，检查后描粗加深完成铅垂圆柱体的正等轴测图，如图 2-31（d）所示。

【例 2-6】 作图 2-32（a）所示的物体的正等轴测图。

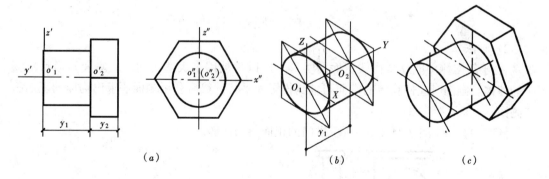

图 2-32 物体的正等轴测图

分析：该物体是由一圆柱和六棱柱对接而成。可选择圆柱体左端面的圆心 O_1 为坐标原点，且使坐标面 XOZ 重合于圆 O_1，OY 轴与圆柱轴线重合，这样，椭圆外切菱形的对边应分别与 OY、OZ 平行。

作图：

（a）设定坐标系，如图 2-32（a）所示；

（b）作出圆柱的正等轴测图：先用"四心法"作圆柱左端面椭圆 O_1 和右端面椭圆 O_2，然后作两椭圆的公切线，如图 2-32（b）所示；

（c）在椭圆 O_2 所在平面上，用坐标法作出正六棱柱左端面，并由此作出正六棱柱的正等轴测图，即得物体的正等轴测图，如图 2-32（c）所示。

比较上面两个例题中有关圆柱的正等轴测图的画法可以看出，除椭圆的外切菱形的方向发生变化以外，椭圆及圆柱正等轴测图的具体画法完全相同。

1.4.3 斜轴测图

常用的斜轴测图有两种：正面斜二测图和水平斜轴测图。

(1) 正面斜二测图

1) 形成及特点

如图 2-33 所示，将物体与轴测投影面 P 平行放置，然后用斜投影法作出其投影，此投影即为物体的斜二测图，若 P 面平行正立面，则称为正面斜二测图。正面斜二测图特点有：

(a) 能反映物体上与正面平行的表面的实形。

(b) 其轴间角和轴向伸缩系数分别为：

轴间角：$\angle XOZ = 90°$，$\angle XOY = \angle YOZ = 135°$；

轴向伸缩系数：$p = r = 1$，$q = 0.5$。

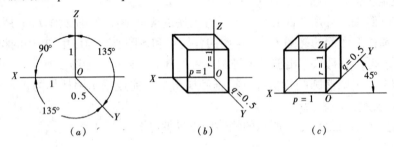

图 2-33 正面斜二测图的轴间角和轴向伸缩系数

2) 画法

由于斜二测图能反映物体正面的实形，所以常被用来表达正面（或侧面）形状较复杂的柱体。画图时应使物体的端面与轴测投影面平行，然后利用端面法求出物体的正面斜二测图。

【例 2-7】 作图 2-34（a）所示拱门的正面斜二测图。

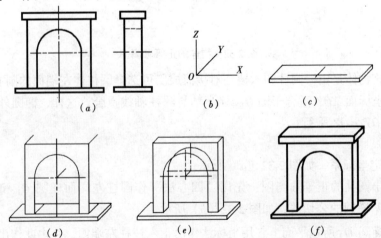

图 2-34 作拱门的正面斜二测图

分析：如图2-34（a）所示，拱门由地台、门身及顶板三部分组成，其中门身的正面形状带有圆弧较复杂，故应将该面作为正面斜二测图中的端面。

作图：

（a）根据分析选取如图2-34（b）所示的轴测轴；

（b）作地台的斜轴测图，并在地面上确定拱门前墙面的位置线，如图2-34（c）所示；

（c）在X轴坐标面上，画出拱门前端面的实形，并过该端面各顶点作OY轴的平行线，如图2-34（d）所示；

（d）沿OY轴方向量取$\frac{y}{2}$，作出与前端面对应的后端面的实形，如图2-34（e）所示；

（e）用同样的方法画出顶板（注意顶板与拱门的相对位置），完成全图，如图2-34（f）所示。

(2) 水平面斜轴测图

1）形成及特点

如图2-35所示，保持物体及其与投影面的位置不变，P平面平行于水平投影面，投影线与P平面倾斜，所得的轴测投影被称为水平面斜轴测图。考虑到建筑形体的特点，习惯上将OZ轴竖直放置，即如图2-35（b）所示。水平面斜轴测图的特点有：

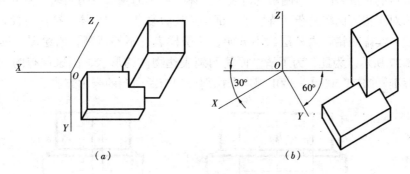

图2-35 水平面斜轴测图

（a）能反映物体上与水平面平行的表面的实形。

（b）其轴间角和轴向伸缩系数分别为：

轴间角：$\angle XOY = 90°$，$\angle YOZ$和$\angle ZOX$则随着投影线与水平面间的倾角变化而变化。通常可令$\angle ZOX = 120°$，则$\angle YOZ = 150°$。

轴向伸缩系数：$p = q = 1$是成立的；当$\angle ZOX = 120°$时，$r = 1$亦成立。

（c）具体作图时，只需将建筑物的平面围绕着OZ轴旋转（通常取逆时针向旋转30°），然后再画高度尺寸即可。

2）画图举例

【例2-8】 作出2-36（a）所示建筑小区的水平斜轴测图。

作图可按下列步骤进行：

（a）将建筑小区的平面布置图2-36（a）旋转到和水平方向成30°角的位置处；

（b）从各建筑物的每一个角点向上引垂线，并在垂线上量取相应的高度，画出建筑物的顶面的投影；

（c）检查后，描粗加深可见轮廓线，完成全图，如图2-36（b）所示。

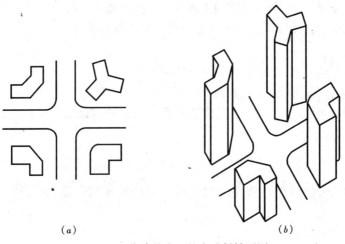

图 2-36 作建筑小区的水平斜轴测图

课题 2　剖面图与断面图

在画形体的正投影图中，制图规范规定形体上可见的轮廓线用实线，不可见的轮廓线用虚线。这对于构造比较复杂（特别是内部构造比较复杂）的物体，往往使投影图中出现较多的虚线，实虚交错，内外层次不分明，使图样表达不够清晰，给绘图、读图带来困难，如图 2-37 所示。为此，为了清晰而简明地表达物体的形状，国家颁布的《房屋建筑制图统一标准》GB/T 50001—2001 规定采用剖面图与断面图的表示方法。

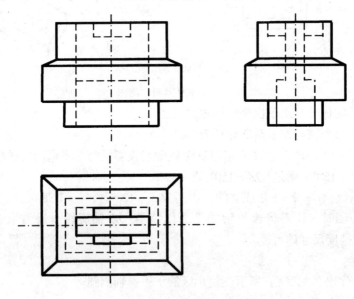

图 2-37　某形体的正投影图

2.1　剖　面　图

2.1.1　剖面图的概念

假想用剖切平面 P 剖开物体，将处在观察者和剖切平面之间的部分移去，而将其余部分向投影面投射所得的图形称为剖面图,如图 2-38 所示。

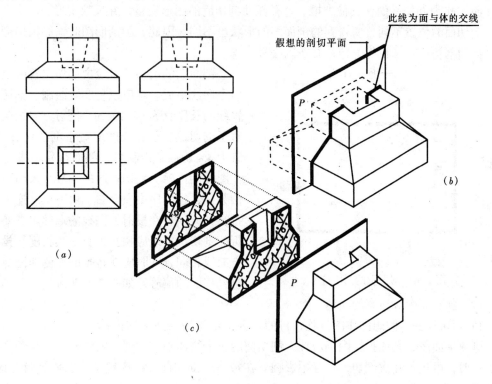

图 2-38 剖面图的形成
(a) 三面投影图;(b) 轴测图;(c) 剖切轴测图

假想用一个通过独立杯形基础前后对称面的平面 P 将基础剖开,把 P 平面前的部分形体移开,将剩下部分向 V 面投影,这样得到的正视图,就是剖面图。剖开基础的平面 P 称为剖切平面。独立杯形基础被剖切后,其内槽不可见的虚线,已变成了粗实线,如图 2-39 所示。

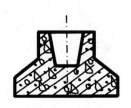

图 2-39 剖面图

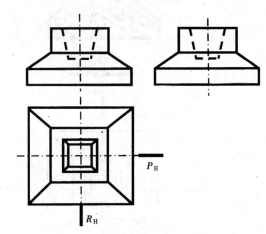

图 2-40 剖切平面位置

2.1.2 剖面图的画法

(1) 剖切位置线及剖切符号

剖切平面的位置可按需要选定,在有对称面时,一般选在对称面上,或通过孔洞中心线,并且平行某一投影面,如图 2-40 所示。若将正面投影画成剖面图,应选平行于 V 面

的前后对称面 P 作为剖切平面；若将侧面投影画成剖面图时，则应选平行于 W 面的左右对称面 R 作为剖切平面，其他类推。这样能使剖切后的图形完整，并反映实形。

剖切面的位置不同，所得到的剖面图的形状也不同。因此，画剖面图时，必须用剖切符号标明剖切位置和投射方向，并予以编号。

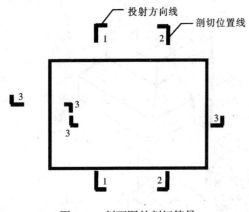

图 2-41 剖面图的剖切符号

剖面图的剖切符号应由剖切位置线及投射方向线组成。均应以粗实线绘制。剖切位置线的长度宜为 6～10mm；投射方向线应垂直于剖切位置线，长度应短于剖切位置线，宜为 4～6mm。绘制时，剖面符号不应与其他图线相接触。剖切符号的编号宜采用阿拉伯数字，按顺序由左至右，由下至上连续编排，并应注写在投射方向线的端部。需要转折的剖切位置线应相互垂直，其长度与投射方向线相同，同时应在转角的外侧加注与该符号相同的编号，如图 2-41 所示。

(2) 画剖面图应注意的问题

1) 剖切是一个假想的作图过程，目的是为了清楚地表达物体内部形状。因此一个投影图画成剖面图，其他投影图仍应按未剖切前的整个物体画出。同一物体若需要几个剖面图表示时，可进行几次剖切，且互不影响。在每一次剖切前，都应按整个物体进行考虑，如图 2-42 所示。

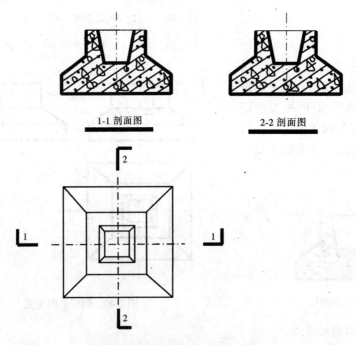

图 2-42 画剖面图应注意的问题

2) 在剖切面与物体接触的部分（即断面图）的轮廓线用粗实线表示，并在该轮廓线围合的图形内画上表示材料类型的图例。常用建筑材料图例，见课题 3 表 2-1。在绘图中，如果未指明形体所用材料，图例可用与水平方向成45°的斜线表示，线型为细实线，且应间隔均匀，疏密适度。

3）对剖切面没有切到但沿投射方向可以看见部分的轮廓线都必须用中粗实线画出，不得遗漏。图 2-43 中为几种常见孔槽的剖面图的画法，图中加"O"的线是初学者容易漏画的，希望引起学员重视。

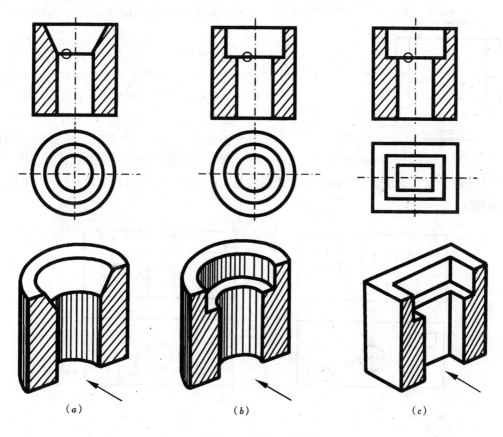

图 2-43 常见孔洞剖面图画法

4）为了保持图面清晰，通常剖面图中不画虚线，但如果画少量的虚线就能减少视图的数量，且所加虚线对剖面图清晰程度的影响也不大时，虚线可以画在剖面图中。

5）剖面图的名称用相应的编号代替，注写在相应的图样的下方，如图 2-42 中图名标注。

(3) 常用的剖切方法

由于物体内部形状变化较复杂，常选用不同数量、位置的剖切平面来剖切物体，才能把它们内部的结构形状表达清楚。常用的剖切方法有用一个剖切面剖切，用两个或两个以上平行的剖切面剖切，用两个相交的剖切面剖切、分层剖切等。

1）用一个剖切平面剖切

这是一种最简单、最常用的剖切方法。适用于一个剖切平面剖切后，就能把内部形状表示清楚的物体。

如图 2-44 所示的台阶，用 1-1 平面剖切后，台阶和侧板的形状在 1-1 剖面图中就清楚

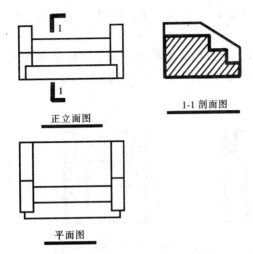

图 2-44 一个剖切平面

2）用两个或两个以上互相平行的剖切平面剖切

有的物体内部结构层次较多，用一个剖切平面剖开物体不能将物体内部全部显示出来，可用两个或两个以上相互平行的剖切平面剖切。

如图 2-45（a）所示的物体，具有三个不同形状和不同深度的孔。平面图虽将孔的形状和位置反映出来了，但各孔的深度不清晰。

如图 2-45（b）所示，如果用三个平行于图 V 面的剖切平面进行剖切，所得到的剖面图，即可表达各孔深度。从图中看出，几个互相平行的平面可以看成将一个剖切平面转折成几个互相平行的平面，因此这种剖切也称为阶梯剖切。

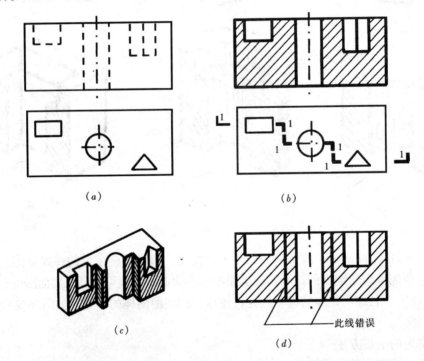

图 2-45 三个平行的剖切平面

采用阶梯剖切画剖面图应注意以下两点：

（a）标注剖切符号时，为使转折的剖切位置线不与其他图线发生混淆，应在转折处的外侧加注与该符号相同的编号，如图 2-45（b）中的平面图所示。

（b）画剖面图时，应把几个平行的剖切平面视为一个剖切平面，在图中，不可画出平行的剖切平面所剖到的两个断面在转折处的分界线，如图 2-45（b）是正确的画法，图

2-45（d）是错误的画法。

3）用两个相交的剖切面剖切

采用两个相交剖切面时，其剖切面的交线应垂直于某一投影面，其中应有一个剖切平面平行于投影面。如图2-46所示的物体，左半部平行于V面，右半部与V面倾斜，采用3-3相交剖切平面剖切，具体位置用剖切符号标注在平面图上。画剖面图是先将不平行投影面部分，绕其两剖切平面的交线，旋转至与投影面平行，然后再投影。剖面图的总长度应为两线段长度之和（$l_1 + l_2$），两剖切平面的交线不画。用此法剖切时，应在图名后注明"展开"字样，并将"展开"二字用括号括起来，以区别于图名。

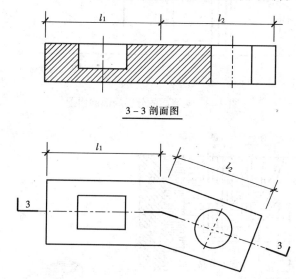

图 2-46 展开剖面图

4）局部剖面图

用剖切平面局部地剖开物体所得的剖面图称为局部剖面图，如图2-47所示。通常局部剖面图画在物体的视图内，且用细的波浪线将其与视图分开。波浪线表示物体断裂处的边界线的投影，因而波浪线应画在物体的实体部分，非实体部分（如孔洞处）不能画，同时也不得与轮廓线重合。

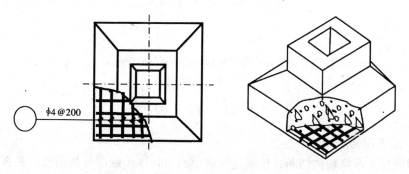

图 2-47 局部剖面图

因为局部剖面图就画在物体的视图内，所以它通常无须标注。

用几个互相平行的剖切平面分别将物体局部剖开，把几个局部剖面图重叠画在一个投影图上，用波浪线将各层的投影分开，这样的剖切称为分层局部剖面图。在建筑工程和装饰工程中，常使用分层剖切法来表达物体各层不同的构造作法。图 2-48 所示的是某墙面的分层局部剖面图，图 2-49 所示的是某楼层地面的分层局部剖面图。

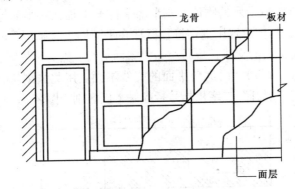

图 2-48　某墙面的分层局部剖面图

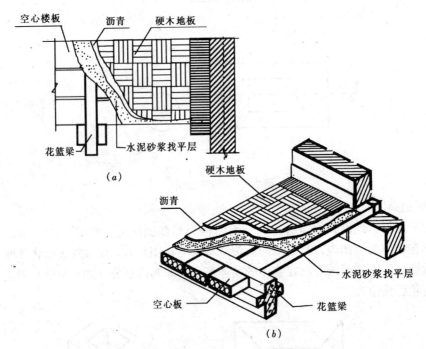

图 2-49　楼层地面分层局部剖面图
(a) 平面图；(b) 直观图

2.2　断　面　图

2.2.1　断面图的概念

假想用剖切平面将物体切断，仅画出该剖切面与物体接触部分的图形，并在该图形内画上相应的材料图例，这样的图形称为断面图，如图 2-50 (b) 中"1-1"、"2-2"即为断面图，图 2-50 (c) 中的"1-1"、"2-2"为剖面图。

比较图 2-50 (b) 和 (c) 可以发现，这两种表达方式虽然都是假想剖切后得到的，

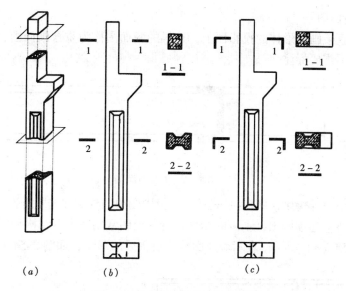

图 2-50 牛腿柱剖面图与断面图
(a) 立体；(b) 断面图；(c) 剖面图

但二者之间存有几点区别：

(1) 所表达形体的对象不同——断面图中只画物体被剖开后的截面投影；而剖面图除了要画出截面的投影，还要画出剖切后物体的剩余部分的投影。

(2) 通常，剖面图可采用多个剖切平面；而断面图一般只使用单一剖切平面。

(3) 引入剖面图的目的是为了表达物体的内部形状和结构；而画断面图的目的则常用来表达物体中某一局部的断面形状。

2.2.2 断面图的画法

(1) 剖切平面位置及剖切符号

断面图的剖切平面的位置可根据要表达物体中某处的断面形状任意选定。

断面图的剖切符号仅用剖切位置线表示，剖切位置线仍用粗实线绘制，长度约 6~10mm。断面图剖切符号的编号宜采用阿拉伯数字，按顺序连续编排，并应注写在剖切位置线的一侧，编号所在的一侧应为该断面的剖视方向，如图 2-51 所示。

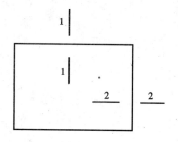

图 2-51 断面图剖切符号

(2) 断面图的画法

1) 移出断面图

将断面图画在物体投影轮廓线之外，称为移出断面图。为了便于看图，移出断面应尽量画在剖切位置线处。断面图的轮廓线用粗实线表示，如图 2-50 (b) 所示。

2) 中断断面图

将断面图画在杆件的中断处，称为中断断面图。适用于外形简单细长的杆件，中断断面图不需要标注，如图 2-52 所示。

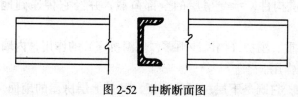

图 2-52 中断断面图

3) 重合断面图

将断面图直接画在形体的投影图上，这样的断面图称为重合断面图，如图 2-53 所示。重合断面一般不需要标注。

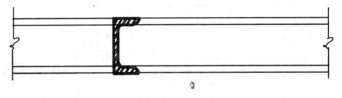

图 2-53　重合断面图

重合断面图的轮廓线用粗实线表示。当投影图中的轮廓线与重合断面轮廓线重合时，投影图的轮廓线应连续画出，不可间断。这种断面图常用来表示结构平面布置图中梁板断面图，如图 2-54（a）所示；表示墙立面装饰折倒后的形状，如图 2-54（b）所示。

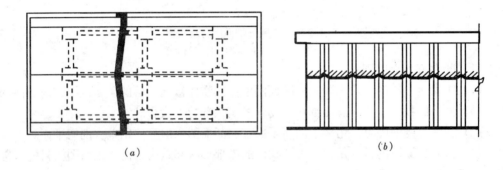

图 2-54　重合断面图
（a）结构平面；（b）墙立面

课题3　建筑工程识图

3.1　概　　述

3.1.1　房屋的组成及作用

建筑物按其使用功能不同，通常分为民用建筑、工业建筑、农业建筑。各类不同的建筑物，尽管它们的使用要求、空间组合、外形处理、结构形式、构造方式及规模大小等各自有着不同的特点，但其构成建筑物的组成部分是相似的，主要部分有基础、墙（或柱）、楼板、屋顶、楼梯和门、窗等。此外，阳台、雨篷、台阶、雨水管、散水等也属于建筑物的次要组成部分，如图 2-55 所示。

基础是指房屋下部埋在土中的承重构件，承受房屋的全部荷载，并经它传递到地下。

墙体分为外墙和内墙，外墙起着承重、围护（挡风沙雨雪，保温抗寒）的作用，内墙起分隔房屋的作用，有的内墙也起承重作用。

楼板在房屋内部用来分隔楼层空间。它既是下层房屋的顶板，又是上层房屋的地面。

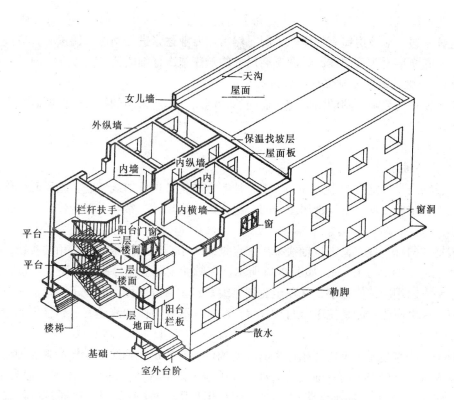

图 2-55 房屋的组成

楼板还起承受上部的荷载并将其传递到支承它的墙或梁上的作用。

屋顶是房屋最上面的覆盖层，由屋面板及板上的保温层、防水层等组成，是房屋上部的围护结构。屋顶上做的坡面、雨水管及泛水等组成排水系统。

内外墙上的窗起着采光、通风和围护作用，为防寒外墙上的窗可做成双层。门、走廊和楼梯等起着沟通房屋内外或楼层之间的交通作用。

内外墙面做有踢脚、墙裙和勒脚等，可起到保护墙身的作用。

3.1.2 建筑施工图的特点及识读方法

（1）施工图的特点

1）施工图中的各种图样，主要是用正投影法绘制的。由于房屋形体较大，图纸幅面有限，所以施工图一般都用缩小的比例绘制。平、立、剖面图可分别单独画出。

2）在用缩小比例绘制的施工图中，对于一些细部构造、配件及卫生设备等就不能如实画出，为此，多采用统一规定的图例或代号来表示。

3）施工图中的不同内容，是采用不同规格的图线绘制的，选取规定的线型和线宽，用以表明内容的主次和增加图面效果。

（2）施工图的识读方法

房屋施工图是用投影理论和各种图示方法综合应用绘制的。因此，要看懂施工图纸的内容，必须掌握作投影图的原理和形体的各种表示方法，要熟识施工图中常用的图例、符号、线型、尺寸和比例的意义，要了解房屋的组成和构造上的一些基本情况。

一套房屋施工图，通常是由几十张，甚至上百张图纸组成的。当我们阅读这些图纸时，应先看图纸目录（首页图），检查和了解这套图纸有多少类别，每类有几张，按目录顺序通读一遍，对该房屋有一概略了解，然后按专业逐张进行阅读。阅读时，应按先整体后局部，先文字说明后图样，先图形后尺寸的顺序依次仔细阅读。

3.1.3 常用的符号及常用材料图例

为了使得房屋施工图的图面统一而简洁，制图标准对常用的符号、图例画法作了明确的规定。

(1) 常用的符号

1) 定位轴线

定位轴线是标定房屋中的基础、墙、柱等承重构件位置的线，它是施工时定位放线和查阅图纸的重要依据。它反映房屋开间、进深的标志尺寸，常与上部构件的支承长度相吻合。

根据"国标"规定，定位轴线采用细点划线表示，轴线编号的圆圈用细实线，直径一般为8mm，详图上为10mm，如图2-56所示。在圆圈内写上编号，平面图上定位轴线的编号，水平方向用阿拉伯数字，从左至右顺序编写；垂直方向用大写拉丁字母，从下至上顺序编写。这里应注意的是拉丁字母中的 I、O、Z 不得用作轴线编号，以免与数字1、0、2混淆。

对于一些与主要承重构件相连系的次要构件，它的定位轴线一般作为附加轴线，编号用分数表示。分母表示前一轴线的编号，分子表示附加轴线的编号，用阿拉伯数字编写，如图2-56 (a) 所示。在画详图时，如一个详图适用于几个轴线时，应同时将各有关轴线的编号注明，如图2-56 (b)、(c)、(d)、(e) 所示。

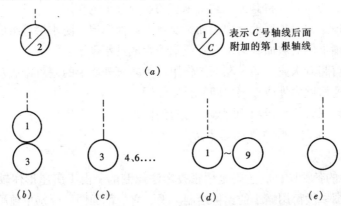

图 2-56 定位轴线的各种注法

(a) 附加轴线；(b) 用于两个轴线时；(c) 用于3个或3个以上轴线时；(d) 用于3个以上连续编号的轴线；(e) 通用详图的轴线号用圆圈，不注写编号

2) 索引符号与详图符号

(a) 索引符号

索引符号是用于查找相关图纸的。当图样中的某一局部或构件未能表达清楚，而需另见详图，以得到更详细的尺寸及构造做法，就要通过索引符号的索引表明详图所在位置，如图2-57 (a) 所示。

索引符号是由直径为10mm的圆和水平直径线组成，圆及水平直径线均应以细实线绘制。索引符号中上、下半圆应进行编号以表明详图的编号和详图所在图纸编号，编号规定为：

① 索引的详图，如与被索引的详图同在一张图纸内，应在索引符号的上半圆中用阿拉伯数字注明该详图的编号，并在下半圆中间画一段水平细实线，如图2-57（b）所示。

② 索引出的详图，如与被索引的详图不在同一张图纸内，应在索引符号的上半圆中用阿拉伯数字注明该详图的编号，在索引符号的下半圆中用阿拉伯数字注明该详图所在图纸的编号，如图2-57（c）所示。

③ 索引出的详图，如采用标准图，应在索引符号水平直径线的延长线上加注该标准图册的编号，在索引符号的上半圆中用阿拉伯数字注明该标准详图的编号，索引符号的下半圆中用阿拉伯数字注明该标准详图所在标准图册的页数，如图2-57（d）所示。

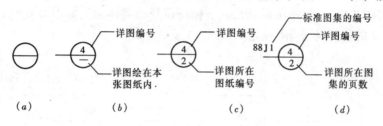

图2-57 索引符号

索引符号如用于索引剖视详图，应在被剖切的部位绘制剖切位置线，并用引出线引出索引符号，如图2-58（a）所示。引出线所在的一侧应为投射方向，如图2-58（a）表示从右向左投影，索引符号的编写与图2-57的规定相同。

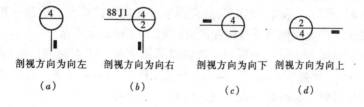

图2-58 局部剖面详图的索引符号

（b）详图符号

详图符号是与索引符号相对应的，用来标明索引出的详图所在位置和编号。详图符号的圆应以直径为14mm的粗实线绘制。

详图符号的编号规定为：

① 详图与被索引的图样同在一张图纸内时，应在详图符号内用阿拉伯数字注明详图的编号，如图2-59（a）所示。

② 详图与被索引的图样不在同一张图纸内，应用细实线在详图符号内画一水平直径线，在上半圆中注明详图编号，在下半圆中注明被索引的图纸的编号，如图2-59（b）所示。

3）标高符号

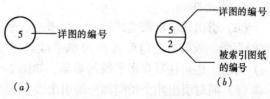

图2-59 详图符号

标高是标注建筑物某一位置高度的一种尺寸形式。标高分为绝对标高和相对标高两种。

（a）绝对标高：以我国青岛黄海海平面的平均高度为零点所测定的标高称为绝对标高。

（b）相对标高：建筑物的施工图上要注明许多标高，如果都用绝对标高，数字就很繁琐，且不易直接得出各部分的高程。因此，一般都采用相对标高作为高程的控制依据，即以建筑物底层室内地面为零点所测定的标高。在建筑设计总说明中要说明相对标高与绝对标高的关系，这样就可以根据当地的水准点（绝对标高）测定拟建工程的底层地面标高。

标高符号为直角等腰三角形，按图 2-60（a）所示形式用细实线绘制。如标注位置不够时，也可按图 2-60（b）所示形式绘制。标高符号的具体画法如图 2-60（c）、（d）所示，其中 h、l 的长度根据需要而定。

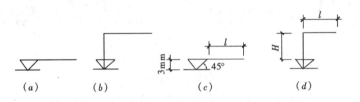

图 2-60　标高符号

总平面图室外地坪标高符号，宜用涂黑的三角形表示，如图 2-61（a）所示，具体画法如图 2-61（b）所示。标高符号的尖端应指至被注高度的位置，尖端一般应向下，也可向上。标高数字应注写在标高符号的左侧或右侧，如图 2-62 所示。

标高的数字以米为单位，注写到小数点以后第三位。零点标高应注写成 ±0.000，正数标高不注"+"，负数标高应注"-"，例如 3.000，-0.600 等。在图纸的同一位置需表示几个不同标高时，标高数字可按图 2-63 的形式注写。

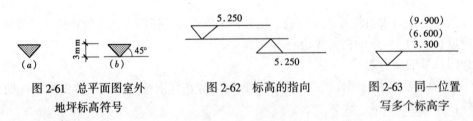

图 2-61　总平面图室外　　图 2-62　标高的指向　　图 2-63　同一位置
地坪标高符号　　　　　　　　　　　　　　　　　　　　写多个标高字

4）引出线

（a）引出线应以细实线绘制，宜采用水平方向的直线，与水平方向成 30°、45°、60°、90°的直线，或经上述角度再折为水平线。文字说明宜注写在水平线的上方，如图 2-64（a）所示，也可注写在水平线的端部，如图 2-64（b）所示。

（b）同时引出几个相同部分的引出线，宜互相平行，如图 2-65（a）所示，也可画成集中于一点的放射线，如图 2-65（b）所示。

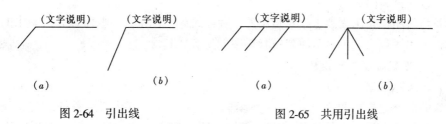

图 2-64 引出线   图 2-65 共用引出线

多层构造或多层管道共用引出线,应通过被引出的各层。文字说明注写在水平线的上方,或注写在水平线的端部,说明的顺序应由上至下,并应与被说明的层次相互一致,如层次为横向排序,其由上至下的说明顺序应与从左至右的层次相互一致,如图2-66(a)、(b)所示。

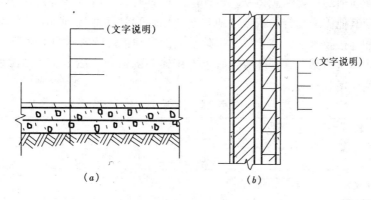

图 2-66 多层构造引出线

5) 其他符号

(a) 对称符号:对称符号由对称线和两端的两对平行线组成。对称线用细点划线绘制;平行线用细实线绘制,其长度宜为 8~10mm,每对的间距宜为 2~3mm;对称线垂直平分于两对平行线,两端超出平行线宜为 2~3mm,如图 2-67 所示。

(b) 连接符号:应以折断线表示需连接的部位。两部位相距过远时,折断线两端靠图样一侧应标注大写拉丁字母表示连接编号。两个被连接的图样必须用相同的字母编号,如图 2-68 所示。

(c) 指北针:指北针是用于表示房屋朝向的。指北针的形状如图 2-69 所示,其圆的直径为 24mm,用细实线绘制;指北针尾部的宽度宜为 3mm,指针头部注"北"或"N"字。需要以较大直径绘制指北针时,指针尾部宽度宜为直径的$\frac{1}{8}$。

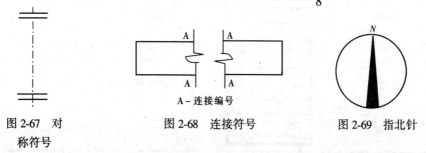

图 2-67 对称符号   图 2-68 连接符号   图 2-69 指北针

(2) 常用材料图例

建筑材料图例是用来表示建筑材料的。在建筑施工图中,一些难以如实画出的建筑材料细部也可用图例来表示。常用建筑材料图例见表2-1。

3.1.4 建筑标准化及模数

(1) 建筑标准化

建筑的标准化包括两个方面,一个是建筑设计标准,包括制定各种法规、规范、标准、定额与指标;另一个是建筑的标准设计,即根据统一的标准,设计通用的构件、配件、单元和房屋。建筑的标准设计问题就是建筑工业化中的设计标准化。

随着建筑工业化的发展,标准设计也朝着专用体系和通用体系的体系化方向发展。专用体系是生产的构配件和生产方式只能适用于某一种或几种定型化建筑的专用构配件及固定的生产方式所建造的成套建筑体系。这种体系虽具有一定的设计专用性和技术先进性,但也存在不能与其他体系配合的缺点(即缺乏通用性和互换性)。通用体系是预制的构配件、配套制品和连接技术均标准化、通用化,是使各类建筑所需的构配件和节点构造可相互换用的商品化建筑体系。这种体系克服了专用体系的缺点,满足了建筑多样化的需求,因而得到广泛的应用。

常用建筑材料图例　　　　表2-1

序号	名称	图例	备注
1	自然土壤		包括各种自然土壤
2	夯实土壤		
3	砂、灰土	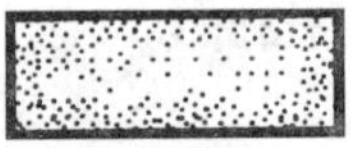	靠近轮廓线绘较密的点
4	砂砾石、碎砖三合土		
5	石材		
6	毛石		
7	普通砖	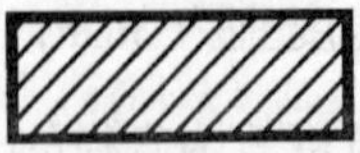	包括实心砖、多孔砖、砌块等砌体。断面较窄不易绘出图例线时,可涂红
8	空心砖		指非承重砖砌体
9	饰面砖		包括铺地砖、锦砖、陶瓷锦砖、人造大理石等
10	耐火砖	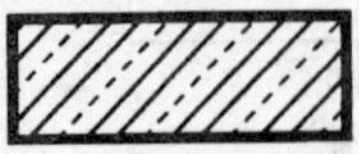	包括耐酸砖等砌体
11	焦渣、矿渣	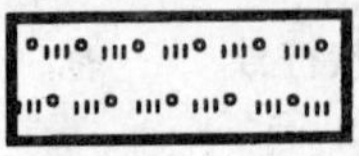	包括与水泥、石灰等混合而成的材料

续表

序号	名称	图例	备注
12	混凝土	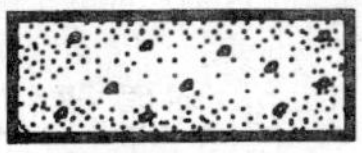	1. 本图例指能承重的混凝土及钢筋混凝土 2. 包括各种强度等级、骨料、添加剂的混凝土 3. 在剖面图上画出钢筋时，不画图例线 4. 断面图形小，不易画出图例线时，可涂黑
13	钢筋混凝土	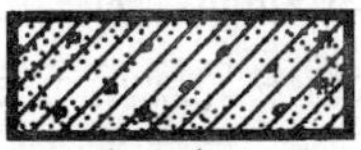	
14	多孔材料		包括水泥珍珠岩、沥青珍珠岩、泡沫混凝土、非承重加气混凝土、软木、蛭石制品等
15	纤维材料		包括矿棉、岩棉、玻璃棉、麻丝、木丝板、纤维板等
16	泡沫塑料材料	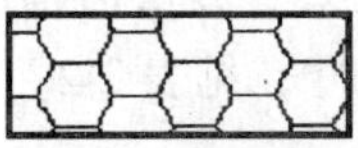	包括聚苯乙烯、聚乙烯、聚氨酯等多孔聚合物类材料
17	木材		1. 上图为横断面，上左图为垫木、木砖或木龙骨 2. 下图为纵断面
18	胶合板		应注明为×层胶合板
19	石膏板	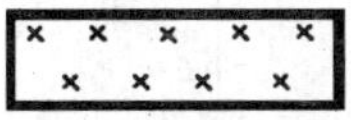	包括圆孔、方孔石膏板、防水石膏板等
20	金属		1. 包括各种金属 2. 图形小时，可涂黑
21	网状材料	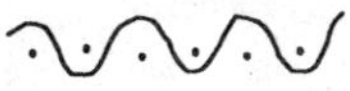	1. 包括金属、塑料网状材料 2. 应注明具体材料名称
22	液体	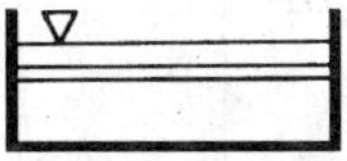	应注明液体名称
23	玻璃		包括平板玻璃、磨砂玻璃、夹丝玻璃、钢化玻璃、中空玻璃、加层玻璃、镀膜玻璃等
24	橡胶		
25	塑料		包括各种软、硬塑料及有机玻璃等
26	防水材料		构造层次多或比例大时，采用上面图例
27	粉刷		本图例采用较稀的点

注：序号1、2、5、7、10、13、14、16、17、18、22、23图例中的斜线、短斜线、交叉斜线等一律为45°。

(2) 建筑模数

为了提高建筑生产的工业化，推行装配式建筑，在建筑设计、制作、安装时，对建筑

53

构配件及其组合，在尺度上进行协调，以求得统一的规则。在尺度协调中，选定某一尺寸单位作为尺度协调的增值单位，称为模数。有了模数的协调，可减少建筑构配件规格，并使各构配件间的组合有较大的灵活性。

我国制定的《建筑模数协调统一标准》GBJ Z—86 规定建筑协调中运用的基本尺寸单位，即基本模数数值为 100mm，符号为 M，1M = 100mm。为了协调建筑中，大至柱距、跨度、层高，小至节点、缝隙等尺寸，协调统一标准中又规定了导出模数，即扩大模数和分模数。基本模数的整数倍为扩大模数，即 $n \cdot M$，基本模数的分数倍为分模数，即 $\frac{M}{n}$。扩大模数的基数为 3M、6M、12M、30M、60M，其相应尺寸为 300、600、1200、3000、6000mm。分模数的基数为 $\frac{1}{10}M$、$\frac{1}{5}M$、$\frac{1}{2}M$，其相应尺寸为 10、20、50mm。

建筑模数要求建筑各部分或构配件的尺寸在某一数量值幅度范围内，选用基本模数、扩大模数、分模数基数的倍数作为设计的标志尺寸，见表 2-2。

模 数 数 列　　　　　表 2-2

基本模数	扩 大 模 数						分 模 数		
1M	3M	6M	12M	15M	30M	60M	$\frac{1}{10}$M	$\frac{1}{5}$M	$\frac{1}{2}$M
100	300	600	1200	1500	3000	6000	10	20	50
100	300						10		
200	600	600					20	20	
300	900						30		
400	1200	1200	1200				40	40	
500	1500			1500			50		50
600	1800	1800					60	60	
700	2100						70		
800	2400	2400	2400				80	80	
900	2700						90		
1000	3000	3000		3000	3000		100	100	100
1100	3300						110		
1200	3600	3600	3600				120	120	
1300	3900						130		
1400	4200	4200					140	140	
1500	4500			4500			150		150
1600	4800	4800	4800				160	160	
1700	5100						170		
1800	5400	5400					180	180	
1900	5700						190		
2000	6000	6000	6000	6000	6000	6000	200	200	200
2100	6300						220		
2200	6600	6600					240		
2300	6900								250
2400	7200	7200	7200				260		

续表

基本模数	扩 大 模 数						分 模 数		
1M	3M	6M	12M	15M	30M	60M	$\frac{1}{10}$M	$\frac{1}{5}$M	$\frac{1}{2}$M
2500	7500			7500			280		
2600		7800					300		300
2700		8400	8400				320		
2800		9000		9000	9000		340		
2900		9600	9600						350
3000				10500			360		
3100			10800				380		
3200			12000	12000	12000	12000	400		400
3300				15000					450
3400				18000	18000				500
3500				21000					550
3600					24000	24000			600
					27000				650
					30000	3000			700
					33000				750
					36000	36000			800
									850
									900
									950
									1000

设计中一般对门窗洞口、构配件、建筑制品及建筑的开间、进深、层高尺寸用1M、3M、6M 模数基数及其扩大模数数列。在构造节点、构配件断面以及小件构件制品尺寸用 $\frac{1}{10}$M、$\frac{1}{5}$M、$\frac{1}{2}$M 模数基数及其分模数数列。

3.2 建筑工程识图

3.2.1 建筑图

建筑施工图是用来说明房屋建造的规模、外部造型、内部布置、细部构造的图纸,是房屋施工放线、砌筑、安装门窗、室内外装修和编制施工概预算及施工组织计划的主要依据。

建筑施工图主要包括:设计说明、门窗表、总平面图、建筑平面图、建筑立面图、建筑剖面图以及建筑详图等。

设计说明主要是对建筑施工图上未能详细表达的内容,如设计依据、工程概论、构造做法、用料选择等,用文字加以说明。此外,还包括防火专篇等一些有关部门要求明确说明的内容。设计说明一般放在一套施工图的首页。

总平面图是指表明新建房屋及其周围环境的水平投影图。它表示出新建房屋的平面形状、位置、朝向、与周围地形、地物的关系等。总平面图是新建房屋定位、施工放线、土方施工及有关专业管线布置和施工总平面布置的依据。

(1) 建筑平面图

1) 建筑平面图的形成

建筑平面图实际上是把房屋用一个假想的水平剖切平面，沿门、窗洞口部位（指窗台以上，过梁以下的空间）水平切开，移出剖切平面以上的部分，把剖切平面以下的物体投影到水平面上，所得的水平剖面图，即为建筑平面图，简称平面图。图 2-70 ~ 图 2-72 所示为某宿舍楼的建筑平面图。

2) 建筑平面图的用途

建筑平面图主要表示房屋的平面形状，内部布置及朝向。在施工过程中，它是放线、砌墙、安装门窗、室内装修及编制预算的重要依据，是施工图中的重要图纸。

3) 建筑平面图常用图例

由于建筑平面图的绘图比例较小，所以一些细部构造和配件只能用图例表示。常用建筑构造及配件图例见表 2-3。

4) 建筑平面图的数量及内容分工

一般来说，房屋有几层，就应画出几个平面图，并在图的下方注明该层的图名，如底层平面图、二层平面图、三层平面图……、顶层平面图。但在实际建筑设计中，多层建筑往往存在许多平面布局相同的楼层，对于这些相同的楼层可用一个平面图来表达，该图称为"标准层平面图"或"× ~ ×层平面图"。另外，还应绘制屋顶平面图。

常用建筑构造及配件图例　　　　表 2-3

序号	名称	图例	备注
1	墙体		应加注文字或填充图例表示墙体材料，在项目设计图纸说明中列材料图例表并说明
2	隔断		(1) 包括板条抹灰、木制、石膏板、金属材料等隔断； (2) 适用于到顶与不到顶隔断
3	楼梯	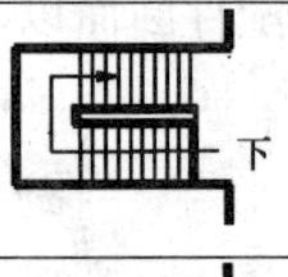	1. 上图为顶层楼梯平面图，中图为中间层楼梯平面，下图为底层楼梯平面图 2. 楼梯及栏杆扶手的形式和梯段踏步数应按实际情况绘制
4	坡道	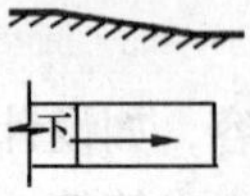	上图为长坡道，下图为门口坡道

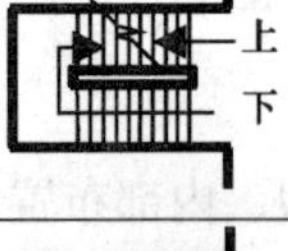

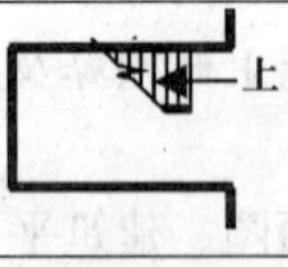

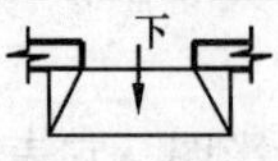

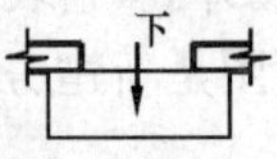

续表

序号	名称	图例	备注
5	平面高差	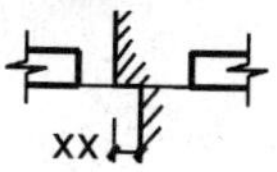	适用于高差小于100的两个地面或露面相接处
6	检查孔		左图为可见检查孔，右图为不可见检查孔
7	孔洞		阴影部分可以涂色代替
8	坑槽		
9	墙预留洞	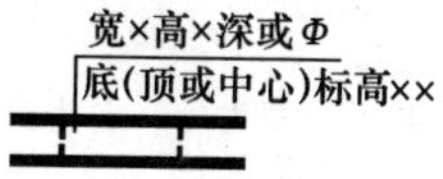 宽×高×深或Φ 底(顶或中心)标高××	1. 以洞中心或洞边定位 2. 宜以涂色区别墙体和留洞位置
10	墙预留槽	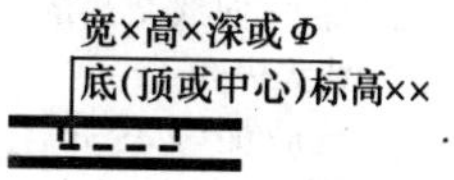 宽×高×深或Φ 底(顶或中心)标高××	
11	空门洞	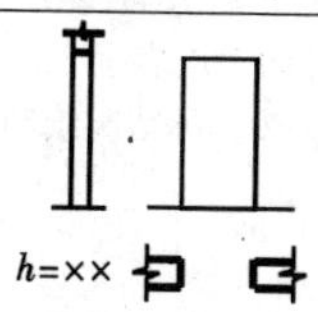 h=××	h 为门洞高度
12	单扇门（包括平开或单面弹簧）	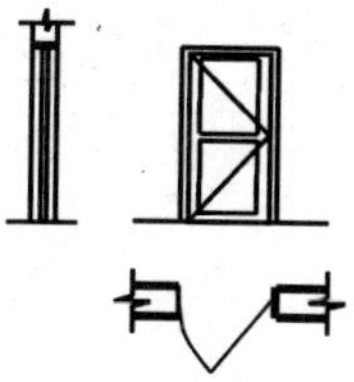	
13	双扇门（包括平开或单面弹簧）	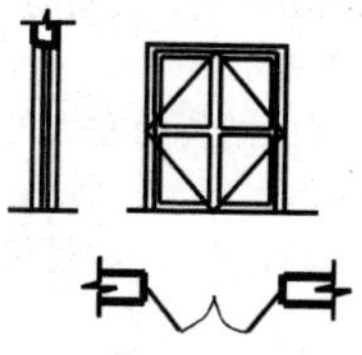	1. 图例中剖面图左为外、右为内，平面图下为外、上为内 2. 立面图上开启方向线交角的一侧为安装铰链的一侧，实线为外开，虚线为内开 3. 平面图上门线应90°或45°开启，启弧线宜绘出 4. 立面图上的开启方向线在一般设计图中可不表示，在详图及室内设计图上应表示 5. 立面形式应按实际情况绘制
14	对开折叠门	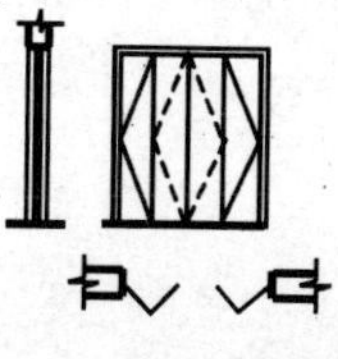	

续表

序号	名称	图例	备注
15	推拉门		1. 图例中剖面图左为外、右为内，平面图下为外、上为内 2. 立面形式应按实际情况绘制
16	墙外双扇推拉门		
17	单扇双面弹簧门	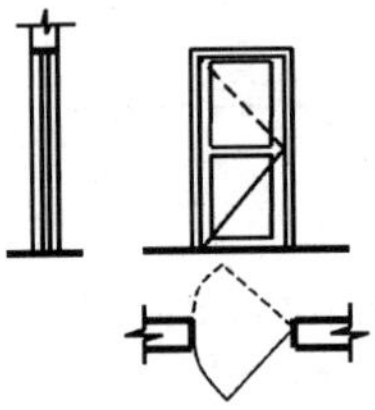	1. 图例中剖面图左为外、右为内，平面图下为外、上为内 2. 立面图上开启方向线交角的一侧为安装铰链的一侧，实线为外开，虚线为内开 3. 平面图上门线应 90°或 45°开启，开启弧线宜绘出 4. 立面图上的开启方向线在一般设计图中可不表示，在详图及室内设计图上应表示 5. 立面形式应按实际情况绘制
18	双扇双面弹簧门		
19	单层外开平开窗	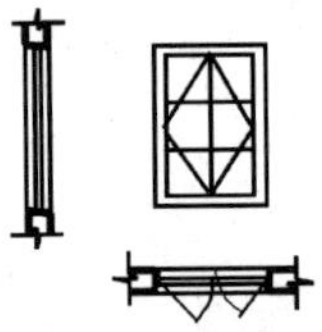	1. 立面图中的斜线表示窗的开启方向，实线为外开，虚线为内开，开启方向线，交角的一侧为安装铰链的一侧，一般设计图中可不表示 2. 图例中，剖面图所示左为外、右为内，平面图所示下为外、上为内 3. 平面图和剖面图上的虚线仅说明开启方式，在设计图中不需表示 4. 窗的立面形式应按实际情况绘制 5. 小比例绘图时，平、剖面的窗线可用单粗线表示
20	双层内外开平开窗		
21	推拉窗		

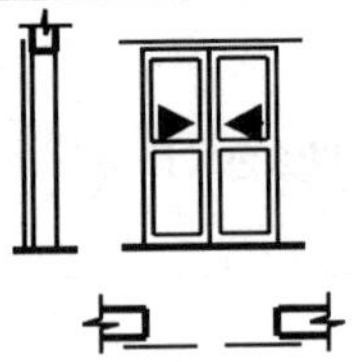

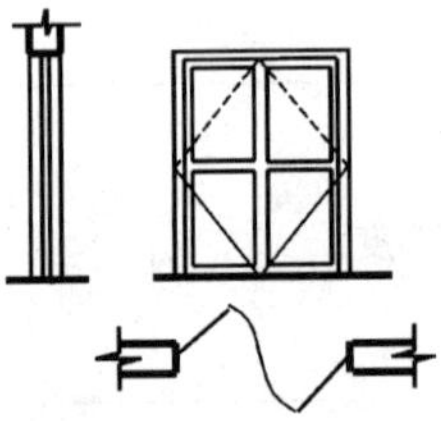

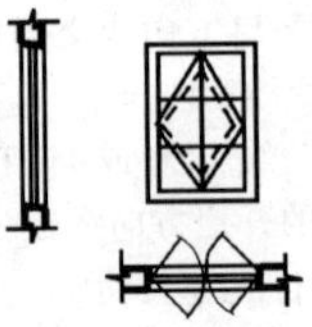

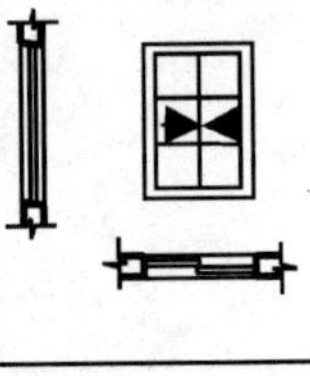

序号	名称	图例	备注
22	上推拉窗		
23	高窗		H 为窗底距本层楼地面的高度

（a）底层平面图

底层平面图也叫一层平面图或首层平面图。它是指±0.000地坪所在的楼层的平面图。它除表示该层的内部形状外，还画有室外的台阶、花池、散水和雨水管的形状和位置，以及剖面的剖切符号，如图2-70中的1-1、2-2剖切符号，以便与剖面图对照查阅。为了更加精确地确定房屋的朝向，在底层平面图上应加注指北针，其他层平面图上不再标出。

（b）中间标准层平面图

中间标准层平面图除表示本层室内形状外，还需要画上本层室外的雨篷、阳台等。

（c）顶层平面图

顶层平面图也可用相应的楼层数命名，其图示内容与中间层平面图的内容基本相同。

（d）屋顶平面图

屋顶平面图是指将房屋的顶部单独向下所作的俯视图，主要是用来表达屋顶形式、排水方式及其他设施的图样。

5）建筑平面图的内容及阅读方法

（a）看图名、比例。了解该图层数及绘图比例。绘制建筑平面图的比例用1：50、1：100、1：200、1：300，常用1：100。

（b）看图中定位轴线编号及其间距。从中了解各承重构件的位置及房间的大小，以便于施工时定位放线和查阅图纸。定位轴线的标注应符合"建筑制图标准"的规定。

（c）看房屋平面形状和内部墙的分隔情况。从平面图的形状与总长、总宽尺寸，可计算出房屋的用地面积，从图中墙的分隔情况和房间的名称，可了解到房屋内部各房间的分布、用途、数量及其相互间的联系情况。

（d）看平面图的各部分尺寸。平面图中标注的尺寸分内部尺寸和外部尺寸两种，主要反映建筑物中房间的开间、进深的大小、门窗的平面位置及墙厚、柱的断面尺寸等。

外部尺寸：外部尺寸一般标注三道尺寸。最外一道尺寸为总尺寸，表示建筑物的总长、总宽，即从一端外墙皮到另一端外墙皮的尺寸。中间一道尺寸为定位尺寸，表示轴线尺寸，即房间的开间与进深尺寸。最里一道为细部尺寸，表示各细部的位置及大小，如外墙门窗的大小及其与轴线的平面关系。

内部尺寸：是用来标注内部门窗洞口的宽度及位置、墙身厚度以及固定设备大小和位置等，一般用一道尺寸线表示。

（e）看楼地面标高。平面图中标注的楼地面标高为相对标高，且是完成面的标高，一般在平面图中地面或楼面有高度变化的位置都应标注标高。

（f）看门窗的位置、编号和数量。图中门窗除用图例画出外还应注写门窗代号和编号。门窗的代号通常用汉语拼音字母门的字头"M"表示，窗的代号通常用汉语拼音字母窗的字头"C"表示，并分别在代号后面写上编号，用以区别门窗类型，统计门窗数量，如 M-1、M-2 和 C-1、C-2…等。

为便于施工，一般情况下，在首页图上或在本平面图内，附有一门窗表，列出门窗的编号、名称、尺寸、数量及其所选标准图集的编号等内容。

（g）在底层平面图中，看剖面的剖切符号及指北针。了解剖切部位，了解建筑物朝向。

(2) 建筑立面图

1) 建筑立面图的形成

建筑立面图是在与建筑物立面平行的投影面上所作的正投影图，简称立面图。

2) 建筑立面图的用途

立面图主要用于表示建筑物的体型和外貌；表示立面各部分配件的形状及相互关系；表示立面装饰要求及构造做法等。

3) 建筑立面图的命名与数量

房屋有多个立面，为便于与平面图对照阅读，每一个立面图下都应标注立面图的名称。立面图名称的标注方法为：对于有定位轴线的建筑物，宜根据两端的定位轴线号编注立面图名称，如①~⑨轴立面图等；对于无定位轴线的建筑物可按平面图各面的朝向确定名称，如南立面图等。

平面形状曲折的建筑物，可绘制展开立面图。圆形或多边形平面的建筑物，可分段展开绘制立面图，但均应在图名后加注"展开"二字。

立面图的数量是根据房屋各立面的形状和墙面的装修要求决定的。当房屋各立面造型不同，墙面装修不同，就需要画出所有立面图。

4) 立面图的内容与阅读方法

（a）看图名、比例。了解该图与房屋哪一立面相对应及绘图的比例。立面图的绘图比例与平面图绘图比例一致。

（b）看房屋立面的外形、门窗、檐口、阳台、台阶等形状及位置。在建筑物立面图上，相同的门窗、阳台、外檐装修、构造做法等可在局部重点表示，绘出其完整图形，其余部分只画轮廓线。

（c）看立面图中的标高尺寸。立面图中的尺寸宜标注必要的尺寸和标高。需要注写标高尺寸的有室内外地坪、檐口、屋脊、女儿墙、雨篷、门窗、台阶等部位。

（d）看房屋外墙表面装修的做法和分格线等。在立面图上，外墙表面分格线应表示清楚，应用文字说明各部位所用面材和颜色。

(3) 建筑剖面图

1) 建筑剖面图的形成

假想用一个平行于投影面的剖切平面，将房屋剖开，移去观察者与剖切平面之间的房屋部分，作出剩余部分的房屋的正投影，所得图样称为建筑剖面图，简称剖面图。

2）建筑剖面图的用途

建筑剖面图主要表示房屋的内部结构、分层情况、各层高度、楼面和地面的构造以及各配件在垂直方向上的相互关系等内容。在施工中，可作为进行分层、砌筑内墙、铺设楼板、铺设屋面板和内装修等工作的依据，是与平、立面图相互配合的不可缺少的重要图样之一。

3）建筑剖面图的剖切位置及数量

剖面图的剖切部位，应根据图样的用途或设计深度，在平面图上选择能反映全貌、构造特征以及有代表性的部位剖切。

在一般规模不大的工程中，房屋的剖面图通常只有一个。当工程规模较大或平面形状较复杂时，则要根据实际需要确定剖面图的数量，也可能是两个或几个。

4）建筑剖面图的内容及阅读方法

（a）看图名、比例。根据图名与底层平面图对照，确定剖切平面的位置及投影方向，从中了解该图所画出的是房屋的哪一部分的投影。剖面图的绘图比例通常与平面图、立面图一致。

（b）看房屋内部的构造、结构形式和所用建筑材料等内容，如各层梁板、楼梯、屋面的结构形式、位置及其与墙（柱）的相互关系等。

（c）看房屋各部位竖向尺寸。图中竖向尺寸包括高度尺寸和标高尺寸。高度尺寸应标出房屋墙身垂直方向分段尺寸，如门窗洞口、窗间墙等的高度尺寸；标高尺寸主要是注出室内外地面、各层楼面、阳台、楼梯平台、檐口、屋脊、女儿墙、雨篷、门窗、台阶等处的标高。

（d）看楼地面、屋面的构造。在剖面图中表示楼地面、屋面的多层构造时，通常用通过各层的引出线，按其构造顺序加文字说明来表示，有时也将这一内容放在墙身剖面详图中表示。

(4) 建筑详图

由于建筑平、立、剖面图一般采用较小比例绘制，许多细部构造、尺寸、材料和做法等内容很难表达清楚。为了满足施工的需要，常把这些局部构造用较大比例绘制成详细的图样，这种图样称为建筑详图，有时也称为大样图或节点图。详图的比例常用 1:1、1:2、1:5、1:10、1:20、1:50 几种。

建筑详图可以是平、立、剖面图中某一局部的放大图，也可以是某一局部的放大剖面图。对于某些建筑构造或构件的通用做法，可采用国家或地方制定的标准图集（册）或通用图集（册）中的图纸，一般在图中通过索引符号注明，不必另画详图。

建筑详图包括墙身剖面图和楼梯、阳台、雨篷、台阶、门窗、卫生间、厨房、内外装修等详图。

现以墙身剖面详图和楼梯详图为例说明建筑详图的图示内容及特点。

1）墙身剖面详图

（a）墙身剖面详图的形成

墙身剖面详图通常是由几个墙身节点详图组合而成的。它实际上是建筑剖面图的局部放大图。主要用以详细表达地面、楼面、屋面和檐口等处的构造，楼板与墙体的连接形式，以及门窗洞口、窗台、勒脚、防潮层、散水和雨水口等的细部做法。

（b）墙身剖面详图的用途

墙身剖面详图与平面图配合，作为砌墙、室内外装修、门窗立口的重要依据。

（c）墙身剖面详图的内容及阅读方法

墙身剖面详图可根据底层平面图的剖切线的位置和投影方向来绘制，也可在剖面图的墙身上取各节点放大绘制。常用绘图比例为1∶20。为了简化作图、节约图纸，通常将窗洞中部用折断符号断开。对一般的多层建筑，当中间各层的情况相同时，可只画底层、顶层和一个中间层即可，但在标注标高时，应在中间层的节点处标注出所代表的各中间层的标高。墙身剖面详图的内容及阅读方法为：

①看图名，了解所画墙身的位置；

②看墙身与定位轴线的关系；

③看各层梁、板的位置及与墙身的关系；

④看各层地面、楼面、屋面的构造做法；

⑤看门窗立口与墙身的关系；

⑥看各部位的细部装修及防水防潮做法，如散水、防潮层、窗台、窗檐等；

⑦看各主要部位的标高、高度尺寸及墙身突出部分的细部尺寸。

2）楼梯详图

楼梯一般由梯段、平台、栏杆（栏板）和扶手三部分组成。楼梯详图主要表示楼梯的结构形式、构造、各部分的详细尺寸、材料和做法，是楼梯施工放样的主要依据。

楼梯详图包括楼梯平面图、楼梯剖面图和踏步、栏杆（栏板）、扶手等详图。

（a）楼梯平面图

楼梯平面图的形成同建筑平面图一样，假设用一水平剖切平面在该层往上行的第一楼梯段中剖切开，移去剖切平面及以上部分，将余下的部分按正投影的原理投射在水平投影面上所得到的图，称为楼梯平面图。为此，楼梯平面图实际是建筑平面图中楼梯间部分的局部放大，绘制比例常用1∶50。

楼梯平面图一般分层绘制，有底层平面图、中间层平面图和顶层平面图。如果中间各层中某层的平面布置与其他层相差较多，应专门绘制。

需要说明的是，按假设的剖切面将楼梯剖切开，折断线本应该平行于踏步线，为了与踏步的投影区别开，规定画为斜折断线。并用箭头配合文字"上"或"下"表示楼梯的上行或下行方向，同时注明梯段的步级数。楼梯的上行或下行方向是以楼层平台为参照点的。

楼梯间的尺寸要求标注轴间尺寸、梯段的定位及宽度、休息平台的宽度、踏步宽度以及平面图上应标注的其他尺寸。标高要求注出楼面、地面及休息平台的标高。

（b）楼梯剖面图

楼梯剖面图的形成同建筑剖面图相同，用一个假想的铅垂的剖切平面，沿各层的一个梯段和楼梯间的门窗洞口剖开，向另一个未剖切的梯段方向投影，所得到的剖面图称为楼梯剖面图，如图2-81所示。楼梯剖面图的剖切符号应标注在楼梯底层平面图上。

在楼梯剖面图中，应反映楼层、梯段、平台、栏杆等构造及其之间的相互关系。标注出各层楼（地）面的标高，楼梯段的高度及其踏步的级数和高度。楼梯段高度通常用踏步

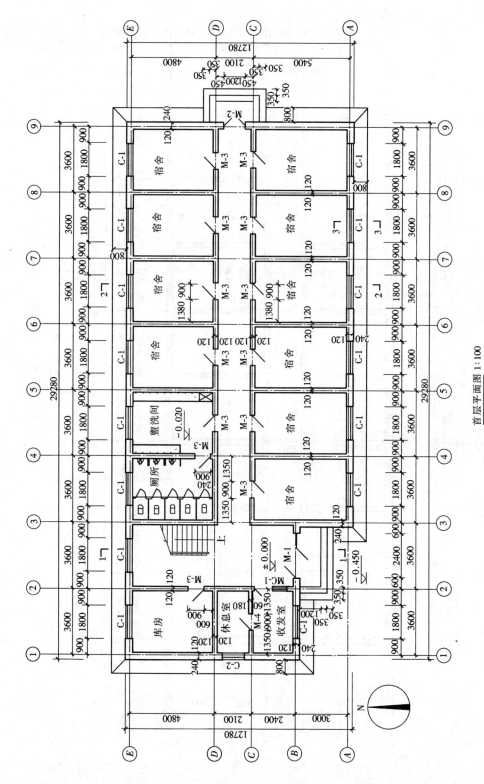

图 2-70 底层平面图

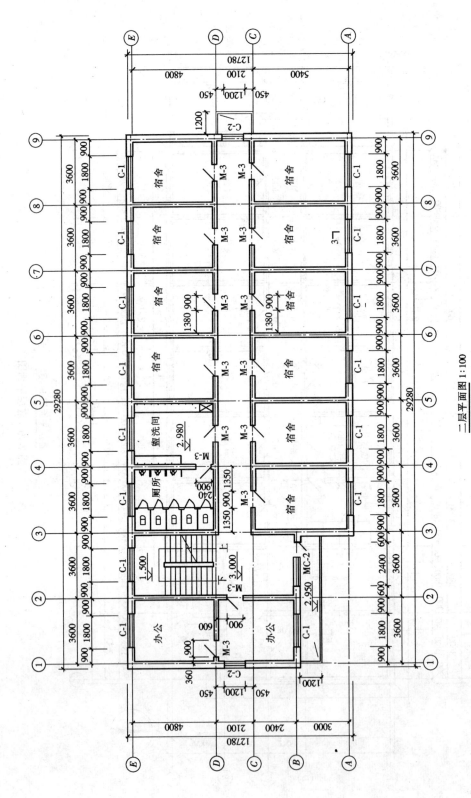

图 2-71 标准层(中间层)平面图

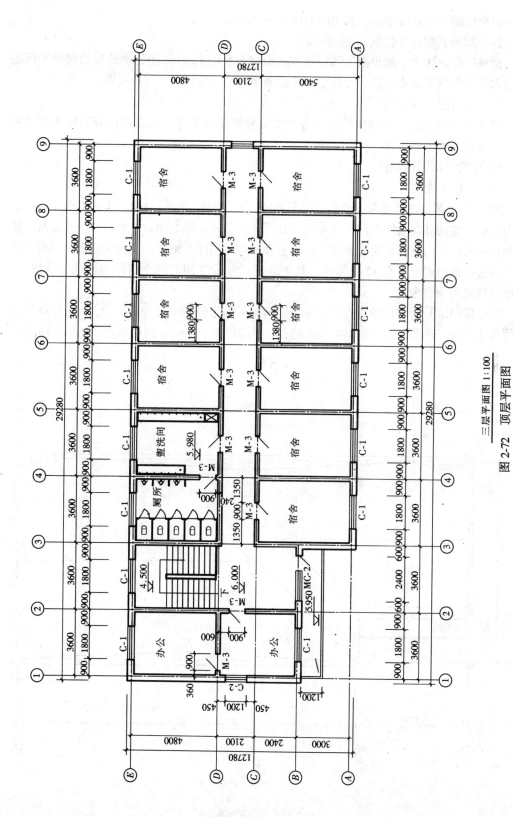

图 2-72 三层平面图 1:100　顶层平面图

的级数乘以踏步的高度表示，如 10×150mm=1500mm。

(c) 踏步、栏杆（栏板）、扶手详图

楼梯栏杆、扶手、踏步面层和楼梯节点的构造在用 1:50 绘图比例绘制的楼梯平面图和剖面图中仍然不能表示得十分清楚，还需要用更大比例画出节点放大图。

(5) 建筑图识读案例

图 2-70～图 2-82 为某新建学生宿舍楼的部分建筑施工图，现以该部分图样为例说明各图样的识读内容和方法。

1) 建筑平面图的阅读

(a) 底层平面图

图 2-70 为某新建学生宿舍楼的底层平面图。其绘图比例为 1:100，从图中指北针可以看出该宿舍楼的朝向为南北向，主要入口在西南角②～③轴之间，室外设有三步台阶，楼梯间正对入口，门厅左侧是收发室、值班室和库房。门厅右侧的东西向走道端头设有次要出入口，走道两侧分布有 12 个房间，其中北侧③～⑤之间的两个房间为盥洗室和厕所，其他各房间均为宿舍。

图中横向编号的定位轴线有①～⑨，竖向编号的定位轴线有Ⓐ～Ⓔ。各房间的开间均为 3.60m，进深为 5.40m 和 4.80m 两种，外墙厚为 370mm，内墙厚为 240mm，房间总

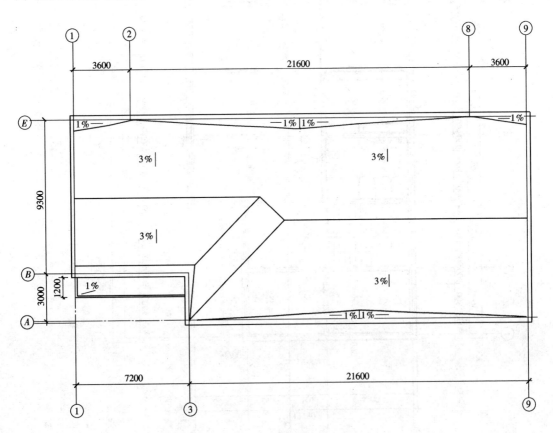

屋顶平面图 1:100

图 2-73 屋顶平面图

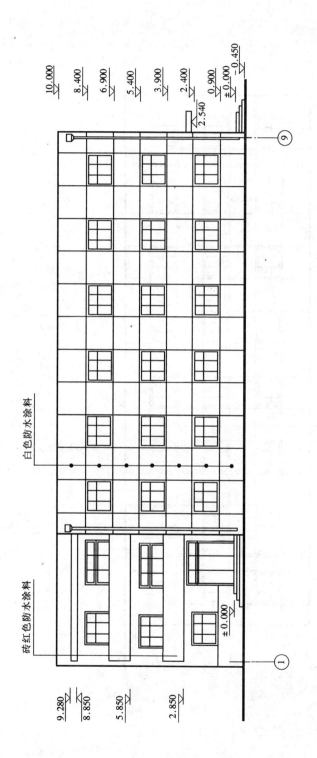

图 2-74 南立面图

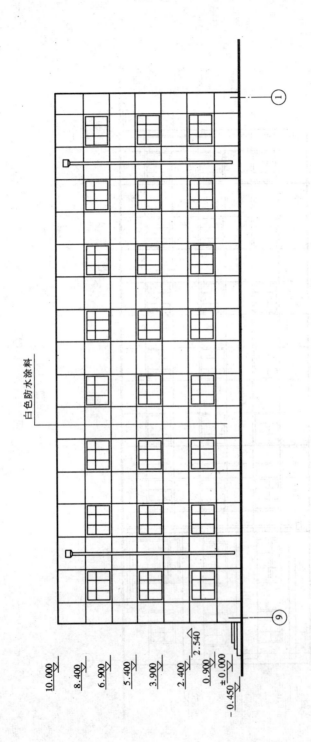

图 2-75 ⑨～①立面图 1:100 北立面图

长29.28m，总宽12.78m。由门窗编号可知该层门的类型有四种，编号为M-1、M-2、M-3、M-4，窗的类型有两种，编号为C-1、C-2。

该房屋室内地面相对标高为±0.000，厕所、盥洗室的地面相对标高为-0.020，低于室内地面20mm。从图中还可了解室内楼梯、各种卫生设备的配置和位置情况，以及室外台阶、散水的大小与位置。

（b）中间层平面图

图2-71为某新建学生宿舍楼的二层平面图。房屋内部的房间与底层基本相同，不同处是有了办公室，它们与底层收发室、休息室、库房上下对应。在楼梯表达上，不但有上行梯段的部分踏步，还有下行梯段的部分踏步，并画有出入宿舍楼两个门口顶上与外墙连接的阳台和雨篷。该层地面相对标高为3.000m，厕所、盥洗室的地面相对标高为2.980m，阳台地面相对标高为2.950m。

（c）顶层平面图

图2-72为某新建学生宿舍楼的顶层平面图。内容与二层基本相同，不同处是楼梯间表示了三层楼面下到二层楼面两梯段的完整投影。

（d）屋顶平面图

图2-73为新建学生宿舍楼的屋顶平面图。该宿舍楼屋脊线与纵向平行，屋面坡度为3%，纵向坡度2%，共设四个雨水管，采用女儿墙外排水。

2）建筑立面图的阅读

图2-74～图2-77为某新建学生宿舍楼的立面图，现以图2-74①～⑨立面图为例说明立面图的内容和阅读方法。从图中可看到立面图比例1:100，该房屋为三层，平顶屋面，还可看出房屋西南角主要出入口大门的式样，台阶、阳台等形状。从图中所标注的标高能够看出房屋室内外地面高差为0.45m，房屋最高处标高为10.00m，窗台、窗檐等处标高如图2-74～图2-77所示。

从立面图中引出的文字说明中，可知南立面外墙面的装饰材料为白色防水涂料，阳台、雨篷为砖红色防水涂料。图2-75～图2-77所示内容，学员可自己阅读。

3）建筑剖面图的阅读

图2-78为某新建学生宿舍楼的1-1剖面图。从图名和轴线编号与底层平面图上的剖切位置和轴线编号相对照，可知1-1剖面图是从②～③轴线间通过门厅、楼梯间剖切的，移去房屋④～⑨轴线部分，将剩下房屋①～③轴线部分向左投影所得到的。从图中可看出房屋的层数为三层，屋顶形式为平屋顶，屋顶四周有女儿墙。首层地面标高为

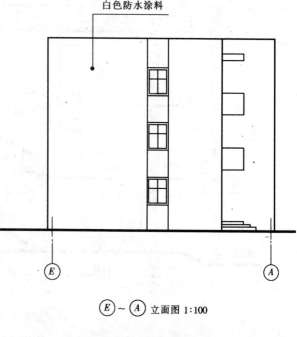

图2-76 西立面图

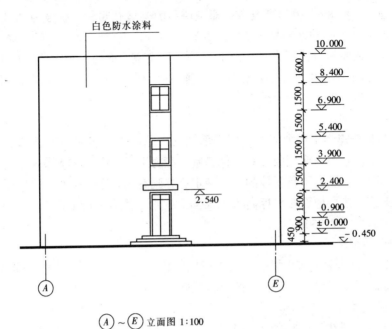

图 2-77 东立面图

±0.000,室内二、三层楼地面标高是 3.000、6.000,屋顶楼板上皮标高是 9.000。收发室、库房、办公室的门高为 2400mm,各个门窗标高如图 2-78 所示。

该剖面图没有标明地面、楼面、屋顶的做法,这些内容将在墙身剖面详图中表示。

4) 建筑详图的阅读

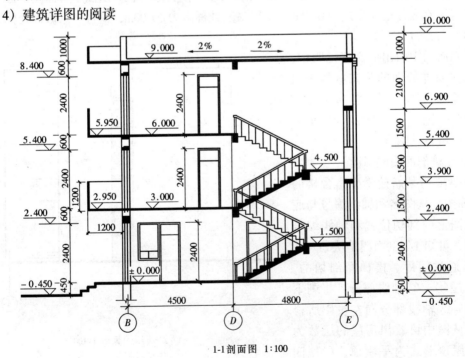

图 2-78 建筑剖面图

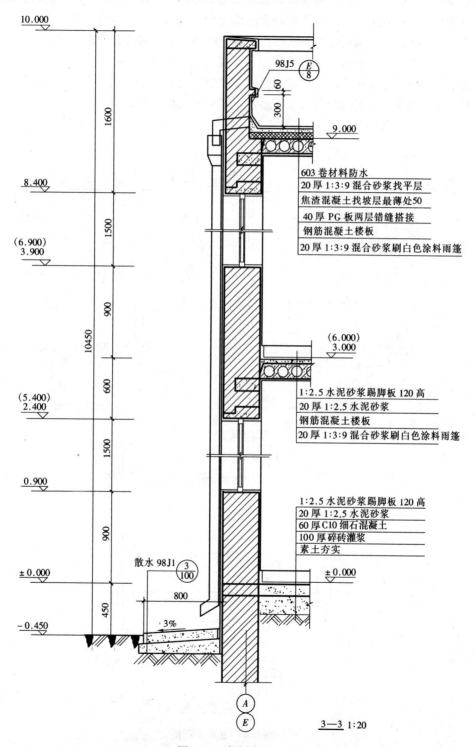

图2-79 墙身详图

(a) 墙身剖面详图

图 2-79 为墙身剖面详图。该图详细表明了墙身从墙脚到屋顶面之间各节点的构造形式及做法。从图中可看到该建筑物的散水宽为 800mm，坡度为 3%。具体做法：防潮层做法为细石钢筋混凝土带，设置位置与室内地面垫层同高。在二层楼面节点上，可以看到楼面的构造，所用预制钢筋混凝土空心板，放置在横墙上，楼面做法通过多层构造引出线表示。窗洞口上部设置钢筋混凝土 L 形过梁。女儿墙厚为 240mm，高 1000mm，顶部设钢筋混凝土压顶梁，屋面做法也是通过多层构造引出线表示。屋面泛水构造采用标准图集。从图中可看到墙身内外表面装饰的断面形式、厚度及所用材料等。

(b) 楼梯详图

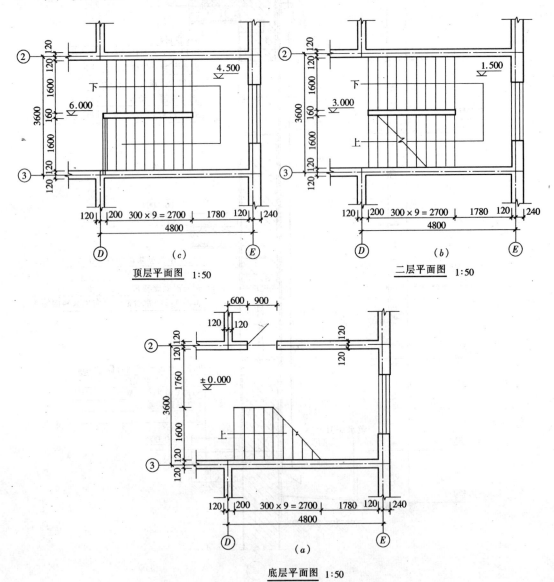

图 2-80 楼梯平面图
(a) 底层平面图；(b) 二层平面图；(c) 顶层平面图

图 2-80（a）是底层平面图，从图中可以看到从底层通向二层的第一梯段为 10 级踏步，其水平投影应为 9 个踏面宽，投影长度为 9×300mm=2700mm。

图 2-80（b）是二层平面图，既画出了二层到三层被剖切到的上行梯段，又画出了剖开后看到的二层到底层的下行梯段。图中上 20 表示从二层到三层的踏步数，下 20 表示从二层到一层的踏步数。每一梯段投影长均为 9×300mm=2700mm。

图 2-80（c）是顶层平面图，与其他楼层不同的是顶层的梯段没有被剖切，因此，可以看到完整的楼梯及栏杆的投影，图中还表明了顶层护栏位置。

在楼梯平面图中，可清楚的看到平面的各部位尺寸。楼梯间的开间、进深尺寸为 3600mm 和 4800mm，每层梯段起步尺寸为 200mm，平台宽为 1780mm，梯段宽为 1600mm，两梯段之间的距离（即楼梯井）为 160mm 等。图中标高为楼面及休息平台处的标高。

图 2-81 为楼梯剖面详图。从图中能看出该楼房的层数为三层，共有四个梯段，每个梯段均为 10 个踏步。每个踏步的尺寸都是宽为 300mm，高为 150mm，扶手高度为 900mm。剖面图中注明地面、平台、楼面的标高为 ±0.000、1.500、3.000、4.500、6.000。

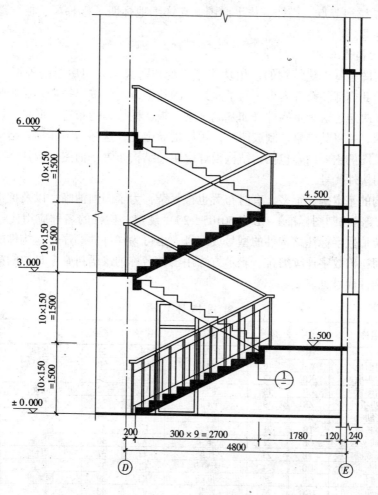

图 2-81 楼梯剖面图

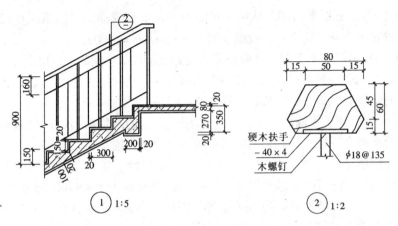

楼梯节点、栏杆、扶手详图

图 2-82 楼梯节点详图

图 2-82 是楼梯节点、栏杆、扶手详图，它详细地标明了楼梯梁、板、踏步、栏杆和扶手的细部构造。

3.2.2 结构施工图

建筑施工图是基于建筑物的使用功能，美观和防火，表明房屋的外形、内部平面布置、细部构造和内部装修等内容。为了建筑物的安全，还应按建筑各方面的要求进行力学与结构计算，决定建筑承重构件（如基础、梁、板、柱等）的布置、形状、尺寸和详细设计的构造要求，并将其结果绘制成图样，用以指导施工，这样的图样称为结构施工图。

结构施工图的主要内容包括：结构设计说明、结构布置平面图、构件详图等。

（1）常用构件代号

房屋结构的基本构件很多，有时布置也很复杂，为了图面清晰，以及把不同的构件表示清楚，《建筑结构制图标准》GB/T 50105—2001 规定：构件的名称应用代号来表示，代号后应用阿拉伯数字标注该构件的型号或编号，也可为构件的顺序号。构件的顺序号采用不带角标的阿拉伯数字连续编排。表示方法用构件名称的汉语拼音字母中的第一个字母表示。常用的构件代号见表 2-4。

常用构件代号　　　　　　　表 2-4

序号	名称	代号	序号	名称	代号	序号	名称	代号
1	板	B	15	吊车梁	DL	29	基础	J
2	屋面板	WB	16	圈梁	QL	30	设备基础	SJ
3	空心板	KB	17	过梁	GL	31	桩	ZH
4	槽形板	CB	18	连系梁	LL	32	柱间支撑	ZC
5	折板	ZB	19	基础梁	JL	33	水平支撑	SC
6	密肋板	MB	20	楼梯梁	TL	34	垂直支撑	CC
7	楼梯板	TB	21	檩条	LT	35	梯	T
8	盖板或沟盖板	GB	22	屋架	WJ	36	雨篷	YP
9	挡雨板或檐口板	YB	23	托架	TJ	37	阳台	YT
10	吊车安全走道板	DB	24	天窗架	CJ	38	梁垫	LD
11	墙板	QB	25	框架	KJ	39	预埋件	M
12	天沟板	TGB	26	刚架	GJ	40	天窗端壁	TD
13	梁	L	27	支架	ZJ	41	钢筋网	W
14	屋面梁	WL	28	柱	Z	42	钢筋骨架	G

注：预应力钢筋混凝土构件代号，应在构件代号前加注"Y—"，例如 Y—KB 表示预应力钢筋混凝土空心板。

(2) 钢筋混凝土构件的图示方法和尺寸注法

1) 基本知识

钢筋混凝土在建筑工程中是一种应用极为广泛的建筑材料。它由力学性能完全不同的钢筋和混凝土两种材料组合而成。混凝土是由水泥、砂子、石子和水按一定比例拌合而成。凝固后的混凝土如同天然石材，具有较高的抗压强度，但抗拉强度却很低，容易因受拉而断裂。而钢筋的抗压、抗拉强度都很高，但价格昂贵且易腐蚀。为了解决混凝土受拉易断裂的矛盾，充分利用混凝土的受压能力，常在混凝土构件的受拉区域内加入一定数量的钢筋，使混凝土和钢筋结合成一个整体，共同发挥作用，这种配有钢筋的混凝土称为钢筋混凝土。

用钢筋混凝土制成的梁、板、柱、基础等称为钢筋混凝土构件。

(a) 常用钢筋符号

钢筋按其强度和品种分成不同等级。普通钢筋一般采用热轧钢筋，符号见表2-5。

常 用 钢 筋 符 号　　　　　　　　　表 2-5

种　类		强度等级	符号	强度标准值 f_{yk}/（N/mm²）
热轧钢筋	HPB235（Q235）	Ⅰ	Φ	235
	HRB335（20MnSi）	Ⅱ	Φ	335
	HRB400（20MnSiV、20MnSiNb、20MnTi）	Ⅲ	Φ	400
	RRB400（K20MnSi）	Ⅲ	Φ	400

(b) 钢筋的名称和作用

配置在钢筋混凝土构件中的钢筋，按其作用可分为以下几种，如图2-83（a）、（b）、（c）所示。

①受力筋——构件中承受拉、压应力的钢筋。用于梁、板、柱等各种钢筋混凝土构件。

②箍筋——构件中承受剪力和扭力的钢筋，同时用来固定纵向钢筋的位置，一般用于梁或柱中，如图2-83（a）、（c）所示。

③架立筋——它与梁内的受力筋一起构成钢筋的骨架，如图2-83（a）所示。

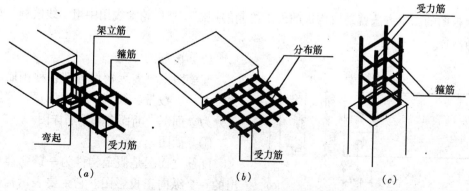

图 2-83　钢筋混凝土构件的钢筋配置

(a) 钢筋混凝土简支梁；(b) 钢筋混凝土板；(c) 钢筋混凝土柱

④分布筋——它与板内的受力筋一起构成钢筋的骨架,如图2-83(b)所示,应与受力筋垂直布置。

⑤构造筋——因构件的构造要求和施工安装需要配置的钢筋。架立筋和分布筋也属于构造筋。

为保持构件中的钢筋与混凝土粘结牢固和保护钢筋不被锈蚀,钢筋的外缘到构件表面应留有一定的厚度作为保护层。根据钢筋混凝土结构设计规范规定,梁、柱的保护层最小厚度为25mm,板和墙的保护层厚度为10~15mm。

构件中若采用光圆钢筋,一般为了加强钢筋与混凝土的粘结力,在钢筋的两端常做成弯钩;带螺纹的钢筋与混凝土的粘结力强,故两端不必弯钩。钢筋弯钩如图2-84所示。

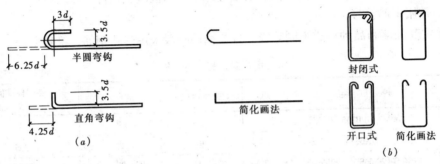

图 2-84 钢筋的弯钩
(a) 受力筋的弯钩;(b) 箍筋的弯钩

2) 图示方法

钢筋混凝土构件图是加工制作钢筋、浇筑混凝土的依据,其内容包括模板图、配筋图、预埋件详图及钢筋明细表等。

(a) 模板图

模板图是为浇筑构件的混凝土绘制的。主要表达构件的外形尺寸、预埋件的位置、预留孔洞的大小和位置。对于外形简单的构件,一般不必单独绘制模板图,只需在配筋图中把构件的尺寸标注清楚即可。对于外形较复杂或预埋件较多的构件,一般要单独画出模板图。

模板图的图示方法就是按构件的外形绘制的视图。外形轮廓线用中粗实线绘制,如图2-85所示。

(b) 配筋图

配筋图主要表示构件内部各种钢筋的形状、大小、数量、级别和排放位置。配筋图又分为立面图、断面图和钢筋详图。

①立面图

配筋立面图是假定构件为一透明体而画出的一个纵向正投影图。它主要表示构件内钢筋的立面形状及其上下排列位置。构件轮

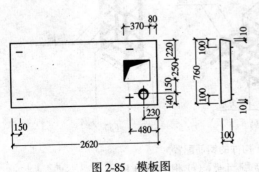

图 2-85 模板图

廓用细实线表示，钢筋用粗实线表示。当钢筋的类型、直径、间距均相同时，可只画出其中的一部分，其余可省略不画。如图2-86中箍筋的表示方式。

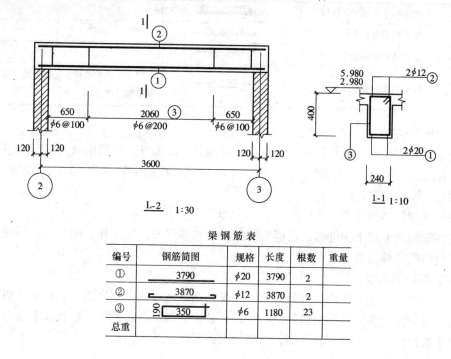

图2-86 钢筋混凝土简支梁配筋图

②断面图

配筋断面图是构件的横向剖切投影图。它主要表示构件内部钢筋的上下和前后配置情况以及箍筋形状等内容。一般在构件断面形状或钢筋数量、位置有变化之处，均应画一断面图。构件断面轮廓线用细实线表示，钢筋横断面用黑点表示。

③钢筋详图

钢筋详图是按《建筑结构制图标准》GB/T 50105—2001 规定的图例画出的一种示意图。它能表示钢筋的形状，并便于施工和编制预算。同一编号的钢筋只画一根，并注出钢筋的编号、数量（或间距）、等级、直径及各段的长度和总尺寸。

结构施工图中常见的钢筋图例见表2-6。

钢筋图例　　　　　表2-6

序号	名　称	图　例	说　明
1	钢筋横断面		
2	无弯钩的钢筋端部		下图表示长、短钢筋投影重叠时，短钢筋的端部用45°斜划线表示
3	带半圆形弯钩的钢筋端部		
4	带直钩的钢筋端部		
5	带丝扣的钢筋端部		
6	无弯钩的钢筋搭接		

续表

序号	名称	图例	说明
7	带半圆率钩的钢筋搭接		
8	带直钩的钢筋搭接		
9	花篮螺钉钢筋接头		
10	机械连接的钢筋接头		用文字说明机械连接的方式（或冷挤压或锥螺纹等）

④钢筋的编号

为了区分钢筋的等级、形状、大小，应将钢筋予以编号。钢筋编号是用阿拉伯数字注写在直径为 6mm 的细实线圆圈内，并用引出线指到对应的钢筋部位。同时，在引出线的水平线段上注出钢筋标注内容。

（c）预埋件详图

在浇筑钢筋混凝土构件时，可能需要配置一些预埋件，如吊环、钢板等。预埋件详图可用正投影图或轴测图表示。

（d）钢筋明细表

为了便于编造施工预算，统计用料，在配筋图中还应列出钢筋表，表内应注明构件代号、构件数量、钢筋编号、钢筋简图、直径、长度、数量、总数量、总长和重量等。对于比较简单的构件，可不画钢筋详图，只列钢筋表即可。

3）尺寸注法

在图中为了区分各种类型，不同直径和数量的钢筋，要求对图中所示的各种钢筋加以标注。一般采用引出线方式标注，其尺寸标注有下面两种形式：

（a）标注钢筋的根数、种类和直径，如梁内受力筋和架立筋。

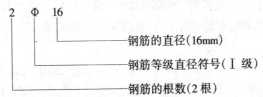

（b）标注钢筋的种类、直径和相邻钢筋的中心距离，如梁内箍筋和板内钢筋。

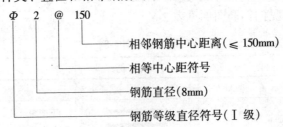

(3) 结构平面图

结构平面图是表示建筑物各层楼面及屋顶承重构件布置的图样。主要表达各层梁、板、柱、墙、门窗过梁、圈梁等承重构件的布置情况和现浇板的构造及配筋，以及它们之间的结构关系，它分为楼层结构平面图和层顶结构平面图，两者的图示内容和图示方法基本相同。

1) 楼层结构布置平面图的形成

楼层结构布置平面图是假想用一水平剖切平面,沿每层楼板面将建筑物水平剖开,移去剖切平面上部建筑物后,向下作水平投影所得到的水平剖面图。它主要是用来表示每层的梁、板、柱、墙等承重构件的平面布置。一般房屋有几层,就应画出几个楼层结构布置平面图。对于结构布置相同的楼层,可画一个通用的结构布置平面图,如图2-89所示。

2) 楼层结构布置平面图的用途

楼层结构布置平面图是安装梁、板等各种楼层构件的依据,也是计算构件数量、编制施工预算的依据。

3) 楼层结构布置平面图的内容与阅读方法

(a) 看图名、轴线、比例。了解所表示的楼层及绘图比例。

(b) 看预制楼板的平面布置及其标注。在平面图上,预制楼板应按实际布置情况用细

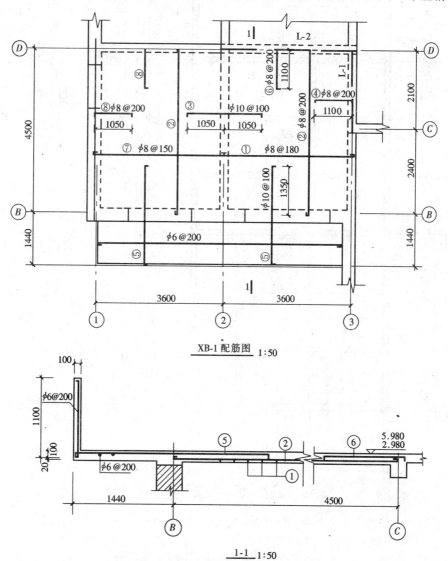

图2-87 钢筋混凝土现浇板配筋图

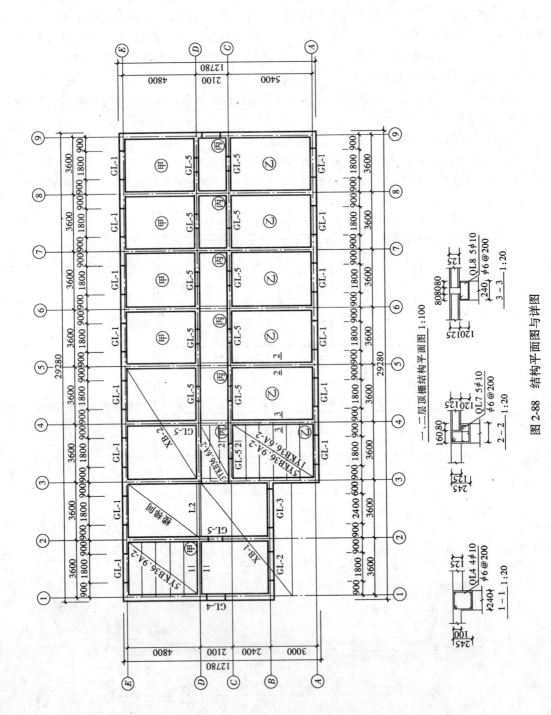

图 2-88 结构平面图与详图

实线表示。表示方法为，在布板的区域内用细实线画一对角线并注写板的数量和代号。目前各地标注构件代号的方法不同，应注意按选用图集中的规定代号注写。一般应包含：数量、标志长度、板宽、荷载等级等内容。图 2-88 在③~④轴线间的房间标注有 5Y-KB36·9A-2。该代号各字母、数字的含义为：

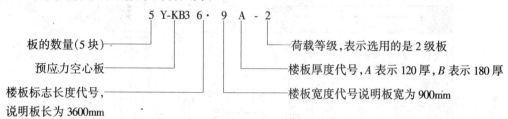

当多个开间的板的布置相同时，可只画出一个开间内板的布置情况，其他与之相同的开间用同一名称表示即可。

为了清楚地表达楼板与墙体（或梁）的构造关系，通常还要画出节点剖面放大图，以便于施工。

(c) 看现浇楼板的布置。现浇楼板在结构平面图中表示方法有两种。一种是直接在现浇板的位置处绘出配筋图，并进行钢筋标注；另一种是在现浇板范围内画一对角线，并注写板的编号，该板配筋另有详图。如图 2-87 中的 XB-1 的配筋详图如图 2-87 所示。

(d) 看楼板与墙体（或梁）的构造关系

在结构平面图中，配置在板下的圈梁、过梁、梁等钢筋混凝土构件轮廓线可用中虚线表示，也可用单线（粗虚线）表示，并应在构件旁侧标注其编号和代号，如图 2-88 中的 GL-1。为了清楚地表达楼板与墙体（或梁）的构造关系，通常要画出节点剖面放大图，以便于施工，如图 2-88 所示。

(4) 结构图识读案例

1) 钢筋混凝土简支梁

图 2-86 是钢筋混凝土简支梁的配筋图，它是由立面图、断面图和钢筋详图组成。识读内容如下：

(a) 看图名、比例。L-2 配筋图是一简支梁，比例 1:30。

(b) 看梁的立面图和断面图。立面图表示梁的立面轮廓，长度尺寸以及钢筋在梁内上下左右的配置。断面图表示梁的断面形状、宽度、高度尺寸和钢筋上下前后的排列情况。将 L-2 的立面图和断面图 1-1 对照阅读，就会看到该梁的长为 3840mm，宽为 240mm，高为 400mm。两端搭入墙内 240mm。梁的下部配置了两根受力钢筋，其编号为①，直径 20mm，Ⅱ级钢筋。两根编号为②的架立筋，配置在梁的上部，直径 12mm，Ⅰ级钢筋。③号钢筋是箍筋，直径 6mm，Ⅰ级钢筋，间距 1000mm 和 200mm。

(c) 看钢筋详图。钢筋详图表明了钢筋的形状、编号、根数、等级、直径、各段长度和总长度等。如②钢筋两端带弯钩，其上标注的 3870mm 是指梁的长度（3840mm），减去两端保护层的厚度（2×25mm），两弯钩长度（2×6.25mm×6mm）钢筋的下料长度 $L = 3870$mm。①钢筋总长 $L = 3790$mm。箍筋尺寸按钢筋的内皮尺寸计算。

(d) 看钢筋表。钢筋表中列出各种钢筋的编号、形状、级别、直径、根数、长度和重量。

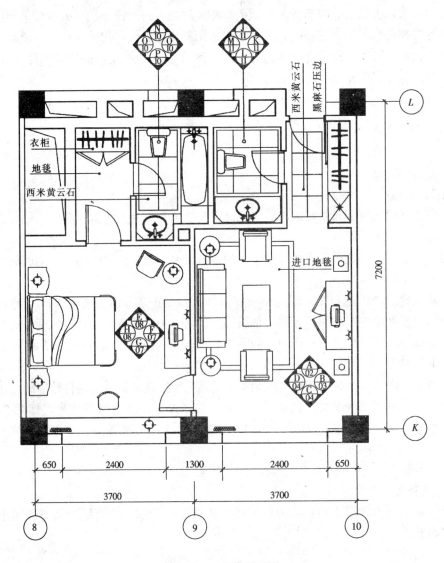

图 2-89 二间套平面图

2) 钢筋混凝土板

图 2-87 是现浇钢筋混凝土板的配筋图,它由平面图、剖面图和钢筋详图组成。识读内容包括:

(a) 看图名、比例。XB-1 配筋图是一双向板,且外跨为悬臂阳台板,比例 1:50。

(b) 看板的平面图和剖面图。平面图表示板的外形,长度尺寸以及钢筋在板中的配置。剖面图表示板的厚度,钢筋的配置情况。平面图与剖面图对照阅读,可看出该板,板下皮双向配置 $\phi8@150$、$\phi8@180$ 和 $\phi8@200$ 钢筋,支座处在板上皮配置 $\phi8@200$ 盖筋。阳台板在上皮配置 $\phi10@100$ 钢筋。钢筋形状、长度在图中已表明。

(c) 看钢筋详图。内容同梁(略)。

(d) 看钢筋明细表。内容同梁(略)。

3) 楼层结构布置平面图

图 2-88 是某新建学生宿舍楼二层楼层结构平面图和结构剖面图。识读内容：

(a) 看图名、比例。了解这是二层结构平面图，比例 1:100。

(b) 看轴线、预制板的平面布置及编号。如③~④轴线间的房间内标注有 5Y-KB36·9A-2 和 1Y-KB36·6A-2。由此可知该房间布置 5 块 3600mm 长，900mm 宽，120mm 厚，2 级预应力空心板和 1 块 3600mm 长，600mm 宽，120mm 厚，2 级预应力空心板。图 2-88 中，Ⓐ~Ⓒ轴间有六个开间内注有 乙，表示它们具有相同的楼板布置方式，即 5Y-KB36·9A-2 和 1Y-KB36·6A-2。Ⓓ~Ⓔ轴间有 5 个开间内注有 甲，表示它们具有相同的布置方式，即每间均布 5Y-KB36·9A-2。

在节点放大图中，可看出楼板的底面标高为 5.860m，墙的厚度为 120mm 及楼板与墙之间的搭接关系。

(c) 看梁的位置及编号。图中 GL 为过梁。门窗过梁代号为 GL-1、GL-2 等。

(d) 看现浇钢筋混凝土板的布置和代号。图中厕所间、门厅、阳台为现浇板，编号为 XB-1、XB-2 等。

(e) 看现浇板配筋图。阅读内容见钢筋混凝土板现浇板配筋图。

3.2.3 装饰工程施工图简介

装饰施工图是装饰施工的"技术语言"，是装饰工程造价的重要依据；是把建筑装饰工程设计人员的设计意图付诸实施的依据；是工程施工人员从事材料选择和技术操作的依据以及工程验收的依据。

装饰施工图与建筑施工图密切相关，因为装饰施工图必须依赖建筑的施工图，所以装饰施工图和建筑施工图既有相似之处又有不同之处，两者既有联系又有区别。装饰施工图主要反映的是"面"，即外表的内容，但构成和内容较复杂，多用文字或其他符号作为辅助说明，而对结构构件及内部组成反映得较少。在学习了建筑施工图的内容后，对装饰施工图原则性的知识已经大致掌握。

(1) 室内装饰施工图内容及常用图例符号

1) 室内装饰施工图的内容

室内装饰施工图是在一般建筑工程图的基础上更详细地表达出空间效果，图示了家具、设施、织物、摆设、绿化的布置以及"墙面、地面、顶面"装修做法。它一般包括装饰平面图、装饰立面图、顶棚平面图、装饰详图和家具图等。

2) 装饰施工图中常用图例符号

在室内装饰施工图中，对于家具、设施、织物、绿化、摆设物，应按照相应的比例绘制其轮廓线，并加文字说明，对于一些常用家具、设施等可采用简单的作图法和符号来表示，见表 2-7 ~ 表 2-9。

家具、摆设物及绿化图例　　　　表 2-7

序号	名　称	符　号	备　注
1	双人床		原则上所有家具在设计中按比例画出

续表

序号	名称	符号	备注
2	单人床		
3	沙发		
4	凳椅		选用家具，可根据实际情况绘制其造型
5	桌		
6	钢琴		
7	吊柜		
8	地毯		满铺地毯在地面用文字说明
9	雕塑		
10	花盆		
11	环境绿化		乔木
12	金属网隔断		
13	玻璃、木隔断		注明材料
14	其他家具	长板凳　酒柜	其他家具可在矩形或实际轮廓中用文字说明
15	投影符号	A　B	箭头方向表示该方向投影图，圆圈内的字母表示投影面的编号

卫生间、厨房设备符号　　　　　表 2-8

序号	名称	符号	备注
1	浴盆	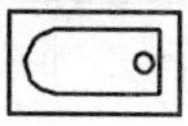	
2	坐便		
3	蹲便	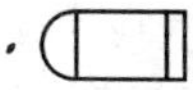	
4	小便池		
5	盥洗盆		
6	污水槽	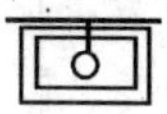	
7	淋浴器		
8	取水栓	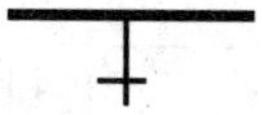	
9	洗衣机		
10	散热器	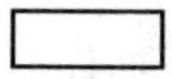 HR	
11	热水器		
12	地漏		
13	空调器	ACU	
14	灶	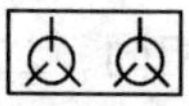	其他设备可绘出外轮廓线加文字说明

电器、接线符号　　　　　表 2-9

序号	名称	符号	备注
1	开关	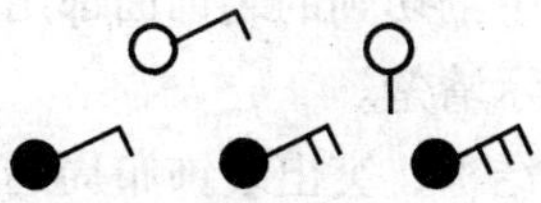	涂黑为暗装，不涂黑为明装
2	插座	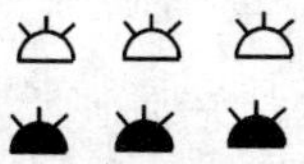	

续表

序号	名称	符号	备注
3	电线		
4	地板出线口		
5	配电盘		
6	电话		
7	电视	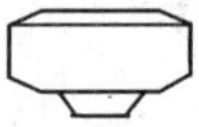	
8	电风扇		
9	吊灯		
10	吸顶灯		1. 有吊顶的设计中灯的位置及吊灯的组合式样可在顶棚平面图中表示及说明
11	荧光管灯	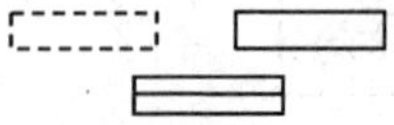	2. 无吊顶设计吊灯可在平面图中表示位置
12	日光灯带		
13	壁灯	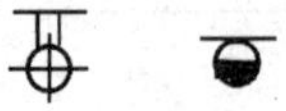	

(2) 装饰平面图

室内设计制图的中心是平面图,因为平面图清楚地表示了空间的整体的布置,是整个装修设计的关键,是指导装饰施工的主要依据。

1) 平面图的图示方法

室内平面图与建筑平面图的投影原理基本相同,二者的重要区别是所表达的内容不完全相同。建筑平面图用于反映建筑基本结构,而装饰平面图在反映建筑基本结构的同时,主要反映地面装饰材料、家具和设备等布局,以及相应的尺寸和施工说明,如图 2-89 所示为某招待所的豪华二间套平面图。

为了不使图纸过于复杂,在平面图上剖切到的装饰面都用两条细实线表示,并加以文字说明,而细部结构则在装饰详图中表示清楚。

装饰平面图,一般都采用简化建筑结构,突出装饰布局的画图方法,对结构用粗实线或涂黑表示。

2) 平面图的内容及阅读方法

现以图 2-89 为例说明图示内容与阅读方法。

（a）看定位轴线及编号。明确装饰空间在建筑空间内的平面位置及其与建筑结构的相互关系尺寸；

（b）看装饰空间的平面结构形式，平面形状及长宽尺寸；

（c）看门窗的位置、平面尺寸、门的开启方向及墙柱的断面形状及尺寸；

（d）看室内家具、设施（如电器设备、卫生间设备等）、织物、摆设（如雕像等）、绿化、地面铺设等平面布置的具体位置、规格和要求；

（e）看平面图上的投影符号。了解投影图的编号和投影方向，进一步查阅各投影方向的立面图；

（f）看平面图中的文字说明。明确各装饰面的结构材料及饰面材料的种类、品牌和色彩要求，了解装饰面材料的衔接关系。

(3) 装饰立面图

在室内设计中，平面图仅仅表示家具、设施、织物、摆设、绿化的平面空间位置，而它们的竖向空间关系则应由立面图反映。因此室内设计的立面图是必不可少的。

1) 立面图的图示方法

室内设计的立面图实际上就是对建筑物室内某个方向剖切后的正投影，用以表明建筑内墙面门窗各种装饰图样、相关尺寸、相关位置和选用的装饰材料等。从本质上讲，它就是建筑设计中的剖面图，只是表现的重点不同，各剖切面的位置及投影符号均在装饰平面图上标出，如图 2-89 中投影符号所示位置。

2) 立面图的内容与阅读方法

图 2-90、图 2-91 为图 2-89 豪华二间套房的 F 立面图和 H 立面图。现以二立面图为例，说明图示内容与阅读方法。

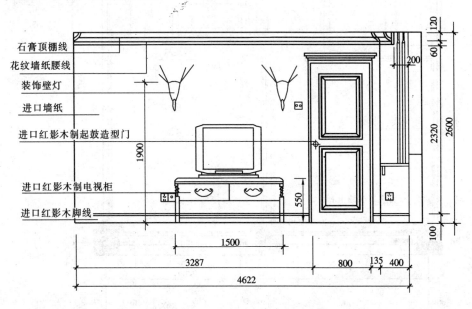

图 2-90 图 2-89 二间套房的 F 立面图

（a）看立面图图名、比例。了解立面图所表示的位置与平面图中的立面图的表示符号是否一致。

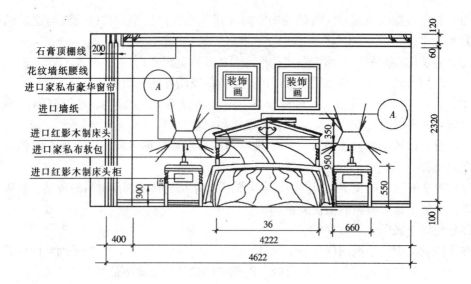

图 2-91　图 2-89 二间套房的 H 立面图

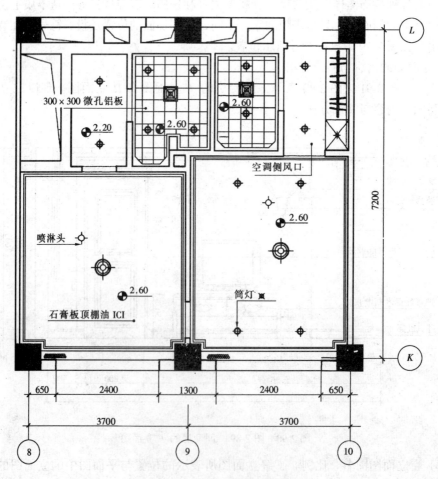

图 2-92　二间套房的顶棚平面图

（b）看房间的围护结构的构造形式。了解顶棚的高度尺寸及其迭级造型的构造关系和尺寸；了解墙面装饰造型的构造方式。

（c）看房间的家具、设备在垂直方向的布置。了解它们与墙的关系和规格尺寸。

（d）看各部分的详细尺寸，图示符号以及附加文字说明，通过文字说明明确墙面所需装饰材料及施工要求。

(4) 顶棚平面图

1) 顶棚平面图的图示方法

顶棚平面图一般用镜像投影表示，即假想室内地面上水平放置一平面镜，将顶棚在地平面上所成的像做投影，该投影图即为顶棚平面图。顶棚平面图有时也可采用仰视图表示，即人站在地面向上仰视的正投影，值得注意的是两者投影图所表达的内容在图形上是相反的。一般情况下，我们采用前者。

2) 顶棚平面图的内容与阅读方法

图2-92为某招待所的豪华二间套顶棚平面图。从图中可知顶棚平面图图示的主要内容及阅读方法。

（a）看顶棚的划分情况。了解各部分凹凸变化的高度、形状和尺寸；

（b）看吊灯的形式及其他灯具的布置。了解灯具的安装位置，顶棚的净空高度；

（c）看文字说明。了解顶棚装饰所用的装饰材料及规格。

(5) 构造详图示例

1) 详图的图示方法

详图是指某部位的详细图样，用放大的比例画出那些在其他图中难以表达清楚的部位，它可能是某些部位的装饰剖面详图，也可能是某些部位的构造节点大样图。图2-93为局部装饰剖面图，精确的表达了其内部构造做法及详细尺寸。图2-94、图2-95为构造节点大样图。

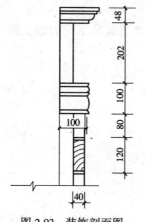

图2-93 装饰剖面图

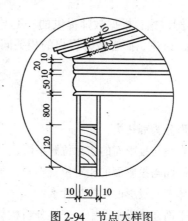

图2-94 节点大样图

2) 装饰详图的内容与阅读方法

从图2-95可看出详图的主要内容及阅读方法：

（a）看图名。结合装饰平面图和装饰立面图，了解装饰详图源自何部位的剖切，找出与之相对应的剖切符号或索引符号；

（b）看图示中各部分的构造连接方法及相对应的位置关系；

（c）看各部分的详细尺寸；
（d）看各节点所用材料及规格；
（e）看有关施工要求和制作方法的文字说明。

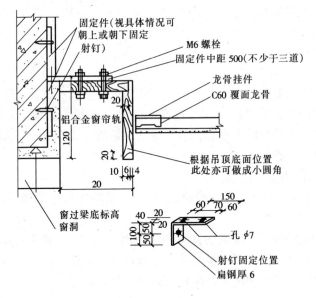

图 2-95　木质窗帘盒大样图

实 训 课 题

1．实操训练：根据教师提供的简单几何形体和组合形体选择适当的比例画出三面正投影图。

2．案例讨论：根据教师提供的一套典型房屋建筑主要建筑和结构的施工图，通过学生的识读、讨论、回答教师提出的相关问题。

思 考 题 与 习 题

1．投影分为哪几类？
2．按直线与投影面的相对位置不同，各自的投影规律是什么？
3．按平面与投影面的相对位置不同，各自的投影规律是什么？
4．形体三面投影的规律是什么？
5．在平面立体投影图中，怎样分析棱线和棱面的投影？怎样判别棱面在各投影中的可见性？
6．在曲面体投影图中，转向轮廓线是怎样形成的，它在什么位置？怎样判别曲面在各投影中的可见性？
7．轴测图的特性是什么？
8．正等测的轴间角、作图简化系数各为多少？

9. 正面斜二测的轴间角、作图简化系数各为多少？
10. 画轴测图的方法和步骤是什么？
11. 什么是剖面图？什么是断面图？它们有什么区别？
12. 常用的剖面图有几种？区别何在？各适用于什么形体？
13. 常用的断面图有几种？区别何在？
14. 定位轴线的定义是什么？平面图上定位轴线的编号有什么规定？
15. 什么是绝对标高？什么是相对标高？
16. 索引符号有几种形式，各表示的含义如何？
17. 详图符号有几种形式，各表示的含义如何？
18. 什么是建筑平面图？
19. 建筑平面图的内容是什么？怎样阅读建筑平面图？
20. 底层平面图比中间层平面图多绘制了哪些内容？
21. 什么是建筑立面图？立面图的名称有几种叫法？
22. 建筑立面图的内容是什么？怎样阅读建筑立面图？
23. 什么是建筑剖面图？看剖面图时到什么图上去找该剖面图的剖切位置和投影方向？
24. 建筑剖面图的内容是什么？怎样阅读建筑剖面图？
25. 什么是建筑详图？通常建筑物哪些部位要画建筑详图？
26. 墙身详图的内容是什么？怎样阅读墙身详图？
27. 楼梯详图是由哪些图样所组成？怎样阅读楼梯详图？
28. 结构施工图的内容有哪些？
29. 分别说明钢筋混凝土梁、柱、板内钢筋的组成、作用。
30. 分别说明钢筋混凝土梁、板配筋图的识读方法。
31. 楼层结构平面图和局部剖面图表示哪些内容？
32. 作图题（见表2-9）
1）按照立体图画出三面投影图（习题图1）
2）补全投影图中所缺图线（习题图2）
3）已知形体的两面投影，补出第三投影（习题图3）
4）根据形体的投影图绘制轴测投影图（习题图4）
5）根据要求绘制形体的剖面图或断面图（习题图5）

表2-9

1. 按照立体图画出三面投影图（尺寸大小照立体图量取）

1)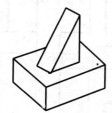

2)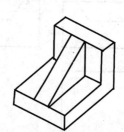

续表

1. 按照立体图画出三面投影图（尺寸大小照立体图量取）

3)

4)

5)

6)

2. 补全投影图中所缺图线

1)

2)

3)

4)

续表

3. 已知形体的两面投影，补出第三投影

4. 按照形体三面投影图，作出正等测图

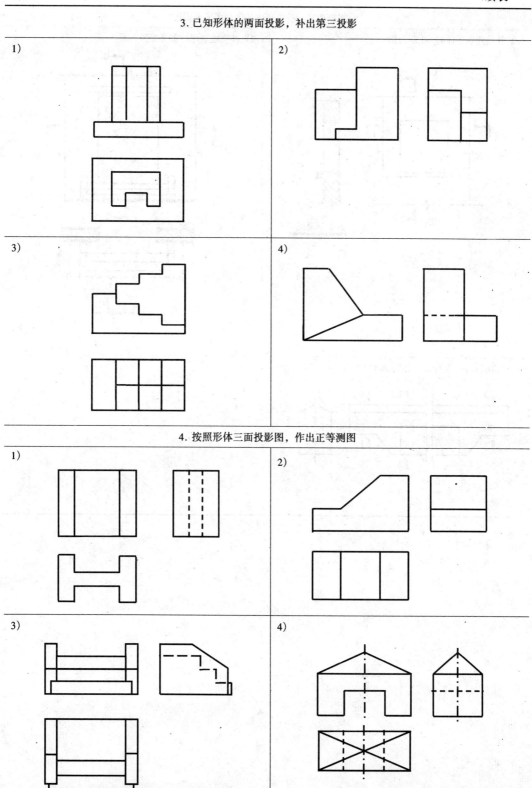

续表

5. 根据要求，补绘形体的剖面图或断面图

1) 补绘建筑形体的 1-1 剖面图

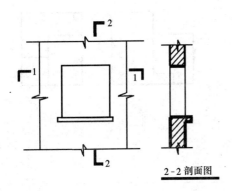

2-2 剖面图

2) 补绘建筑形体的 2-2 剖面图

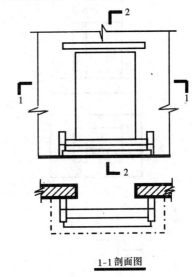

1-1 剖面图

3) 作出建筑形体的 1-1、2-2、3-3 断面图

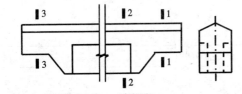

单元 3　建筑与装饰常用材料

知识点：各种主要建筑和建筑装饰材料的组成、分类、特性、技术性能和应用。

教学目标：通过教学，使学生掌握主要建筑和建筑装饰材料的基本技术性能和应用，能感知装饰和装饰材料的装饰效果。

课题 1　绪　　论

1.1　建筑和装饰材料的作用和分类

1.1.1　建筑和装饰材料的作用

建筑和装饰材料是指组成建筑物主体或饰面实体的材料。从人类文明发展早期的木材、石材等天然材料到近代以水泥、混凝土、钢材为代表的主体建筑材料进而发展到现代由金属材料、高分子材料、无机硅酸盐材料互相结合而产生的众多复合材料，形成了建筑和装饰材料丰富多彩的大家族。纵观建筑历史的长河，建筑和装饰材料的日新月异对建筑科学的发展起到了巨大的推动作用。

首先，建筑和装饰材料是建筑工程的物质基础。不论是高达 420.5m 的上海金贸大厦，还是普通的一幢临时建筑，都是由各种散体材料经过缜密的设计和复杂的施工最终构建而成的。建筑材料的物质性特别体现在其使用的巨量性，一幢单体建筑一般重达几百至数千吨甚至可达数万乃至几十万吨，这形成了建筑材料的生产、运输、使用等方面与其他门类材料的不同。其次，建筑材料的发展赋予了建筑物以时代的特性和风格。不论西方古典建筑的石材廊柱、中国古代以木构架为代表的宫廷建筑还是当代以钢筋混凝土和型钢为主体材料、以明亮俊丽的玻璃幕墙为表面装饰的超高层建筑，都呈现了鲜明的时代感。再者，建筑设计理论不断进步和施工技术的革新不但受到建筑材料发展的制约，同时亦受到其发展的推动。大跨度预应力结构、空间网架结构、柔性充气建筑、薄壳建筑、节能型特色环保建筑的出现无疑都与新材料的产生而密切相关的。同时，建筑和装饰材料的正确、节约、合理的运用直接影响到建筑工程的造价和投资。在我国，一般建筑工程的材料费用要占到总投资的 50%~60%，特殊工程这一比例还要提高，对于中国这样一个发展中国家，对建筑和装饰材料特性的深入了解和认识，最大限度地发挥其效能，进而达到最大的经济效益，无疑具有非常重要的意义。

1.1.2　建筑和装饰材料的分类

建筑和装饰材料种类繁多，随着材料科学和材料工业的不断发展，新型材料不断涌现。为了研究、应用和阐述的方便，可从不同角度对其进行分类。如按其在建筑物中所处的部位，可将其分为基础、主体、屋面、地面、墙面等材料。按其使用功能可将其分为结构（梁、板、柱、墙体）材料、围护材料、保温隔热材料、防水材料、装饰装修材料、吸声隔声材料等。表 3-1 为建筑材料的分类是按材料的化学成分和组成的特点进行分类的。

建筑和装饰材料的分类　　　　　　　　　　　　表 3-1

无机材料	金属材料	黑色金属：非合金钢、合金钢
		有色金属：金、铝、铜及其合金
	非金属材料	石材（天然石材、人造石材）
		烧结制品（烧结砖、陶瓷面砖）
		熔融制品（玻璃、岩棉、矿棉）
		胶凝材料（石灰、石膏、水玻璃、水泥）
		混凝土、砂浆
		硅酸盐制品（砌块、蒸养砖、碳化板）
有机材料	植物材料	木材、竹材及制品
	高分子材料	沥青、塑料、涂料、合成橡胶、胶粘剂
复合材料	金属非金属复合材料	钢纤维混凝土、铝塑板、涂塑钢板
	无机有机复合材料	沥青混凝土、塑料颗粒保温砂浆、聚合物混凝土

1.2 建筑和装饰材料的基本性质

建筑物要保证其正常使用，就必须具备基本的强度、防水、保温、隔声、耐热、耐腐蚀等各项功能，而这些功能往往是由所采用的材料提供的。本节主要研究各类建筑和装饰材料具有共性的基本性能及其指标，作为我们研究各类建筑和装饰材料性能的出发点和工具。一般的讲，材料的基本性质可归纳为以下几类：

物理性质：包括材料的密度、孔隙状态、与水有关的性质、热工性能等。

化学性质：包括材料的抗腐蚀性、化学稳定性等，因材料的化学性质相异较大，故该部分内容在以后各章中分别叙述。

力学性质：材料的力学性质应包括在物理性质中，但因其对建筑物的安全使用有重要意义，故对其单独研究，包括材料的强度、变形、脆性和韧性、硬度和耐磨性等。

耐久性：材料的耐久性是一项综合性质，虽很难对其量化描述，但其对建筑物的使用至关重要。

1.2.1 材料的物理性质

(1) 材料与质量有关的性质

材料与质量有关的性质主要是指材料的各种密度和描述其孔隙与空隙状况的指标，在这些指标的表达式中都有质量这一参数。

1) 材料的密度、表观密度、体积密度和堆积密度

广义密度的概念是指物质单位体积的质量。在研究建筑材料的密度时，由于对体积的测试方法的不同和实际应用的需要，根据不同的体积的内涵，可引出不同的密度概念。

密度和表观密度　密度是指材料在绝对密实状态下，单位体积的质量。用下式表示：

$$\rho = \frac{m}{V} \tag{3-1}$$

式中 ρ——材料的密度（g/cm³ 或 kg/m³）；

　　　m——材料的质量（g 或 kg）；

　　　V——材料在绝对密实状态下的体积（cm³ 或 m³）。

对于绝对密实而外形规则的材料如钢材、玻璃等，V 可采用测量计算的方法求得。对于可研磨的非密实材料，如砌块、石膏，V 可采用研磨成细粉，再用密度瓶测定的方法求得。对于颗粒状外形不规则的坚硬颗粒，如砂或石子，V 可采用排水法测得，但此时所得体积为表观体积 V'，故对此类材料一般采用表观密度 ρ' 的概念。

$$\rho' = \frac{m}{V'} \tag{3-2}$$

式中 ρ'——材料的表观密度（g/cm³ 或 kg/m³）；

　　　m——材料的质量（g 或 kg）；

　　　V'——材料的表观体积（cm³ 或 m³）。

体积密度 体积密度是材料在自然状态下，单位体积的质量，用下式表示：

$$\rho_0 = \frac{m}{V_0} \tag{3-3}$$

式中 ρ_0——体积密度（g/cm³ 或 kg/cm³）；

　　　m——材料的质量（g 或 kg）；

　　　V_0——材料的自然体积（cm³ 或 m³）。

材料自然体积的测量，对于外形规则的材料，如烧结砖、砌块，可采用测量计算方法求得。对于外形不规则的散粒材料，亦可采用排水法，但材料需经涂蜡处理。根据材料在自然状态下含水情况的不同，体积密度又可分为干燥体积密度、气干体积密度（在空气中自然干燥）等几种。

堆积密度 材料的堆积密度是指粉状、颗粒状或纤维状材料在堆积状态下单位体积的质量，用下式表示：

$$\rho'_0 = \frac{m}{V'_0} \tag{3-4}$$

式中 ρ'_0——堆积密度（g/cm³ 或 kg/m³）；

　　　m——材料的质量（g 或 kg）；

　　　V'_0——材料的堆积体积（cm³ 或 m³）。

材料的堆积体积可采用容积筒来量测。

以上各有关的密度指标，在建筑工程中计算构件自重、配合比设计、测算堆放场地和材料用量时各有应用。常用建筑材料的密度、表观密度、堆积密度见表 3-2。

2）材料的密实度和孔隙率

密实度 密实度是指材料的体积内，被固体物质充满的程度，用 D 表示：

$$D = \frac{V}{V_0} = \frac{\rho_0}{\rho} \times 100\% \tag{3-5}$$

孔隙率 孔隙率是指在材料的体积内，孔隙（单体材料内的空腔）体积所占的比例，用 P 表示：

$$P = \frac{V_0 - V}{V_0} = \left(1 - \frac{\rho_0}{\rho}\right) \times 100\% \tag{3-6}$$

由式 (3-5) 和式 (3-6) 直接可导出

$$P + D = 1 \tag{3-7}$$

即材料的自然体积仅由绝对密实的体积和孔隙体系构成。如前所述，材料的孔隙率是反映材料孔隙状态的重要指标，与材料的各项物理、力学性能有密切的关系。几种常见材料的孔隙率见表 3-2。

常用建筑材料的密度、体积密度、堆积密度和孔隙率　　　表 3-2

	ρ (g/cm³)	ρ_0 (kg/m³)	ρ'_0 (kg/m³)	P (%)
石灰岩	2.60	1800~2600		0.2~4
花岗石	2.60~2.80	2500~2800		<1
普通混凝土	2.60	2200~2500		5~20
碎石	2.60~2.70		1400~1700	
砂	2.60~2.70		1350~1650	
黏土空心砖	2.50	1000~1400		20~40
水泥	3.10		1000~1100（疏松）	
木材	1.55	400~800		55~75
钢材	7.85	7850		0
铝合金	2.7	2750		0
泡沫塑料	1.04~1.07	20~50		

注：习惯上 ρ 的单位采用 g/cm³，ρ_0 和 ρ'_0 的单位采用 kg/m³。

3）材料的填充率与空隙率

填充率　填充率是指散粒状材料在其堆积体积中，被颗粒实体体积填充的程度，以 D' 表示。

$$D' = \frac{V_0}{V'_0} \times 100\% = \frac{\rho'_0}{\rho_0} \times 100\% \tag{3-8}$$

空隙率　空隙率是指散粒材料的堆积体积内，颗粒之间的空隙（散粒材料之间的空间）体积所占的比例，以 P' 表示。

$$P' = \left(1 - \frac{V_0}{V'_0}\right) \times 100\% = \left(1 - \frac{\rho'_0}{\rho_0}\right) \times 100\% \tag{3-9}$$

由 (3-8) 和 (3-9) 可直接导出

$$P' + D' = 1 \tag{3-10}$$

空隙率反映了散粒材料的颗粒之间的相互填充的致密程度。

(2) 材料与水有关的性质

水对于正常使用阶段的建筑和装饰材料，绝大多数都有不同程度的有害作用。但在建筑物使用过程中，材料又不可避免会受到外界雨、雪、地下水、冻融等经常的作用，故要特别注意材料和水有关的性质，包括材料的吸水性、含水性、抗冻性、抗渗性等。

1）吸水性

材料的吸水性是指材料在水中吸收水分达到饱合的能力，吸水性用吸水率 W_W 表示：

$$W_W = \frac{m_2 - m_1}{m_1} \times 100\% \tag{3-11}$$

式中　　W_w——吸水率（%）；

　　　　m_2——材料在吸水饱合状态下的质量（g）；

　　　　m_1——材料在绝对干燥状态下的质量（g）。

影响材料的吸水性的主要因素有材料本身的化学组成、结构和构造状况，尤其是孔隙状况。一般来说，材料的亲水性越强，孔隙率越大，连通的毛细孔隙越多，其吸水率越大。不同的材料吸水率变化范围很大，花岗岩为0.5%～0.7%，外墙面砖为6%～10%，内墙釉面砖为12%～20%，普通混凝土为2%～4%。材料的吸水率越大，其吸水后强度下降越大，导热性增大，抗冻性随之下降。

2）吸湿性

材料的吸湿性是指材料在潮湿空气中吸收水分的能力。吸湿性以含水率表示。

$$W = \frac{m_\mathrm{k} - m_1}{m_1} \times 100\% \tag{3-12}$$

式中　　W——材料的含水率（%）；

　　　　m_k——材料吸湿后的质量（g）；

　　　　m_1——材料在绝对干燥状态下的质量（g）。

影响材料吸湿性的因素，除材料本身（化学组成、结构、构造、孔隙）外，还与环境的温湿度有关。材料堆放在工地现场，不断向空气中挥发水分，又同时从空气中吸收水分，其稳定的含水率是达到挥发与吸收动态平衡时的一种状态。

3）耐水性

耐水性是指材料在长期饱合水的作用下，不破坏、强度也不显著降低的性质。耐水性用软化系数表示：

$$K_\mathrm{p} = \frac{f_\mathrm{w}}{f} \tag{3-13}$$

式中　　K_p——软化系数，其取值在0～1之间；

　　　　f_w——材料在吸水饱合状态下的抗压强度（MPa）；

　　　　f——材料在绝对干燥状态下的抗压强度（MPa）。

软化系数越小，说明材料的耐水性越差。材料浸水后，会降低材料组成微粒间的结合力，引起强度的下降。通常K_p大于0.80的材料，可认为是耐水材料。长期受水浸泡或处于潮湿环境的重要结构物K_p应大于0.85，次要建筑物或受潮较轻的情况下，K_p也不宜小于0.75。

4）抗渗性

抗渗性是指材料抵抗压力水或其他液体渗透的性质。地下建筑物或屋面材料都需材料具有足够的抗渗性，以防止渗水、漏水现象。

材料的抗渗性通常用抗渗等级P表示。即在标准试验条件下，材料的最大渗水压力（MPa）。如抗渗等级为P6，表示该种材料的最大渗水压力为0.6 MPa。

材料的抗渗性主要与材料的孔隙状况有关。材料的孔隙率越大，连通孔隙越多，其抗渗性越差。绝对密实的材料和仅有闭口孔或极细微孔的材料实际是不渗水的。

5）抗冻性

抗冻性是指材料在吸水饱和状态下，抵抗多次冻融循环不破坏，强度也不显著降低的性质。

建筑物或构筑物在自然环境中，温暖季节被水浸湿，寒冷季节又受冰冻，如此多次反复交替作用，会在材料孔隙内壁因水的结冰体积膨胀（约9%）产生高达100 MPa的应力，而使材料产生严重破坏。同时，冰冻也会使墙体材料由于内外温度不均匀而产生温度应力，进一步加剧破坏作用。

抗冻性用抗冻等级F表示。例如，抗冻等级F10表示在标准试验条件下，材料强度下降不大于25%，质量损失不大于5%，所能经受的冻融循环的次数最多为10次。抗冻等级的确定是由建筑物的种类、材料的使用条件和部位、当地的气候条件等因素决定的。如陶瓷面砖、普通烧结砖等墙体材料要求抗冻等级为F15或F25，而水工混凝土的抗冻等级要求可高达F500。

(3) 材料与热有关的性质

1) 导热性

导热性是指材料传导热量的能力。可用导热系数 λ 表示。

$$\lambda = \frac{Qd}{(T_1 - T_2)At} \tag{3-14}$$

式中　λ——导热系数 [W/(m·K)]；
　　　$T_1 - T_2$——材料两侧温差（K）；
　　　d——材料厚度（m）；
　　　A——材料导热面积（m²）；
　　　t——导热时间（s）。

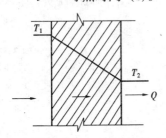

图 3-1　材料导热示意图

建筑材料导热系数的范围在 0.023~400W/(m·K) 之间，数值变化幅度很大，见表3-3。导热系数越小，材料的保温隔热性越强。一般将 λ 小于 0.25W/(m·K) 的材料称为绝热材料。图3-1为材料导热示意图。

材料的导热系数主要与以下各因素有关：

(a) 材料的化学组成和物理结构：一般金属材料的导热系数要大于非金属材料，无机材料的导热系数大于有机材料，晶体结构材料的导热系数大于玻璃体或胶体结构的材料。

(b) 孔隙状况：因空气的 λ 仅 0.024W/(m·K)，且材料的热传导方式主要是对流，故材料的孔隙率越高、闭口孔隙越多、孔隙直径越小，则导热系数越小。

常用建筑材料的热工性能指标　　　　　　表3-3

	λ [W/(m·K)]	比热容 [J/(g·K)]		λ [W/(m·K)]	比热容 [J/(g·K)]
钢	55	0.48	松木	0.15	1.63
铝合金	370		空气	0.024	1.00
烧结砖	0.55	0.84	水	0.60	4.19
混凝土	1.8	0.88	冰	2.20	2.05
泡沫塑料	0.03	1.30			

(c) 环境的温湿度：因空气、水、冰的导热系数依次加大（见表3-3），故保温材料

在受潮、受冻后，导热系数可加大近100倍。因此，保温材料使用过程中一定要注意防潮防冻。

2) 热容

材料受热时吸收热量，冷却时放出热量的性质称为热容。

比热容是指单位质量的材料温度升高1K（或降低1K）时所吸收（或放出）的热量，其表达式为：

$$C = \frac{Q}{m(T_2 - T_1)} \tag{3-15}$$

式中 Q——材料吸收（或放出）的热量（J）；

m——材料的质量（g）；

$T_2 - T_1$——材料受热（或冷却）前后的温度差（K）；

C——材料的比热容[J/(g·K)]。

材料的热容可用热容量表示，它等于比热容 C 与质量 m 的乘积，单位为kJ/K。材料的热容量对于稳定建筑物内部温度的恒定有很重要的意义。热容量大的材料如木材可缓和室内温度的波动，使其保持恒定。

3) 耐燃性和耐火性

耐燃性是指材料在火焰和高温作用下可否燃烧的性质。我国相关规范把材料按耐燃性分为非燃烧材料（如钢铁、砖、石等）、难燃材料（如纸面石膏板、水泥刨花板等）和可燃材料（如木材、竹材等），分别命名为 A_1、B_1、B_2。在建筑物的不同部位，根据其使用特点和重要性可选择不同耐燃性的材料。

耐火性是材料在火焰和高温作用下，保持其不破坏、性能不明显下降的能力。用其耐受时间用（h）来表示，称为耐火极限。要注意耐燃性和耐火性概念的区别，耐燃的材料不一定耐火，耐火的一般都耐燃。如钢材是非燃烧材料，但其耐火极限仅有0.25h，故钢材虽为重要的建筑结构材料，但其耐火性却较差，使用时须进行特殊的耐火处理。

1.2.2 材料的力学性质

材料的力学性质是指材料在外力作用下，抵抗破坏的能力和变形方面的性质。它对建筑物的正常、安全使用是至关重要的。

在描述材料的力学性质时，要常用到与受力和变形相对应的两个概念：应力和应变。应力是作用于材料表面或内部单位面积的力，通常以"σ"表示。

应变是材料在外力作用方向上，所发生的相对变形值，通常以"ε"表示，对于拉、压变形，$\varepsilon = \frac{\Delta L}{L}$（$\Delta L$ 为试件受力方向上的变形值，L 为试件原长）。

(1) 强度和强度等级

材料在外力作用下抵抗破坏的能力称为强度。材料的强度也可定量地描述为材料在外力作用下发生破坏时的极限应力值，常用"f"表示。材料强度的单位为兆帕（MPa）。

根据材料所受外力的不同，材料的常用强度有抗压强度、抗拉强度、抗剪强度和抗弯（或抗折）强度。

抗压、抗拉、抗剪强度可统一按下式计算：

$$f = \frac{P_{max}}{A} \tag{3-16}$$

式中　f——材料抗压、抗拉、抗剪强度（MPa）。

P_{max}——材料受压、受拉、受剪破坏时的极限荷载值（N）。

A——材料受力的截面面积（mm^2）。

材料的抗弯强度因外力作用形式的不同而不同。一般所采用的是矩形截面，试件放在两支点间，在跨中点处作用有集中荷载，此时抗弯（抗折）强度可按下式计算：

$$f_t = \frac{3P_{max}L}{2bh^2} \quad (3-17)$$

式中　f_t——材料的抗弯（抗折）强度（MPa）；

P_{max}——试件破坏时的极限荷载值（N）；

L——试件两支点的间距（mm）；

b、h——试件矩形截面的宽和高（mm）。

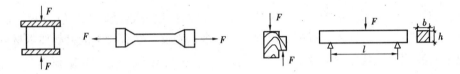

图 3-2　常见强度试验示意图

常见建筑材料的各种强度见表 3-4。由表可见，不同材料的各种强度值是不同的。花岗石、普通混凝土等的抗拉强度比抗压强度小几十至几百倍，因此，这类材料只适于作受压构件（基础、墙体、桩等）。而钢材的抗压强度和抗拉强度相等，所以作为结构材料性能最为优良。图 3-2 为常见强度试验示意图。

强度等级是材料按强度的分级，如硅酸盐水泥按 7d、28d 抗压、抗折强度值划分为 42.5、52.5、62.5 等强度等级。强度等级是人为划分的，是不连续的，根据强度划分强度等级时，规定的各项指标都合格，才能定为某强度等级，否则就要降低级别。而强度具有客观性和随机性。强度等级与强度间的关系，可简单表述为"强度等级来源于强度，但不等同于强度"。

常用建筑材料的强度值（MPa）　表 3-4

材　料	抗　压	抗　拉	抗　折
花岗石	100~250	5~8	10~14
普通混凝土	5~60	1~9	—
轻骨料混凝土	5~50	0.4~2	
松木（顺纹）	30~50	80~120	60~100
钢材	240~1500	240~1500	—

(2) 弹性和塑性

弹性和塑性是材料的变形性能。它们主要描述的是材料变形的可恢复特性。

弹性是指材料在外力作用下发生变形，当外力解除后，能完全恢复到变形前形状的性质，这种变形称为弹性变形或可恢复变形。图 3-3（a）为弹性材料的变形曲线。其加荷和卸荷是完全重合的两条直线，表示了其变形的可恢复性，该直线与横轴夹角的正切，称为弹性模量，以 E 表示。$E = \frac{\sigma}{\varepsilon}$，弹性模量 E 值愈大，说明材料在相同外力作用下的变形愈小。

塑性是指材料在外力作用下发生变形，当外力解除后，不能完全恢复原来形状的性质。这种变形称为塑性变形或不可恢复变形。完全弹性的材料实际上是不存的，大部分材料是弹性、塑性分阶段发生的，图 3-3（b）和（c）所示分别为软钢和混凝土的 σ-ε 曲线，虚线表示的是卸荷过程，可见都存在着不可恢复的残余变形，故常将其称为弹塑性材料。

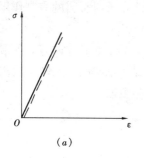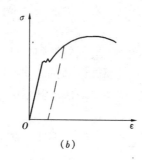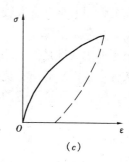

图 3-3　材料的 σ-ε 变形曲线

（3）韧性和脆性

在冲击、震动荷载作用下，材料可吸收较大的能量产生一定的变形而不破坏的性质称为韧性或冲击韧性。建筑钢材（软钢）、木材、塑料等是较典型的韧性材料。路面、桥梁等有抗震要求的部位都要考虑采用韧性材料。

脆性是指当外力达到一定限度时，材料发生无先兆的突然破坏，且破坏时无明显塑性变形的性质。脆性材料的力学性能特点是抗压强度远大于抗拉强度，破坏时的极限应变值极小。石材、陶瓷、玻璃、混凝土等都是脆性材料。与韧性材料相比，它们对抵抗冲击荷载和承受震动作用是相当不利的。

（4）硬度和耐磨性

硬度是指材料表面耐较硬物体刻划或压入而产生塑性变形的能力。木材、金属等韧性材料的硬度，往往采用压入法来测定，压入法硬度的指标有布氏硬度和洛氏硬度，它等于压入荷载值除以压痕的面积或密度。而陶瓷、玻璃等脆性材料的硬度往往采用刻划法来测定，称为莫氏硬度。根据刻划矿物（滑石、石膏、磷灰石、正长石、硫铁矿、黄玉、金刚石等）的不同分为 10 级。

耐磨性是指材料表面抵抗磨损的能力，用磨损率表示，它等于试件在标准试验条件下磨损前后的质量差与试件受磨表面积之商。磨损率越大，材料的耐磨性越差。

1.2.3　材料的耐久性

建筑材料除应满足各项物理、力学的功能要求外，还必须经久耐用，反映这一要求的即耐久性。耐久性是指材料使用过程中，在内、外部因素的作用下，经久不破坏、不变质，保持原有性能的性质。

影响材料耐久性的外部作用因素是多种多样的。环境的干湿、温度及冻融变化等物理作用会引起材料的体积胀缩，周而复始会使材料变形、开裂甚至破坏。材料长期与酸、碱、盐或其他有害气体接触，会发生腐蚀、碳化、老化等化学作用而逐渐丧失使用功能。木材等天然纤维材料会由于自然界中的虫、菌的长期生物作用而产生虫蛀、腐朽，进而造成严重破坏。

影响材料耐久性的外部因素，往往又是通过其内部因素而发生作用的。

与材料耐久性有关的内部因素，主要是材料的化学组成、结构和构造的特点。当材料含有易与其他外部介质发生化学反应的成分时，就会造成因其抗渗性和耐腐蚀能力差而引起的破坏。如玻璃因其玻璃体结构的导热性较小，而弹性模量又很大的原因，使其极不耐温度剧变作用。材料含有较多的开口孔隙，会加快外部侵蚀性介质对材料的有害作用，而使其耐久性急剧下降。

材料的耐久性是一项综合性能，不同材料的耐久性往往有不同的具体内容。如混凝土的耐久性主要以抗渗性、抗冻性、抗腐蚀性和抗碳化性所体现，钢材的耐久性主要决定于其抗锈蚀性，而陶瓷地砖的耐久性则主要取决于其耐磨性和冲击韧性。

课题2 气硬性胶凝材料

胶凝材料是指用来把散粒、块状或纤维状材料粘结为整体的材料。按化学成分可将胶凝材料分为有机胶凝材料和无机胶凝材料。按硬化条件可将胶凝材料分为气硬性胶凝材料和水硬性胶凝材料。气硬性胶凝材料是只能在空气中凝结、硬化、保持和发展强度的胶凝材料；水硬性胶凝材料指不但能在空气中凝结更能在水中凝结、硬化、保持和发展强度的胶凝材料。常用的气硬性胶凝材料有石膏、石灰、水玻璃等。常用的水硬性胶凝材料有各种水泥。

2.1 石 膏

石膏作为建筑材料在世界各国使用已有悠久的历史，特别广泛用于西方古典建筑中。我国是一个石膏资源丰富的国家，由于石膏及石膏制品具有轻质、高强、隔热、保温、吸声、成型性好等一系列优良性能，近年来在建筑中广泛用于非承重结构的内墙隔断，成为新型墙体材料的主要品种而受到普遍重视，石膏更被作为主要的建筑装饰材料之一，生产和应用都得到迅速发展。

2.1.1 石膏的生产和品种

生产石膏的原料是天然二水石膏或含硫酸钙的化工副产品，其化学成分为二水硫酸钙 $CaSO_4 \cdot 2H_2O$。将天然二水石膏在不同温度下煅烧可得到不同的石膏产品。在107~170℃常压情况下加热天然二水石膏，脱去其结晶水可得到 β 型半水石膏，即建筑石膏。

$$CaSO_4 \cdot 2H_2O \xrightarrow{107 \sim 170℃} CaSO_4 \cdot \frac{1}{2}H_2O + 1\frac{1}{2}H_2O$$

建筑石膏杂质少、颜色洁白，常用于装饰腻子或用于室内抹灰。将二水石膏在蒸压釜中脱水，可得晶粒较粗、拌合用水量较少的 α 型半水石膏，亦称高强度石膏。高强度石膏主要用于室内高级抹灰、生产石膏板和装饰制品等。

2.1.2 石膏的凝结与硬化

建筑石膏与水混合形成浆体后，会迅速凝结、失去塑性并硬化成固体，是典型的速凝型胶凝材料。

从微观上看，半水石膏遇水后，其晶体表层溶于水并因其溶度较小（8.16g/L）很快达到饱和。而溶液中的半水石膏继而与水发生水化反应生成二水石膏。由于二水石膏在水中的溶解度（2.05g/L）较半水石膏的溶解度还小，所以溶液对于二水石膏，会很快达到过饱合而析出晶体微粒，反应如下：

$$CaSO_4 \cdot \frac{1}{2}H_2O + 1\frac{1}{2}H_2O \longrightarrow CaSO_4 \cdot 2H_2O$$

由于析出的二水石膏晶体微粒较原半水石膏颗粒粒径小得多，故其总表面积急剧加大，吸附了较多的水，造成浆体迅速变稠。另一方面二水石膏的析出破坏了原来半水石膏饱和的平衡状态，使半水石膏会进一步溶解，如此半水石膏不断地溶解和二水石膏不断地生成，直到半水石膏完全水化为止。在此过程中，二水石膏水化物晶体不断生长且浆体中的自由水分因水化和蒸发逐渐减少，浆体进一步变稠，失去塑性，直至完全干燥，靠二水石膏晶体间的摩擦力生成强度，达到硬化。

2.1.3 建筑石膏的特性和质量要求

（1）特性

建筑石膏是一种性能优良的胶凝材料，有以下特性：

1）凝结硬化快 建筑石膏加水拌合后，浆体在 6min 后即可初凝，而在 30min 前可达到终凝，同时产生强度。

2）凝结硬化过程中体积产生微膨胀 建筑石膏在硬化初期会产生微膨胀（1%左右），而使制品表面光滑，尺寸准确，形体饱满。

3）孔隙率大，体积密度小 由于建筑石膏满足施工可塑性的拌合水量远远大于其水化用水而使其制品孔隙率高达 50% ~ 60%，体积密度为 800 ~ 1000kg/m^3，是典型的轻质材料。

4）保温、吸声性能好 建筑石膏由于其制品的孔隙率高，所以导热系数小，保温隔热，而且吸声能力强。

5）防火但不耐火 建筑石膏受热脱水又生成半水石膏而产生的水蒸气可阻碍火势蔓延。但过度遇火脱水后会生成酥松的无水硫酸钙，强度急剧下降。

6）耐水性、抗冻性较差 建筑石膏制品遇水后晶体间摩擦力减小，强度大大降低，尤其是受潮、受冻后会产生严重损坏，故石膏制品一般只适用于室内。

（2）质量要求

建筑石膏的质量指标主要有强度、细度、凝结时间，并依此划分为优等品、一等品和合格品。

2.1.4 建筑石膏的应用

（1）室内抹灰和粉刷

由于建筑石膏的优良特性，常被用于室内高级抹灰。加水及缓凝剂拌合成石膏浆体，可作为室内粉刷涂料。

（2）石膏板

1）纸面石膏板 纸面石膏板是以建筑石膏为主要原料，掺入适量的纤维材料、缓凝剂和水，并以专用纸板作为护面增强材料，经特殊工艺制成的板材。纸面石膏板分为普通型、耐水型和耐火型三种，板的长度为 1800 ~ 3600mm，宽度为 900 ~ 1200mm，厚度为 9、12、15、18mm。纸面石膏板主要用于室内隔墙和吊顶。

2）纤维石膏板 以纤维材料配以建筑石膏、缓凝剂等制得的板材，常用于室内隔墙、墙面。

3) 装饰石膏板　由建筑石膏、适量的纤维材料和水拌合后经特殊工艺制成的规格为500mm×500mm×9mm 或 600mm×600mm×11mm的板材,有普通材和防潮板两种,表面可制成图案浮雕。主要用于公共建筑的墙面、吊顶等。

4) 空心石膏条板　以建筑石膏为主,加入适量轻质骨料、纤维材料和水经特殊工艺制成的抽孔板材。其规格为长2500~3000mm,宽450~600mm,厚60~100mm,主要用于室内隔墙的砌筑,不须配用龙骨。

2.2 石　灰

石灰是一种重要的建筑材料,原料来源广泛,生产工艺简单,成本低廉,广泛应用于建筑工程中。

2.2.1 石灰的生产及品种

采用以碳酸钙为主的天然岩石,在900~1100℃的高温下煅烧可得到生石灰,其主要成分为氧化钙,其反应如下:

$$CaCO_3 \xrightarrow{900 \sim 1100℃} CaO + CO_2 \uparrow$$

生石灰由于生产过程控制的问题可得到两种不合格的石灰产品,即欠火石灰和过火石灰。欠火石灰是由于煅烧温度过低,碳酸钙没有或没有完全转化为氧化钙,影响了其化学活性,但其对石灰的使用没有过火石灰的影响大。过火石灰是由于煅烧温度过高,石灰石之中夹杂的黏土质矿物被煅烧成釉状物会影响其与水发生的熟化反应,而使用时的后期熟化则会造成起鼓和开裂,是极为有害的,要严格控制其含量。

石灰的常用品种有生石灰和熟石灰两大类。生石灰有块灰和生石灰粉,块灰需经熟化使用,在建筑工程上可直接使用的品种为生石灰粉,即经磨细的生石灰。熟石灰(即氢氧化钙)有两种使用形式,即石灰膏和消石灰粉。石灰膏含水约50%,1kg生石灰可熟化成1.5~3L的石灰膏。消石灰粉是由生石灰块经适量的水熟化而得到的粉状物。

2.2.2 石灰的熟化

石灰的熟化是指生石灰加水之后生成为熟石灰[$Ca(OH)_2$]的过程,亦可称为消解,其反应如下:

$$CaO + H_2O = Ca(OH)_2 + Q$$

生石灰熟化时可放出大量的热,其放热量和放热速度都比其他胶凝材料大得多。生石灰熟化的另一个特点为:其体积可增大1~2.5倍。煅烧良好、氧化钙含量高、杂质含量低的生石灰(块灰),其熟化速度快、放热量大、体积膨胀也大。为消除过火石灰在使用中缓慢吸收空气中水分再熟化、体积膨胀(后期熟化)引起的起鼓、开裂等有害影响,消石灰在使用前应经过在储灰坑中被水浸泡15天以上达到充分熟化即"陈伏"的过程,再行使用。

2.2.3 石灰的硬化

石灰的硬化包括以下过程:

(1) 碳化硬化

浆体从空气中吸收CO_2气体和水汽,生成不溶解于水的碳酸钙。这个过程称为浆体的碳化,其反应如下:

$$Ca(OH)_2 + CO_2 + nH_2O \longrightarrow CaCO_3 + (n+1)H_2O$$

生成的碳酸钙晶体互相共生，或与氢氧化钙颗粒共生，构成紧密交织的结晶网，从而使浆体强度提高。碳化对强度的提高和稳定都是有利的。但由于空气中二氧化碳的浓度很低，而且，表面形成碳化薄层以后，会阻碍二氧化碳由表及里进入内部，故在自然条件下，石灰浆体的碳化十分缓慢。碳化层还能阻碍水分蒸发，反而会延缓浆体的硬化，为克服这些弊病，石灰一般不单独使用，必须掺加纤维材料或砂以形成通气孔道，加快碳化过程。

(2) 结晶硬化

浆体中当水分逐渐减少，氢氧化钙逐渐变为晶体，从而使强度提高。但是，由于这种结晶体会溶解于水，故当再遇到水时会引起强度降低。

(3) 干燥硬化

石灰浆体中大量水分向外蒸发，或为基体吸收浆体转变为凝固体因而获得强度。当浆体不断干燥时，这种作用也随之加强。但这种由于干燥获得的强度类似于黏土干燥后的强度，其强度值不高，而且，当再遇到水时，其强度又会丧失。

石灰硬化的以上3种作用中最主要的是碳化作用。

2.2.4 石灰的技术特性

(1) 良好的保水性

石灰与水拌合后，具有较强的保水性（材料保持水分不泌出的能力）。这是由于生石灰与水反应熟化为石灰浆后，极细的氢氧化钙颗粒表面可吸附较厚的水膜。由于氢氧化钙颗粒的总表面积很大，可吸附大量的水，故形成良好的保水性。利用这一性质，工程中将其掺入水泥砂浆中，配合成混合砂浆，有效克服了水泥砂浆容易泌水的缺点。

(2) 良好的塑性

(3) 凝结硬化慢、强度低

由于空气中的CO_2含量低，而且碳化后形成的碳酸钙硬壳阻止CO_2向内部渗透，也阻止水分向外蒸发，结果使$CaCO_3$和$Ca(OH)_2$结晶体生成量少且缓慢，已硬化的石灰强度很低。

(4) 吸湿性强

生石灰吸湿性强，保水性好，是传统的干燥剂。

(5) 收缩大，易开裂

石灰浆体凝结硬化过程中，水分大量蒸发，引起体积收缩，会引起开裂。因此，石灰不宜单独使用，掺砂和纤维材料即可有效提高硬化速度亦可防止开裂。

(6) 耐水性差

若石灰浆体尚未硬化之前，就处于潮湿环境中，由于石灰中水分不能蒸发出去，则其硬化停止；若是已硬化的石灰，长期受潮或受水浸泡，则由于$Ca(OH)_2$易溶于水，甚至会使已硬化的石灰溃散。因此，石灰胶凝材料不宜用于潮湿环境及易受水浸泡的部位。

2.2.5 石灰的应用

(1) 配制砂浆

以石灰膏为胶凝材料，掺入纸筋纤维材料和水后，拌合成纸筋抹面灰浆，俗称纸筋灰，可用于墙面、顶棚等内墙抹灰面层。掺入砂和水后，可以拌合成石灰砂浆，用做内墙抹灰底层或砌筑砂浆。在水泥砂浆中掺入石灰膏后，可以改善水泥砂浆的保水性和塑性，提高抹灰和砌筑质量，亦可节省水泥，这种砂浆即水泥混合砂浆，在建筑工程中被广泛应用。

（2）灰土和三合土

灰土（熟石灰+黏土）和三合土（熟石灰+黏土+砂、废砖或炉渣）是传统的人工地基材料。常用的三七灰土和四六灰土，分别表示熟石灰和砂土体积比例为三比七和四比六。三合土常用的混合比例为：熟石灰:黏土:砂、废砖或炉渣 = 1:4:6。

石灰虽然本身并不耐水但作灰土或三合土施工时，将其与黏土等材料混合均匀并夯实，则黏土中含有的 SiO_2 和 Al_2O_3 等酸性氧化物与石灰和水在长期作用下反应，生成不溶性的水化硅酸钙和水化铝酸钙等水硬性胶凝材料，使灰土或三合土的强度和耐水性能不断提高。

（3）磨细生石灰粉的应用

磨细生石灰粉不但可以不经过陈伏直接使用还常用来生产无熟料水泥、硅酸盐制品（粉煤灰砌块、蒸养砖等）和碳化石灰板。

2.2.6 石灰的保管

生石灰要在干燥环境中储存和保管。若储存期过长必须注意防潮和封闭，以防石灰受潮或遇水后熟化进而碳化而丧失活性。磨细生石灰粉最好是随生产随使用，在干燥条件下储存期一般不超过一个月。

2.3 水 玻 璃

水玻璃俗称"泡花碱"，是一种无色或淡黄色的透明或半透明的黏稠液体，是一种能溶于水的碱金属硅酸盐水硬性胶凝材料。其化学通式为：

$$R_2O \cdot n \cdot SiO_2$$

式中　R_2O——碱金属氧化物，为 Na_2O 或 K_2O；

　　　n——称为水玻璃硅酸盐模数，简称水玻璃模数。表示水玻璃分子中碱金属氧化物与二氧化硅的分子摩尔数比。

水玻璃模数一般都在 2.4~3.3 范围内，建筑中常用模数为 2.6~2.8 的硅酸钠水玻璃。水玻璃模数越高，则水玻璃越不易溶于水、稠度越大、越易凝结、越易分解。

2.3.1 水玻璃的生产与组成

水玻璃的常用制造方法有湿法和干法两种。它的主要原料是以含 SiO_2 为主的石英岩、石英砂、砂岩、无定形硅石及硅藻土等，以及纯碱（Na_2CO_3）、小苏打（$NaHCO_3$）、硫酸钠（Na_2SO_4）及烧碱（NaOH）等。

湿法生产硅酸钠水玻璃是采用石英砂、烧碱为主要原料，生产工艺简单，但成本较高，其反应式如下：

$$SiO_2 + 2NaOH \longrightarrow Na_2SiO_3 + H_2O$$

干法生产水玻璃是采用纯碱与石英砂在高温熔融状态下反应生成固体块状的硅酸钠，然后用非蒸压法（或蒸压法）溶解，即可得到常用的水玻璃。其反应式如下：

$$Na_2CO_3 + nSiO_2 \xrightarrow{1400 \sim 1500℃} Na_2O \cdot n \cdot SiO_2 + CO_2 \uparrow$$

如果采用碳酸钾或硅酸锂代替碳酸钠作原料则可得到硅酸钾或硅酸锂水玻璃。由于钾、锂等碱金属盐类价格较贵，故应用较少。不过，近年来水溶性硅酸锂生产也有所发展、多用于要求较高的涂料和粘结剂。

2.3.2 水玻璃的硬化

水玻璃溶液是气硬性胶凝材料，在空气中，它能与 CO_2 发生反应，生成硅胶，其反应式为：

$$Na_2O \cdot n \cdot SiO_2 + CO_2 + mH_2O \longrightarrow Na_2CO_3 + nSiO_2 \cdot mH_2O$$

硅胶（$nSiO_2 \cdot mH_2O$）脱水析出固态的 SiO_2 而硬化。但在自然条件下这种反应很缓慢，在应用中常在水玻璃中加入硬化剂则硅胶析出速度大大加快，而加速了水玻璃的凝结硬化。常用固化剂为氟硅酸钠（Na_2SiF_6）和氯化钙（$CaCl_2$）。氟硅酸钠的适宜掺量为水玻璃质量的 12%~15%。

2.3.3 水玻璃的技术性质

以水玻璃为胶凝材料配制的材料，硬化后，变成以 SiO_2 为主的人造石材。它具有 SiO_2 的许多性质，如强度高、耐酸和耐热性能优良等。

（1）强度高

水玻璃硬化后变成以 SiO_2 为主的凝胶体，具有较高的粘结强度、抗拉强度和抗压强度。水玻璃砂浆的抗压强度以边长 70.7mm 的立方体试块为准。水玻璃混凝土则以边长为 150mm 的立方体试块为准。按规范规定的方法成型，然后在 20~25℃，相对湿度小于 80% 的空气中养护（硬化）两天拆模，再养护至龄期达 14 天时，测得强度值作为标准抗压强度。

（2）耐酸

硬化后的水玻璃，其主要成分为 SiO_2，所以它的耐酸性能很高。尤其是在强氧化性酸中具有较高的化学稳定性。除氢氟酸、20% 以下的氟硅酸、热磷酸和高级脂肪酸以外，几乎在所有酸性介质中都有较高的耐腐蚀性。如果硬化的完全，水玻璃类材料耐稀酸、甚至耐酸性水腐蚀的能力也是很高的。水玻璃类材料不耐碱性介质的侵蚀。

（3）耐热

水玻璃硬化形成 SiO_2 空间网状骨架，因此具有良好的耐热性能。以铸石粉为掺合料调成的水玻璃胶泥，其耐热度可达 900~1100℃。对于，以镁质耐火材料为骨料的水玻璃混凝土耐热度可达 1100℃。

2.3.4 水玻璃的应用

水玻璃具有粘结和成膜性好、不燃烧、不易腐蚀、价格便宜、原料易得等优点。多用于建筑涂料、胶结材料及防腐、耐酸材料。

（1）涂刷材料表面

以水玻璃涂刷石材表面，可提高其抗风化能力，提高建筑物的耐久性。以密度为 1.35g/cm³ 的水玻璃浸渍或多次涂刷黏土空心砖、水泥混凝土等材料，可以提高材料的密实度和强度，其抗渗性和耐水性均有提高，常用来修复和加固古建筑表面。这是由于水玻璃硬化后生成硅胶，与材料中的 $Ca(OH)_2$ 作用生成硅酸钙凝胶体，填充在孔隙中，从而使材料致密。但需要注意，切不可用水玻璃处理石膏制品。因为含 $CaSO_4$ 的材料与水玻璃生成 Na_2SO_4，具有结晶膨胀性，会使材料受结晶膨胀作用而破坏。

(2) 配制防水剂，堵塞漏洞、缝隙

以水玻璃为基料，加入两种或四种矾的水溶液，称为二矾或四矾防水剂。这种防水剂可以掺入硅酸盐水泥砂浆或混凝土中，以提高砂浆或混凝土的密实性和凝结硬化速度。适用于堵塞漏洞、缝隙等抢修工程。

(3) 配制耐酸、耐热混凝土

水玻璃混凝土是以水玻璃为胶凝材料，以氟硅酸钠为硬化剂，掺入粉状填料和砂、石骨料，经混合搅拌、振捣成型、干燥养护及酸化处理而成的人造石材。若采用的填料和骨料为耐酸材料，则称为水玻璃耐酸混凝土，适用于耐酸地坪、墙裙、踢脚板；若选用耐热的砂、石骨料时，则称为水玻璃耐热混凝土，适用于耐热设备基础。水玻璃混凝土具有机械强度高，耐酸和耐热性能好，整体性强，材料来源广泛，施工方便，成本低及使用效果好等特点。

课题 3 水 泥

水泥是指与水混合后成为塑性浆体，经凝结硬化可变成坚硬石状体的水硬性胶凝材料。

水泥是目前最主要的建筑材料之一，广泛应用于建筑与装饰工程以及道路、水利和国防工程。可配制成混凝土和砂浆用于建筑物的浇筑、砌筑、抹面、装饰等。

水泥品种繁多，按其主要水硬性物质的不同，可分为硅酸盐水泥、铝酸盐水泥、硫铝酸盐水泥、铁铝酸盐水泥等系列，其中以硅酸盐系列水泥生产量最大，应用最为广泛。

硅酸盐系列水泥是比硅酸钙为主要成分的水泥熟料、一定量的混合材料和适量石膏按比例混合磨细而制成的水泥系列产品。其中硅酸盐水泥、普通硅酸盐水泥、矿渣硅酸盐水泥、火山灰质硅酸盐水泥、粉煤灰质硅酸盐水泥、复合硅酸盐水泥应用最为广泛，合称为通用硅酸盐水泥。白色硅酸盐水泥、彩色硅酸盐水泥常用于建筑装饰工程，称为特种硅酸盐水泥。

3.1 硅 酸 盐 水 泥

3.1.1 硅酸盐水泥的生产过程

硅酸盐水泥是以石灰石、黏土、铁矿石按比例混合并磨细成为生料，经1450℃高温煅烧成熟料并加适量石膏和混合材料再一次磨细而成。水泥生产的主要工艺可简称为"两磨一烧"。

硅酸盐水泥生产的工艺过程如图3-4所示。

国家标准对硅酸盐水泥的定义为：凡由硅酸盐水泥熟料、0%～5%石灰石的或粒化高炉矿渣、适量石膏磨细制成的水硬性胶凝材料，称为硅酸盐水泥。硅酸盐水泥分为两种类型，不掺加混合材料的称I型硅酸盐水泥，其代号为P·I。在硅酸盐水泥粉磨时掺加不超过水泥质量5%石灰石的或粒化高炉矿渣混合材料的称II型硅酸盐水泥，其代号为P·II。

3.1.2 硅酸盐水泥的矿物组成

硅酸盐水泥生料在煅烧过程中，首先是石灰石和黏土分别分解出CaO、SiO_2、Al_2O_3和Fe_2O_3，然后相互反应，最终生成硅酸二钙（$2CaO·SiO_2$，简写为C_2S）、硅酸三钙（3CaO

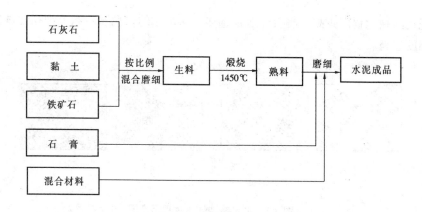

图 3-4 硅酸盐水泥生产流程示意图

·SiO_2，简写为 C_3S）、铝酸三钙（$3CaO·Al_2O_3$，简写为 C_3A）和铁铝酸四钙（$4CaO·Al_2O_3·Fe_2O_3$，简写为 C_4AF）。这四种经水化反应形成的化合物称为水泥的熟料矿物。水泥中各熟料矿物的含量，决定着水泥某一方面的性能。改变熟料矿物成分之间的比例，水泥的性质就会发生相应的变化。

3.1.3 硅酸盐水泥的水化和凝结硬化

水泥加水拌合后，水泥颗粒立即分散于水中并与水发生化学反应，并放出热量。生成的水化产物有水化硅酸钙（$3CaO·2SiO_2·3H_2O$）、水化铝酸钙（$3CaO·Al_2O_3·6H_2O$）、水化铁酸钙（$CaO·Fe_2O_3·H_2O$）、水化硫铝酸钙（$3CaO·Al_2O_3·6H_2O$）和氢氧化钙[$Ca(OH)_2$]。

主要水化产物中水化硅酸钙和水化铁酸钙为凝胶体、氢氧化钙、水化铝酸钙和水化硫铝酸钙为晶体。在完全水化的水泥石中，凝胶体约为 70%，氢氧化钙约占 20%。

水泥加水拌合后的剧烈水化反应，一方面使水泥浆中起润滑作用的自由水分逐渐减少；另一方面，由于结晶和析出的水化产物逐渐增多，水泥颗粒表面的新生物厚度逐渐增大，使水泥浆中固体颗粒间的间距逐渐减少，越来越多的颗粒相互连接形成了骨架结构。此时，水泥浆便开始慢慢失去可塑性，表现为水泥的初凝。

由于铝酸三钙水化极快，会使水泥很快凝结，使得工程中缺少足够的时间操作使用。为此，在水泥中加入了适量的石膏，水泥加入石膏后，一旦铝酸三钙开始水化，石膏会与水化铝酸三钙反应生成针状的钙矾石，即水化硫铝酸钙。当钙矾石的数量达到一定量时，会形成一层保护膜覆盖在水泥颗粒的表面，阻止水泥颗粒表面水化产物的向外扩散，降低了水泥的水化速度，也就延缓了水泥颗粒间相互靠近的速度，使水泥的初凝时间得以延缓。

当掺入水泥的石膏消耗殆尽时，水泥颗粒表面的钙矾石覆盖层一旦被水泥水化物的积聚所胀破，铝酸三钙等矿物的再次快速水化得以继续进行，水泥颗粒间逐渐相互靠近，直至连接形成骨架。此过程表现为水泥浆的塑性逐渐消失，直到终凝。

随着水泥水化的不断进行，凝结后的水泥浆结构内部孔隙不断被新生水化物填充和加固，使其结构的强度不断增长，即使已形成坚硬的水泥石，其强度仍在缓慢增长。因此，只要条件适宜，硅酸盐系水泥的硬化在长时期内是一个无休止的过程。

硬化后的水泥浆体称为水泥石，主要是由凝胶体（胶体与晶体）、未水化的水泥熟料颗粒、毛细孔及游离水分等组成。

水泥石的硬化程度越高，凝胶体含量越多，未水化的水泥颗粒和毛细孔含量越少，水泥石的强度越高。

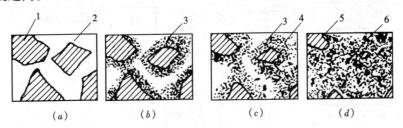

图 3-5　水泥凝结硬化过程示意图
(a) 分散在水中未水化的水泥颗粒；(b) 在水泥颗粒表面形成水化物膜层；(c) 膜层长大并互相连接（凝结）；
(d) 水化物进一步发展，填充毛细孔（硬化）
1—水泥颗粒；2—水分；3—凝胶；4—晶体；5—未水化水泥颗粒；6—毛细孔

3.1.4　硅酸盐水泥的技术性质

(1) 密度与表观密度

硅酸盐水泥的密度一般为 $3.05 \sim 3.20 g/cm^3$。硅酸盐水泥的体积密度主要取决于存放时的紧密程度，松散时约为 $1000 \sim 1100 kg/m^3$，紧密时可达 $1600 kg/m^3$。

(2) 细度

水泥细度是指水泥颗粒的粗细程度。

水泥颗粒越细，其总表面积越大，与水的接触面越多，水化反应进行的越快越充分，因此水泥的细度对水泥的性质有很大影响。通常水泥越细，凝结硬化越快，强度（特别是早期强度）越高，收缩也增大。但水泥过细，则越易吸收空气中水分而受潮硬化，降低水泥活性。此外，水泥过细会增加粉磨时的能耗，降低生产率，增加成本。

国家标准规定：硅酸盐水泥的细度采用比表面积测定仪（勃氏法）检验，其比表面积应大于 $300 m^2/kg$，否则为不合格。

(3) 标准稠度用水量

为使水泥的某些技术指标如凝结时间、体积安定性的测定结果有可比性，必须使水泥净浆达到一个标准的稀稠程度即标准稠度。标准稠度定义为按规定方法拌制的水泥净浆，在水泥标准稠度测定仪上，试锥下沉 (28 ± 2) mm 时的水泥净浆的稠度（见水泥试验）。

水泥标准稠度用水量是指水泥净浆达到标准稠度时所需要的水与水泥质量的比（百分数）。硅酸盐水泥的标准稠度用水量一般在 21% ~ 28% 之间。水泥的标准稠度用水量主要与水泥的细度及其矿物成分有关。

(4) 凝结时间

水泥的凝结时间可分为初凝和终凝。

初凝是指从水泥加水拌合起到水泥浆开始失去塑性所需的时间。终凝为从水泥加水拌合时起到水泥浆完全失去可塑性，并开始具有强度所需的时间。

水泥凝结时间的测定是以标准稠度的水泥净浆，在规定的温湿度条件下，用凝结时间测定仪来测定。

国家标准规定，硅酸盐水泥的初凝时间不得早于 45min，终凝时间不得迟于 390min。

凡初凝时间不符合规定的水泥为废品，终凝时间不符合规定的水泥为不合格品。

规定水泥的初凝时间不宜过早是为了有足够的时间对混凝土进行搅拌、运输、浇筑和振捣；终凝时间不宜过长是为了使混凝土尽快硬化，产生强度，以便尽快拆去模板，提高模板周转率。

(5) 体积安定性

水泥凝结硬化过程中，体积变化是否均匀的性质称为体积安定性。安定性不良的水泥在硬化后会伴随体积不均匀的变化而使水泥石开裂，从而引发工程质量事故，故体积安定性不合格的水泥为废品，严禁使用。

水泥体积安定性不良是由于熟料中所含游离氧化钙、游离氧化镁过多或掺入的石膏过多等原因造成的。

游离的 CaO 过多引起的水泥体积安定性不良可用沸煮法检验，游离氧化镁和石膏的危害作用则需用压蒸法检验。

(6) 强度和强度等级

强度是水泥最重要的性质之一，是划分强度等级的依据。

硅酸盐水泥的强度主要取决于熟料矿物的组成和水泥细度，此外还和试验方法、试验条件、养护龄期有关。

国家标准规定：将水泥、标准砂及水按规定比例（水泥:标准砂:水 = 1:3:0.5），用规定方法制成的规格为 40mm×40mm×160mm 的标准试件，在标准条件（1d 内为 20±1℃、相对湿度 90%以上的养护箱中，1d 后放入 20±1℃的水中）下养护，测定其 3d 和 28d 龄期时的抗折强度和抗压强度。根据 3d 和 28d 时的抗折强度和抗压强度划分硅酸盐水泥的强度等级，并按照 3d 强度的大小分为普通型和早强型（用 R 表示）。硅酸盐水泥的强度等级有：42.5、42.5R、52.5、52.5R、62.5、62.5R。各强度等级水泥的各龄期强度不得低于表 3-5 中的数值，如有一项指标低于表中数值，则应降低强度等级，直到四个数值全部满足表中规定。

硅酸盐水泥各强度等级、各龄期的强度值 GB 175—1999　　　　表 3-5

强 度 等 级	抗压强度（MPa）		抗折强度（MPa）	
	3d	28d	3d	28d
42.5	17.0	42.5	3.5	6.5
42.5R	22.0	42.5	4.0	6.5
52.5	23.0	52.5	4.0	6.5
52.5R	27.0	52.5	5.0	7.0
62.5	28.0	62.5	5.0	8.0
62.5R	32.0	62.5	5.5	8.0

注：R 为早强型。

(7) 水化热

水泥在水化过程中所放出的热量，称为水泥的水化热。大部分的水化热是在水化初期（3~7d 内）放出的，以后则逐渐减少。水泥放热量大小及速度与水泥熟料的矿物组成和细度有关。

硅酸盐水泥水化热高，有利于冬期施工时水泥的凝结硬化。但对于大体积混凝土工程（如大型基础、大型楼板等），水化热常使混凝土内外产生温差引起温度应力，从而使混凝土产生开裂。因此，在大体积混凝土施工中要严格控制水泥的水化热。

3.1.5 硅酸盐水泥的特性及应用

(1) 强度高

硅酸盐水泥凝结硬化快，强度高，尤其是早期强度增长率大，特别适合早期强度要求高的工程、高强混凝土结构和预应力混凝土工程。

(2) 水化热高

硅酸盐水泥 C_3S 和 C_3A 含量高，早期放热量大，放热速度快，早期强度高，用于冬期施工常可避免冻害。但高放热量对大体积混凝土工程不利，如无可靠的降温措施，不宜用于大体积混凝土工程。

(3) 抗冻性好

硅酸盐水泥拌合物不易发生泌水，硬化后的水泥石密实度较大，所以抗冻性优于其他通用水泥。适用于严寒地区受反复冻融作用的混凝土工程。

(4) 抗碳化能力强

硅酸盐水泥硬化后的水泥石显示强碱性，可保护钢筋不生锈。由于空气中的 CO_2 与水泥石中的 $Ca(OH)_2$ 会发生碳化反应生成 $CaCO_3$，使水泥石逐渐由碱性变为中性，而使钢筋失去碱性保护而锈蚀。硅酸盐水泥石碱性强且密实度高，抗碳化能力强，所以可使钢筋混凝土结构和预应力混凝土工程的耐久性大大提高。

(5) 干缩小

硅酸盐水泥在硬化过程中，形成大量的水化硅酸钙凝胶体，使水泥石密实，游离水分少，不易产生干缩裂纹，可用于干燥环境的混凝土工程。

(6) 耐磨性好

硅酸盐水泥强度高，耐磨性好，且干缩小，适用于路面与地面工程。

(7) 耐腐蚀性差

硅酸盐水泥石中有大量的 $Ca(OH)_2$ 和水化铝酸钙，容易引起软水、酸类和盐类的侵蚀。所以不宜用于受流动水、压力水、酸类和硫酸盐侵蚀的工程。

(8) 耐热性差

硅酸盐水泥石在温度为250℃时水化物开始脱水，水泥石强度下降，当受热700℃以上将遭破坏。所以硅酸盐水泥不宜单独用于耐热混凝土工程。

(9) 湿热养护效果差

硅酸盐水泥在常规养护条件下硬化快、强度高。但经过蒸汽养护后，再经自然养护至28d测得的抗压强度往往低于未经蒸养的28d抗压强度。

3.1.6 水泥的储运与验收

水泥在运输和保管时，不得混入杂物。不同品种、强度等级及出厂日期的水泥，应分别储存，并加以标识，不得混杂。散装水泥应分库存放。袋装水泥堆放时应考虑防水防潮。使用时应考虑先存先用的原则。存放期一般不应超过三个月。水泥进场以后，应立即进行检验，为确保工程质量，应严格贯彻先检验后使用的原则。

3.2 掺混合材料的硅酸盐水泥

混合材料是指掺入到水泥或混凝土中的人工材料、天然矿物或工业废料。如粒化高炉矿渣、粉煤灰质、火山灰质材料（硅藻土、烧黏土、火山灰）等。

掺混合材料的主要目的为：扩大水泥的强度等级范围，改善水泥的技术性能，节约水泥熟料，降低水泥成本，变废为宝、改善环境等。

3.2.1 掺混合材料的硅酸盐水泥的品种

（1）普通硅酸盐水泥

由硅酸盐水泥熟料，6%~15%的混合材料及适量石膏磨细而成的水硬性胶凝材料，称为硅酸盐普通水泥，其代号为 P·O。普通硅酸盐水泥有 32.5、32.5R、42.5、42.5R、52.5、52.5R 等六个强度等级，并按 3d 强度分为普通型和早强型。

（2）矿渣硅酸盐水泥、水山灰质硅酸盐水泥和粉煤灰质硅酸盐水泥

矿渣硅酸盐水泥由硅酸盐水泥熟料、20%~70%的粒化高炉矿渣及适量石膏混合磨细而成，其代号为 P·S。

火山灰质硅酸盐水泥由硅酸盐水泥熟料、20%~50%的火山灰质材料及适量石膏混合磨细而成，其代号为 P·P。

粉煤灰质硅酸盐水泥由硅酸盐水泥熟料、20%~40%的粉煤灰及适量石膏混合磨细而成，其代号为 P·F。

以上三种掺混合材料的硅酸盐水泥按不同龄期的抗折强度和抗压强度分为 32.5、32.5R、42.5、42.R、52.5、52.5R 等六个强度等级，并分为变通型和早强型。

（3）复合硅酸盐水泥

复合硅酸盐水泥由硅酸盐水泥熟料，15%~50%的两种以上的混合材料及适量的石膏混合磨细而成，其代号为 P·C。复合硅酸盐水泥有 32.5、32.5R、42.5、42.5R、52.5、52.5R 六个强度等级，并分为普通型和早强型。

3.2.2 掺混合材料的硅酸盐水泥的性质及应用

普通硅酸盐水泥由于混合材料掺量较少，故其性质与硅酸盐水泥基本相同。普通硅酸盐水泥与硅酸盐水泥应用基本相同，但因其抗腐蚀性稍好，水化热略低，抗冻性和抗渗性好而使其应用范围更广。

矿渣硅酸盐水泥、火山灰质硅酸盐水泥、粉煤灰质硅酸盐水泥因所掺混合材料较多，故性质较硅酸盐水泥有较大差异，主要体现在以下几个方面。

（1）早期强度低，后期强度高，不适用于早期强度要求高的工程，如冬期施工、现浇工程等。

（2）适用于高温养护。

（3）水化热低，故适用大体积混凝土工程。

（4）耐腐蚀性好，适用于有硫酸盐、镁盐、软水等介质作用的环境，如海工、水工等工程。

（5）抗冻性较差，但矿渣硅酸盐水泥抗冻性较其他两种稍好。

复合硅酸盐水泥由于掺用了两种以上的混合材料，起到了取长补短的作用，其效果优于只掺一种混合材料的硅酸盐水泥，其早期强度高于上述三种水泥，而且水化热低，耐腐

蚀、抗渗性及抗冻性好，因而用途较其他品种的掺混合材料的硅酸盐水泥更为广泛，是一种很有发展前途的新型水泥。

课题4 混凝土和砂浆

4.1 混凝土

混凝土是以胶凝材料、粗细骨料及其他外掺材料按适当比例拌制、成型、养护、硬化而成的人工石材。混凝土是世界上用量最大的一种工程材料。应用范围遍及建筑、装饰、道路、桥梁、水利等多个领域。

混凝土可以从不同角度进行分类。

按胶凝材料分类：可分为水泥混凝土、沥青混凝土、水玻璃混凝土、聚合物混凝土等。

按体积密度不同，可分为特重混凝土（$\rho_0 > 2500kg/m^3$）、重混凝土（$\rho_0 = 1900 \sim 2500kg/m^3$）、轻混凝土（$\rho_0 = 600 \sim 1900kg/m^3$）、特轻混凝土（$\rho_0 < 600kg/m^3$）。

按性能特点分类：可分为抗渗混凝土、耐酸混凝土、耐热混凝土、高强混凝土、自密实混凝土等。

按施工方法分类：可分为现浇混凝土、预制混凝土、泵送混凝土、喷射混凝土等。

通常将水泥、粗细骨料、水和外加剂按一定的比例配制而成的水泥混凝土，称为"普通混凝土"，并简称为"混凝土"。本课题重点，讲述普通混凝土。

混凝土之所以在土木工程中得到广泛应用，是由于它有许多独特的技术性能。这些特点主要反映材料来源广泛，性能可调整范围大，在硬化前有良好的塑性，施工工艺简易、多变，可用钢筋增强，有较高的强度和耐久性。

混凝土除以上优点外也存在着自重大、养护周期长、导热系数较大、不耐高温、拆除废弃物再生利用性较差等缺点，随着混凝土新功能、新品种的不断开发，这些缺点正在不断克服和改进。

混凝土应用的基本要求为：

(1) 要满足结构安全和不同施工阶段所需要的强度要求。

(2) 要满足混凝土搅拌、浇筑、成型过程所需要的工作性要求。

(3) 要满足设计和使用环境所需要的耐久性要求。

(4) 要满足节约水泥，降低成本的经济性要求。

简单的说，就是要满足强度、工作性、耐久性和经济性的要求，这些要求也是混凝土配合比设计的基本目标。

4.1.1 混凝土的组成材料

水、水泥、砂（细骨料）、石子（粗骨料）是普通混凝土的四种基本组成材料。水和水泥形成水泥浆，在混凝土中赋予拌合混凝土以流动性，粘结粗、细骨料形成整体，填充骨料的间隙，提高密实度。砂和石子构成混凝土的骨架，有效抵抗水泥浆的干缩；砂石颗粒逐级填充，形成理想的密实状态，节约水泥浆的用量。

(1) 水泥

水泥是决定混凝土成本的主要材料,同时又起到粘结、填充等重要作用,故水泥的选用格外重要。水泥的选用,主要考虑的是水泥的品种和强度等级。

水泥的品种应根据工程的特点和所处的环境气候条件,特别是应针对工程竣工后可能遇到的环境影响因素进行分析,并考虑当地水泥的供应情况作出选择,相关内容在课题 3 中已有阐述。

水泥强度等级的选择是指水泥强度等级和混凝土设计强度等级的关系。根据经验,一般情况下水泥强度等级应为混凝土设计强度等级的 1.5~2.0 倍为宜。对于较高强度等级的混凝土,应为混凝土强度等级的 0.9~1.5 倍。

(2) 细骨料(砂)

细骨料是指粒径小于 4.75mm 的岩石颗粒,通常称为砂。

按砂的生成过程特点,可将砂分为天然砂和人工砂。

天然砂根据产地特征,分为河砂、山砂和海砂。河砂材质最好,其洁净、无风化、颗粒表面圆滑。山砂风化较严重,含泥较多,含有机杂质和轻物质也较多,质量最差。海砂中常含有贝壳等杂质,所含氯盐、硫酸盐、镁盐会引起水泥的腐蚀,故材质较河砂为次。

人工砂是经除土处理的机制砂和混合砂的统称。机制砂是由机械破碎、筛分而得的岩石颗粒,但不包括软质岩、风化岩石的颗粒。

混合砂是由机制砂和天然砂混合而成的砂。

砂的技术要求主要有以下几个方面:

1) 粗细程度及颗粒级配

在混凝土中,水泥浆是通过骨料颗粒表面来实现有效粘结的,骨料的总表面积越小,水泥越节约,所以混凝土对砂的第一个基本要求就是颗粒的总表面积要小,即砂尽可能粗。而砂颗粒间大小搭配合理,达到逐级填充,减小空隙率,以实现尽可能高的密实度,是对砂提出的又一个基本要求,反映这一要求的即砂的颗粒级配。

砂的粗细程度和颗粒级配是由砂的筛分试验来进行测定的。筛分试验是采用过 9.50mm 方孔筛后 500g 烘干的待测砂,用一套孔径从大到小(孔径分别为 4.75、2.36、1.18mm,600、300、150μm)的标准金属方孔筛进行筛分,然后称其各筛上所得的粗颗粒的质量(称为筛余量),将各筛余量分别除以 500 得到分计筛余百分率(%)a_1、a_2、a_3、a_4、a_5、a_6,再将其累加得到累计筛余百分率(简称累计筛余率)A_1、A_2、A_3、A_4、A_5、A_6,其计算过程见表 3-6。

累计筛余率(%)的计算过程　　　　表 3-6

筛孔尺寸(mm)	分 计 筛 余		累计筛余百分率(%)
	分计筛余量(g)	分计筛余百分率(%)	
4.75 mm	m_1	a_1	$A_1 = a_1$
2.36mm	m_2	a_2	$A_2 = a_2 + a_1$
1.18mm	m_3	a_3	$A_3 = a_3 + a_2 + a_1$
600μm	m_4	a_4	$A_4 = a_4 + a_3 + a_2 + a_1$
300μm	m_5	a_5	$A_5 = a_5 + a_4 + a_3 + a_2 + a_1$
150μm	m_6	a_6	$A_6 = a_6 + a_5 + a_4 + a_3 + a_2 + a_1$

注:在市政和水利工程中,粗、细骨料亦称为粗、细集料。

由筛分试验得出的 6 个累计筛余百分率作为计算砂平均粗细程度的指标细度模数 (M_x) 和检验砂的颗粒级配是否合理的依据。

细度模数按式（3-18）计算：

$$M_x = \frac{(A_2 + A_3 + A_4 + A_5 + A_6) - 5A_1}{100 - A_1} \qquad (3-18)$$

细度模数越大砂越粗。按细度模数可将砂分为粗砂（$M_x = 3.7 - 3.1$）、中砂（$M_x = 3.0 - 2.3$）、细砂（$M_x = 2.2 - 1.6$）三类。普通混凝土在可能情况下应选用粗砂或中砂以节约水泥。

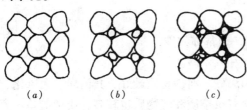

图 3-6 砂的不同级配情况
(a) 一种粒径；(b) 两种粒径；(c) 多种粒径

颗粒级配是指粒径大小不同的砂相互搭配的情况。如图 3-6 所示，一种粒径的砂，颗粒间的空隙最大，随着砂径级别的增加，会达到中颗粒填充大颗粒间的空隙，而小颗粒填充中颗粒间的空隙的"逐级填充"理想状态。

可见用级配良好的砂配制混凝土，不仅空隙率小节约水泥，而且因水泥的用量减小，水泥石含量少，混凝土的密实度提高，从而强度和耐久性得以加强。

根据计算和实验结果，GB/T 14684—2001 规定将砂的合理级配以 $600\mu m$ 级的累计筛余率为准，划分为三个级配区，分别称为 1、2、3 区，见表 3-7。任何一种砂，只要其累计筛余率 $A_1 - A_6$ 分别分布在某同一级配区的相应累计筛余率的范围内，即为级配合理，符合级配要求。

砂颗粒级配区 GB/T 14684—2001　　　　　　　　　　　　　　　　表 3-7

累计筛余 \ 级配区 \ 筛孔尺寸	1 区	2 区	3 区
9.50mm	0	0	0
4.75mm	10 ~ 0	10 ~ 0	10 ~ 0
2.36mm	35 ~ 5	25 ~ 0	15 ~ 0
1.18mm	65 ~ 35	50 ~ 10	25 ~ 0
600μm	85 ~ 71	70 ~ 41	40 ~ 16
300μm	95 ~ 80	92 ~ 70	85 ~ 55
150μm	100 ~ 90	100 ~ 90	100 ~ 90

注：1 区人工砂中 150μm 筛孔的累计筛余率可以放宽至 100 ~ 85，2 区人工砂中 150μm 筛孔的累计筛余率可以放宽至 100 ~ 80，3 区人工砂中 150μm 筛孔的累计筛余率可以放宽至 100 ~ 75。

如果砂的自然级配不符合级配的要求，可采用人工调整级配来改善，即将粗细不同的砂进行掺配或将砂筛除过粗、过细的颗粒。

2）含泥量、泥块含量和石粉含量

砂中的泥和泥块可包裹在砂的表面，妨碍砂与水泥石的有效粘结，同时其吸附水的能力较强，使拌合水量加大，降低混凝土的抗渗性、抗冻性。含泥量或泥块含量超标，可采用水洗的方法处理。

石粉是人工砂生产过程中不可避免产生的，石粉的粒径虽小，但与天然砂中的泥成分不同，粒径分布（40~75μm）也不同。对完善混凝土的细骨料的级配，提高混凝土的密实性，进而提高混凝土的整体性能起到有利作用，但其掺量也要适宜。

天然砂的含泥量、泥块含量、人工砂的石粉含量和泥块含量应符合规定要求。

3）有害物质

砂在生成过程中，由于环境的影响和作用，常混有对混凝土性质造成不利的物质，以天然砂尤为严重。据 GB/T 14684—2001 规定，砂中不应混有草根、树叶、树枝、塑料、煤块、炉渣等杂物。其他有害物质，包括云母、轻物质、有机物、硫化物和硫酸盐、氯盐的含量控制应符合表3-8的规定。

砂中有害物质含量 GB/T 14684—2001　　　　　表3-8

项　目	指　标		
	Ⅰ 类	Ⅱ 类	Ⅲ 类
云母（按质量计）%	<1.0	<2.0	<2.0
轻物质（按质量计）%	<1.0	<1.0	<1.0
有机物（比色法）%	合　格	合　格	合　格
硫化物和硫酸盐（按 SO_3 质量计）%	<0.5	<0.5	<0.5
氯化物（按氯离子质量计）%	<0.01	<0.02	<0.06

（3）粗骨料（石子）

粗骨料是指粒径大于 4.75mm 的岩石颗粒。常将人工破碎而成的石子称为碎石，即人工石子。而将天然形成的石子称为卵石，按其产源特点，也可分为河卵石、海卵石和山卵石。其各自的特点与相应的天然砂类似，虽各有其优缺点，但因用量大，故应按就地取材的原则选用。卵石的表面光滑，拌合混凝土比碎石流动性要好，但与水泥砂浆粘结力差，故强度较低。

粗骨料的技术性能主要有以下几项：

1）最大粒径及颗粒级配

与细骨料相同，混凝土对粗骨料的基本要求也是颗粒的总表面积要小和颗粒大小搭配要合理，以达到水泥的节约和逐级填充形成最大的密实度。这两项要求分别用最大粒径和颗粒级配表示。

粗骨料公称粒径的上限称为该粒级的最大粒径。如公称粒级 5~20（mm）的石子其最大粒径即 20mm。最大粒径反应了粗骨料的平均粗细程度。通常加大粒径可获得节约水泥的效果。但最大粒径过大（大于 150 mm）不但节约水泥的效率不再明显，而且会降低混凝土的抗拉强度，对施工质量，甚至对搅拌机械造成一定的损害。

与砂类似，粗骨料的颗粒级配也是通过筛分实验来确定，所采用的标准筛孔隙为 2.36、4.75、9.50、16.0、19.0、26.5、31.5、37.5、53.0、63.0、75.0、90.0mm 等 12 个。根据各筛的分计筛余量计算而得的分计筛余百分率及累计筛余百分率的计算方法也与砂相同。根据累计筛余百分率，碎石和卵石的颗粒级配范围在 GB/T 14685—2001 中有所规定。

粗骨料的颗粒级配按供应情况分为连续级配和单粒级配。按实际使用情况分为连续级配和间断级配两种。

连续级配是石子的粒径从大到小连续分级，每一级都占适当的比例。连续级配的颗粒大小搭配连续（最小粒径都从 5mm 起），用其配置的混凝土拌合物工作性好，不易发生离析，在工程中应用较多，但其缺点是水泥用量较多。

间断级配是石子粒级不连续，人为剔去某些中间粒级的颗粒而形成的级配方式。间断级配能更有效降低石子颗粒间的空隙率，使水泥达到最大程度的节约，但由于粒径相差较大，故拌合混凝土易发生离析，间断级配需按设计进行掺配而成。

无论连续级配还是间断级配，其级配原则是共同的，即骨料颗粒间的空隙要尽可能小。

2）针片状颗粒

骨料颗粒的理想形状应为立方体。但实际常会出现颗粒长度大于平均粒径 4 倍的针状颗粒和厚度小于平均粒径 0.4 倍的片状颗粒。针片状颗粒的外形和较低的抗折能力，会降低混凝土的密实度和强度，并使其工作性变差，故其含量应予控制。

3）有害物质

与砂相同卵石和碎石中不应混有草根、树叶、树枝、塑料、煤块和炉渣等杂物且其中的有害物质：有机物、硫化物和硫酸盐的含量控制应满足要求。

(4) 拌合用水

混凝土拌合用水按水源可分为饮用水、地表水、地下水、海水。拌合用水所含物质应不影响混凝土工作性、强度发展和耐久性并不会造成混凝土表面的污染。

根据以上要求，符合国家标准的生活用水（自来水、河水、江水、湖水）可直接拌制各种混凝土。海水只可用于拌制素混凝土。地表水和地下水首次使用前应按规定进行检测，有关指标值在限值内才可作为拌合用水。

4.1.2 混凝土拌合物的技术性质

混凝土的技术性质常以混凝土拌合物和硬化混凝土分别研究。混凝土拌合物的主要技术性质是工作性。

(1) 混凝土拌合物的工作性

工作性又称和易性是指混凝土拌合物在一定的施工条件和环境下，是否易于各种施工工序的操作，以获得均匀密实混凝土的性能。混凝土的工作性是一项综合性质，包括流动性、黏聚性、保水性三个方面的技术要求。

流动性是指混凝土拌合物在本身自重或机械振捣作用下产生流动，能均匀密实流满模板的性能。

黏聚性是指混凝土拌合物的各种组成材料在施工过程中具有一定的黏聚力，能保持成分的均匀性，在运输、浇筑、振捣、养护过程中不发生离析、分层现象。

保水性是指混凝土拌合物在施工过程中具有一定的保持水分的能力，不产生严重泌水的性能。

混凝土的工作性是一项由流动性、黏聚性、保水性构成的综合指标体系，在实际操作中，要根据具体工程特点、材料情况、施工要求及环境条件全面考虑。

(2) 工作性的测定方法

混凝土拌合物的工作性常用的有坍落度试验法和维勃稠度测定法两种。

1）坍落度试验法

坍落度法是将按规定配合比配制的混凝土拌合物按规定方法分层装填至坍落桶内，并分层用捣棒插捣密实,然后提起坍落度桶,测量筒高与坍落后混凝土试体最高点之间的高度差,即为坍落度值(以 mm 计),以 S 表示。坍落度是流动性(亦称稠度)的指标,坍落度值越大,流动性越大。

在测定坍落度的同时,观察确定黏聚性。用捣棒侧击混凝土拌合物的侧面,如其逐渐下沉,表示黏聚性良好;若混凝土拌合物发生坍塌,部分崩裂或出现离析,则表示黏聚性不好。保水性以混凝土拌合物中稀浆析出的程度来评定,坍落度筒提起后如有较多稀浆自底部析出则表示保水性不好。若坍落度筒提起后无稀浆或仅有少数稀浆自底部析出,则表示保水性好。

根据坍落度的大小可将混凝土拌合物分为干硬性混凝土($S < 10 \text{mm}$)、塑性混凝土($S = 10 \sim 90 \text{mm}$)、流动性混凝土($S = 100 \sim 150 \text{mm}$)和大流动性混凝土($S \geqslant 160 \text{mm}$)四类。

2)维勃稠度试验法

该种方法主要适用于干硬性的混凝土。维勃稠度试验法是将坍落度筒置于一振动台的圆桶内,按规定方法将混凝土拌合物分层装填,然后提起坍落度筒,启动震动台。测定从起振开始至混凝土拌合物在振动作用下逐渐下沉变形直到其上部的透明圆盘的底面被水泥浆布满时的时间为维勃稠度(单位为秒)。维勃稠度值越大,说明混凝土拌合物的流动性越小。根据国家标准,该种方法适用于骨料粒径不大于 40mm、维勃稠度值在 $5 \sim 30s$ 间的混凝土拌合物工作性的测定。

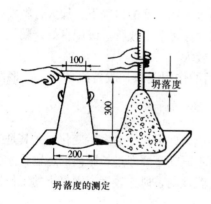
坍落度的测定

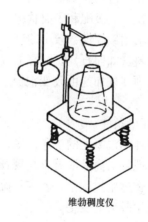
维勃稠度仪

图 3-7 坍落度及维勃稠度试验

(3)影响混凝土拌合物工作性的因素

影响混凝土拌合物工作性的因素较复杂,大致分为组成材料、环境条件和时间三方面,如图 3-8 所示。

1)组成材料

水泥的特性 不同品种和质量的水泥,其矿物组成、细度、所掺混合材料种类的不同都会影响到拌合用水量。即使拌合水量相同,所得水泥浆的性质也会直接影响混凝土拌合物的工作性,如矿渣硅酸盐水泥拌合的混凝土流动性较小而保水性较差。粉煤灰质硅酸盐水泥拌合的混凝土则流动性、黏聚性、保水性都较好。水泥的细度越细,在相同用水量情况下其混凝土拌合物流动性小,但黏聚性及保水性较好。

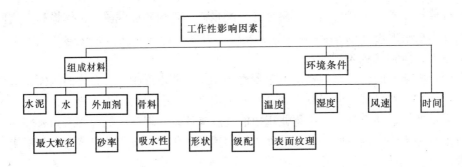

图 3-8 混凝土拌合物工作性的影响因素

用水量 在水灰比不变的前提下,用水量加大,则水泥浆量增多,会使骨料表面包裹的水泥浆层厚度加大,从而减小骨料间的磨擦,增加混凝土拌合物的流动性。

水灰比 水灰比即每 $1m^3$ 混凝土中水和水泥质量之比,其代表水泥浆的稀稠程度,水灰比越大,水泥浆越稀软,混凝土拌合物的流动性越大。

砂率 砂率是每 $1m^3$ 混凝土中砂和砂石总质量之比。砂率的高低说明混凝土拌合物中细骨料所占比例的多少。砂率越大,说明细骨料越多,则骨料的总表面积就越大,吸附的水泥浆也越多,同时细骨料充填于粗骨料间也会减小粗骨料间的磨擦,流动性好;但砂率过大又会因砂粒表面水泥浆过薄而影响混凝土拌合物的流动性,同时砂率对混凝土拌合物黏聚性和保水性也有重要影响。

骨料粒径、级配和表面状况 在用水量和水灰比不变的情况下,加大骨料粒径可提高流动性,采用细度模数较小的砂,黏聚性和保水性可明显改善。级配良好,颗粒表面光滑圆整的骨料(如卵石)所配置的混凝土流动性较大。

外加剂 外加剂可改变混凝土组成材料间的作用关系,改善流动性、黏聚性和保水性。

2) 环境条件

新搅拌的混凝土的工作性在不同的施工环境条件下往往会发生变化。尤其是当前推广使用集中搅拌的商品混凝土与现场搅拌最大的不同就是要经过长距离的运输,才能到达施工地点。在这个过程中,若空气湿度较小,气温较高,风速较大,混凝土的工作性就会因失水而发生较大的变化。

3) 时间

新拌制的混凝土随着时间的推移部分拌合水挥发或被骨料吸收,同时水泥矿物会逐渐水化,进而使混凝土拌合物变稠,流动性减小,造成坍落度损失,影响混凝土的施工质量。

(4) 改善混凝土拌合物工作性的措施

根据上述影响混凝土拌合物工作性的因素,可采取以下相应的技术措施来改善混凝土拌合物的工作性。

1) 在水灰比不变的前提下,适当增加水泥浆的用量。

2) 通过试验,采用合理砂率。

3) 改善砂、石料的级配,一般情况下尽可能采用连续级配。

4) 调整砂、石料的粒径,如为加大流动性可加大粒径,若欲提高黏聚性和保水性可减小骨料的粒径。

5) 掺加外加剂。采用减水剂、引气剂、缓凝剂都可有效地改善混凝土拌合物的工作性。

6) 根据具体环境条件，尽可能缩小新拌混凝土的运输时间。若不允许，可掺缓凝剂、流变剂减少坍落度损失。

4.1.3 混凝土的强度

混凝土的强度有受压强度、受拉强度、受剪强度、疲劳强度等多种，但以受压强度最为重要。一方面受压是混凝土这种脆性材料最有利的受力状态，同时受压强度也是判定混凝土质量的最主要的依据。

(1) 混凝土的抗压强度及强度等级

1) 立方体抗压强度

按照国家标准《普通混凝土力学性能试验方法》GBJ 81—85 的规定，以边长为 150mm 的立方体试件，在标准养护条件（温度 20±3℃，相对湿度大于 90%）下养护 28d 进行抗压强度试验所测得的抗压强度称为混凝土的立方体抗压强度，以 $f_{c.c}$ 表示。立方体抗压强度是评定混凝土强度等级的依据。

2) 轴心抗压强度

实际工程中绝大多数混凝土构件都是棱柱体或圆柱体。同样的混凝土，试件形状不同，测出的强度值会有较大差别。为与实际情况相符，结构设计中采用混凝土的轴心抗压强度作为混凝土轴心受压构件设计强度的取值依据。混凝土的轴心抗压强度是采用 150mm×150mm×300mm 的棱柱体标准试件，在标准养护条件下所测得的 28d 抗压强度值，以"$f_{c.p}$"表示。

3) 立方体抗压强度标准值和强度等级

立方体抗压强度的标准值是指按标准试验方法测得的立方体抗压强度总体分布中的一个值，强度低于该值的百分率不超过 5（即具有 95% 的强度保证率）。立方体抗压强度标准值用 $f_{cu.k}$ 表示。

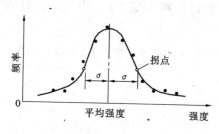

图 3-9 混凝土的强度分布

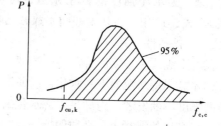

图 3-10 混凝土的立方体抗压强度标准值

混凝土按立方体抗压强度的标准值分成若干等级，即强度等级。混凝土的强度等级采用符号 C 与立方体抗压强度的标准值（以 MPa 计）表示，普通混凝土划分为 C7.5、C10、C15、C20、C25、C30、C35、C40、C45、C50、C55、C60 等十二个等级。

如强度等级为 C20 的混凝土是指 $20MPa \leq f_{cu.k} < 25MPa$ 的混凝土。

(2) 影响混凝土强度的因素

影响混凝土强度的因素很多，大致有各组成材料的性质、配合比及施工质量几个方

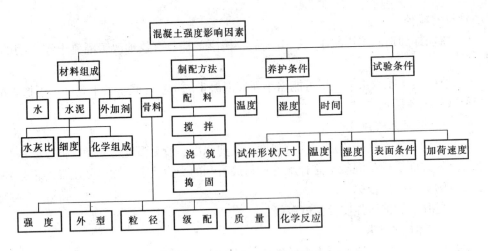

图 3-11 混凝土强度的影响因素

面,如图 3-11 所示。

1) 水泥强度和水灰比

混凝土的破坏主要是水泥石与粗骨料间结合面的破坏。结合面的强度越高,混凝土的强度也越高,而结合面的强度又与水泥强度及水灰比有直接关系。一般情况下,水灰比越小,水泥强度越高,则水泥石强度越高。

混凝土的强度与水泥强度和水灰比间的关系,如式 3-19 表示。

$$f_{cu \cdot o} = A f_{ce} \left(\frac{C}{W} - B \right) \tag{3-19}$$

式中 $f_{cu \cdot o}$——混凝土 28d 的立方体抗压强度

f_{ce}——水泥 28d 抗压强度实测值,当无水泥 28d 实测值时,f_{ce} 可按下式确定:

$$f_{ce} = \gamma_C \cdot f_{ce.g} \tag{3-20}$$

式中 γ_C 为水泥强度的富余系数,可按实际统计资料确定,$f_{ce.g}$ 为水泥强度等级值(MPa)。式 3-19 中 A、B 为回归系数,见表 3-9。

2) 养护条件

混凝土浇筑后必须保持足够的湿度和温度,才能保持水泥的不断水化,以使混凝土的强度不断发展。为满足水泥水化的需要,浇筑后的混凝土,必须保持一定时间的湿润,过早失水,会造成强度的下降,而且造成结构的疏松,产生大量的干缩裂缝进而影响混凝土的耐久性。

回归系数 α_a、α_b 选用表 JGJ 55—2000   表 3-9

系数 \ 石子品种	碎石	卵石
α_a	0.46	0.48
α_b	0.07	0.33

按《混凝土结构工程施工质量验收规范》GB 50240—2002 规定,浇筑完毕的混凝土应采取以下保水措施:浇筑完毕后 12h 以内对混凝土加以覆盖并保温养护,对采用硅酸盐水泥、普通硅酸盐水泥或矿渣硅酸盐水泥拌制的混凝土,浇水养护的时间不得少于 7d,对掺用缓凝型外加剂或有抗渗要求的混凝土不得少于 14d;浇水次数应能保持混凝土处于湿润状态,日平均气温低于 5℃时,不得浇水;混凝土表面不便浇水养护时,可采用塑料布

覆盖或涂刷养护剂（薄膜养生）。

水泥的水化是放热反应，维持较高的养护湿度，可有效提高混凝土强度的发展速度。当温度降至0℃以下时，拌合用水结冰，水泥水化将停止并受冻而破坏。在生产预制混凝土构件时，可采用蒸汽高温养护来缩短生产周期。而在冬期现浇混凝土施工中，则需采用保温措施来维持混凝土中水泥的正常水化。

3）龄期

在正常不变的养护条件下混凝土的强度随龄期的增长而提高，一般早期（7~14d）增长较高，以后逐渐变缓，28d后增长更加缓慢，但可延续几年，甚至几十年。

4）施工质量

混凝土的搅拌、运输、浇筑、振捣、现场养护是一个复杂的施工过程，受到各种不确定性随机因素的影响。配料的准确、振捣密实程度、拌合物的离析、现场养护条件的控制以及施工单位的技术和管理水平都会造成混凝土强度的变化。因此，必须采取严格有效的控制措施和手段，以保证混凝土的施工质量。

(3) 提高混凝土强度的措施

提高混凝土强度的技术措施主要有以下各点：

1）采用高强度等级的水泥

提高水泥的强度等级可有效增长混凝土的强度，但由于水泥强度等级的增加受到原料、生产工艺的制约，故单纯靠提高水泥强度来达到提高混凝土强度的目的，往往是不现实的，也是不经济的。

2）降低水灰比

这是提高混凝土强度的有效措施。混凝土拌合物的水灰比降低，可降低硬化混凝土的孔隙率，明显增加水泥与骨料间的粘结力，使强度提高。但降低水灰比，会使混凝土拌合物的工作性下降。因此，必须有相应的技术措施配合，如采用机械强力振捣、掺加提高工作性的外加剂等。

3）湿热养护

除采用蒸汽养护、蒸压养护、冬期骨料预热等技术措施外，还可利用储存水泥本身的水化热来提高强度的增长速度。

4）龄期调整

如前所述，混凝土随着龄期的延续，强度会持续上升。实践证明，混凝土的龄期在3~6个月时，强度较28d会提高25%~50%。工程某些部位的混凝土如在6个月后才能满载使用，则该部位的强度等级可适当降低，以节约水泥。但具体应用时，应得到设计、管理单位的批准。

5）改进施工工艺

如采用机械搅拌和强力振捣，都可使混凝土拌合物在低水化的情况下更加均匀、密实地浇筑，从而获得更高的强度。近年来，国外研制的高速搅拌法、二次投料搅拌法及高频振捣法等新的施工工艺在国内工程中广泛应用，都取得了较好的效果。

6）掺加外加剂

掺加外加剂是提高混凝土强度的有效方法之一，减水剂和早强剂都对混凝土的强度发展起到明显的作用。尤其是在高强混凝土（强度等级大于C60）的设计中，采用高效减水剂已成为关键的技术措施。但需指出的是，早强剂只可提高混凝土的早期（≤10d）强度，而对于 28d 的强度影响不大。

4.2 建 筑 砂 浆

建筑砂浆由胶凝材料、细骨料和水等材料按比例配制而成。建筑砂浆和混凝土的区别仅在于不含粗骨料。

砂浆按其用途可分为砌筑砂浆、抹面砂浆及特种砂浆。按所用胶凝材料的不同可分为水泥砂浆、石灰砂浆、石膏砂浆及水泥石灰混合砂浆。

4.2.1 砌筑砂浆

（1）组成材料

1）胶凝材料 用于配制砌筑砂浆的胶凝材料有水泥和石灰。水泥品种的选择与混凝土相同，水泥强度等级应为砂浆强度等级的 4~5 倍。石灰膏或熟石灰不仅在砂浆中作为胶凝材料，更主要的作用是使砂浆具有良好的保水性。

2）细骨料 砌筑砂浆用细骨料主要是天然砂。砂的粗细程度对水泥用量、砂浆和易性、强度及干缩性能影响都很大。

3）掺合料 为提高砂浆的和易性，调节强度，改善和易性，可掺入适量的粉煤灰、黄土等掺合材料。

4）水 砂浆拌合用水的质量要求同混凝土。

（2）砌筑砂浆的工作性

砌筑砂浆在硬化前的主要技术性能是工作性，由流动性和保水性综合评价。流动性和保水性的技术指标分别为沉入度和分层度，单位均为 cm。

（3）砌筑砂浆的强度和强度等级

砂浆硬化后的技术性能主要是强度。砂浆的抗压强度是以边长为 70.7mm 的立方体试件，在标准养护条件下，用标准试验方法测得的 28d 抗压强度值。根据砂浆的抗压强度范围划分为八个等级，称为砂浆的强度等级，即 M0.4，M1.0，M2.5，M5.0，M7.5，M10，M15 和 M20。常用强度等级为 M1~M10。

4.2.2 抹灰砂浆

涂抹于建筑物表面上的砂浆称为抹灰砂浆，其与砌筑砂浆的最大不同是不直接承受荷载，对抹灰砂浆的技术要求主要是粘结力和变形性能。根据抹灰砂浆的功能，将其分为普通抹灰砂浆，装饰抹灰砂浆和特种抹灰砂浆。

普通抹灰砂浆常用的有水泥砂浆、混合砂浆、石灰砂浆及掺纤维材料的石灰浆，分别应用于室内外各部位的抹面。

装饰抹灰砂浆与普通抹灰砂浆相比，区别只在于面层具有特殊的表面形式或色彩，这主要靠采用白色、彩色水泥或掺入矿物颜料来实现，也可掺入彩色砂、石渣、玻璃碎粒等组成彩色装饰抹灰面层。

特种抹灰砂浆包括防水砂浆、保温砂浆和吸声砂浆，通过在砂浆中掺加各种防水剂、外加剂或保温、吸声骨料（膨胀珍珠岩砂、浮石渣等）达到防水、保温、吸声的效果。抹面砂浆的配合比一般以体积比表达。

课题5 装饰石材

石材是天然岩石经机械加工或不经机械加工而得到的材料的总称，石材具有强度高、装饰性好、耐久性高、来源广泛的特点，在建筑工程，特别是建筑装饰工程中得到了广泛的应用。

5.1 岩石与石材的基本知识

5.1.1 造岩矿物

地壳中的化学元素有九十多种，矿物是地壳中的化学元素在一定的地质条件下形成的具有一定化学成分和一定结构特征的天然化合物和单质的总称。岩石是矿物的集合体，组成天然岩石的矿物称为造岩矿物。目前，已发现的矿物有三千三百多种。其中主要造岩矿物有三十多种。由于岩石形成的地质条件很复杂，因此岩石没有确定的化学组成和物理力学性质。即使是同种岩石，但由于产地不同，其中各种矿物的含量、光泽、质感及强度、硬度和耐久性也呈现差异，这就形成了岩石组成的多变性。但造岩矿物的性质及含量仍对岩石的性质起着决定性作用。建筑装饰工程中常用岩石的主要造岩矿物有以下几种：

(1) 石英

为结晶的二氧化硅（SiO_2）。密度为 $2.65g/cm^3$，莫氏硬度（刻划硬度）为7，无色透明至乳白色，强度高，材质坚硬，耐久，呈现玻璃光泽，具有良好的化学稳定性。但在受热至573℃以上时，因发生晶体转变，会产生开裂现象。

(2) 长石

为钾、钠、钙等的铝硅酸盐一类矿物的总称，包括正长石、斜长石等。密度为 $2.5\sim2.7g/cm^3$，莫氏硬度为6，呈白、灰、红、青等不同颜色。坚硬，强度高，但耐久性不如石英，在大气中长期风化后成为高岭土。长石是火成岩中含量最多的造岩矿物，常含60%以上。

(3) 角闪石、辉石、橄榄石

为铁、镁、钙等硅酸盐的晶体。密度为 $3\sim4g/cm^3$，莫氏硬度为 $5\sim7$，呈深绿、棕或黑色，常称暗色矿物。坚硬，强度高，耐久性好，韧性大，具有良好的开光性。

(4) 云母

为含水的钾、铁、镁的铝硅酸盐片状晶体。密度为 $2.7\sim3.1g/cm^3$，莫氏硬度为 $2\sim3$，具有无色透明、白、黄、黑等多种颜色。解理极完全（指矿物在外力作用下，沿一定的结晶方向易裂解成薄片的性质），呈玻璃光泽，存在于岩石中影响耐久性和开光性，为岩石中的有害矿物。白云母较黑云母耐久，黑云母风化后形成蛭石，为一种轻质保温材料。

(5) 方解石

为结晶的碳酸钙（$CaCO_3$）。密度为 $2.7g/cm^3$，莫氏硬度为3，通常呈白色。强度高，但硬度不大，开光性好，耐久性仅次于石英、长石。易被酸分解，易溶于含二氧化碳的水。

(6) 白云石

为碳酸钙和碳酸镁的复盐晶体（$CaCO_3 \cdot MgCO_3$）。密度为 $2.9g/cm^3$，莫氏硬度为4，呈白色或灰白色，性质与方解石相似，强度稍高，耐酸腐蚀性及耐久性略高于方解石，遇热酸分解。

(7) 黄铁矿

为二硫化铁（FeS_2）晶体。密度为 $5g/cm^3$。莫氏硬度为 6~7，呈黄色，但条痕呈黑色，无解理。耐久性差，在空气中易氧化成游离的硫酸及氧化铁，体积膨胀，产生锈迹，污染岩石，是岩石中常见的有害杂质。

岩石的性质与矿物组成有密切关系。由石英、长石组成的岩石，其硬度高、耐磨性好（如花岗岩、石英岩等），由白云石、方解石组成的岩石，其硬度低、耐磨性较差（如石灰岩、白云岩等）。含有碳酸钙和碳酸镁的岩石，其耐火性较差，当温度达到 700~900℃时开始分解，而石英含量较高的石材受热到 573℃时，因体积膨胀会使石材开裂。由石英、长石、辉石组成的石材具有良好的耐酸性（如石英岩、花岗岩、玄武岩），而以碳酸盐为主要矿物的岩石则不耐酸，易受大气酸雨的侵蚀（如石灰岩、大理岩）。

5.1.2 岩石的结构和构造

(1) 岩石的结构

岩石的结构是指岩石的原子、分子、离子层次的微观构成形式。根据微粒子在空间分布状态的不同，可分为结晶质结构和玻璃质结构，大多数岩石属于结晶质结构，少数岩石具有玻璃质结构。结晶质结构具有较高的强度、硬度、韧性、耐久性，化学性质较稳定。而玻璃质结构除具有较高的强度、硬度外，相对来说，呈现较强的脆性，韧性较差，化学性质较活泼。结晶质结构按晶粒的大小和多少可分为全晶质结构（岩石全部由结晶的矿物颗粒构成，如花岗岩）、微晶质结构、隐晶质结构（矿物晶粒小，宏观不能识别，如玄武岩、安山岩）。

(2) 岩石的构造

岩石的构造是指宏观可分辨（用放大镜或肉眼）的岩石构成形式。通常根据岩石的孔隙特征和构成形态分为：致密状（花岗岩、大理岩）、多孔状（浮石、黏土质砂岩）、片状（板岩、片麻岩）、斑状、砾状（辉长岩、花岗岩）等。岩石的孔隙率大，并夹杂有黏土质矿物时，强度和耐水、耐冻性等耐久性指标都明显下降。具有斑状和砾状构造的岩石，在磨光后往往纹理绚丽、美观，具有优良的装饰性。具有片状构造的岩石，容易成层剥离，各向异性，沿层易于加工，具有特殊的装饰效果。

5.1.3 常用岩石的分类及性质

岩石按地质形成条件分为火成岩、沉积岩和变质岩三大类，它们具有显著不同的结构、构造和性质。

(1) 火成岩

火成岩由地壳内部熔融岩浆上升冷却而成，又称岩浆岩，是地壳中主要的岩石，约占其总重的89%。根据成岩深度的不同，火成岩又分为深成岩、浅成岩、喷出岩和火山岩。常用的火山岩主要有以下几种：

1) 花岗岩

花岗岩属于酸性结晶深成岩。是火成岩中分布最广的岩石，其主要矿物组成为长石、石英和少量云母。主要化学成分为 SiO_2，含量在 65% 以上。为全晶质结构，有粗粒、中粒、细粒（分别称为伟晶、粗晶和细晶）、斑状等多种构造。一般以细粒构造性质为好，但粗、中粒构造具有良好的装饰色纹,有灰、白、黄、蔷薇、红、黑多种颜色。

花岗岩表观密度为 $2600 \sim 2800 kg/m^3$,抗压强度为 $120 \sim 300 MPa$,莫氏硬度为 $6 \sim 7$,耐磨性好,孔隙率低,吸水率小(为 $0.1\% \sim 0.7\%$),抗风化性及耐久性好,使用年限为 $75 \sim 200$ 年,高质量的可达千年以上,耐酸但不耐火,所含石英在高温下会发生晶变,体积膨胀而开裂。

花岗岩主要用于基础、踏步、室内外地面、外墙饰面、艺术雕塑等,属高档建筑和装饰石材。

2) 玄武岩

玄武岩为喷出火成岩。主要矿物为辉石和长石,常为隐晶结构。表观密度为 $2900 \sim 3300 kg/m^3$,抗压强度为 $100 \sim 500 MPa$。抗风化能力强,脆性及硬度均较大,加工较困难。主要用于基础、桥梁和路面铺砌及骨料等。

3) 辉长岩、闪长岩、辉绿岩

三种岩石均为岩浆岩。由长石、辉石、角闪石等构成。三者的表观密度均较大,为 $2800 \sim 3000 kg/m^3$,抗压强度 $100 \sim 280 MPa$,吸水率小($<1\%$),耐久性好,具有优良的开光性。常呈深灰、暗绿、黑灰、黑绿等暗色。除用于基础等砌体外还可用作名贵的饰面材料。特别是辉绿岩,强度高但硬度低,锯成板材和异形材,经表面磨光,光泽明亮,常用于铺砌地面、镶砌柱面等。

(2) 沉积岩

沉积岩是露出地表的各种岩石(火成岩、变质岩或早期形成的沉积岩)在外力地质作用下经风化、搬运、沉积,在地表或距地表不太深处经压固、胶结、重结晶等成岩作用而形成的岩石。沉积岩虽在地壳中只占总重量的 3%,但分布却占岩石分布总面积的 75%,是地表分布最广的一种岩石。石材是天然岩石经机械加工而得到的材料的总称,石材具有强度高、装饰性好、耐久性高、来源广泛的特点,在建筑工程,特别是建筑装饰中得到了广泛的应用。常用的沉积岩主要有以下几种:

1) 石灰岩

石灰岩为海水或淡水中的化学沉淀物和生物遗体沉积而成,主要成分为方解石,此外尚有石英、白云石、菱镁矿、黏土等矿物。石灰岩有密实、多孔和疏松等构造。密实构造的即为普通石灰岩,疏松的即为白垩(俗称粉刷大白)。颜色有灰白、灰、黄、浅红、浅黑等。

密实石灰岩表观密度为 $2400 \sim 2600 kg/m^3$,抗压强度 $20 \sim 120 MPa$,莫氏硬度为 $3 \sim 4$。当含有较多的 SiO_2 时,强度、硬度和耐久性都高。石灰岩一般不耐酸,但硅质和镁质石灰岩有一定的耐酸性。

由于石灰岩呈层状解理,没有明显断面,难于开采为规格石材。主要用于基础、墙体等石砌体,也是生产石灰和水泥的原料,直接用于装饰工程的不多。但某些特殊的石灰岩品种也可作为高档装饰饰面,如上海大剧院室内大厅的墙面采用的即为产于美国明尼苏达州的著明石灰岩——黄砂石。

2) 砂岩

砂岩是由直径为 $0.1 \sim 2 mm$ 的石英等砂粒经沉积、胶结、硬化而成的岩石。根据胶结物的不同分为:

硅质砂岩：由 SiO_2 胶结而成。呈白、浅灰、浅黄色。强度可达 300MPa，坚硬耐久，耐酸，性能类似于花岗岩。纯白色的砂岩又称白玉石，是优质的雕刻、装饰石材。北京人民英雄纪念碑周身的浮雕采用的即为白玉石。硅质砂岩可用于各种装饰、浮雕及地面工程。

钙质砂岩：由碳酸钙胶结而成。呈白、灰白色，是砂岩中最常用的品种。强度较大（60~80MPa），不耐酸，较易加工，应用较广。

铁质砂岩：胶结物为含水氧化铁。呈褐色，性能比钙质砂岩差。

黏土质砂岩：由黏土胶结而成。易风化，遇水易软化，应用较少。

由于砂岩性能相差较大，使用时需加以区别。

(3) 变质岩

变质岩是地壳中的原有岩石（火成岩、沉积岩或早期生成的变质岩）由于岩浆的活动及地质构造运动的影响（高温、高压）在固体状态下发生再结晶作用而形成的岩石。在形成的过程中，岩石的矿物成分、结构、构造以至化学成分部分或全部发生了改变。常用的变质岩主要有以下几种：

1) 大理岩

大理岩是石灰岩或白云岩经高温、高压的地质作用重新结晶而成的变质岩，属于副变质岩（指结构、构造及性能优于变质前的变质岩）。主要组成矿物为方解石、白云石等。化学成分主要有 CaO、MgO 和少量的 SiO_2，一般 CaO 的含量大于 50%。表观密度为 2600~2800kg/m^3，抗压强度为 60~110MPa，吸水率<1%（某些品种略大于 1%），莫氏硬度为 3~4，耐用年限 150 年。纯大理岩构造致密，密度大但硬度不大，易于分割、雕琢和磨光。纯大理岩为雪白色，当含有氧化铁、石墨等矿物杂质时，可呈玫瑰红、浅绿、米黄、灰、黑等色调。磨光后，光泽柔润，绚丽多彩。大理岩常用于高档建筑的装饰饰面工程。如栏杆、踏步、台面、墙柱面、装饰雕刻制品等。

2) 石英岩

石英岩是硅质砂岩受地质动力变化作用而生成的酸性变质岩，也是一种副变质岩。由于砂岩中的石英颗粒及天然胶结物在高压下重新结晶。因此结构致密、均匀，强度可达 250~400MPa。硬度大，莫氏硬度为 7，耐酸性能好，耐久性优良，使用年限可达千年以上。但由于坚硬开采加工困难，主要用于纪念性建筑的饰面或以不规则形状应用于建筑物或装饰工程中。

3) 片麻岩

片麻岩是花岗岩经高压地质作用重新结晶而成的变质岩，属于正变质岩（其构造、性能较变质前的原岩石差）。其矿物成分与花岗岩类似。呈片状构造，各向异性，沿解理方向易于开采和加工；垂直于解理方向抗压强度较高，可达 120~250MPa。片麻岩的结晶颗粒为粒状或斑状，外观美丽，在工程中用途与花岗岩相似，但其抗冻性较差，经冻融循环，会成层剥落，在作为饰面石材时要考虑其使用的部位，以获得良好的应用效果。

5.1.4 饰面石材的加工

从矿山开采出的石材荒料（荒料是指符合一定规格要求的正方形或矩形六面体石料块材）运到石材加工厂后，经一系列加工过程才能得到的各种饰面石材制品。

(1) 饰面石材的加工方法

饰面石材的加工根据加工工具的特性不同可分为两种基本方式：磨切加工和凿切加工。每种加工方式又可划分为两个阶段：锯割加工阶段——使饰面石材具有初步的形状（厚度或幅面满足一定要求）；表面加工阶段——使石材充分显示出自身的装饰、观赏性（质感和色泽）。

磨切加工是最具现代化的石材加工方式，它是根据石材的硬度特点，采用不同的锯、磨、切割的刀具及机械完成饰面石材的加工。这种加工方法自动化、机械化程度高，生产效率高，材料利用率高，是目前最常采用的一种加工方法。磨切加工顺序可先切后磨，亦可先磨后切。先切后磨是把锯割所得的毛板切成预定规格后再进行表面加工；先磨后切是将锯割所得的毛板先进行表面加工，再切割成所要求的规格。这两种加工顺序可根据供货方式、产地远近、仓贮条件、市场需求等条件综合考虑后给予选择。

凿切加工也是广泛采用的石材加工方法，它是采用人工或半人工的凿切工具，如凿子、剁斧、钢錾、气锤等对石材进行加工。凿切工具加工石材的特点是可形成凹凸不平、明暗对比强烈的表面，充分突出石材的粗犷质感。但这种加工方法劳动强度较大，往往需工人较多的手工参与，虽也可采用气动或电动式机具，但很难实现完全的机械化和自动化。

（2）饰面石材加工的工艺流程

1）锯割加工

锯割是石材加工的首道工序，该道工序是采用各种型式的锯机将石材荒料锯割成半成品板材，该工序不但耗费大（可占成品成本的20%以上），而且锯割工作完成的好坏直接影响以后的研磨等工作。

由石材荒料锯割出的毛板材数量的多少，直接影响饰面石材加工的经济指标。这一指标可用石材的出材率表示，即 $1m^3$ 石材荒料可获板材的平方米数。如按 20mm 厚的板材计，一般石材的出材率为 $12\sim21m^2/m^3$。可见受锯片厚度和荒料质量的影响，饰面板材的出材率是较低的。

锯切加工的设备主要有框架锯（排锯）、盘式锯等，分别用于切割坚硬石材（花岗石等）、较大规格荒料和中等硬度以下的小规格荒料。

2）表面加工

饰面石材是以石材特有的色泽、质感来美化建筑物的。但当石材还是荒料和毛板阶段，它们的颜色、花纹、光泽并未清楚的显示出来，特别是有些石材荒料的颜色、光泽与磨光后呈现出的色泽截然两样。因此可以说，石材只有通过其表面加工，才能具有观赏价值，从而满足建筑装饰艺术方面的要求。

饰面石材的表面加工根据对表面的不同要求可分为研磨、刨切、烧毛、凿毛等几种。

研磨加工　研磨一般分为粗磨、细磨、半细磨、精磨、抛光等五道工序。研磨设备有摇臂式手扶研磨机和桥式自动研磨机。分别用于小件加工和 $1m^2$ 以上的板材加工。磨料多用碳化硅加结合剂（树脂和高铝水泥等），也可采用金钢砂，抛光时还需加各种不同的抛光剂。

抛光是石材研磨加工的最后一道工序，它可使石材表面具有最大的反射光线的能力及良好的光滑度，同时使石材固有的色泽花纹最大限度地显示出来。

目前，国内采用的抛光石材的方法大致可分为三类：第一类为毛毡-草酸抛光法。适于抛光汉白玉、芝麻白、艾叶青等一类的以白云石和方解石为主要造岩矿物的变质岩。第二类为毛毡-氧化铝抛光法。适用于抛光晚霞、墨玉、东北红等一类以方解石为主要造岩矿物的石灰岩质的沉积岩。第三类为白刚玉磨石抛光法。适于抛光上述两种方法不易抛光的，以长石、辉石、橄榄石、黑云母等多种不同矿物组成的岩石，如济南青等。

刨切加工　这种表面加工方法是使用刨床形式的刨石机对毛板表面进行往复式的刨切，使表面平整，同时形成有规律的平行沟槽或刨纹，这是一种粗面板材的加工方式。

烧毛加工　将锯切后的花岗石毛板，用火焰进行表面喷烧，利用某些矿物在高温下开裂的特性进行表面烧毛，使石材恢复天然粗糙表面，以达到特定的色彩和质感。

凿毛加工　这种表面加工方法是利用专门凿切手工工具如剁斧、钢錾或鳞齿锤（一种带有25齿、36齿或64齿的钢锤）在石材表面连续剁切，从而形成凹凸深度不一的表面，主要适用于中等硬度以上的各种火成岩和变质岩的表面加工。

经过表面加工的饰面石材可采用细粒金钢石小圆盘锯切割成一定规格的成品。

3）检验与包装

加工好的产品应先检验尺寸、颜色、花纹及拼花效果等，然后方可包装。必要时要按实际使用状态（铺地或贴墙）检验其拼花效果。当地使用，可用缓冲衬垫和专用钢架包装出厂；运往外地，应用各种缓冲衬垫垫好，外包塑料薄膜，装入木框架箱出厂。

大理石包装时应避免用草绳、木丝、油纸作包装材料，以减少淋雨后对饰面石材的污染，尤其是浅色大理石更要注意。

5.2　天然大理石

5.2.1　大理石的概念、特点和品种

大理石是大理岩的俗称。建筑装饰工程上所指的大理石是广义的，除指大理岩外，还泛指具有装饰功能，可以磨平、抛光的各种碳酸盐类的沉积岩和与其有关的变质岩，如石灰岩、白云岩、砂岩、灰岩等。

大理石质地比较密实、抗压强度较高、吸水率低、表面硬度一般不大，属中硬石材。化学成分有CaO、MgO、SiO_2等，其中CaO和MgO的总量占50%以上。纯白色的大理石成分较为单纯，但大多数大理石是两种或两种以上成分混杂在一起，因成分复杂，所以颜色变化较多，深浅不一，有多种光泽，形成大理石独特的天然美。

大理石一般都含有杂质，尤其是含有较多的碳酸盐类矿物，在大气中受硫化物及水汽的作用，容易发生腐蚀。腐蚀的主要原因是城市工业所产生的SO_2与空气中的水分接触生成亚硫酸、硫酸等所谓酸雨，与大理石中的方解石反应，生成二水硫酸钙（二水石膏），体积膨胀，从而造成大理石表面强度降低、变色掉粉，很快失去光泽，影响其装饰性能。其反应化学方程式为：

$$CaCO_3 + H_2SO_4 + H_2O = CaSO_4 \cdot 2H_2O + CO_2 \uparrow$$

在各种颜色的大理石中，暗红色、红色的最不稳定，绿色次之。白色大理石成分单纯，杂质少，性能较稳定，不易变色和风化。所以除少数大理石，如汉白玉、艾叶青等质纯、杂质少、比较稳定耐久的品种可用于室外，绝大多数大理石品种只宜用于室内。

我国大理石矿产资源极为丰富。储量大，品种也多，其中不乏优质品种。据有关资料统计，山东、安徽、江苏、江西、云南、内蒙古、吉林、黑龙江等24个省中，天然大理石储藏量达17亿m^3，花色品种达到商业应用价值的有390多个，同时新的品种还在不断

地被开发。国产大理石主要品种见表3-10。

国产大理石主要品种　　　　　　表3-10

品　名	花 色 特 征	产　地
莱阳绿	深绿色，带有黑斑块，花纹斑点较大	山东莱阳
条灰（1号）	灰白色，黑白直线，线条清晰均匀	山东掖县
铁岭红	玫瑰红、肉红、深红、棕红并带有不同花纹	辽宁铁岭
紫地满天星	咖啡色，带密集而均匀、白色、淡黄色海生物化石星点	重庆市
汉白玉	玉白色，微有杂点和脉	北京房山、湖北黄石
晶白	白色晶体，细致而均匀	湖北
雪花	白间淡灰色，有均匀中晶，有较多黄翳杂点	山东掖县
墨晶白	玉白色、微晶、有黑色纹脉或斑点	河北曲阳
冰浪	灰白色均匀粗晶	河北曲阳
凝脂	猪油色底，稍有深黄细脉，偶带透明杂晶	江苏宜兴
碧玉	嫩绿或深绿和白色絮状相渗	辽宁连山关
彩云	浅翠绿色底，深浅绿絮状相渗，有紫斑和脉	河北获鹿
云灰	白或浅灰底，有烟状或云状黑灰色纹带	北京房山
晶灰	灰色微赭，均匀细晶，间有灰条纹或赭色斑	河北曲阳
驼灰	土灰色底，有深黄赭色，浅色疏脉	江苏苏州
艾叶青	青底，深黄间白色叶状斑云，间有片状纹缕	北京房山
残雪	灰白色，有黑色斑带	河北铁山
晚霞	石黄间土黄斑底，有深黄叠脉，间有黑晕	北京顺义
虎纹	赭色底，有流纹状石黄色经络	江苏宜兴
锦灰	浅黑灰底，有红色和灰白色脉络	湖北大冶
桃红	桃红色，粗晶，有黑色缕纹或斑点	河北曲阳
秋枫	灰红底，有血红晕脉	江苏南京

5.2.2　天然大理石板材分类、等级和标记

（1）板材分类

天然大理石板材按形状分为普形板（PX）、圆弧板（HM）和异形板（YX）。

国际和国内板材的通用厚度为20mm，亦称为厚板。随着石材加工工艺的不断改进，厚度较小的板材也开始应用于装饰工程，常见的有7、8、10mm等，亦称为薄板。厚板有较大的厚度，可钻孔、锯槽，适用于传统湿作业法和干挂法等施工工艺，但施工较复杂，进度也较慢。薄板可采用水泥砂浆或专用胶粘剂直接粘贴，石材利用率高，便于运输和施工。但幅面不宜过大，以免加工、安装过程中发生碎裂。

（2）等级和标记

根据《天然大理石建筑板材》JC/79—2001，天然大理石板材按板材的规格尺寸偏差、平面度公差、角度公差及外观质量分为优等品（A）、一等品（B）、合格品（C）三个等级。

行业标准《天然大理石建筑板材》JC/T 79—2001对大理石板材的命名和标记方法所作的规定为：

板材命名顺序为：

荒料产地地名，花纹色调特征描述，大理石。

板材的标记顺序为：

编号、类别、规格尺寸（长度×宽度×厚度，单位mm）、等级、标准号。

例如，用北京房山汉白玉大理石荒料生产的普形板材规格尺寸为600mm×600mm×

20mm的优等品板材表示为：

命名：房山汉白玉大理石

标记：M1101 PX 600×600×20 A JC/T 79—2001

5.2.3 天然大理石板材的贮存和选用

天然大理石板材，表面光亮、细腻，易受污染和划伤，所以应注意在室内贮存，室外贮存时应加遮盖。存放时应按品种、规格、等级或工程部位分别码放。直立码放时，应光面相对，倾斜度不大于15°，层间加垫隔离，垛高不得超过1.5m；平放时，也应光面相对，地面需平整，垛高不得超过1.2m。若为包装箱，码放高度不得超过2m。

天然大理石板材是高级装饰工程的饰面材料。一般用于宾馆、展览馆、剧院、商场、图书馆、机场、车站等工程的室内墙面、柱面、服务台、栏板、电梯间门口等部位。由于其耐磨性相对较差，虽也可用于室内地面，但不宜用于人流较多场所的地面。大理石由于耐酸腐蚀能力较差，除个别品种外，一般只适用于室内。

除整板铺贴外，大理石厂生产光面和镜面大理石时裁割下的大量边角余料，经过适当的分类加工，也可制成碎拼大理石墙面或地面，是一种别具风格、造价较低的高级饰面，可用于点缀高级建筑的庭园、走廊等部位，使建筑物丰富多彩。

5.3 天然花岗石

5.3.1 花岗石的概念、特点

建筑装饰工程上所指的花岗石泛指各种以石英、长石为主要的组成矿物，并含有少量云母和暗色矿物的火成岩和与其有关的变质岩，如花岗岩、辉绿岩、辉长岩、玄武岩、橄榄岩、片麻岩等。

花岗石构造致密、强度高、密度大、吸水率极低、材质坚硬、耐磨，属硬石材。花岗石的化学成分有SiO_2、Al_2O_3、CaO、MgO、Fe_2O_3等，其中SiO_2的含量常为60%以上，因此其耐酸、抗风化、耐久性好，使用年限长。从外观特征看，花岗石常呈整体均粒状结构，称为花岗结构。品质优良的花岗石，石英含量高，云母含量少，结晶颗粒分布均匀，纹理呈斑点状，有深浅层次，构成该类石材的独特效果。这也是从外观上区别花岗石和大理石的主要特征。花岗石的颜色主要由正长石的颜色和云母、暗色矿物的分布情况而定。其颜色有黑白、黄麻、灰色、红黑、红色等。

我国花岗石的资源极为丰富，储量大、品种多。山东、江苏、浙江、福建、北京、山西、湖南、黑龙江、河南、广东等十省市都有出产，花色品种有90多个。北京的白虎涧(花岗岩)、济南的济南青(辉长岩)、青岛的黑色花岗石(辉绿岩)、四川石棉的石棉红、湖北的将军红、山西灵邱的贵妃红都是花岗石的主要品种。国产花岗石的主要品种见表3-11。

国产花岗石的主要品种　　　　　表3-11

品　名	花色特征	产　地	品　名	花色特征	产　地
白虎涧	肉粉色带黑斑	北京市昌平县	黑花岗石	黑色,分大、中、小花	山东省临沂县
将军红	黑色棕红浅灰间小斑块	湖北省	泰安绿	暗绿色(花岗闪长岩)	山东省泰安市
芝麻青	白底、黑点	湖北省黄石市	莱州白	白色黑点	山东省掖县
济南青	纯黑色(辉长岩)	山东省济南市	莱州青	黑底青白点	山东省掖县
莱州棕黑	黑底棕点	山东省掖县	红花岗石	紫红色或红底起白花点	山东省、湖北省
莱州红	粉红底深灰点	山东省掖县			

在世界石材贸易市场中，花岗石产品所占的比例不断增长，约占世界石材总产量的36%。在国际上，花岗石板材可分为三个档次：高档花岗石抛光板主要品种有巴西黑、非洲黑、印度红等，这一类产品主要特点是色调纯正、颗粒均匀，具有高雅、端庄的深色调。中档花岗石板材主要有粉红色、浅紫罗兰色、淡绿色等，这一类产品多为粗中粒结构，色彩均匀变化少。低档花岗石板材主要为灰色、粉红色等色泽一般的花岗石及灰色片麻岩等，这一类的特点是色调较暗淡、晶粒欠均匀。

5.3.2 天然花岗石板材的分类、等级和标记

（1）分类

天然花岗石板材按形状可分为普形板（PX）、圆弧板（HM）和异形板（YX）。按其表面平整加工程度可分为亚光板（YG）、镜面板（JM）、粗面板（CM）三类。亚光板系饰面平整细腻，能使光线产生漫反射现象的板材。镜面板经粗磨、细磨抛光加工而成，表面平整光亮、色泽明显、晶体裸露。粗面板指饰面粗糙规则有序，端面锯切有序的板材，系经手工或机械加工，在平整的表面处理出不同形式的凹凸纹路，如具有规则条纹的机刨板，由剁斧人工凿切而成的剁斧板，经火焰喷烧处理表面而成的火烧板和用齿锤人工锤击而成的锤击板等。

用于室外装饰的天然花岗石板材，常选用的规格为：1067mm×762mm×20mm；915mm×610mm×20mm；610mm×610mm×20mm。细面和镜面花岗石板材由于其材质的特点，一般都制成厚度为20mm的厚板，厚度小于10mm的薄板很少采用。

（2）等级和标记

天然花岗石板材根据国家标准《天然花岗石建筑板材》GB/T 18601—2001，按规格尺寸允许偏差、平面度允许极限公差、角度允许极限公差及外观质量分为优等品（A）、一等品（B）、合格品（C）三个等级。圆弧板按规格尺寸偏差、直线度公差、线轮廓度公差及外观质量等分为优等品（A）、一等品（B）、合格品（C）三个等级。

国家标准 GB/T 18601—2001 对天然花岗石板材的命名和标记方法所作的规定为：

命名顺序：荒料产地地名、花纹色彩描述、花岗石。

板材的标记顺序：编号、类别、规格尺寸、等级、标准号。其中编号采用 GB/T 17670 的规定。

例如，用山东济南黑色花岗石荒料生产的 600mm×600mm×20mm、普形、镜面、优等品板材表示为：

命名：济南青花岗石

标记：G3701 PX JM 600×600×20 A GB/T 18601

5.3.3 天然放射性

天然石材中的放射性是引起人们普遍关注的一大问题。但经检验证明，绝大多数的天然石材中所含放射物质极微，不会对人体造成任何危害。但少量花岗石产品放射性指标超标，会在长期使用过程中对环境造成污染，因此有必要加以控制。国家标准《建筑材料放射性核素限量》GB 6566—2001 中规定，装修材料（花岗石、建筑陶瓷、石膏制品等）中以天然放射性核素镭-226、钍-232、钾-40 的放射性比活度及内照射指数和外照射指数的限值分为三类：A 类产品的产销与使用范围不受限制；B 类产品不可用于 I 类民用建筑的内饰面，但可用于 I 类民用建筑的外饰面及其他一切建筑物的内、外饰面；C 类产品只可用

于建筑物的外饰面及室外其他用途。

放射性水平超过限值的花岗石产品，其中的镭、钍等放射元素衰变过程中将产生天然放射性气体氡。氡是一种无色、无味、感官不能觉察的气体，特别是易在通风不良的地方聚集，可导致肺、血液、呼吸道发生病变。

目前，国内使用的众多天然石材产品，大部分是符合A类产品要求的，但不排除有少量的B、C类产品。因此，装饰工程中应选用经放射性测试，且发放了放射性产品合格证的产品。此外，在使用过程中，还应经常打开居室门窗，促进室内空气流通，使氡稀释，达到减少污染的目的。

5.3.4 天然花岗石板材的贮存和应用

天然花岗石板材材质坚硬、耐腐蚀、抗污染，但贮存时仍应注意保护板面，严禁搬运时滚摔、碰撞，并尽可能在室内贮存，室外贮存应加遮盖。堆码要求与天然大理石板材相同。

花岗石自古就是优良的建筑石材，有"千年石烂"之美称，但因其坚硬，开采加工较困难，故造价较高，属于高级装饰材料，主要应用于大型公共建筑或装饰等级要求较高的室内外装饰工程。因花岗石不易风化，外观色泽可保持百年以上，所以粗面和细面板材常用于室外地面、墙面、柱面、勒脚、基座、台阶；镜面板材主要用于室内外地面、墙面、柱面、台面、台阶等，特别适宜做大型公共建筑大厅的地面。

5.4 人造饰面石材

天然石材虽有许多优良的性能，但由于其资源分布不均，加工后成品率低，因此成本较高，尤其一些名贵品种更显得价格昂贵。在大型装饰工程中，石材的成本常常对总工程造价起决定作用。为适应现代装饰业的需要，人造饰面石材应运而生。

人造饰面石材是采用无机或有机胶凝材料作为粘结剂，以天然砂、碎石、石粉或工业渣等为粗、细填充料，经成型、固化、表面处理而成的一种人造材料。它具有以下特点：

(1) 重量轻、强度大、厚度薄

某些种类的人造石材表观密度只有天然石材的一半，强度却较高，抗折强度可达30MPa，抗压强度可达110MPa。人造饰面石材厚度一般小于10mm，最薄的可达8mm。通常不需专用锯切设备锯割，可一次成型为板材。

(2) 色泽鲜艳、花色繁多、装饰性好

人造石材的色泽可根据设计意图制做，可仿天然花岗石、大理石或玉石，色泽花纹可达到以假乱真的程度。人造石材的表面光泽度高，某些产品的光泽度指标可大于100，甚至超过天然石材。

(3) 耐腐蚀、耐污染

天然石材或耐酸或耐碱，而聚酯型人造石材，既耐酸也耐碱，同时对各种污染具有较强的耐污力。

(4) 便于施工、价格便宜

人造饰面石材可钻、可锯、可粘结，加工性能良好，还可制成弧形、曲面等天然石材难以加工成的几何形状。一些仿珍贵天然石材品种的人造石材价格只有天然石材的几分之一。

除以上优点外，人造石材还存在一些缺点，如有的品种表面耐刻划能力较差，某些板材使用中易发生翘曲变形等，随着对人造饰面石材制做工艺、原料配比的不断改进、完善，这些缺点和问题是可以逐步克服的。

按照生产材料和制造工艺的不同，可把人造饰面石材分为下几类：

5.4.1 水泥型人造饰面石材

这种人造石材是以各种水泥（硅酸盐水泥、白色或彩色硅酸盐水泥、铝酸盐水泥等）为胶凝材料，天然砂为细骨料，碎大理石、碎花岗石、工业废渣等为粗骨料，经配料、搅拌、成型、加压蒸养、磨光、抛光而制成。这种人造石材成本低，但耐酸腐蚀能力较差，若养护不好，易产生龟裂。

该类人造石材中，以铝酸盐水泥作为胶凝材料的性能最为优良。因为铝酸盐水泥（亦称矾土水泥）的主要矿物组成为$CaO·Al_2O_3$（简写为CA），水化后生成的产物中含有氢氧化铝胶体，它与光滑的模板表面相接触，形成氢氧化铝凝胶层。同时氢氧化铝凝胶体在凝结硬化过程中，不断填充粗、细骨料间的空隙，形成致密结构，因而表面光亮，呈半透明状，同时花纹耐久、抗风化、耐火性、耐冻性、防火性等性能优良。缺点是为克服表面泛碱，需加入价格较高的辅助材料；底色较深，颜料需要量加大，使成本增加。

5.4.2 聚酯型人造饰面石材

这种人造石材多是以不饱和聚酯为胶凝材料，配以天然大理石、花岗石、石英砂或氢氧化铝等无机粉状、粒状填料，经配料、搅拌、浇筑成型。在固化剂、催化剂作用下发生固化，再经脱模、抛光等工序制成。目前，我国多用此法生产人造石材。使用不饱和聚酯，产品光泽好、色浅、颜料省、易于调色。

聚酯型人造石材的主要特点是光泽度高、质地高雅、强度硬度较高、耐水、耐污染、花色可设计性强。缺点是填料级配若不合理，产品易出现翘曲变形。

5.4.3 复合型人造饰面石材

这种人造石材具备了上述两类的特点，系采用无机和有机两类胶凝材料。先用无机胶凝材料（各类水泥或石膏）将填料粘结成型，再将所成的坯体浸渍于有机单体中（苯乙烯、甲基丙烯酸甲酯、醋酸乙烯、丙烯腈等），使其在一定的条件下聚合而成。该种人造石材成本低、表面效果类似聚酯型人造石材，很有发展前途。

5.4.4 烧结型人造饰面石材

该种人造石材的制造与陶瓷等烧土制品的生产工艺类似。是将斜长石、石英、辉石、方解石粉和赤铁矿粉及部分高岭土按比例混合制备坯料，用半干压法成形，经窑炉1000℃左右的高温焙烧而成。该种人造石材因采用高温焙烧，所以能耗大，造价较高，但表面光亮、耐磨、材质坚硬，装饰效果极佳，适用于高档装饰工程。

人造饰面石材可用于室内外墙面、柱面、楼梯面板、服务台面等部位。

课题6 建筑装饰陶瓷

建筑装饰陶瓷是指用于建筑装饰工程的陶瓷制品，包括各类的内墙釉面砖、墙地砖、匋瓷锦砖和陶瓷壁画等。其中应用最为广泛的是釉面砖和墙地砖。

建筑装饰陶瓷坚固耐用，又具有色彩鲜艳的装饰效果，加之防火、防水、耐磨、耐腐蚀、易清洗、易于施工，因此得到日益广泛的应用，不但被广泛用于民用住宅中，更以其色彩瑰丽，富丽堂皇为大剧院、宾馆、商场、会议中心等大型公共建筑物锦上添花。

6.1 陶瓷的基本知识

6.1.1 陶瓷的概念和分类

陶瓷通常是指以黏土为主要原料，经原料处理、成型、焙烧而成的无机非金属材料。

从产品的种类来说，陶瓷可分为陶和瓷两大部分。陶的烧结程度较低，有一定的吸水率（大于10%），断面粗糙无光，不透明，敲之声音粗哑，可施釉也可不施釉。瓷的坯体致密、烧结程度很高，基本不吸水（吸水率小于1%），有一定的半透明性，敲击时声音清脆，通常都施釉。介于陶和瓷之间的一类产品，称为炻，也称为半瓷或石胎瓷。

瓷、陶和炻通常又按其细密性、均匀性各分为精、粗两类。建筑陶瓷产品主要为精陶和粗炻两类。

精陶是以可塑性好，杂质少的陶土、高岭土、长石、石英为原料，经素烧（最终温度为1250~1280℃）、釉烧（温度为1050~1150℃）两次烧成。其坯体呈白色或象牙色、多孔，吸水率常为10%~12%，最大可达22%。精陶按用途不同可分为建筑精陶（釉面砖）、美术精陶和日用精陶。

粗炻是炻中均匀性较差、较粗糙的一类，建筑装饰上所用的外墙面砖、地砖、锦砖都属于粗炻类，是由品质较好的黏土和部分瓷土烧制而成，通常带色，烧结程度较高，吸水率较小（6%~10%）。近些年，一些属于细炻的建筑陶瓷砖也较常见，细炻砖吸水率更小（3%~6%），性能更加优良。

6.1.2 陶瓷的组成材料

陶瓷使用的原料品种很多，从来源说，一类是天然矿物原料，一类是经化学方法处理而得到的化工原料。使用天然矿物类原料制作的陶瓷较多，其又可分为可塑性原料、瘠性原料、助熔剂和有机原料四类。

（1）可塑性原料——黏土

可塑性原料主要是指可用于烧制陶瓷的各类黏土。黏土是多种微细矿物的混合体。主要是由铝硅酸盐类岩石（如长石、伟晶花岗岩、片麻岩等）经长期风化而成。

黏土是多种微细矿物的混合体。其主要的组成颗粒称作黏土质颗粒，直径在0.01~0.005mm以下，其余为砂（粒径0.15~5mm）和杂质。从外观上看，黏土呈白、灰、黄、红、黑等各种颜色。从硬度上各种黏土的情况千差万别，但良好的可塑性和可烧结性是其基本特征。

1）黏土的化学组成和矿物组成

黏土的化学组成主要是SiO_2、Al_2O_3和结晶水，同时含有少量的K_2O、Na_2O和着色矿物Fe_2O_3和TiO_2等。

黏土的主要矿物组成为含水铝硅酸盐类矿物，分为高岭石类、蒙脱石类和单热水云母类。高岭石类的结构式为$Al_2O_3 \cdot 2SiO_2 \cdot nH_2O$，当$n$为2和4时分别称为高岭石和多水高岭石。蒙脱石类矿物的结构式为$Al_2O_3 \cdot 4SiO_2 \cdot nH_2O$，当$n$为12和1时，分别称为蒙脱石和叶蜡石，膨润土也属于该类矿物。单热水白云母的结构式为$0.2k_2O \cdot Al_2O_3 \cdot 3SiO_2 \cdot 1.5H_2O$。

除以上主要矿物外，黏土中通常还含有云母、铁化合物等有害杂质，可使制品产生气泡、熔洞、结核等缺陷。

2）黏土的焙烧过程

黏土矿物在焙烧时，随着水分的不断蒸发，不断发生物理化学变化，产品的性能也不断发生变化。虽然不同的黏土矿物焙烧时产生的变化有所不同，但从总的过程看大致可分为以下五个阶段：

第一阶段：自由水和吸附水蒸发阶段。当温度在400℃以下时，自由水和吸附水大量蒸发，坯体变干，孔隙率增大，逐渐失去可塑性。

第二阶段：化合水蒸发阶段。当焙烧温度升至450~800℃时，化合水逐渐失尽，此时黏土中的有机物燃尽，孔隙率最大，成为强度较低的多孔坯体。

第三阶段：矿物分解阶段。继续加热至800~950℃，此时密度减小，体积收缩，无水矿物分解为无定型的游离Al_2O_3和SiO_2。

第四阶段：烧结阶段（重新结晶阶段）。当温度继续升高至1100~1200℃时，游离的Al_2O_3和SiO_2重新烧结，生成莫来石（$3Al_2O_3 \cdot 2SiO_2$），此时密度增加，体积收缩最大，孔隙率下降，生成的液相把其他固相粘结起来（称为烧结）。焙烧时生成的莫来石晶体越多、越大，制品的强度越高，质量越好。

第五阶段：烧融阶段。温度继续升高至一定的程度时，黏土开始熔融、软化。

在黏土焙烧的整个过程中，最终坯体烧成是在第四阶段，即烧结阶段。

3）黏土在陶瓷中的作用

在陶瓷制作过程中，黏土的作用是赋予原料以可塑性、对瘠性原料给予结合力，从而使坯料具有良好的成型性，同时使坯体干燥过程中避免了变形开裂，并具有一定的干燥强度。黏土加热分解并于1100℃以上形成的莫来石结晶，使陶瓷具有高的耐急冷急热性、机械强度和其他优良性能。

（2）瘠性原料

瘠性原料是为防止坯体收缩所产生缺陷，而掺入的原料本身无塑性而在焙烧过程中不与可塑性原料起化学作用，并在坯体和制品中起到骨架作用的原料。最常用的瘠性物料是石英和熟料（黏土在一定温度下焙烧至烧结或未完全烧结状态下经粉碎而成的材料）等。

瘠性原料的作用是调整坯体成型阶段的可塑性；减少坯体干燥收缩及变形；利用石英在加热过程中由于晶型转变而引起的体积膨胀部分抵消坯体烧成过程中产生的收缩，从而改造制品的性能；石英在焙烧过程中一部分溶于长石（助熔物料），而使成品更密实，同时，还可与黏土中的Al_2O_3形成莫来石，残余的石英构成坯体骨架；在釉料中提高釉的耐磨性、硬度、透明度和化学稳定性。

（3）助熔原料

助熔剂亦称熔剂。在陶瓷坯体焙烧过程中可降低原料的烧结温度，增加密实度和强度，但同时也可降低制品的耐火度、体积稳定性和高温抗变形能力。

常用的熔剂为长石（钾长石或钠长石）、铁化合物（不能用于白色或浅色制品中）、碳酸钙或碳酸镁等。

（4）有机原料

有机原料主要包括天然腐植质或锯末、糠皮、煤粉等。其作用是提高原料的可塑性；在焙烧过程中本身碳化成强还原剂，使原料中的氧化铁还原成氧化亚铁，并与二氧化硅生成硅酸亚铁，起到助熔剂作用。但掺量过多，会使成品产生黑色熔洞。

6.1.3 陶瓷面砖的成型方法和生产工艺

(1) 成型方法

陶瓷面砖在焙烧前需按一定比例拌合好原料，按一定的规格成型。成型后的坯料要求几何形状准确、平整，有一定的强度并且具有抵抗一定变形和干裂的能力。

常用的成型方法有两种：

1) 半干压法

将含水5%~8%的半干坯料加压（10~25MPa）成型。此法所用的坯料可以是干法（磨细、配料、混合后再润湿），也可以用湿法（原料加湿粉碎，然后压滤、干燥）来制备。湿法粉尘散布少，工作环境较干法优良。目前，我国多采用湿法制作面砖坯料。

2) 浇注法

该种方法是将含水率高达40%呈泥浆状的原料在位于传送带上的耐火质多孔垫板上浇注，继而干燥、焙烧。成型、干燥、焙烧可连续进行，节省多道工序。制成的面砖表面平整、不变形，可自由控制其厚度。浇注法生产的坯料成本低，可完全自动化、机械化。

(2) 生产工艺

焙烧面砖所用的窑炉可采用隧道窑、多通道窑及电热隧道窑等。彩色面砖最好采用隔焰式隧道窑，以保证色泽的均匀鲜艳。用半干压法成型的陶瓷面砖的典型生产工艺如图3-12所示。

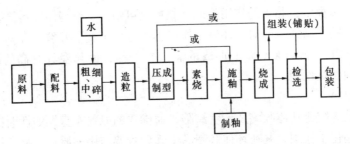

图3-12 半干压法成型陶瓷面砖生产工艺流程

(3) 釉的特点及制釉原料

1) 釉的特点

釉是一种玻璃质的材料，具有玻璃的通性：无确定的熔点，只有熔融范围、硬、脆、各向同性、透明、具有光泽，而且这些性质随温度的变化规律也与玻璃相似。但釉毕竟又不是玻璃，与玻璃有很大差别。首先，釉在熔融软化时必须保持黏稠而且不流坠，以满足烧制过程中不在坯体表面流走，特别是在坯体直立情况下不致形成流坠纹（某些特意要形成流纹的艺术釉除外）。其次，在焙烧过程的高温作用下，釉中的一些成分挥发，且与坯体中的某些组成物质发生反应，导致釉的微观结构和化学成分的均匀性都比玻璃差。

2) 制釉原料

釉所使用的原料有天然原料和化工原料助剂两类。天然原料基本与坯体所使用的原料相同。只是釉料要求其化学成分更纯、杂质更少。除天然原料外，釉的原料还包括一些化工原料作为助剂，如助熔剂、乳浊剂和着色剂等。

天然原料经常采用的是高岭土、长石、石英、石灰石、滑石、含锂矿物、含锆矿物等。

助剂常采用的化工原料为：作为助熔剂的工业硼砂、硝酸钾、碳酸钙、氧化锌、铅丹、氟硅酸钠等；作为乳浊剂的工业纯氧化钛、氧化锑、氧化锡、氧化锆、氧化铈等；作为着色剂的钴、铜、锰、铁、镍、铬等元素的化合物。

(4) 釉的分类

釉的成分极为复杂，各品种的烧制工艺不同，适宜使用的陶瓷种类也不一样，釉常见的分类见表3-12。

釉 的 分 类 表3-12

分类方法	种 类
按坯体种类	瓷器釉、炻器釉、陶器釉
按化学组成	长石釉、石灰釉、滑石油、混合釉、铅釉、硼釉、铅硼釉、食盐釉
按烧成温度	低温釉（1100℃以下）、中温釉（1100~1300℃）、高温釉（1300℃以上）
按制备方法	生料釉、熔块釉
按外表特征	透明釉、乳浊釉、有色釉、光亮釉、无光釉、结晶釉、砂金釉、碎纹釉、珠光釉、花釉、裂纹釉、电光釉、流动釉

6.2 有釉陶质砖（釉面内墙砖）

陶质砖可分为有釉陶质砖和无釉陶质砖两种。其中以有釉陶质砖即釉面内墙砖应用最为普遍。有釉陶质砖过去亦习称"瓷片"，属于薄型陶质制品，在国家标准《干压陶瓷砖》GB/T 4100.5—1999中将吸水率$E>10\%$的干压陶瓷砖称为陶质砖。陶质砖采用瓷土或耐火黏土低温烧成，坯体呈白色或浅褐色，表面施透明釉、乳浊釉或各种色彩釉及装饰釉。

6.2.1 有釉陶质砖的品种及特点

釉面陶质砖过去以白色的为多，近年来花色品种发展很快。目前，市场上常见的品种及特点见表3-13。

釉面陶质砖的主要品种及特点 表3-13

种 类		特 点 说 明
白色釉面砖		色纯白，釉面光亮，粘贴于墙面清洁大方
彩色釉面砖	有光彩色釉面砖	釉面光亮晶莹，色彩丰富雅致
	无光彩色釉面砖	釉面半无光，不晃眼，色泽一致，柔和
装饰釉面砖	花釉砖	系在同一砖上施以多种彩釉，经高温烧成。色釉互相渗透，花纹千姿百态，有良好的装饰效果
	结晶釉砖	晶花辉映，纹理多姿
	斑纹釉砖	斑纹釉面，丰富多彩
	大理石釉砖	具有天然大理石花纹，颜色丰富，美观大方
图案砖	白地图案砖	系在白色釉面砖上装饰各种图案，经高温烧成。纹样清晰，色彩明朗，清洁优美
	色地图案砖	系在有光或无光彩色釉面砖上，装饰各种图案，经高温烧成，产生浮雕、缎光、绒毛、彩漆等效果，作内墙饰面
瓷砖画及色釉陶瓷字砖	瓷砖画	以各种釉面砖拼成各种瓷砖画，或根据已有画稿烧制成釉面砖，拼装成各种瓷砖画，清洁优美，永不褪色
	色釉陶瓷字砖	以各种色釉、瓷土烧制而成，色彩丰富，光亮美观，永不褪色

有釉陶质砖具有许多优良性能，它强度高、表面光亮、防潮、易清洗、耐腐蚀、变形小、抗急冷急热。陶质表面细腻，色彩和图案丰富，风格典雅，极富装饰性。

由于有釉陶质砖是多孔陶质坯体,在长期与空气接触的过程中,特别是在潮湿的环境中使用,坯体会吸收水分产生吸湿膨胀现象,但其表面釉层的吸湿膨胀性很小,与坯体结合得又很牢固,所以当坯体吸湿膨胀时会使釉面处于张拉应力状态,超过其抗拉强度时,釉面就会发生开裂。尤其是用于室外,经长期冻融,会出现表面分层脱落、掉皮现象。所以有釉陶质砖只能用于室内,不能用于室外。在建筑装饰工程中,将有釉陶质砖用于外墙饰面而引起工程质量事故的时有发生,应引起特别注意。

6.2.2 有釉陶质砖的技术性能

(1) 形状和规格

有釉陶质砖按正面形状可分为正方形、长方形和异形配件砖,侧面形状如图 3-13 所示,选择不同的侧面可组成各种边缘形状的釉面砖,如平边砖、平边两面圆砖、圆边砖等。图中 R、r、H 值由生产厂家自定,E 值不大于 0.5mm,背纹深度不小于 0.5mm。

有釉陶质砖的异形配件砖如图 3-14 所示。在室内墙面用陶质砖作饰面时,各类角部(如阴角、阳角等)应尽量采用配件砖以避免平面砖直接交汇,这样不但可产生圆滑的过渡效果,也可提高角部的抗碰撞能力。

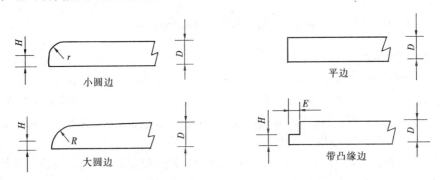

图 3-13 釉面陶质砖的侧面形状

在各种配件砖中,阳三角用于三阳角交汇部位;阴三角用于三阴角交汇部位;阳角座用于两阴(角)一阳(角)交汇部位;阴角座用于两阳(角)一阴(角)交汇部位。

有釉陶质砖的规格见表 3-14。陶质砖的主要规格尺寸分为模数化和非模数化两类。模数化规格的特点是考虑了灰缝间隔后的装配尺寸符合模数化,便于与建筑模数相匹配。因此产品实际尺寸小于装配尺寸。非模数化规格的特点是砖的实际尺寸即为产品尺寸,两者是一致的。

釉面陶质砖的主要规格尺寸　　　　表 3-14

图　　例	装配尺寸 (mm) C	产品尺寸 (mm) $A \times B$	厚度 (mm) D
模数化 $C = A$ 或 $B + J$ J 为接缝尺寸	300 × 250	297 × 247	生产厂自定
	300 × 200	297 × 197	
	200 × 200	197 × 197	
	200 × 150	197 × 148	
	150 × 150	148 × 148	5
	150 × 75	148 × 73	5
	100 × 100	98 × 98	5

续表

图例		装配尺寸（mm）C	产品尺寸（mm）A×B	厚度（mm）D
非模数化	(A×B, D)	产品尺寸（mm）A×B		厚度 D
		300×200		生产厂自定
		200×200		
		200×150		
		152×152		5
		152×75		5
		108×108		5

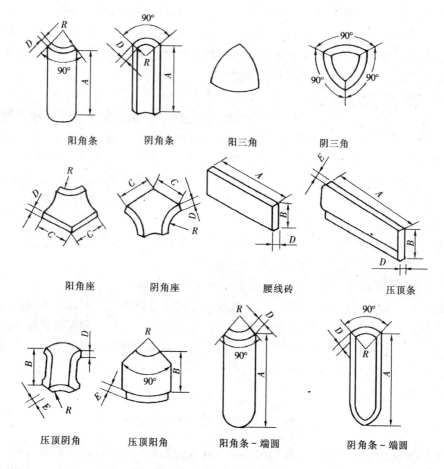

图 3-14 釉面陶质砖的异形配件砖

（2）技术要求和分级

1）尺寸偏差

陶质砖的尺寸偏差是指砖的长度、宽度和厚度实际尺寸与标定尺寸间的偏差应按标准测定方法测量并符合规范的规定。异形配件砖的尺寸允许偏差在保证匹配的前提下由生产厂自定。

2）表面平整度、边直度和直角度

平整度、边直度和直角度应按 GB 3810.2—1999 的规定检验。其中，平整度的检验尤为重要，一旦面砖平面发生整体凹凸，不但影响平面尺寸，而且大面积铺贴后，在侧光下，墙面会显起伏状，影响装饰效果。陶质砖的边直度、直角度和表面平整度也应在允许偏差范围内。

3) 表面质量

根据陶质砖的表面质量，陶质砖分为优等品和合格品两个等级。

检验陶质砖的表面缺陷时，釉裂、裂纹、缺釉等均应在距试样1m处抽至少30块以上组成不小于$1m^2$的试样，在照度为300Lx的照明下，目测检验。表面质量以表面无缺陷砖的百分数表示。优等品应至少有95%的砖距0.8m远处垂直观察表面无缺陷；合格品应至少有95%的砖距1m远处垂直观察表面无缺陷。

色差是决定釉面陶质砖质量的重要技术指标，因釉色配料、烧成温度等生产要素的控制水平，很难使面砖颜色完全一致。同一色调不同色号的釉面砖色调存在差异，即使是同一色调、同一色号往往也会产生色差，而且这种色差常在大面积铺贴后才会显示出来。色差的测定以GB/T 3810.16—1999的规定为准。

4) 物理性能

陶质砖的主要物理性能要求为GB/T 4100.5—1999：吸水率大于10%，单个值不小于9%，当平均值大于20%时，生产厂家应说明。耐热震性应合格，即经130℃温差（由热空气中进入冷水）后釉面无破损、裂纹或剥离现象。抗釉裂性应合格，即在压力为500±20kPa，温度为159±1℃的蒸压釜中保持2h后，釉面无裂纹或剥落。陶质砖的破坏强度，当厚度≥7.5mm时破坏强度平均值不小于600N；厚度<7.5mm时破坏强度平均值不小于200N。陶质砖的断裂模数平均值不小于15MPa，单个值不小于12MPa。破坏强度和断裂模数的测定方法详见GB/T 3810.4—1999。陶质砖的釉面抗化学腐蚀性一般不作要求，特殊需要时，由供需双方商定应达到的抗腐蚀等级。

6.2.3 陶质砖的应用

有釉陶质砖常用于医院、实验室、游泳池、浴池、厕所等要求耐污、耐腐蚀、耐清洗的场所，既有明亮清洁之感又可保护基体，延长使用年限。在住宅和高级宾馆的浴室、厕所、盥洗室内，各种色调、图案的有釉陶质砖与彩釉陶瓷卫生洁具，如浴缸、便器、洗面器及镜台相匹配，可创造一个雅洁华贵的环境。用于厨房的墙面装饰，不但清洗方便，还兼有防火功能。

6.3 炻质砖和细炻砖（陶瓷墙地砖）

陶瓷墙地砖为陶瓷外墙面砖和室内外陶瓷铺地砖的统称。外墙面砖和地砖在使用要求上不尽相同，如地砖应注重抗冲击性和耐磨性，而外墙面砖，除应注重其装饰性能外，更要满足一定的抗冻融性能和耐污染性能。但由于目前陶瓷生产原料和工艺的不断改进，这类砖趋于墙地两用，故统称为陶瓷墙地砖。

墙地砖大部分属于炻类建筑陶瓷制品，多采用陶土质黏土为原料，经压制成型在1100℃左右焙烧而成，坯体带色。根据表面施釉与否分为彩色釉面陶瓷墙地砖、无釉陶瓷墙地砖和无釉陶瓷地砖，其中前两类的技术要求是相同的。

墙地砖的品种创新很快，劈离砖、麻面砖、渗花砖、玻化砖等都是近年来市场上常见的陶瓷墙地砖的新品种。

陶瓷墙地砖具有强度高、致密坚实、耐磨、吸水率小、抗冻、耐污染、易清洗、耐腐蚀、经久耐用等特点。

6.3.1 炻质砖（彩色釉面陶瓷墙地砖）

炻质砖是指适用于建筑物墙面、地面装饰用的吸水率大于6%而小于10%的陶瓷面砖，亦称彩色釉面陶瓷墙地砖。

(1) 等级和规格尺寸

炻质砖按产品的尺寸偏差分为优等品和合格品。

炻质砖的平面形状分正方形和长方形两种，其中长宽比大于3的通常称为条砖。炻质砖的厚度一般为8~12mm。非定型和异形产品的规格由供需双方商定。目前市场上非定型产品中幅面最大可达1000mm×1000mm。

(2) 技术要求

1) 尺寸偏差

炻质砖的尺寸偏差包括长度、宽度和厚度允许偏差，应符合规定。

2) 边直度、直角度和表面平整度

边直度、直角度和表面平整度应符合规定。

3) 表面质量

优等品应至少有95%的砖距0.8m远处垂直观察表面无缺陷；合格品应至少有95%的砖距1m远处垂直观察表面无缺陷。

4) 物理力学与化学性能

炻质砖的吸水率应不大于10%。耐热震性应满足经10次热震性试验不出现炸裂或裂纹。抗冻性能应经抗冻性试验后不出现剥落或裂纹。炻质砖的破坏强度，厚度≥7.5mm时破坏强度平均值不小于800N；厚度<7.5mm时破坏强度平均值不小于500N。细炻砖的断裂模数（不适于破坏强度≥3000N的砖）平均值不小于18MPa，单个值不小于16MPa。铺地用的炻质砖应进行耐磨性试验，根据耐磨性试验结果分为0、1、2、3、4、5级，分别用于不同使用环境。耐化学腐蚀性能应根据面砖的耐酸、耐碱性能各分为AA、A、B、C、D五个等级（从AA到D，耐酸碱腐蚀能力顺次变差）。

(3) 炻质砖的应用

炻质砖的表面有平面和立体浮雕面的；有镜面和防滑亚光面的；有纹点和仿大理石、花岗石图案的；有使用各种装饰釉作釉面的，色彩瑰丽，丰富多变，具有极强的装饰性和耐久性。炻质砖广泛应用于各类建筑物的外墙和柱的饰面和地面装饰，多用于装饰等级要求较高的工程。用于不同部位的墙地砖应考虑其特殊的要求，如用于铺地时应考虑彩色釉面墙地砖的耐磨类别；用于寒冷地区的应选用吸水率尽可能小，抗冻性能好的墙地砖。

6.3.2 细炻砖（无釉陶瓷地砖）

细炻砖可为分为有釉细炻砖和无釉细炻砖。其中以无釉细炻砖应用最为普遍。无釉细炻砖即无釉陶瓷地砖简称无釉砖，是专用于铺地用的耐磨炻质无釉面砖。系采用难熔黏土，半干压法成型再经焙烧而成的。由于烧制的黏土中含有杂质或人为掺入的着色剂，可呈红、绿、蓝、黄等多种颜色。无釉陶瓷地砖在早期只有红色的一种，俗称缸砖，形状有正方形和六角形两种。现在发展的品种多种多样，基本分成无光和抛光两种。无釉细炻砖具有质坚、耐磨、硬度大、强度高、耐冲击、耐久、吸水率小等特点。

(1) 等级和规格

无釉细炻砖按产品的尺寸偏差分为优等品和合格品两个等级。

常见产品的规格尺寸有 100mm×100mm、150mm×150mm、200mm×200mm、300mm×300mm、100mm×50mm、200mm×50mm、200mm×100mm、300mm×200mm 等。除正方形、长方形规格外，无釉细炻砖通常还采用六角形、八角形及叶片状等异形产品。

(2) 技术要求

1) 尺寸偏差

尺寸偏差要求同炻质砖的规定。

2) 表面质量

细炻砖表面质量要求同炻质砖的规定。

3) 物理力学性能

细炻砖的吸水率平均值为3%~6%，单个值不大于6.5%。抗热震性试验经10次不出现炸裂或裂纹。抗冻性能应满足经抗冻性试验后不出现裂纹或剥落。细炻砖的破坏强度，厚度≥7.5mm时破坏强度平均值不小于1000N；厚度<7.5mm时破坏强度平均值不小于600N。细炻砖的断裂模数（不适于破坏强度≥3000N的砖）平均值不小于22MPa，单个值不小于20MPa。耐磨性指标为耐深度磨损体积不大于345mm^3，试验按GB/T 3810.6的规定方法进行。

(3) 无釉细炻砖的应用

无釉细炻砖颜色以素色和色斑点为主，表面有平面、浮雕面和防滑面等多种形式，适用于商场、宾馆、饭店、游乐场、会议厅、展览馆的室内外地面。特别是近年来小规格的无釉细炻砖常用于公共建筑的大厅和室外广场的地面铺贴，经不同颜色和图案的组合，形成质朴、大方、高雅的风格，同时兼有分区、引导、指向的作用。各种防滑无釉细炻地砖也广泛用于住宅的室外平台、浴厕等地面装饰。

6.3.3 新型墙地砖

(1) 劈离砖

劈离砖又常称为"背面对分面砖"或"劈裂砖"。该种面砖由于烧成后"一劈为二"，所以烧成阶段的坯体总表面积仅为成品坯体总表面积的一半，大大节约了窑内放置坯体的面积，提高了生产效率。劈离砖的材料不是由单一种类的黏土，而是由黏土、页岩、耐火土和熟料（生产过程中产生的废砖和筋条）组成。如施釉，则釉用原料与一般彩釉砖釉料相似。

劈离砖制造工艺简单、能耗低、效率高、使用效果好，首先在欧洲各国引起重视，继而世界各地竞相仿效。我国于20世纪80年代初首先在北京和厦门等地引进了劈离砖的生产线。

劈离砖按用途分为地砖、墙砖、踏步砖、角砖（异形砖）等各种。按国际市场要求的规格，墙砖为：240mm×115mm、240mm×52mm、240mm×71mm、200mm×100mm，劈离后单块厚度为11mm。地砖为：200mm×200mm、240mm×240mm、300mm×300mm、200mm（270mm）×75mm，劈离后单块厚度为14mm。踏步砖为：115mm×240mm、240mm×52mm，劈离后单块劈度为11mm或12mm。

劈离砖可用于建筑的内墙、外墙、地面、台阶、地坪及游泳池等建筑部位，厚度较大的劈离砖特别适用于公园、广场、停车场、人行道等露天地面的铺设。近年来我国一些大型公共建筑，如北京亚运村国际会议中心和国际文化交流中心均采用了劈离砖作为外墙饰面及地坪，取得了良好的装饰效果。

(2) 金属光泽釉面砖

金属光泽釉面砖是一种表面呈现金、银等金属光泽的釉面墙地砖。它突破了陶瓷传统的施釉工艺，采用了一种新的彩饰方法——釉面砖表面热喷涂着色工艺。这种工艺是在炽热的釉层表面，喷涂有机或无机金属盐溶液，通过高温热解，在釉表面形成一层金属氧化物薄膜，这层薄膜随所用金属盐离子本身的颜色不同而产生不同的金属光泽。该种面砖可利用现有的窑炉和生产线，只要在窑内加装专用热喷涂设备（应用压缩空气），即可使面砖的釉烧和喷涂着色同时完成，大大节约投资、降低成本。该种面砖的规格同普通的陶瓷墙地砖。其中，条形砖的应用较为广泛。

金属光泽釉面砖是一种高级墙体饰面材料，可给人以清新绚丽、金碧辉煌的特殊效果。适用于高级宾馆、饭店以及酒吧、咖啡厅等娱乐场所的内墙饰面，其特有的金属光泽和镜面效果，使人在雍容华贵中享受到浓郁的现代气息。

(3) 渗花砖

渗花砖不同于在坯体表面施釉的墙地砖，它是采用焙烧时可渗入到坯体表面下 1~3mm 的着色颜料，使砖面呈现各种色彩或图案，然后经磨光或抛光表面而成。渗花砖属于烧结程度较高的瓷质制品，因而其强度高、吸水率低。特别是已渗入到坯体的色彩图案具有良好的耐磨性，用于铺地经长期磨损而不脱落、不褪色。

渗花砖常用的规格有 300mm×300mm、400mm×400mm、450mm×450mm、500mm×500mm 等，厚度为 7~8mm。渗花砖适用于商业建筑、写字楼、饭店、娱乐场所、车站等室内外地面及墙面的装饰。

(4) 玻化墙地砖

玻化墙地砖亦称全瓷玻化砖或全玻化砖，在国标《干压陶瓷砖》GB/4100.1 中称为瓷质砖。它是以优质瓷土为原料，高温焙烧而成的一种不上釉瓷质饰面砖。玻化砖烧结程度很高，坯体致密。虽表面不上釉，但吸水率很低（小于 0.5%），可认为不吸水。该种墙地砖强度高、耐磨、耐酸碱、不褪色、耐清洗、耐污染。玻化砖有银灰、斑点绿、浅蓝、珍珠白、黄、纯黑等多种颜色。调整其着色颜料的比例和制作工艺，可使砖面呈现不同的纹理、斑点，使其酷似天然石材。

玻化砖有抛光和不抛光两种。主要规格有 300mm×300mm、400mm×400mm、450mm×450mm、500mm×500mm 等。适用于各类大中型商业建筑、旅游建筑、观演建筑的室内外墙面和地面的装饰，也适用于住宅的室内地面装饰，是一种中高档的饰面材料。

6.4 陶 瓷 锦 砖

陶瓷锦砖俗称陶瓷马赛克（系外来语 Masaic 的译音），属瓷质或细炻质制品。它是以优质黏土烧制而成的边长小于 40mm 的小瓷砖，因其规格较小，直接粘贴很困难，故需预先将其拼成各种图案后反贴于牛皮纸上（正面与纸相粘），故又俗称"纸皮砖"，所形成的一张张的产品，称为"联"。施工时将整联锦砖铺贴在墙面或地面的砂浆粘贴层上，然后将纸用水润湿揭下即可露出锦砖的正面图案。

陶瓷锦砖联的边长有 284.0、295.0、305.0、325.0mm 四种。按常见的联长为 305mm

计算，每联约 0.093m²，重约 0.65kg，每 40 张为一箱，每箱约 3.7m²。

陶瓷锦砖花式繁多，质地坚实经久耐用，吸水率极小，耐磨、耐冻、抗酸、碱腐蚀，便于清洗。是一种优良的内外墙及地面装饰材料。

课题 7 建 筑 玻 璃

玻璃是现代建筑上广泛采用的材料之一，其制品有平板玻璃、装饰玻璃、安全玻璃、节能玻璃、玻璃砖等。普通玻璃具有良好的透光性能，主要用于建筑的采光，在建筑物的饰面、隔断等方面大量使用的是特种玻璃及其制品。现代建筑玻璃向着节能、安全、装饰性等多功能方向发展，各种新品种不断出现，为建筑和装饰工程提供了更多的选择。

7.1 玻璃的基本知识

7.1.1 玻璃的组成和性质

建筑玻璃是以石英砂、纯碱、石灰石、长石等为主要原料，经 1550～1600℃ 高温熔融、成型、冷却并裁割而得到的有透光性的固体材料，其主要成分是二氧化硅（含量 72% 左右）和钙、钠、钾、镁的氧化物。近代以三氧化二铝和氧化镁为主要成分的铝镁玻璃以其优良的性能逐步成为主要的玻璃品种。

玻璃是一种典型的脆性材料，其抗压强度远大于抗拉强度。玻璃的透明性很高，质量好的 2mm 厚的玻璃，其透光率可达 90%。普通玻璃的耐急冷急热性相当差，当温度骤变时，易发生破碎。玻璃具有良好的化学稳定性，耐酸性强。如在玻璃中加入某些金属氧化物、化合物或采用特殊工艺，还可以制得具有不同性能的特种玻璃。

7.1.2 建筑玻璃的分类

建筑玻璃及制品按生产方法和功能特性可分为以下几类：

（1）平板玻璃

平板玻璃是建筑工程中应用量比较大的建筑材料之一，它主要包括：用于建筑采光的净片玻璃；采用压花、磨砂等方法制成的透光不透视的不透明玻璃；采用蚀花、压花、着色等方法制成的具有较强装饰性的装饰玻璃；经过特殊工艺深加工制得的有较强安全性的安全玻璃；能透射大部分的可见光，同时具有吸热、热反射或隔热等性能的节能型玻璃。

（2）建筑艺术玻璃

建筑艺术玻璃是指用玻璃制成用于建筑艺术的屏风、花饰、栏板及玻璃锦砖等。

（3）玻璃建筑构件

玻璃建筑构件主要有空心玻璃砖、波形瓦、壁板等。

（4）玻璃质绝热、隔声材料

玻璃质绝热、隔声材料主要有泡沫玻璃、玻璃棉毡、玻璃纤维等。

在以上各类玻璃中，以平板玻璃最为重要，不仅其用量最大，而且是制造许多装饰玻璃制品的原料。

7.2 净 片 玻 璃

净片玻璃是指未经深加工的平板玻璃，也称为白片玻璃。净片玻璃是建筑玻璃中生产量最大、使用最多的一种，主要用于门窗，具有良好的采光（可见光透射比85%～90%）、围护、保温、隔声等功能，也可进一步加工成其他特种玻璃。

7.2.1 净片玻璃的生产方法

净片玻璃的制造方法有许多种，过去常用的方法有垂直引上法、平拉法、对辊法等，现在比较先进的方法是浮法。

浮法是利用悬浮原理生产净片玻璃的方法，其生产过程是将熔融的玻璃熔液经过流槽砖引入盛有熔融锡液的锡槽中，由于玻璃液的密度较锡液小，玻璃熔液便悬浮在锡液表面上，在其本身的重力及表面张力的作用下，均匀地摊平在锡液表面上，同时玻璃的上表面受到高温区的抛光作用，从而使玻璃的两个表面平整。然后定型、冷却、退火，最后经切割成为原片。浮法玻璃生产工艺如图3-15所示。

浮法玻璃具有表面平整、厚度均匀、幅面宽、产量高、生产效率高和经济效益好等优点，所以浮法玻璃生产技术发展的非常迅速，在不久的将来完全可能取代其他生产方法。

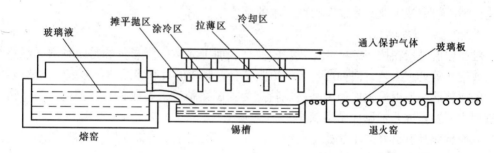

图3-15 浮法玻璃生产示意图

7.2.2 净片玻璃的分类及规格

净片玻璃按生产方法不同，可分为普通平板玻璃和浮法玻璃两类。根据国家标准《普通平板玻璃》GB 4871—1995和《浮法玻璃》GB 11614—1999的规定，净片玻璃按其厚度，可分为以下几种规格：

引拉法生产的普通平板玻璃：2、3、4、5mm四类。

浮法玻璃：2、3、4、5、6、8、10、12、15、19mm十类。

引拉法生产的玻璃其长宽比不得大于2.5，其中2、3mm厚玻璃的尺寸不得小于400mm×300mm，4、5、6mm厚玻璃不得小于600mm×400mm。浮法玻璃尺寸一般不小于1000mm×1200mm，5、6mm最大可达3000mm×4000mm。

7.2.3 净片玻璃的等级

按照国家标准，净片玻璃根据其外观质量进行定级，普通平板玻璃分为优等品、一等品和二等品三个等级。浮法玻璃分为制镜级、汽车级和建筑级三个等级。同时规定，玻璃的弯曲度不得超过0.3%。

7.2.4 净片玻璃的应用

净片玻璃主要应用于两个方面：3～5mm的净片玻璃一般直接用于有框门窗的采光，8～12mm的平板玻璃可用于隔断、橱窗、无框门。净片玻璃的另外一个重要用途是作为钢化、夹层、镀膜、中空等深加工玻璃的原片。

7.3 装饰玻璃

随着建筑发展的需要和玻璃生产技术的发展进步，玻璃由过去的单一采光功能向着装饰等多功能方向发展，其装饰效果不断提高，现已成为一种重要的门窗、外墙和室内用装饰材料。

7.3.1 彩色平板玻璃

彩色平板玻璃又称有色玻璃或饰面玻璃。彩色玻璃分为透明和不透明的两种。透明的彩色玻璃是在平板玻璃中加入一定量的着色金属氧化物，按一般的平板玻璃生产工艺生产而成；不透明的彩色玻璃又称为饰面玻璃。

彩色平板玻璃也可以采用在无色玻璃表面上喷涂高分子涂料或粘贴有机膜制得。这种方法在装饰上更具有随意性。

彩色平板玻璃的颜色有茶色、黄色、桃红色、宝石蓝色、绿色等。

彩色玻璃可以拼成各种图案，并有耐腐蚀、抗冲刷、易清洗等特点，主要用于建筑物的内外墙、门窗装饰及对光线有特殊要求的部位。

7.3.2 釉面玻璃

釉面玻璃是指在按一定尺寸切裁好的玻璃表面上涂敷一层彩色的易熔釉料，经烧结、退火或钢化等处理工艺，使釉层与玻璃牢固结合，制成的具有美丽的色彩或图案的玻璃。

釉面玻璃一般以平板玻璃为基材。特点为：图案精美，不褪色，不掉色，易于清洗，可按用户的要求或艺术设计图案制作。

釉面玻璃具有良好的化学稳定性和装饰性，广泛用于室内饰面层，一般建筑物门厅和楼梯间的饰面层及建筑物外饰面层。

7.3.3 压花玻璃

压花玻璃又称为花纹玻璃或滚花玻璃。有一般压花玻璃、真空镀膜压花玻璃和彩色膜压花玻璃几类。

一般压花玻璃是在玻璃成型过程中，使呈塑性状态的玻璃带通过一对刻有立体图案花纹的辊子，对玻璃的表面连续压延而成。如果一个辊子带花纹，则可生产出单面压花玻璃；如果两个辊子都带有花纹，则可生产出双面压花玻璃。在压花玻璃有花纹的一面，用气溶胶对玻璃表面进行喷涂处理，玻璃可呈浅黄色、浅蓝色、橄榄色等。经过喷涂处理的压花玻璃立体感强，而且强度可提高 50% ~ 70%。

由于一般压花玻璃的表面凹凸不平，当光线通过玻璃时产生无规则的折射，因而具有透光而不透视的特点，透光率为 60% ~ 70%。从压花玻璃的一面看另一面的物体时，物像显得模糊不清，具有私密性。压花玻璃表面的立体花纹图案，具有良好的装饰性。一般压花玻璃安装时可将其花纹面朝向室内，以加强装饰感；作为浴室、卫生间门窗玻璃时则应注意将其花纹面朝外，以防表面浸水而透视。

真空镀膜压花玻璃是经真空镀膜加工制成，给人以一种素雅、美观、清新的感觉，花纹的立体感强，并具有一定的反光性能，是一种良好的室内装饰材料。

彩色膜压花玻璃是采用有机金属化合物或无机金属化合物进行热喷涂而成。彩色膜的色泽、坚固性、稳定性均较好。这种玻璃花纹图案的立体感比一般的压花玻璃和彩色玻璃更强，而且具有良好的热反射能力，给人们一种富丽堂皇和华贵的艺术感觉，适用于宾馆、饭店、餐厅、酒吧、浴室、游泳池、卫生间以及办公室、会议室的门窗和隔断等，也可用来制作屏风、灯具等工艺品和日用品。

7.3.4 喷花玻璃

喷花玻璃又称为胶花玻璃，是在平板玻璃表面贴以图案，抹以保护面层，经喷砂处理形成透明与不透明相间的图案而成。喷花玻璃给人以高雅、美观的感觉，适用于室内门窗、隔断和采光。

喷花玻璃的厚度一般为6mm，最大加工尺寸为2200mm×1000mm。

7.3.5 乳花玻璃

乳花玻璃是新近出现的装饰玻璃，它的外观与胶花玻璃相近。乳花玻璃是在平板玻璃的一面贴上图案，抹以保护层，经化学蚀刻而成。它的花纹柔和、清晰、美丽，富有装饰性。乳花玻璃一般厚度为3~5mm，最大加工尺寸为2000mm×1500mm。

乳花玻璃的用途与胶花玻璃相同。

7.3.6 刻花玻璃

刻花玻璃是由平板玻璃经涂漆、雕刻、围蜡与酸蚀、研磨而成。图案的立体感非常强，似浮雕一般，在室内灯光的照耀下，更是熠熠生辉。刻花玻璃主要用于高档场所的室内隔断或屏风。

7.3.7 冰花玻璃

冰花玻璃是一种利用平板玻璃经特殊处理而形成的具有随机裂痕似自然冰花纹理的玻璃。冰花玻璃对通过的光线有漫射作用。如作门窗玻璃，犹如蒙上一层纱窗，看不清室内的景物，却有着良好的透光性能，具有良好的艺术装饰效果。它具有花纹自然、质感柔和、透光不透明、视感舒适的特点。

冰花玻璃可用净片玻璃制造，也可用茶色、蓝色、绿色等彩色玻璃制造。其装饰效果优于压花玻璃，给人以典雅清新之感，是一种新型的室内装饰玻璃。可用于宾馆、酒楼、饭店、酒吧间等场所的门窗、隔断、屏风和家庭装饰。

7.4 安 全 玻 璃

安全玻璃是指与普通玻璃相比，具有力学强度高、抗冲击能力好等特点的玻璃。其主要品种有钢化玻璃、夹丝玻璃、夹层玻璃和钛化玻璃。安全玻璃被击碎时，其碎块不会伤人，并兼有防盗、防火的功能。根据生产时所用的玻璃原片不同，安全玻璃也可具有一定的装饰效果。

7.4.1 钢化玻璃

(1) 钢化玻璃的概念

钢化玻璃又称为强化玻璃。普通玻璃强度低的原因是，当其受到外力作用时，在表面上形成一层拉应力层，使抗拉强度较低的玻璃发生碎裂破坏。钢化玻璃是用物理的或化学的方法，在玻璃的表面上形成一个压应力层，而内部处于较大的拉应力状态，内外拉压应力处于平衡状态、玻璃本身具有较高的抗压强度，表面不会造成破坏。当玻璃受到外力作用时，这个压应力层可将部分拉应力抵消，避免玻璃的碎裂。从而达到提高玻璃强度的目的。当表面产生局部破坏时则内外拉压应力平衡状态被瞬间破坏，玻璃立刻被拉应力裂碎为无数无尖角的小碎块，虽碎而不伤人。普通玻璃与钢化玻璃受弯时应力分布状态比较如

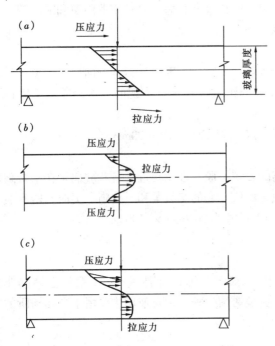

图 3-16 普通玻璃与钢化玻璃的应力分布状态比较
(a) 普通玻璃受弯作用时的截面应力分布;(b) 钢化玻璃截面上的内力分布;(c) 钢化玻璃受弯作用时的截面应力分布

图 3-16 所示。

钢化玻璃是平板玻璃的二次加工产品,钢化玻璃的加工可分为物理钢化法和化学钢化法。

物理钢化玻璃又称为淬火钢化玻璃。它是将普通平板玻璃在加热炉中加热到接近玻璃的软化温度（600℃）时,通过自身的形变消除内部应力,然后将玻璃移出加热炉,再用多头喷嘴将高压冷空气吹向玻璃的两面,使其迅速且均匀冷却至室温,即可制得钢化玻璃。由于在冷却过程中玻璃的两个表面首先冷却硬化,待内部逐渐冷却并伴随着体积收缩时,外表已硬化,势必阻止内部的收缩,使玻璃处于内部受拉,外部受压的应力状态,即玻璃已被钢化。

化学钢化玻璃是通过改变玻璃表面的化学组成来提高玻璃的强度。一般是将含碱金属离子钠或钾的硅酸盐玻璃,浸入到熔融状态的锂盐中,使玻璃表层的 Na^+ 或 K^+ 离子与 Li^+ 离子发生交换,表面形成 Li^+ 离子交换层,由于 Li^+ 离子的膨胀系数小于 Na^+ 和 K^+ 离子,从而在冷却过程中外层收缩小而内层收缩较大,当冷却到常温后,玻璃便处于内层受拉应力外层受压应力的状态,其效果类似于物理钢化玻璃,因此也就提高了强度。

(2) 钢化玻璃的性能特点

1) 机械强度高

钢化玻璃抗折强度可达 125MPa 以上,比普通玻璃大 4～5 倍;抗冲击强度也很高,0.8kg 的钢球从 1.2m 高度落至表面,可保持完好。

2) 弹性好

钢化玻璃的弹性比普通玻璃大得多,比如一块 1200mm×350mm×6mm 的钢化玻璃,受力后可发生达 100mm 的弯曲挠度,当外力撤除后,仍能恢复原状,而普通玻璃弯曲变形只能有几毫米,否则,将发生折断破坏。

3) 热稳定性好

钢化玻璃强度高,热稳定性也较好,在受急冷急热作用时,不易发生炸裂。这是因为钢化玻璃表层的压应力可抵消一部分急冷急热产生的拉应力之故。钢化玻璃耐热冲击,最大安全工作温度为 288℃,能承受 204℃ 的温度变化。

(3) 钢化玻璃的应用

由于钢化玻璃具有较好的机械性能和热稳定性,所以在建筑工程、交通工具及其他领域内得到了广泛的应用。

平钢化玻璃常用作建筑物的门窗、隔墙、幕墙及橱窗、家具等，曲面钢化玻璃常用于汽车、火车、船舶、飞机等方面。

应注意的是钢化玻璃使用时不能切割、磨削，边角亦不能碰击挤压，需按现成的尺寸规格选用或提出具体设计图纸进行加工定制。用于大面积的玻璃幕墙的玻璃在钢化程度上要予以控制，宜选择半钢化玻璃，其内应力不应过大，可避免受风荷载引起震动而自爆。

根据所用的玻璃原片不同，可制成普通钢化玻璃、吸热钢化玻璃、彩色钢化玻璃、钢化中空玻璃等。

7.4.2 夹丝玻璃

夹丝玻璃也称防碎玻璃或钢丝玻璃。它是由压延法生产的，即在玻璃熔融状态时将经预热处理的钢丝或钢丝网压入玻璃中间，经退火、切割而成。夹丝玻璃表面可以是压花的或磨光的，颜色可以制成无色透明或彩色的。

(1) 夹丝玻璃的性能特点

1) 安全性

夹丝玻璃由于钢丝网的骨架作用，不仅提高了玻璃的强度，而且遭受到冲击或温度骤变而破坏时，碎片也不会飞散，避免了碎片对人的伤害作用。

2) 防火性

当火焰蔓延，夹丝玻璃受热炸裂时，由于金属丝网的作用，玻璃仍能保持固定，隔绝火焰，故又称防火玻璃。

3) 防盗抢性

当遇到盗抢等意外情况时，夹丝玻璃虽玻璃碎但金属丝仍可保持一定的阻挡性，起到防盗抢的安全作用。

根据国家行业标准，夹丝玻璃的厚度为：6、7、10mm，规格尺寸一般不小于600mm×400mm，不大于2000mm×1200mm。

(2) 夹丝玻璃的应用

夹丝玻璃应用于建筑的防火门窗、天窗、采光屋顶、阳台及需有防盗、防抢功能要求的营业柜台的遮挡部位。

夹丝玻璃可以切割，但当切割时玻璃已断，而金属丝却仍相互连接，需要反复折挠多次才能离断。此时要特别小心，防止两块玻璃在互相反复折挠过程中由于边缘挤压，造成局部玻璃破损。这时，可以采用双刀切法，即用玻璃刀相距5~10mm平行切两刀，将两个刀痕之间的玻璃用锐器小心敲碎，然后用剪刀剪断金属丝，将玻璃分开。断口处裸露的金属丝要做防锈处理，以防锈造成体积膨胀引起玻璃"锈裂"。

7.4.3 夹层玻璃

夹层玻璃是在两片或多片玻璃原片之间，用PVB（聚乙烯醇缩丁醛）树脂胶片经加热、加压粘合而成的平面或曲面的复合玻璃制品。夹层玻璃也是一种安全玻璃。用于生产夹层玻璃的原片可以是浮法玻璃、钢化玻璃、彩色玻璃、吸热玻璃或热反射玻璃等。夹层玻璃的层数有2、3、5、7层，最多可达9层，对于两层夹层玻璃，原片的厚度一般常用的为：2+3、3+3、3+5（mm）等。

夹层玻璃的透明度好，抗冲击性能要比一般平板玻璃高好几倍，用多层普通玻璃或钢化玻璃复合起来，可制成防弹玻璃。由于PVB胶片的粘合作用，玻璃即使破碎时，碎片也不会飞扬伤人。通过采用不同的原片玻璃，夹层玻璃还可具有耐久、耐热、耐湿、耐寒等性能。

夹层玻璃有着较高的安全性，一般用于在建筑上用作高层建筑的门窗、天窗、楼梯栏板和有抗冲击作用要求的商店、银行、珠宝店的橱窗、隔断等。

夹层玻璃不能切割，需要选用定型产品或按尺寸定制。

7.5 节能装饰型玻璃

传统的建筑玻璃的主要功能特点是采光，随着建筑物门窗尺寸的加大，人们对门窗的保温隔热提出了更高的要求，于是节能装饰型玻璃就应运而生。节能装饰型玻璃不但具有令人赏心悦目的外观色彩，而且还具有较强的对光和热的吸收、透射和反射能力，用作建筑物的外檐窗玻璃或制作玻璃幕墙，可以起到显著的节能效果，现已被广泛地应用于各种建筑物之上。建筑上常用的节能装饰型玻璃有着色玻璃、热反射玻璃和中空玻璃等。

7.5.1 着色玻璃

着色玻璃是一种能显著吸收阳光中热作用较强的红外线、近红外线，又能保持良好的透明度的节能装饰性玻璃。着色玻璃通常都带有一定的颜色，所以也称为着色吸热玻璃。着色玻璃的制造一般有两种方法：一种方法是在普通玻璃中加入一定量的具有强烈吸收阳光中红外辐射的能力的金属氧化物（如氧化亚铁、氧化镍等）着色剂；另一种方法是在玻璃的表面喷涂具有吸热和着色能力的氧化物薄膜（如氧化锡、氧化锑等）。吸热玻璃有蓝色、茶色、灰色、绿色、金色等色泽。

（1）着色玻璃的性能特点

1) 有效吸收太阳的辐射热。一般来说，着色玻璃只能通过大约60%的太阳辐射热，故可达到蔽热节能的效果。

2) 吸收较多的可见光，使透过的阳光变得柔和，可避免眩光并能有效地改善室内色泽。

3) 能较强地吸收太阳的紫外线，有效地防止紫外线对室内家具、日用器具、商品、档案资料与书籍等的褪色和变质的影响。

4) 仍具有一定的透明度，能清晰地观察室外景物。

5) 色泽鲜丽、经久不变，对建筑物的外观有一定美化作用。

从图3-17的浮法玻璃和着色玻璃的分光透过率对比中可以看出：当太阳光照射到浮法玻璃上时，相当于太阳光全部辐射能83.9%的热量进入室内，而室内器物和墙壁反射的热射线却被玻璃有效阻挡，这些热量会在室内聚集，引起室内温度的升高，造成所谓的"暖房效应"；而同样厚度的蓝色着色玻璃总计透过的热量，仅为太阳光全部辐射能的68.9%，即在房间造成所谓的"冷房效应"，可避免温度的升高，减少夏季空调的能源消耗。此外，对紫外线的吸收，也起到了对室内物品的防晒作用。

（2）着色玻璃的用途

着色玻璃在建筑装修工程中应用的比较广泛。凡既需采光又需隔热之处均可采用。采用不同颜色的着色玻璃能合理利用太阳光，调节室内温度，节省空调费用，而且对建筑物的外形有很好的装饰效果。一般多用作建筑物的门窗或玻璃幕墙。

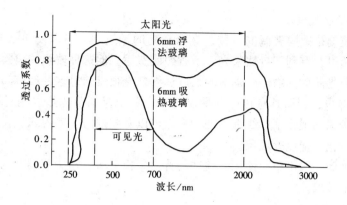

图 3-17　6mm 浮法玻璃与 6mm 厚着色玻璃分光透过率对比

7.5.2　镀膜玻璃

镀膜玻璃亦称热反射玻璃或阳光控制膜玻璃，是一种既能保证可见光良好透过又可有效反射热射线的节能装饰型玻璃。镀膜玻璃是由无色透明的平板玻璃镀覆金属膜或金属氧化物而制得。生产镀膜玻璃的方法有热分解法、喷涂法、浸涂法、金属离子迁移法、真空镀膜、真空磁控溅射法、化学浸渍法等。

（1）镀膜玻璃的特点

1）具有良好的隔热性能

镀膜玻璃对可见光的透过率在 20%～65% 的范围内，它对阳光中热作用强的红外线和近红外线的反射率可高达 30% 以上，而普通玻璃只有 7%～8%。这种玻璃可在保证室内采光柔和的条件下，有效地屏蔽进入室内的太阳辐射能。在温、热带地区的建筑物上，以热反射玻璃作窗玻璃，可以克服普通玻璃窗造成的暖房效应，节约室内降温空调的能源消耗。

2）单向透视性

镀膜玻璃的镀膜层具有单向透视性，故又称为单反玻璃。装有热反射玻璃幕墙的建筑，白天人们从室外（光线强烈的一面）向室内（光线较暗弱的一面）看去，镀膜玻璃似镜面，可呈现反射的景物，而看不到室内的人和物，但从室内（光线较暗弱的一面）看去，镀膜玻璃又似透明，呈现透视的景物，可以清晰地看到室外（光线强烈的一面）的景色。夜晚正好相反，室内有灯光照明，就看不到玻璃幕墙外的事物，给人以不受干扰的舒适感。但从外面看室内，则可呈现强烈的透空感，如果房间需要隐蔽，可借助窗帘或活动百叶等加以遮蔽。

镀膜玻璃有灰色、青铜色、茶色、金色、浅蓝色和古铜色等。它的常用厚度为 6mm，尺寸规格有 1600mm×2100mm、1800mm×2000mm、2100mm×3600mm 等。热反射玻璃按外观质量、光学性能差值、颜色均匀性分为优等品和合格品。

（2）镀膜玻璃的应用

镀膜玻璃可用作建筑门窗玻璃、幕墙玻璃，还可用于制作高性能中空玻璃。热反射玻璃具有良好的节能和装饰效果，应用发展非常迅速，很多现代的高档建筑都选用镀膜玻璃做幕墙，但在使用时应注意，如果镀膜玻璃幕墙使用不恰当或使用面积过大会造成光污染，影响环境的和谐。

7.5.3 低辐射膜玻璃

低辐射膜玻璃是镀膜玻璃的一种，它有较高的透过率，可以使70%以上的太阳可见光和近红外光透过，有利于自然采光，节省照明费用；但这种玻璃的镀膜具有较低的热辐射性，室内被阳光照射的物体所辐射的长波远红外光很难通过这种玻璃辐射出去，可以保持90%的室内热量，因而具有良好的保温效果，冬季保温节能效果明显。此外，低辐射膜玻璃还具有较强的阻止紫外线透射的功能，可以有效地防止室内陈设物品、家具等受紫外线照射产生老化、褪色等现象。

低辐射膜玻璃一般不单独使用，往往与普通平板玻璃、浮法玻璃、钢化玻璃等配合制成高性能的中空玻璃。

7.5.4 中空玻璃

随着社会经济的发展，建筑需求水平不断提高，用于建筑物采光的窗户向大面积发展，窗子的保温隔热性能对建筑物的节能显示出了重要的意义。中空玻璃即是一种能更好地满足建筑物保温节能要求的功能性玻璃制品。

(1) 中空玻璃的结构

中空玻璃是由两片或多片玻璃以有效支撑均匀隔开并周边粘接密封，使玻璃层间形成有干燥气体空间，从而达到保温隔热效果的节能玻璃制品。中空玻璃四周边缘部分用胶结、焊接或胶条密封而成的，其中以胶结方法应用最为普遍。中空玻璃按玻璃层数，有双层和多层之分，一般是双层结构，构造如图3-18所示。

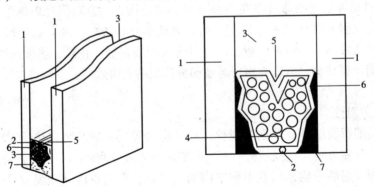

图3-18 中空玻璃的构造

1—玻璃原片；2—空心铝隔框；3—干燥空气；4—干燥剂；5—缝隙；
6—胶粘剂I；7—胶粘剂

制作中空玻璃的原片可以是普通玻璃、浮法玻璃、钢化玻璃、夹丝玻璃、着色玻璃和热反射玻璃、低辐射膜玻璃等，厚度通常是3、4、5、6、10、12mm。高性能中空玻璃的外侧玻璃原片应为低辐射玻璃。中空玻璃的中间空气层厚度为6、9~10、12~20mm三种尺寸。颜色有无色、绿色、茶色、蓝色、灰色、金色、棕色等。

(2) 中空玻璃的性能特点

1) 光学性能

中空玻璃的光学性能取决于所用的玻璃原片，由于中空玻璃所选用的玻璃原片可具有不同的光学性能，因而制成的中空玻璃其可见光透过率、太阳能反射率、吸收率及色彩可以在很大范围内变化,从而满足建筑设计和装饰工程的不同要求。

中空玻璃的可见光透视范围为10%~80%,光反射率为25%~80%,总透过率为25%~50%。

2) 保温隔热、降低能耗

中空玻璃比单层玻璃具有更好的隔热性能。厚度3~12mm的无色透明玻璃,其传热系数为6.5~9.5W/（$m^2 \cdot K$）,而以6mm厚玻璃为原片,玻璃间隔（即空气层厚度）为6mm和9mm的普遍中空玻璃,其传热系数分别为3.4~3.1W/（$m^2 \cdot K$）,大体相当于100mm厚普通混凝土的保温效果。

由双层热反射玻璃或低辐射玻璃制成的高性能中空玻璃,隔热保温性能更好,尤其适用于寒冷地区和需要保温隔热、降低采暖能耗的建筑物。

3) 防结露

在室内一定的相对湿度下,当玻璃表面达到某一温度时,出现结露,直至结霜（0℃以下）。这一结露的温度叫做露点。玻璃结露后将严重地影响透视和采光,并引起一些其他不良效果。中空玻璃的露点很低,在通常情况下,中空玻璃接触室内高湿度空气的时候,玻璃表面温度较高,而外层玻璃虽然温度低,但接触的空气湿度也低,所以不会结露。

4) 良好的隔声性能

中空玻璃具有良好的隔声性能,一般可使噪声下降30~40dB,即能将街道汽车噪声降低到学校教室的安静程度。

5) 装饰性能

中空玻璃的装饰主要取决于所采用的原片,不同的原片玻璃使制得的中空玻璃具有不同的装饰效果。

(3) 中空玻璃的应用

中空玻璃主要用于保温隔热、隔声等功能要求较高的建筑物,如宾馆、住宅、医院、商场、写字楼等,也广泛用于车船等交通工具。

7.6 其他玻璃装饰制品

7.6.1 玻璃锦砖

玻璃锦砖又称玻璃马赛克,是一种小规格的方形彩色饰面玻璃。单声的玻璃锦砖断面略呈倒梯形,正面为光滑面,背面略带凹状沟槽,利于铺贴时有较大的吃灰深度和粘结面积,粘结牢固而不易脱落。

玻璃锦砖的生产工艺简单,生产方法有熔融压延法和烧结法两种。熔融压延法是将石英砂和纯碱组成的生料与玻璃粉按一定的比例混合,加入辅助材料和适当的颜料,经1300~1500℃高温熔融,然后经冷却、压延而成。烧结法是将原料、颜料、胶粘剂（常用淀粉或精糊）与适量的水拌合均匀,压制成型为坯料,然后在650~800℃的温度下快速烧结而成。

与陶瓷锦砖相类似,将单块的玻璃锦砖按设计要求的图案及尺寸用胶粘剂粘贴到牛皮纸上成为一联（正面贴纸）。铺贴时,将水泥浆抹入一联锦砖的非贴纸面,使之填满块与块之间的缝隙及每块的沟槽,成联铺于墙面上,然后将贴面纸洒水润湿,并将牛皮纸揭去即可。

玻璃锦砖表面光滑、不吸水，所以抗污性好，具有雨水自涤、历时常新的特点；玻璃锦砖的颜色有乳白、姜黄、红、黄、蓝、白、黑及各种过渡色，有的还有金色、银色斑点或条纹，可拼装成各种图案，或者绚丽豪华，或者庄重典雅，是一种很好的饰面材料，较多应用于建筑物的外墙贴面装饰工程。

7.6.2 玻璃空心砖

玻璃空心砖是由两块压铸成凹形的玻璃经熔接或胶结而成的中空正方形或矩形玻璃砖块。生产玻璃空心砖的原料与普通玻璃相同，经熔融成玻璃后，在玻璃处于塑性状态时，先用模具压成两个中间凹形的玻璃半砖，经高温熔合成一个整体，退火冷却后，再用乙基涂饰侧面形成玻璃空心砖。由于经高温加热熔接后退火冷却，玻璃空心砖的内部有2/3个大气压。

玻璃空心砖有正方形、矩形及各种异形规格，分为单腔和双腔两种。双腔玻璃空心砖是在两个凹形半砖之间夹有一层玻璃纤维网，从而形成两个空气腔，具有更高的热绝缘性，但一般多采用单腔玻璃空心砖。尺寸有：115mm×115mm×80mm、145mm×145mm×80mm、190mm×196mm×80mm 和 240mm×150mm×80mm、240mm×240mm×80mm 等，其中190mm×190mm×80是常用规格。

玻璃空心砖可以是平光的，也可以在里面或外面压有各种花纹，颜色可以是无色的，也可以是彩色的，以提高装饰性。

玻璃空心砖具强度高、隔声、绝热、耐水、防火、富于装饰性等优良的性能。

玻璃空心砖常用来砌筑透光的墙壁、建筑物的非承重内外隔墙、淋浴隔断、门厅通道。

课题8 金属材料

金属材料是指由一种金属元素构成或以一种金属元素为主，掺有其他金属或非金属元素构成的材料的总称。

金属材料具有强度高、塑性好、均匀致密、性能稳定、易于加工等特点，广泛用作建筑结构材料。金属材料用于建筑装饰工程时，其闪亮的光泽、坚硬的质感、特有的色调和挺拔的线条，更使建筑物光彩照人，美观雅致。

本部分主要介绍建筑和建筑装饰工程中广泛应用的钢材、铝合金及其制品。

8.1 建筑钢材

8.1.1 建筑钢材的基本知识

钢是含碳量在2%以下，并含有少量其他元素（Si、Mn、S、P、O、N等）的铁碳合金。建筑钢材指用于建筑工程的各种钢材，如型钢、钢板、钢筋、钢绞线等。由于钢的冶炼和钢材的制造都是在严格的技术控制下完成的，所以钢的材质和性能非常稳定。建筑钢材致密均匀、强度高、塑性好、韧性优良，具有很高的抗冲击和抗振动荷载作用的能力。建筑钢材还具有优良的工艺性能，可焊、可锯、可铆、可切割，施工速度快，质量有保证。但钢材也存在着易锈蚀、维修费用较大的缺点。

（1）钢的冶炼和分类

1）钢的冶炼

众所周知，铁元素在自然界是以化合态存在的，生铁就是以铁矿石、焦碳和熔剂等在高炉中经冶炼，使矿石中的氧化铁还原成单质铁而成的。但生铁中碳（含量大于2%）和其他杂质含量较高，材性较差。而钢的冶炼就是以生铁为原料，通过一定的冶炼过程，使其中的碳含量降低到一定范围之内，同时去除杂质而得到的优质铁碳合金。

钢的冶炼过程分为两个阶段，即精炼和脱氧。精炼是固态或液态生铁与铁矿石、废钢或空气、氧气等氧化剂在高温下发生氧化反应，使生铁中的碳和其他杂质氧化为气体或氧化物被排除从而使生铁中的碳与杂质的含量降低成为钢。如固态生铁与铁矿石（FeO）在高温下的反应如下：

$$C + FeO \longrightarrow CO\uparrow + Fe$$

$$Mn + FeO \longrightarrow MnO + Fe$$

$$Si + 2FeO \longrightarrow SiO_2 + 2Fe$$

$$2P + 5FeO \longrightarrow P_2O_5 + 5Fe$$

脱氧是在精炼后的钢水中加入硅铁、锰铁等脱氧剂，使在精炼过程中同时被氧化的铁重新还原。

钢的冶炼方法目前有平炉炼钢法、转炉炼钢法和电炉炼钢法三种。其中转炉炼钢法以其冶炼时间短、成本低、效率高而成为目前主要的炼钢方法。转炉炼钢法是以液态融熔生铁水为原料，不再用燃料加热，在炉体的底部、侧面吹入空气或氧气，以完成冶炼过程。建筑钢材常采用平炉和转炉钢。而装饰工程所应用的不锈钢等特种性能钢则采用电炉法冶炼。

在钢水的铸锭过程中，由于脱氧程度不同，可得到沸腾钢、镇静钢和半镇静钢。沸腾钢是钢水脱氧不完全，在铸锭过程中，仍有大量一氧化碳气体逸出，使钢水呈沸腾状态而得名。该种钢不够致密，质量较差，但成品率较高、成本低。镇静钢则是钢水脱氧很完全，钢水在平静状态下完成铸锭过程，所以镇静钢材质致密，性质优良，但由于轧制前需切除收缩孔，所以利用率较低，成本较高。半镇静钢的脱氧程度和性质介于上述两者之间。

2）钢的分类

钢可按化学成分、质量等级、冶炼方法、用途等多种方法进行分类，见表3-15。

钢 的 分 类　　　　　　　表3-15

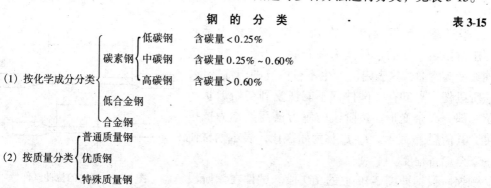

续表

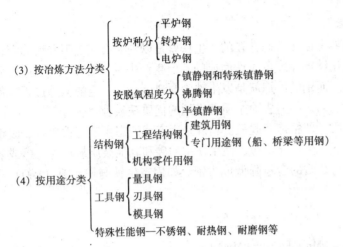

建筑和建筑装饰工程用钢常用的钢种为普通碳素结构钢和普通低合金结构钢及特殊性能钢。

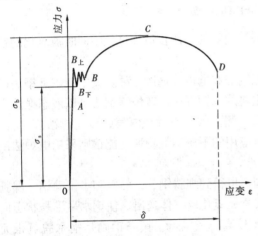

图3-19 低碳钢的应力–应变图

(2) 建筑钢材的技术性能

建筑钢材的技术性能包括力学性能（强度、塑性、韧性、硬度等）和工艺性能（冷弯性能、可焊性等）。

1) 拉伸性能

建筑用普通低碳钢在拉力作用下的应力–应变图（$\sigma - \varepsilon$ 图），如图3-19所示。图3-20为试件初始和拉断后的形状示意图。

低碳钢的拉伸过程可分为四个阶段：

弹性阶段：即图3-19上 OA 段。该阶段的特点是应力 σ 与应变 ε 呈直线（线性）变化关系。在该阶段的任意一点卸荷，变形消失，试件能完全恢复到初始形状。该阶段的应力最高点称作弹性极限，用 f_p 表示。

屈服阶段：即图中 AB 段。该阶段的特点是应力变化不大，但应变却持续增长。在此阶段的应力最低点，称作屈服点（或屈服极限），其值用 f_y 表示。f_y 是低碳钢的设计强度取值。

强化阶段：为图3-19中的 BC 段。该阶段表示经过屈服阶段后，钢的承荷能力又开始上升，但应力应变曲线变为弯曲，这表明已产生不可恢复的塑性变形，在该阶段任一点卸荷，试件都不能恢复到初始形状而保留一部分残余变形。该阶段的应力最高点称为抗拉强度，其值用 f_u 表示。f_y/f_u 称为屈强比，表示钢材使用的安全储备程度。

颈缩阶段：即图3-19上的 CD 段。试件在该阶段

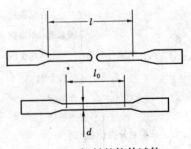

图3-20 钢材的拉伸试件

中部截面开始缩径，承载能力下降。当达到 D 点时，发生断裂。此时试件的标距记为 L。

伸长率表示钢材塑性的大小，可用 δ 表示，其计算式为：

$$\delta = \frac{L - L_0}{L_0} \times 100\%$$

式中　L_0——试件初始标距间的距离；

　　　L——试件拉断后标距间的距离；

　　　δ——伸长率，通常低碳钢的 δ 值在 20% ~ 30% 之间。表明低碳钢有良好的塑性。

2) 冷弯性能

冷弯是指钢材在常温下耐弯曲变形的能力。建筑装饰工程中使用型钢（角钢、扁钢）制作各种骨架时，常将钢材强制弯曲以满足外形的需要，这就需要钢材冷弯性能良好。冷弯性能是通过检验试件经规定的弯曲弯形后，弯曲处是否有裂纹、起层、鳞落和断裂等情况来评定的。钢材的冷弯性能越好，通常也表示钢材的塑性好，同时冷弯试验也是对钢材焊接质量的一种检验，可说明焊缝处是否存在缺陷和是否焊接牢固。

3) 冲击韧性

冲击韧性指钢材抵抗冲击荷载作用而不破坏的能力，其指标为冲击功 α_k。α_k 表示具有 V 形缺口的试件在冲击试验横锤的冲击下断裂时，断口处单位面积上所消耗的功，单位为焦耳（J）。使用在室外的钢构架经常受到可变风荷载和其他偶然冲击荷载的作用，钢材必须满足一定的冲击韧性要求。特别是在低温下，钢材的 α_k 明显下降，呈脆性断裂，这种现象称为冷脆性。

4) 可焊性

钢材的连接最常采用的是焊接，为保证焊接质量，要求焊缝及附近过热区不产生裂缝及变脆倾向，焊接后的力学性能，特别是强度不低于原钢材的性能。

可焊性与钢材所含化学成分及含量有关，含碳量高或含较多的硫，钢材的可焊性都可能变差。

(3) 化学成分对钢材性能的影响

钢材中除主要构成元素铁和碳以外，在冶炼过程中还不同程度混入了许多其他元素，还有一些是人为加入的。有些元素对钢材主要起有利作用，如碳、硅、锰、钒、钛等。有些元素则主要起有害作用，如硫、磷、氧、氮等。即使是有利元素其含量也要控制。

碳是决定钢材性能的主要合金元素。其含量多少对钢材的强度、硬度、塑性、韧性都有不等程度的影响。在含碳量小于 0.8% 的范围内，随着含碳量的增加，抗拉强度增加。含碳量超过 1% 时，随着含碳量的增加，抗拉强度反而减少。硬度则随着含碳量的增加而加大，而塑性和韧性则随着含碳量的增加而减小。

硅和锰是在炼钢脱氧过程中人为加入的元素。当硅的含量低于 1% 时，可提高钢的强度，对塑性、韧性影响不大。锰的含量在 0.8% ~ 1% 范围内，可显著提高强度和硬度，含量超过 1% 时，在强度提高的同时，钢材的塑性和韧性有所降低、可焊性变差。

硫和磷是炼钢（或炼铁）原料中带入的有害元素。硫主要使钢产生热脆性，同时使韧性、可焊性及耐腐蚀性下降。磷虽能使钢的强度提高，但塑性和韧性显著降低，可焊性变差，尤其会使钢材产生冷脆性。适量的磷，可提高钢材的耐磨性和耐腐蚀性。硫、磷的含量是影响钢材质量的主要不利因素，所以要严格控制。

8.1.2 建筑钢材的标准

目前,国内钢结构用钢的主要品种为普通碳素结构钢和普通低合金结构钢。

(1) 碳素结构钢

国标《碳素结构钢》GB 700—88 中规定,碳素结构钢的牌号由四部分组成,按顺序分别为代表屈服点的字母、屈服点数值、质量等级、脱氧方法。其中以"Q"代表屈服点;屈服点数值分别为 195、225、235、255 和 275 五种;质量等级按硫、磷杂质含量,分别由 A、B、C、D 符号表示(质量等级依次提高);脱氧方法用 F 表示沸腾钢,b 表示半镇静钢,Z 和 TZ 表示镇静钢和特种镇静钢(可以省略)。

例如:牌号 Q235-A·F 表示屈服点为 235MPa 的 A 级沸腾碳素结构钢。

碳素结构钢的力学性能主要由屈服强度、抗拉强度、伸长率和冲击韧性。随着牌号的提高,钢材的强度越来越高,而塑性和韧性越来越差。

(2) 低合金结构钢

低合金结构钢是在碳素结构钢的基础上,添加少量的一种或多种合金元素,合金总量小于 5% 的钢材。所加的合金元素有硅、锰、钛、钒、铌等。低合金钢的冶炼工艺与碳素钢相似,成本增加不多,但强度、耐磨性、耐蚀性、耐低温性都得以明显提高,特别是我国的合金资源丰富,所以得到广泛的应用。

按《低合金高强度结构钢》GB/T 1591—1994 规定,这种钢的牌号由代表屈服点的字母 (Q)、屈服点数值(295、345、390、420、465MPa 五种)、质量等级(A、B、C、D、E)三个部分按顺序排列。例如:牌号 Q390-B 表示屈服点为 390MPa 的 B 级低合金强度结构钢。

8.1.3 常用的钢材品种

(1) 热轧型材

热轧型材俗称型钢,是由普通碳素钢或普通低合金钢经热轧而成的异形断面钢材,常用作钢构架、幕墙的钢骨架、钢屋架或钢结构的梁、柱构件。根据型钢截面形式的不同可分为角钢、扁钢、槽钢和工字钢。其中以角钢应用的最为广泛,其较易加工成型、截面惯矩较大、刚度适中、焊接方便、施工便利。

角钢分等边角钢和不等边角钢。等边角钢型号的表示方法为 $b \times d$,其中 b 为等边角钢的单边宽度,d 为厚度,单位为 mm,如 20×3 代表单边宽度为 20mm,厚度为 3mm 的等边角钢。等边角钢也可用单边宽度的厘米数来命名,如 2 号角钢即代表单边宽度为 20mm 的等边角钢。不等边角钢以长边宽度和短边宽度的厘米数值的比来命名。如 4/2.5 号角钢代表长边宽度为 40mm,短边宽度为 25mm 的不等边角钢。

扁钢型号表示方法为 $b \times \delta$,其中 b 为扁钢宽度,δ 为扁钢厚度,单位为 mm,如 20×6 的扁钢,表示该型扁钢宽 20mm,厚 6mm。

槽钢型号的表示方法为 $h \times b \times d$,其中 h 代表腹板高度,b 代表翼缘宽度,d 代表腹板厚度,单位为毫米。如 100mm×48mm×5.3mm 槽钢,表示该槽钢腹板高 100mm,翼缘宽 48mm,腹板厚 5.3mm。槽钢也可用腹板高度的厘米数表示其号数,如 10 号槽钢即代表腹板高度为 100mm 的槽钢。

(2) 冷弯型钢

冷弯型钢是制作轻型钢结构的材料,其用途广泛。冷弯型钢用普通碳素钢或普通低合金钢带、钢板，以冷弯、拼焊等方法制成。与普通热轧型钢相比，具有经济、受力合理和应用灵活的特点。

根据其断面形状，冷弯型钢有冷弯等边、不等边角钢，冷弯等边、不等边槽钢、冷弯方形钢管、矩形焊接钢管等品种。冷弯型钢的厚度较小，一般为 2~4mm。根据需要，冷弯型钢表面还可喷漆、喷塑，以达到更好的装饰效果。

(3) 热轧钢筋

钢筋混凝土结构用钢筋和钢丝也称线材，主要包括热轧钢筋、冷加工钢筋、钢丝和钢铰线三大类。建筑装饰工程中常用的是热轧钢筋。根据表面形状，热轧钢筋可分为光圆钢筋和变形钢筋。按强度可分为Ⅰ、Ⅱ、Ⅲ、Ⅳ级，常用的为Ⅰ级光圆钢筋和Ⅱ级变形钢筋，强度等级代号分别为 HPB235 和 HRB335（数字代表钢筋的屈服强度，单位为 MPa）。常用的直径范围为：Ⅰ级 6~12mm，Ⅱ级 12~16mm。主要应用于混凝土构件的构造钢筋、受力钢筋和与型材共同制作钢构架等。

(4) 轻钢龙骨

建筑用轻钢龙骨是以冷轧钢板（钢带）、镀锌钢板（钢带）或彩色喷塑钢板（钢带）为原料，经冷弯工艺生产的薄壁型钢，用作吊顶或墙体龙骨。轻钢龙骨的标记顺序为代号、断面的宽度、高度、厚度，如 DC50×15×1.5 代表断面形状为 C 形，宽度为 50mm，高度为 15mm，钢板厚度为 1.5mm 的吊顶承载龙骨。

(5) 不锈钢

普通钢材具有许多优良性能，但易锈蚀是其致命的缺点，据统计全世界每年钢材总产量的近 10% 因锈蚀而损失。为防止钢材的锈蚀，人们采取各种防腐方法，如保护膜法、电化学保护法、合金化法等。其中合金化法是应用在钢产品中最有效的一种防腐蚀方法，它是在碳素钢中加入能提高抗腐蚀能力的合金元素，如铬、镍、钛、铜等，以制成不同的合金钢。不锈钢即是一种有着优良抗腐蚀性能的合金钢。

1) 不锈钢的耐腐蚀原理及定义

铬是一种比铁活跃的金属元素，在钢材中它会先于铁而与空气中的氧反应生成极薄的氧化膜（称为纯化膜），可保护钢材不受腐蚀。50 多年前人们发现，当铬的含量大于 12% 时，铬就足以在钢材表面生成完整的惰性氧化铬保护膜，而且若在加工或使用过程中膜层被破坏，还可重新生成。所以，人们通常将不锈钢定义为含铬 12% 以上的具有耐腐蚀性能的铁基合金。

2) 不锈钢的分类

不锈钢有各种不同的分类方法。按耐腐蚀性能可分为耐酸钢和不锈钢两种。在一些酸性化学介质中能抵抗腐蚀的钢称为耐酸钢，能抵抗大气腐蚀的称为不锈钢，一般这两种钢又可统称为不锈钢。可以理解为不锈钢不一定耐酸的腐蚀而耐酸钢一定具有良好的普通耐蚀性能。

按所含耐腐蚀的合金元素分类，不锈钢可分为铬不锈钢，镍-铬不锈钢和镍-铬-钛不锈钢。其中后两种比铬不锈钢耐蚀性更强，耐蚀介质更全面。

3) 不锈钢的钢号与性能

不锈钢的钢号与合金钢的牌号表示方法相似，也是由三部分组成。分别为平均含碳量的千分数、合金元素种类、合金元素含量。其中当含碳量小于 0.03% 及小于或等于

0.08%时,第一部分分别标注"00"或"0"。如0Cr₁₃钢为平均含碳量小于或等于0.08%、合金元素铬的含量为13%的铬不锈钢。

不锈钢的性能除有强的耐腐蚀能力,还有较高的强度、硬度、冲击韧性及良好的冷弯性,但导热性比普通钢材差且膨胀系数较大。

不锈钢的种类很多,仅常用的即有40多个品种。应用于建筑装饰工程的不锈钢应具有一定的强度,较好的耐蚀性(特别是耐大气腐蚀性)、韧性及良好的可焊性。目前,应用于建筑和装饰工程方面的不锈钢有以下品种:$0Cr_{13}$、$Cr_{18}N_{18}$、$0Cr_{17}Ti$、$0Cr_{18}N_{19}$、$Cr_{18}Ni_{12}Mo_2Ti$、$1Cr_{17}N_{13}Mo_2Ti$。

4)建筑装饰不锈钢制品及应用

建筑装饰不锈钢制品主要有板材和管材,其中板材应用最为广泛。

装饰不锈钢板材通常按反光率分为镜面板、亚光板和浮雕板三种类型。镜面板表面平滑光亮,光线的反射率可达95%以上,表面可形成独特的映像光影。虽称为镜面,可是与镜的反射性能又不完全一样,在室内建筑空间中用于柱墙面可形成高光部分,独具魅力。镜面板为保护其表面在加工和施工过程中不受损害,常加贴一层塑料保护膜,待竣工后再揭去。亚光板的反光率在50%以下,其光泽柔合,不晃眼,用于室内外,可产生一种很柔和、稳重的艺术效果。浮雕不锈钢板表面不仅具有金属光泽,还有富于立体感的浮雕纹路,它是经辊压、研磨、腐蚀或雕刻而成。一般蚀刻深度为0.015~0.5mm,钢板在加工前,必须先经过正常的研磨和抛光,比较费工,价格也较高。

不锈钢板表面经化学浸渍着色处理,可制得蓝、黄、红、绿等各种彩色不锈钢板。也可利用真空镀膜技术在其表面喷镀一层钛金属膜,形成金光闪亮的钛金板,即保证了不锈钢的原有优异性能,又进一步提高了其装饰效果。

常用装饰不锈钢板的厚度为0.35~2mm(薄板),幅面宽度为500~1000mm,长度为1000~2000mm。市场上还常见英制规格的不锈钢,如4英呎×8英呎(1220mm×2440mm)等。

不锈钢装饰管材按截面可分为等径圆管和变径花形管。按壁厚可分为薄壁管(小于2mm)或厚壁管(大于4mm)。按其表面光泽度可分为抛光管、亚光管和浮雕管。近年来,随着装饰业的不断发展,新型不锈钢管在一些大型建筑中得到成功应用,如鸭嘴形扁圆管材应用于楼梯扶手,取得了动态、个性及高雅、华贵的装饰效果。

5)装饰不锈钢的选用

装饰不锈钢以其特有的光泽、质感和现代化的气息,应用于室内外墙、柱饰面、幕墙及室内外楼梯扶手、护栏、电梯间护壁、门口包镶等工程部位。可使环境的色彩、景物达到交相辉映的效果,对空间环境起到强化、点缀和烘托的作用,构成光彩变幻,层次丰富的室内外空间。

(6)彩色涂层钢板

随着材料工业的进步和发展,多功能的复合材料日新月异,不断涌现,彩色涂层钢板就是崭露头角的一种新型复合金属板材。

彩色涂层钢板是以冷轧或镀锌钢板(钢带)为基材,经表面处理后涂以各种保护、装饰涂层而成的产品。常用的涂层有无机涂层、有机涂层和复合涂层三大类。以有机涂层钢板发展最快,主要原因是有机涂层原料种类丰富、色彩鲜艳、制作工艺简单。有机涂料常采用聚氯乙烯、聚丙烯酸酯、醇酸树脂、聚酯、环氧树脂、氟碳树脂等。

彩色涂层钢板的基体钢板与涂层的结合方式有涂料涂覆法和薄膜层压法两种。涂覆法主要采用静电喷涂或空气喷涂。前者机械化程度高、涂料不飞逸、工作环境好、涂层均匀、附着力高、质量好、涂料节约，是应优先采用的方法。后者是利用压缩空气，将涂料吹散、雾化并附着在钢板表面。此处方法适用范围广，设备简单，但喷涂过程中涂料飞逸、工作环境差、劳动强度高，而且一次喷涂膜层厚度有限，需多次喷涂。层压法是用已成型和印花、压花的聚氯乙烯薄膜压贴在钢板上的一种方法，该种复合钢板也称为塑料复合钢板。

彩色涂层钢板的最大特点是发挥了金属材料与有机材料各自的特性。不但具有较高的强度、刚性、良好的可加工性（可剪、切、弯、卷、钻），彩色涂层又赋予了钢板以红、绿、乳白、蓝、棕等多变的色泽和丰富的表面质感，且涂层耐腐蚀、耐湿热、耐低温。涂层附着力强，经二次机械加工，涂层也不破坏。

彩色涂层钢板（钢带）主要应用于各类建筑物的外墙板、屋面板、室内的护壁板、吊顶板。还可作为排气管道、通风管道和其他类似的有耐腐蚀要求的构件及设备，也常用作家用电器的外壳。

(7) 彩色压型钢板

彩色压型钢板是以镀锌钢板为基材，经辊压、冷弯成异形断面，表面涂装彩色防腐涂层或烤漆而制成的轻型复合板材。也可采用彩色涂层钢板直接成型制做彩色压型钢板。该种板材的基材钢板厚度只有 0.5～1.2mm，属薄型钢板，但经轧制或冷弯成异形后（V形、U形、梯形或波形），使板材的抗弯刚度大大提高，受力合理、自重减轻，同时具有抗震、耐久、色彩鲜艳、加工简单、安装方便的特点。广泛用于外墙、屋面、吊顶及夹芯保温板材的面板等。使建筑物表面洁净，线条明快，棱角分明，极富现代风格。

压型钢板的型号表示方法由四部分组成：压型钢板的代号（YX），波高 H，波距 S，有效覆盖宽度 B。如型号 YX75-230-600 表示压型钢板的波高为 75mm，波距为 230mm，有效覆盖宽度为 600mm。

8.2 建筑铝合金

铝是地壳中含量很丰富的一种金属元素，在地壳组成中占 8.13%，仅次于氧和硅，约占全部金属元素总量的 1/3。但由于铝的提炼较困难，能耗较高（约是钢冶炼能耗的一倍），所以一直限制着其在建筑工程中的应用。近几十年来，由于能源工业的不断发展，电能的成本不断下降，使铝在各方面的应用迅速发展，尤其在建筑和装饰工程方面更显示了其他金属材料所不能比拟的特点和优势。

8.2.1 铝和铝合金及其特性

铝在自然界以化合态（主要是氧化物）存在，含氧化铝的矿石主要有铝矾土、高岭土、矾土岩石、明矾石等。

铝的冶炼分为两步：第一步是从含铝矿石中提取氧化铝，第二步是用电解法从氧化铝中提炼金属纯铝。

铝有许多独到的特性。铝属于有色轻金属，密度为 $2.7g/cm^3$，仅为钢的 1/3。熔点较低，为 660℃。铝的导电、导热性能优良，仅次于铜。铝为银白色，呈闪亮的金属光泽，抛光的表面对光和热有 90% 以上的高反射率。铝的化学性质很活泼，在空气中暴露，很容易与氧发生氧化反应，生成很薄的一层氧化膜，从而起到保护作用，使铝具有一定的耐蚀性，但由于这层自然形成的氧化膜厚度仅 0.1μm 左右，因此仍抵抗不了盐酸、浓硫酸、氢氟酸等强酸、强碱及氯、溴、碘等卤族元素的腐蚀。铝有良好的塑性和延展性，其伸长率可达 40% 以上，极易制成板、棒、线材，并可用挤压法生产薄壁空腹型材。纯铝压延成的铝箔厚度仅为 6~25μm。但纯铝的强度和硬度较低（抗拉强度 80~100MPa，布氏硬度 200MPa），因此在结构工程和装饰工程中常采用的是掺入合金元素后形成的铝合金。

为了提高纯铝的强度、硬度、而保持纯铝原有的优良特性，在纯铝中加入适量的铜、镁、锰、硅、锌等元素而得到的铝基合金，称为铝合金。

铝合金一改纯铝的缺点，又增加了许多优良性能。铝合金强度高（屈服强度可达 210~500MPa，抗拉强度可达 380~550MPa）、密度小，所以有较高的比强度（比强度为 73~190，而普通碳素钢的比强度仅 27~77），是典型的轻质高强材料。铝合金的耐腐蚀性有较大的提高，同时低温性能好，基本不呈现低温脆性。铝合金易着色，有较好的装饰性。同样，铝合金也存在着一些缺点，主要是弹性模量小（约 $0.63 \sim 0.8 \times 10^5$ MPa，为钢的 1/3），虽可减小温度应力，但用作结构受力构件，刚度较小，变形较大。其次，铝合金耐热性差、热胀系数较大、可焊性也较差。

8.2.2 铝合金的表面处理

铝材表面自然氧化而生成的氧化膜很薄，耐蚀性满足不了使用的要求。因此，为保证铝材的使用，需对铝合金材料表面进行处理，以提高表面氧化膜的厚度，增加耐蚀性能，继而通过着色，进一步提高表面的装饰性，这个过程称为铝合金的表面处理。

铝合金的表面处理主要包括表面预处理、阳极氧化、表面着色、封孔处理四个过程。

(1) 表面预处理

铝型材成型后，往往存在着不同程度的表面污染和缺陷，如灰尘、油污、擦痕等，在表面处理前必须对其进行清除，露出洁净的基体，使表面处理后获得良好的质量。

(2) 阳极氧化处理

如前所述，为增加铝材表面氧化膜的厚度，须对其表面进行氧化处理。常用的表面氧化处理的方法有阳极氧化和化学氧化两种。前者可在铝材表面形成比自然形成的氧化膜（0.1μm）厚的多（可达 5~20μm）的氧化膜层，因而得到广泛应用。后者形成的氧化膜薄，抗蚀性及硬度的较低，一般只用作有机涂层的底层处理和暂时性的防腐保护层。

阳极氧化的原理实质为水的电解。将铝制品作为阳极置于电解液中，阴极为化学稳定性高的材料（如铅、不锈钢等），通电后，电解液中的氢离子向阴极运动，在阴极上得到电子而还原为氢气放出。在阳极（铝型材）水电解生成的氧负离子与铝形成氧化铝膜层。铝合金阳极氧化的如图 3-21 所示。

阴极　　　　　　　　$2H^+ + 2e \longrightarrow H_2 \uparrow$

阳极　　　　　　　　$2Al^{3+} + 3O^{2-} \longrightarrow Al_2O_3 + Q$（热量）

所形成的氧化膜分为两层，基层为致密的无水 Al_2O_3，硬度高，可阻止电流的通过；表层为多孔状的 Al_2O_3 及其水化物，虽硬度较低，但厚度比基层要厚的多。当以硫酸为电解质时，电解液中的氢正离子及硫酸、亚硫酸的负离子会使氧化铝膜层局部溶解，形成大量针状小孔，使电流得以通过膜层，从而氧化作用向纵深发展。氧化膜成长结构示意图如图 3-22 所示。最终形成氧化膜的蜂窝状定向针孔结构。

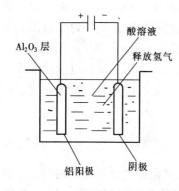 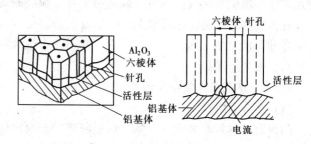

图 3-21　铝合金的阳极氧化　　　　图 3-22　氧化膜成长结构示意图

铝合金表面人工形成的氧化膜具有许多优良性能。其一是氧化膜是从基体表层直接生成的。所以与基体结合牢固，耐机械变形而不脱落。但较脆，不耐冲击荷载。其二是不导电、不导热。是一种良好的电绝缘体，导热系数明显小于普通金属。其三是具有良好的化学稳定性，抗腐蚀性能优良。其四是所形成的氧化膜孔具有较强的吸附力，与涂料具有良好的粘结能力，为涂刷有机涂层提供了基本条件。

(3) 表面着色

为使铝材更好地满足不同装饰工程的需要，在经阳极氧化后的铝型材的表面通过各种工艺处理，形成金、灰、暗红、银白、青铜、黑等不同色调，这一过程称为铝合金的表面着色。

铝材表面着色的方法有自然着色法、电解着色法和化学浸渍着色法等几种，其中最常用的是自然着色法和电解着色法。

自然着色法是指在特定的电解液和阳极氧化条件下，利用铝合金本身所含的不同合金元素，在阳极氧化的同时，产生着色的方法。

电解着色法是对硫酸法阳极氧化后的型材进一步进行电解，利用电解液中的金属盐阳离子沉积到氧化膜层针状孔的孔底而使铝型材着色的表面着色工艺。电解着色法的本质是电镀。常用的金属盐有镍盐、锡盐、钴盐、混合盐等。可着颜色除常用的青铜色系、棕色系及灰色系外，还有红色、青色、蓝色等。

化学着色法是利用阳极氧化膜的多孔结构对染料的吸附能力，将无机或有机染料经浸渍吸附在铝型材氧化膜的孔隙内，以达到着色的一种方法。该种铝合金着色法是应用最早的一种方法，工艺简单、效率高、成本低、着色范围宽、色彩鲜艳。最大的缺点是易褪色、耐光性差，只适用于室内装饰铝型材的表面着色。

(4) 封孔处理

阳极氧化和着色处理后，铝型材表面膜层的针状多孔结构会使铝型材在使用过程中极易吸尘、污染和被腐蚀，所以在型材使用前，必须要把氧化膜的孔隙封住，这一工艺过程称为铝型材的封孔。

常采用的封孔处理方法有水合封孔、金属盐溶液封孔和有机涂层封孔等。

水合封孔是利用沸水或蒸汽处理型材，使水在高温条件下与氧化铝发生反应生成体积膨胀约33%的含水氧化铝（$Al_2O_3 \cdot H_2O$，称为含水波米氧化铝），从而使孔隙堵塞。

金属盐溶液封孔是将铝型材浸在金属盐溶液中，利用氧化膜的水化、盐类分解生成的氢氧化物或金属盐与着色染料生成的金属络合物，在膜孔底部析出而达到封孔目的。该种封孔方法不影响氧化膜的本色，故适用于着色膜层的封孔。

有机涂层封孔是在阳极氧化、表面着色后的铝型材表面，利用浸渍和电泳涂漆等方法覆涂各种有机涂料，达到封孔的目的。常用的有机涂料有丙烯酸树脂、醇酸系树脂、乙烯系树脂、氟树脂等。

8.2.3 建筑装饰铝合金制品

(1) 铝合金门窗

门窗既是建筑物采光、分隔、保温隔热的重要构件，又是体现建筑物风格的主要装饰手段。门窗的框体材料经历了从木到钢又到铝合金、塑钢等几个发展阶段。近10～20年来，铝合金以其优良的性能，精美的外观，对天然材料及能源消耗的节约，成为新型门窗材料中的佼佼者，逐渐取代了传统的门窗材料。

铝合金门窗重量轻，强度高，密封性能好，耐腐蚀，坚固耐久，施工方便，生产效率高，装饰效果好，与各式特种及装饰玻璃相配合，给建筑物增添了无穷光彩。

铝合金门窗是采用定型的铝合金型材，经下料、打孔、铣槽、攻丝、组装、保护处理等工序加工成门窗构件，然后现场与预留门窗洞口定位、连接、密封，再安装各种配件而完成全部加工安装过程。

铝合金门窗产品按风压强度，空气渗透性能和雨水渗透性能分为 A、B、C 三类，每一类又分为优等品、一等品和合格品。

铝合金门窗是新型建筑材料制品，是传统木门窗的升级换代产品，与彩涂钢板门窗、塑料门窗等构成了新型门窗多彩多姿的家族。由于其优良的性能，可观的耐久性和绚丽的外表，使其被广泛应用于多高层公用建筑和普通民用住宅。尤其是对气密性、水密性、隔声性和节能、防火有特殊要求的建筑，采用铝合金门窗更显其无可比拟的优点。在外墙饰面上采用大面积的铝合金窗，其鲜明的金属光泽、坚挺的构造线条和多变的色调，加强和丰富了建筑物的立面造型和层次效果，使建筑物更加挺拔壮丽。近年来，铝合金门窗的升级产品塑铝门窗开始进入市场，它采用高分子涂料喷涂和隔热条封隔技术大大提高了传统铝合金门窗的装饰性和隔热保温等技术性能，将成为新型的门窗材料。

(2) 铝合金板材

铝合金板材按其装饰效果，表面处理制作、特性及应用范围可分为以下几种。

1) 花纹板 花纹板是采用防锈铝合金作为坯料用特制的花纹轧辊轧制成的板材。花纹图案分为方格形、扁豆形、菱形、五条形等数种。

2) 波纹板和压型板 将纯铝或铝合金在波纹机上轧制或压型机上压制可形成波纹板和压型板。由于这两种板材断面为曲线或折线形，使其抗弯能力大大加强，尤其是通过表面着色，使其外表美观、挺拔，非常适合于墙面和屋面的装修。

3) 穿孔板 穿孔板是采用铝合金板机械冲孔而成，其孔径为 6mm，孔距为 10～14mm，孔形有圆形、方形、长方形、三角形等。由于板材表面的冲孔，其兼有装饰和降低噪声的功能。铝合金穿孔板主要用于影剧院等公共建筑及噪声大的车间及各种控制室、机房的顶棚或墙壁，以改善音质。

(3) 铝合金龙骨

铝合金龙骨多为挤压法制成。其质轻、不锈、耐腐蚀、美观、防火、安装方便。特别适用于吊顶装饰，与各种饰面棋逢对手配套使用，外露的龙骨更能显示铝合金特有的色调，美观大方。

课题9 木材及制品

木材是一种历史悠久的重要建筑材料，广泛用于建筑工程和建筑装饰工程。木材作为建筑材料具有轻质高强、良好的弹性和韧性、良好的绝热性和装饰性、易于加工等优点。但也存在着构造不均匀、各向异性、有天然缺陷、含水率大易变形、易腐朽和遭虫害、易燃烧等缺点，但经过一定的加工和处理，可得到有效的改善。

9.1 木材的基本知识

9.1.1 树木的分类

建筑工程中使用的木材是由树木加工而成。树木的种类不同，木材的性质及应用都有所不同。一般可将树木分为针叶树和阔叶树两大类。

针叶树树干通直，易得大材，强度较高，体积密度小，胀缩变形小，其木质较软，易于加工，常称为软木材，这一类包括松树、杉树和柏树等，为建筑工程中的主要用材，被广泛用作承重和支撑构件。

阔叶树大多为落叶树，树干通直部分较短，不易得大材，其体积密度较大，但胀缩变形大、易翘曲开裂，其木质较硬，加工较困难，常称为硬木材，这一类包括榆树、桦树、水曲柳、檀树等众多树种。由于阔叶树大部分具有美丽的天然纹理，故特别适于室内装修或制造家具及胶合板、拼花地板等装饰材料。

9.1.2 木材的构造与组成

木材的构造是决定木材性能的重要因素。树种不同，其构造相差很大，通常可从宏观和微观两方面进行观察。

（1）木材的宏观构造

宏观构造是指用肉眼或放大镜能观察到的木材组织。由于木材是各向异性的，可通过横切面（树纵轴相垂直的横向切面）、径切面（通过树轴的纵切面）和弦切面（与树轴平行的纵向切面）了解其构造，如图3-23所示。

树木主要由树皮、髓心和木质部组成。建筑用木材主要是使用木质部，木质部是髓心和树皮之间的部分，是木材的主体。在木质部中，靠近髓心的部分颜色较深，称为心材；靠近树皮的部分颜色较浅，称为边材。心材含水量较小，不易翘曲变形，耐蚀性较强；边材含水量较大，易翘曲变形，耐蚀性也不如心材，所以心材利用价值更大。

从横切面可以看到深浅相间的同心圆，称为年轮。每一年轮中，色浅而质软的部分是春季长成的，称为春材或早材；色深而质硬的部分是夏、秋季长成的，称为夏材或晚材。相同的数种，夏材越多，木材强度越高；年轮越密且均匀，木材质量越好。木材横切面上，有许多径向的，从髓心向树皮呈辐射状的细线条，或断或续地穿过数个年轮，称为髓线，是木材中较脆弱的部位，干燥时常沿髓线产生裂纹。

（2）木材的微观构造

在显微镜下所见到的木材组织称为微观构造。

从显微镜下可以看到，木材是由有无数细小空腔的细胞紧密结合组成，每个细胞都有细胞壁和细胞腔，细胞壁是由若干层细胞纤维组成，其连接纵向较横向牢固，因而造成细胞壁纵向的强度高，而横向的强度低，在组成细胞壁的纤维之间存在有极小的空隙，能吸附和渗透水分。

细胞本身的组织构造在很大程度上决定了木材的性质，如细胞壁越厚，腔越小，木材组织越均匀，则木材越密实，表观密度与强度越大，同时胀缩变形也越大。

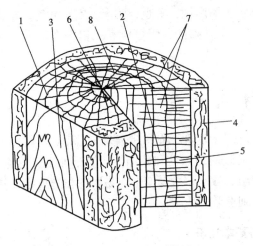

图 3-23　木材的宏观构造
1—横切面；2—径切面；3—弦切面；4—树皮；
5—木质部；6—髓心；7—髓线；8—年轮

9.1.3　木材的物理力学性质

木材的物理力学性质主要有密度、含水量、湿胀干缩、强度等，其中含水量对木材的物理力学性质影响较大。

（1）木材的密度与表观密度

木材的密度平均约为 1.55g/cm³，表观密度平均为 0.50g/cm³，表观密度大小与木材种类及含水率有关，通常以含水率为 15%（标准含水率）时的表观密度为准。

（2）木材的含水量

木材的含水量用含水率表示，指木材所含水的质量占木材干燥质量的百分比。

木材吸水的能力很强，其含水量随所处环境的湿度变化而异，所含水分由自由水、吸附水、化合水三部分组成。自由水是存在于细胞腔和细胞间隙内的水分，木材干燥时自由水首先蒸发，自由水的存在将影响木材的表观密度、保水性、燃烧性、抗腐蚀性等；吸附水是存在于细胞壁中的水分，木材受潮时其细胞壁首先吸水，吸附水的变化对木材的强度和湿胀干缩性影响很大；化合水是木材的化学成分中的结合水，它是随树种的不同而异，对木材的性质没有影响。影响木材物理力学性质和应用的最主要的含水率指标是纤维饱和点和平衡含水率。

纤维饱和点是木材仅细胞壁中的吸附水达饱和而细胞腔和细胞间隙中无自由水存在时的含水率。其值随树种而异，一般为 25%～35%，平均值为 30%。它是木材物理力学性质是否随含水率而发生变化的转折点。

平衡含水率是指木材中的水分与周围空气中的水分达到吸收与挥发动态平衡时的含水率。木材平衡含水率随大气的湿度变化而变化。为了避免木材在使用过程中因含水率变化太大而引起变形或开裂，木材使用前须干燥至使用环境长年平均的湿度值，即平衡含水率。平衡含水率因地域而异，我国西北和东北约为 8%，华北约为 12%，长江流域约为 18%，南方约为 21%。平衡含水率是木材和木制品使用时应避免变形或开裂而需控制的含水率指标。

（3）木材的湿胀干缩

只有木材细胞壁内吸附水的含量发生变化才会引起木材的变形，即湿胀干缩。木材含水量大于纤维饱和点时,表示木材的含水率除吸附水达到饱和外,还有一定数量的自由水。此时,木材如受到干燥或受潮,只是自由水改变,故不会引起湿胀干缩。只有当含水率小于纤维饱和点时,表明水分都吸附在细胞壁的纤维上,它的增加或减少才能引起木材的湿胀干缩。即只有吸附水的改变才影响木材的变形,而纤维饱和点正是这一改变的转折点。

由于木材构造的不均匀性,木材的变形在各个方向上也不同:顺纹方向最小,径向较大,弦向最大。因此,湿材干燥后,其截面尺寸和形状会发生明显的变化。

湿胀干缩将影响木材的使用。干缩会使木材翘曲,开裂,接榫松动,拼缝不严。湿胀可造成表面鼓凸,所以木材在加工或使用前应预先进行干燥,使其接近于与环境湿度相适应的平衡含水率。

(4) 木材的强度

1) 木材强度的种类

木材按受力状态分为抗拉、抗压、抗弯和抗剪四种强度,而抗拉、抗压和抗剪强度又有顺纹和横纹之分。所谓顺纹是指作用力方向与纤维方向平行;横纹是指作用力方向与纤维方向垂直。木材的顺纹和横纹强度有很大差别。

木材各种强度之间的比例关系见表3-16。

木材各强度之间关系　　　　　　表3-16

抗压强度	抗拉强度				抗弯强度	抗剪强度	
顺纹	横纹		顺纹	横纹		顺纹	横纹
1	$\frac{1}{10} \sim \frac{1}{3}$		$2 \sim 3$	$\frac{1}{20} \sim \frac{1}{3}$	$\frac{3}{2} \sim 2$	$\frac{1}{7} \sim \frac{1}{3}$	$\frac{1}{2} \sim 1$

注:以顺纹抗压强度为1。

2) 影响木材强度的因素

木材强度除由本身组织构造因素决定外,还与含水率、疵点(木节、斜纹、裂缝、腐朽及虫蛀等)、负荷持续时间、温度等因素有关。

木材含水率在纤维饱和点以下时含水率降低、吸附水减少、细胞壁紧密、木材强度增加,反之,强度降低。当含水率超过纤维饱和点时,只是自由水变化,木材强度不变。

木材在长期外力作用下,避免因长期负荷而破坏所能承受的最大应力,称为持久强度,木材的持久强度仅为极限强度的50%~60%。因此,在设计木结构时,应考虑负荷时间对木材强度的影响,应以持久强度为依据。

温度对木材强度有直接影响,一般说来,木材的强度随温度的升高而下降,当温度在100℃以上时,木材中部分组织会分解、挥发、木材变黑、强度明显下降。因此,环境温度长期超过50℃时,不应采用木结构。

木材在生长、采伐、储存、加工和使用过程中会产生一些缺陷,如木节、裂纹、腐朽和虫蛀等,这会破坏木材的构造,造成材质的不连续性和不均匀性,从而使木材的强度大大降低,甚至失去使用价值。

9.2 木材的综合利用

木材的综合利用就是将木材加工过程中的大量边角、碎料、刨花、木屑等,经过再加工处理，制成各种人造板材，有效提高木材利用率，这对弥补木材资源严重不足有着十分重要的意义。

9.2.1 条木地板

条木地板具有质感强，弹性好，脚感舒适，美观大方等特点。板材材质可以是松、杉等软木材，也可选用柞、榆等硬木材。条木地板宽度一般不大于120mm，板厚为20～30mm，拼缝可做成平头、企口或错口。条木地板适用于体育馆、练功房、舞台、高级住宅的地面装饰。

9.2.2 拼花木地板

拼花木地板是用阔叶树种如水曲柳、柞木、榆木、柚木等质地优良、不易腐朽开裂的硬木材，经干燥处理加工而成的条状小块木地板，是用于室内装饰的一种较高级的装饰木制品。拼花木地板坚硬而富有弹性，耐磨耐配，不易变形，光泽好，纹理美观质感好。拼花木地板的拼缝方式有平口和企口两种。拼花木地板常见规格有 30mm×150mm×10mm，50mm×150mm×10mm，50mm×300mm×12mm（以上为平口）和 50mm×300mm×20mm，50mm×300mm×23mm（以上为企口）等。

9.2.3 胶合板

胶合板亦称层压板。由蒸煮软化的原木，旋切成大张薄片，然后将各张木纤维方向相互垂直放置，用耐水性好的合成树脂胶粘结，再经加压、干燥、锯边、表面修整而成的板材。其层数成奇数，一般为3～13层，分别称为三层板、五层板等。生产胶合板是合理利用，充分节约木材的有效方法。胶合板变形小，收空率小，没有木结、裂纹等缺陷，而且表面平整，有美丽花纹，极富装饰性。常用作隔墙、顶棚、门面板、墙裙等。常用来制作胶合板的树种有椴木、桦木、水曲柳、榉木、色木、柳桉木等。

9.2.4 纤维板

纤维板是将树皮、刨花、树枝等废料经破碎、浸泡、研磨成木浆，再经加压成型、干燥处理而制成的板材。因成型时温度和压力不同可分为硬质、半硬质、软质三种。纤维板构造均匀，完全克服了木材的各种缺陷，不易变形、翘曲和开裂，各向同性，硬质纤维板可代替木材用于室内墙面、顶棚等。软质纤维板可用作保温、吸声材料。

9.2.5 刨花板

刨花板是利用施加或未施加胶料的木刨花或木质纤维料压制的板材。刨花板密度小，材质均匀，但易吸湿，强度不高，可用于保温、吸声或室内装饰等。

9.2.6 细木工板

细木工板是利用木材加工过程中产生的边角废料，经整形、刨光施胶、拼接、贴面而制成的一种人造板材。板芯一般采用充分干燥的短小木条，板面采用胶合板。细木工板不仅是一种综合利用木材的有效措施，而且这样制得的板材构造均匀、尺寸稳定、幅面较大、厚度较大。除可用作表面装饰外，也可直接兼作构造材料。

9.2.7 关于人造木板材的甲醛释放量控制问题

人造木板材是装修材料中使用得最多的材料之一。目前，我国人造木板材总产量仅次于美国，居世界第二位。

人造木板材在我国普遍采用的胶粘剂是酚醛树脂和脲醛树脂，二者皆以甲醛为主要原料，使用中会散发有害、有毒气体，影响环境质量。一般情况下，脲醛树脂中的游离甲醛浓度约3%左右,酚醛树脂中也有一定的游离甲醛,由于脲醛树脂胶粘剂价格较低,故许多厂家均采用脲醛树脂胶粘剂,但由于这类胶粘剂强度较低,加之以往胶合板、细木工板等人造木板材国家没有甲醛释放量限制,所以许多人造木板生产厂就采用多掺甲醛这种低成本的方法来提高粘接强度,据有关部门抽查,甲醛释放量超过欧洲EMB工业标准的几十倍。人造木板材中甲醛的释放持续时间往往很长,所造成的污染很难在短时间解决。

为控制民用建筑工程使用人造木板材及饰面人造木板材的甲醛释放,必须测定其游离甲醛含量或释放量。

根据《民用建筑工程室内环境污染控制规范》GB 50325—2001规定:人造木板及饰面人造木板根据游离甲醛含量或游离甲醛释放量限量划分为E_1类和E_2类。E_1类为可直接使用的人造板材,E_2类为必须经饰面处理后方可允许用于室内的人造板材。各类的游离甲醛含量或甲醛释放量分类限量为:环境测试舱法:E_1类,$\leqslant 0.12 mg/m^2$;穿孔法测定(适用于刨花板、中密度纤维板)E_1类,$\leqslant 0.9 mg/100g$,E_2类,$\leqslant 30.0 mg/100g$;干燥器法测定(适用于胶合板、细木工板)E_1类,$\leqslant 1.5 mg/L$,E_2类,$\leqslant 5.0 mg/L$。

另外,《人造木制板材环境标志产品技术要求》对人造木制板材中的甲醛释放量也提出了具体要求:人造板材中甲醛释放量应小于$0.20 mg/m^3$;木地板中甲醛释放量应小于$0.12 mg/m^3$。

课题10 有机高分子材料

有机高分子材料是指以有机高分子化合物为主要成分的材料。高分子材料是现代工程材料中不可缺少的一类材料。由于有机高分子合成材料的原料(石油、煤等)来源广泛,加工能耗低,产品具有质轻、强韧、耐化学腐蚀、电绝缘性好、多功能、易加工成型等优点,因此在建筑和装饰工程中应用日益广泛。

10.1 高分子化合物的基本知识

10.1.1 高分子化合物的概念

高分子化合物(也称聚合物)是由千万个原子彼此以共价键连接的大分子化合物,其分子量一般在10^4以上。虽然高分子化合物的分子量很大,但其化学组成都比较简单,一个大分子往往是由许多相同的、简单的结构单元通过共价键连接而成的。

高分子化合物分为天然高分子化合物和合成高分子化合物两类。

合成高分子化合物是由不饱和的低分子化合物(称为单体)聚合或由两个或两个以上官能团的分子间的缩合而成的。其反应类型有加聚反应和缩聚反应。

(1) 加聚反应

加聚反应是由许多相同或不同的低分子化合物,在加热或催化剂的作用下,相互加合成高聚物而不析出低分子副产物的反应。其生成物称为加聚物(也称加聚树脂),加聚物具有与单体类似的组成结构。例如:

$$n CH_2 = CH_2 \rightarrow -(CH_2-CH_2)-n$$

其中n代表单体的数目,称为聚合度。n值越大,聚合物分子量愈大。

工程中常见的加聚物有:聚乙烯、聚氯乙烯、聚丙烯、聚苯乙烯、聚甲基丙烯酸甲酯、聚四氟乙烯等。

（2）缩聚反应

缩聚反应是由许多相同或不同的低分子化合物，在加热或催化剂的作用下，相互结合成高聚物并析出水、氨、醇等低分子副产物的反应。其生成物称为缩聚物（也称缩合树脂）。工程中常用的缩聚物有：酚醛树脂、脲醛树脂、环氧树脂、聚酯树脂、三聚氰胺甲醛树脂及有机硅树脂等。

10.1.2 高分子化合物的分类及主要性质

（1）高分子化合物的分类

高分子化合物的分类方法很多，常见的有以下几种：

1）按分子链的几何形状

高分子化合物按其链节（碳原子之间的结合形式）在空间排列的几何形状，可分为线形结构、支链形结构和体型结构（或称网状形结构）三种。在温度、压力等外界条件作用下，高分子化合物的结构可从线型结构逐渐向支链型和体型结构转化。

2）按合成特点

按合成高分子化合物的合成特点分为加聚树脂和缩合树脂两类。

3）按受热时的性质

高分子化合物按其在热作用下所表现出来的性质的不同，分为热塑型和热固型两种。

热塑型聚合物一般为线型或支链型结构，在加热时可以软化到具有一定的流动性或可塑性，在压力作用下可加工成各种形状，冷却后即硬化成为定形的制品，这一过程可以反复进行。热塑型聚合物可重复利用、反复加工。热塑型聚合物的密度、熔点都较低、耐热性较差、刚度较小、抗冲击韧性好。

热固型聚合物在成型前分子量较低，一般为线型或支链型结构，受热或在催化剂、固化剂作用下，分子可发生交联成为体型结构而固化，成为不熔的物质，这一过程不可逆，因而固化后不能重新软化而再加工。热固性聚合物的密度、熔点都较高、耐热性较好、刚度较大、质地硬而脆。

4）按表观形式

高分子化合物按表观形式可分为橡胶、树脂、化学纤维几类。

（2）高分子化合物的主要性质

高分子化合物的密度小，一般为 $0.8 \sim 2.2 \text{g/cm}^3$，只有钢材的 1/8～1/4，混凝土的 1/3，铝的 1/2。而它的比强度高，多大于钢材和混凝土制品，是极好的轻质高强材料，但力学性质受温度变化的影响很大；它的导热性很小，是一种理想的轻质保温隔热材料；它的电绝缘性好，是极好的绝缘材料。由于它的减震、消声性好，一般可制成隔热、隔声和抗震的材料。

在光、热、大气的长期作用下，高分子化合物的组成和结构会逐渐发生变化，致使其性质变差，如失去弹性、变硬、变脆或变软、发黏逐渐失去原有使用功能，即发生老化现象。

高分子化合物对侵蚀性化学物质（酸、碱、盐溶液）一般具有较高的稳定性，但有些聚合物在有机溶液中会溶解或溶胀，使几何形状和尺寸改变，性能变差。

高分子化合物一般属于可燃的材料，但可燃性受其组成和结构的影响有很大差别。如聚苯乙烯遇明火会很快燃烧，而聚氯乙烯则有自熄性，离开火焰会自动熄灭。一般液态的聚合物几乎都有不同程度的毒性，而固化后的聚合物多半是无毒的。

10.2 建筑塑料

塑料是以合成或天然高分子树脂为基本材料，再按一定比例加入填充料、增塑剂、固化剂、着色剂及其他助剂等，在一定条件下经混炼、塑化成型，同时在常温、常压下能保持产品形状不变的材料。

10.2.1 塑料的组成

（1）合成树脂

合成树脂是塑料的主要组成材料，在塑料中起胶粘剂的作用，它不仅能自身胶结，还能将塑料中的其他组分牢固地胶结在一起成为一个整体，使其具有加工成型的性能。合成树脂在塑料中的含量约为30%~60%。塑料的主要性质取决于所用合成树脂的性质。

常用的合成树脂有聚氯乙烯（PVC）、聚乙烯（PE）、聚苯乙烯（PS）、聚丙烯（PP）、聚甲基丙烯酸甲酯（即有机玻璃）(PMMA)、聚偏二氯乙烯（PVDC）、聚醋酸乙烯（PVAC）、丙烯腈-丁二烯-苯乙烯共聚物（ABS）、聚碳酸酯（PC）等热塑性树脂和酚醛树脂（PF）、环氧树脂（EP）、不饱和酯（UP）、聚氨酯（PUP）、有机硅树脂（SI）、脲醛树脂（UF）、聚酰胺（即尼龙）(PA)、三聚氰胺甲醛树脂（MF）、聚酯（PBT）等热固性树脂。常用合成树脂的性能及主要用途见表3-17。

常用建筑合成树脂的性能与用途　　表3-17

名称	特性	用途
聚乙烯	柔软性好，耐低温性好，耐化学腐蚀和介电性能优良，成型工艺好，但刚性差，耐热性差（使用温度<50℃），耐老化性差	主要用于防水材料、给水排水管和绝缘材料等
聚氯乙烯	耐化学腐蚀性和电绝缘性优良，力学性能较好，具有难燃性，但耐热性较差，升高温度时易发生降解	有软质、硬质、轻质发泡制品。广泛用于建筑各部位（薄板、壁纸、地毯、地面卷材等），是应用最多的一种塑料
聚苯乙烯	树脂透明、有一定机械强度，电绝缘性能好，耐辐射，成型工艺好，但脆性大，耐冲击性和耐热性差	主要以泡沫塑料形式作为隔热材料，也用来制造灯具、平顶板等
聚丙烯	耐腐蚀性能优良，力学性能和刚性超过聚乙烯，耐疲劳和耐应力开裂性好，但收缩率较大，低温脆性大	管材、卫生洁具、模板等
ABS树脂	具有韧、硬、刚相均衡的优良力学特性，电绝缘性与耐化学腐蚀性好，尺寸稳定性好，表面光泽性好，易涂装和着色，但耐热性不太好，耐候性较差	用于生产建筑五金和各种管材、模板、异形板等
酚醛塑料	电绝缘性能和力学性能良好，耐水性、耐酸性和耐腐蚀性能优良。酚醛塑料坚固耐用、尺寸稳定、不易变形	生产各种层压板、玻璃钢制品、涂料和胶粘剂等

续表

名称	特性	用途
环氧树脂	粘结性和力学性能优良,耐化学药品性(尤其是耐碱性)良好,电绝缘性能好,固化收缩率低,可在室温、接触压力下固化成型	主要用于生产玻璃钢、胶粘剂和涂料等产品
不饱和聚酯	可在低压下固化成型,玻璃纤维增强后具有优良的力学性能,良好的耐化学腐蚀性和电绝缘性能,但固化收缩率较大	主要用于玻璃钢、涂料和聚酯装饰板等
聚氨酯	强度高,耐化学腐蚀性优良,耐热、耐油、耐溶剂性好,粘结性和弹性优良	主要以泡沫塑料形式作为隔热材料及优质涂料、胶粘剂、防水涂料和弹性嵌缝材料等
脲醛塑料	电绝缘性好,耐弱酸、碱,无色、无味、无毒,着色力好,不易燃烧,耐热性差,耐水性差,不利于复杂造型	胶合板和纤维板、泡沫塑料、绝缘材料、装饰品等
有机硅塑料	耐高温、耐腐蚀、电绝缘性好、耐水、耐光、耐热,固化后的强度不高	防水材料、胶粘剂、电工器材、涂料等

(2) 填料

填料又称填充剂,是绝大多数塑料不可缺少的原料,通常占塑料组成材料的40%~70%。可提高塑料的强度、硬度、韧性、耐热性、耐老化性、抗冲击性等,同时也可以降低塑料的成本。常用的填料有滑石粉、硅藻土、石灰石粉、云母、木粉、各类纤维材料、纸屑等。

(3) 增塑剂

掺入增塑剂的目的是为了提高塑料加工时的可塑性、流动性以及塑料制品在使用时的弹性和柔软性,改善塑料的低温脆性等,但会降低塑料的强度与耐热性。对增塑剂的要求是要与树脂的混溶性好,无色、无毒、挥发性小。增塑剂通常为一些不易挥发的高沸点的液体有机化合物或为低熔点的固体。常用的增塑剂有邻苯二甲酸二甲酯、邻苯二甲酸二丁酯、邻苯二甲酸二辛酯、磷酸三苯酯等。

(4) 固化剂

固化剂又称硬化剂,主要用于热固性树脂中,其作用是使线型高聚物交联成体型高聚物,从而制得坚硬的塑料制品。如环氧树脂常用的胺类(乙二胺、二乙烯三胺、间苯二胺),某些酚醛树脂常用的六亚甲基四胺(乌洛托品),酸酐类(邻苯二甲酸酐、顺丁烯二酸酐)及高分子类(聚酰胺树脂)。

(5) 着色剂

着色剂又称色料。着色剂的作用是使塑料制品具有鲜艳的色彩和光泽。着色剂的种类按其在着色介质中或水中的溶解性分为用于透明塑料制品的染料和用于不透明塑料制品的颜料两大类颜料。其中,颜料还可同时作为稳定剂和填充料,起到一剂多能的作用。染料多为高分子化合物而颜料多采用无机矿物微细粉末。

(6) 其他助剂

为了改善和调节塑料的某些性能,以适应使用和加工的特殊要求,可在塑料中掺加各种不同的助剂,如稳定剂、阻燃剂、润滑剂、抗静电剂、发泡剂、防霉剂、偶联剂等等。

10.2.2 塑料的性质及应用

塑料具有质轻、绝缘、耐腐、耐磨、绝热、隔声等优良性能，而且加工性能好、装饰性优异，但也有耐热性差、易燃、易老化、刚度小、热膨胀性大等缺点，缺点可以通过采取措施加以改进。塑料在建筑上可作为装饰材料、绝热材料、吸声材料、防火材料、墙体材料、管道及卫生洁具等。随着塑料资源的不断发展，建筑塑料的发展前景是非常广阔的。

常用的建筑装饰塑料制品有：

(1) 塑料装饰板材

塑料装饰板材是指以树脂为浸渍材料或以树脂为基材，采用一定的生产工艺制成的具有装饰功能的普通或异形断面的板材。塑料装饰板材以其重量轻、装饰性强、生产工艺简单、施工简便、易于保养，适于与其他材料复合等特点在装饰工程中得到愈来愈广泛的应用。

塑料装饰板材按原材料的不同可分为塑料金属复合板、硬质 PVC 板、三聚氰胺层压板、玻璃钢板、塑铝板、聚碳酸酯采光板、有机玻璃装饰板等类型。按结构和断面形式可分为平板、波形板、实体异形断面板、中空异形断面板、格子板、夹芯板等类型。

(2) 塑料壁纸

塑料壁纸是以纸为基材，以聚氯乙烯塑料为面层，经压延或涂布以及印刷、轧花、发泡等工艺而制成的。因为，塑料壁纸所用的树脂大多数为聚氯乙烯，所以也常称聚氯乙烯壁纸。壁纸具有一定的伸缩性和耐裂强度；装饰效果好；性能优越；粘贴方便；使用寿命长，易维修保养等特点。塑料壁纸是目前国内外使用广泛的一种室内墙面装饰材料，也可用于顶棚、梁柱等处的贴面装饰。塑料壁纸的宽度为 530mm 和 900~1000mm，前者每卷长度为 10m，后者每卷长度为 50m。

(3) 塑料地板

塑料地板是以高分子合成树脂为主要材料，加入其他辅助材料，经一定的制作工艺制成的预制块状、卷材状或现场铺涂整体状的地面材料。塑料地板具有许多优良性能：种类花色繁多，具有良好的装饰性能；性能多变、适应面广；质轻、耐磨、脚感舒适；施工、维修、保养方便。预制塑料地板按其外形可分为块材地板和卷材地板。按其组成和结构特点可分为单色地板、透底花纹地板、印花压花地板。按其材质的软硬程度可分为硬质地板、半硬质地板和软质地板。按所采用的树脂类型可分为聚氯乙烯（PVC）地板、聚丙烯地板和聚乙烯-醋酸乙烯酯地板等。国内普遍采用的是硬质 PVC 塑料地板和半硬质 PVC 塑料地板。

(4) 塑钢门窗

塑钢门窗是以强化聚氯乙烯（UPVC）树脂为基料，以轻质碳酸钙做填料，掺以少量外加剂，经挤出法制成各种截面的异形材，并采用与其内腔紧密吻合的增强型钢作内衬，再根据门窗品种选用不同截面的异形材组装而成。

塑钢门窗色泽鲜艳，不需油漆；耐腐蚀，抗老化，保温，防水，隔声；在 30~50℃ 的环境下不变色，不降低原有性能且防虫蛀又不助燃。塑钢门窗适用于工业与民用建筑，是建筑门窗的新型换代产品。

(5) 玻璃钢

玻璃钢（简称 GRP）是以合成树脂为基体，以玻璃纤维或其制品为增强材料，经成型、固化而成的固体材料。玻璃钢采用的合成树脂有不饱和聚酯、酚醛树脂或环氧树脂。不饱和聚酯工艺性能好，可制成透光制品，可在室温常压下固化。玻璃钢制品具有良好的透光性和装饰性，可制成色彩绚丽的透光或不透光构件或饰件；强度高（可超过普通碳素钢）、重量轻（密度约 $1.4\sim2.2g/cm^3$，仅为钢的 1/4～1/5，铝的 1/3 左右），是典型的轻质高强材料；其成型工艺简单灵活，可制成复杂的构件；具有良好的耐化学腐蚀性和电绝缘性；耐湿、防潮，可用于有耐湿要求的建筑物的某些部位。玻璃钢制品的缺点是表面不够光滑。

10.3 建 筑 涂 料

涂敷于物体表面能与基体材料很好粘结并形成完整而坚韧保护膜的材料称为涂料。建筑涂料是专指用于建筑物内、外表面装饰的涂料，建筑涂料同时还可对建筑物起到一定的保护作用和某些特殊功能作用。建筑涂料按使用部位通常可分为内墙涂料、外墙涂料和地面涂料。

10.3.1 建筑涂料的分类

建筑涂料的种类繁多，其分类方法常依据习惯方法划分：按主要成膜物质的化学成分分为有机涂料、无机涂料和有机-无机复合涂料；按建筑涂料的使用部位分为外墙涂料、内墙涂料、顶棚涂料、地面涂料和屋面防水涂料等；按使用分散介质和主要成膜物质的溶解状况分为溶剂型涂料、水溶型涂料和乳液型涂料等。

10.3.2 涂料的组成

涂料的组成材料分为主要成膜物质、次要成膜物质、辅助成膜物质和助剂。

(1) 主要成膜物质

主要成膜物质的作用是将涂料中其他组分粘结在一起，并能牢固附着在基层表面形成连续均匀、坚韧的保护膜。主要成膜物质具有独立成膜的能力，它决定着涂料的使用和所形成涂膜的主要性能。

建筑涂料所用主要成膜物质有树脂和油料两类。常用的树脂类成膜物质有虫胶、大漆等天然树脂、松香甘油酯、硝化纤维等人造树脂以及醇酸树脂、聚丙烯酸酯、环氧树脂、聚氨酯、聚磺化聚乙烯、聚乙烯醇缩聚物、聚醋酸乙烯及其共聚物等合成树脂。常用的油料有桐油、亚麻子油等植物油和鱼油等动物油。为满足涂料的各种性能要求，可以在一种涂料中采用多种树脂配合或与油料配合，共同作为主要成膜物质。

(2) 次要成膜物质

次要成膜物质是各种颜料，是构成涂膜的组分之一。但颜料本身不具备单独成膜的能力，需依靠主要成膜物质的粘结而成为涂膜的组成部分。颜料的作用是使涂膜着色并赋予涂膜遮盖力，增加涂膜质感，改善涂膜性能，增加涂料品种，降低涂料成本等。

常用的无机颜料有铅铬黄、铁红、铬绿、钛白、碳黑等；常用的有机颜料有耐晒黄、甲苯胺红、酞菁蓝、苯胺黑、酞菁绿等。

(3) 辅助成膜物质

辅助成膜物质主要指各种溶剂（稀释剂）。溶剂在涂料生产过程中，是溶解、分散、乳化成膜物质的原料；在涂饰施工中，使涂料具有一定的稠度、黏性和流动性，还可以增强成膜物质向基层渗透的能力，改善粘结性能；在涂膜的形成过程中，溶剂中少部分被基层吸收，大部分将逸入大气中，不保留在涂膜内。

涂料所用溶剂有两大类：一类是有机溶剂，如松香水、酒精、汽油、苯、二甲苯、丙酮等，另一类是水。

(4) 助剂

助剂是为改善涂料的性能，提高涂膜的质量而加入的辅助材料。助剂的加入量很少，种类很多，对改善涂料的性能作用显著。涂料中常用的助剂，按其功能可分为催干剂、增塑剂、固化剂、流变剂、分散剂、增稠剂、消泡剂、防冻剂、紫外线吸收剂、抗氧化剂、防老化剂、防霉剂、阻燃剂等等。

10.3.3 有机建筑装饰涂料

有机建筑涂料常用的有以下三种类型：

(1) 溶剂型涂料

溶剂型涂料是以高分子合成树脂或油脂为主要成膜物质，有机溶剂为稀释剂，再加入适量的颜料、填料及助剂，经研磨而成的涂料。

溶剂型涂料形成的涂膜细腻光洁而坚韧，有较好的硬度、光泽和耐水性、耐候性，气密性好，耐酸碱，对建筑物有较强的保护性，使用温度可以低到零度。它的主要缺点为：易燃，溶剂挥发对人体有害，施工时要求基层干燥，涂膜透气性差，价格较贵。

常用的品种有：O/W 型及 W/O 型多彩内墙涂料、氯化橡胶外墙涂料、丙烯酸酯外墙涂料、聚氨酯系外墙涂料、丙烯酸酯有机硅外墙涂料、仿瓷涂料、过氯乙烯地面涂料、聚氨酯-丙烯酸酯地面涂料及油脂漆等。

溶剂型涂料用于家具饰面或室内木装修又常称为油漆。常用的油漆品种有清油、清漆、调合漆、磁漆等。

清油又称熟油。由干性油、半干性油或将干性油与半干性油加熟熬炼并加少量催干剂而成的浅黄至棕黄色黏稠液体。

清漆为不含颜料的透明漆。主要成分是树脂和溶剂或树脂、油料和溶剂，为人造漆的一种。

调合漆是以干性油和颜料为主要成分制成的油性不透明漆。稀稠适度时，可直接使用。油性调合漆中加入清漆，则得磁性调合漆。

磁漆为清漆在基础加入颜料等研磨而制得的粘稠状漆。

(2) 水溶性涂料

水溶性涂料是以水溶性合成树脂为主要成膜物质，以水为稀释剂，再加入适量颜料、填料及助剂经研磨而成的涂料。

这类涂料的水溶性树脂，可直接溶于水中，与水形成单相的溶液。它的耐水性差，耐候性不强，耐洗刷性差，一般只用于内墙涂料。常用的品种有：聚乙烯醇水玻璃内墙涂料、聚乙烯醇缩甲醛内墙涂料等。

(3) 乳液型涂料

乳液型涂料又称乳胶漆。它是由合成树脂借助乳化剂的作用，以 $0.1 \sim 0.5\mu m$ 的极细微粒分散于水中构成的乳液，并以乳液为主要成膜物质，再加入适量的颜料、填料助剂经研磨而成的涂料。

这种涂料由于以水为稀释剂，价格较便宜，无毒，不燃，对人体无害，形成的涂膜有一定的透气性，涂饰时不需要基层很干燥，涂膜固化后的耐水性、耐擦洗性较好，可作为室内外墙面建筑涂料。但施工温度一般应在 10℃ 以上，用于潮湿的部位，易发霉，需加防霉剂、涂膜，质量不如同一主要成膜物质的溶剂型涂料。

常用的品种有：聚醋酸乙烯乳胶漆、丙烯酸酯乳胶漆、乙-丙乳胶漆、苯-丙乳胶漆、聚氨酯乳胶漆等内墙涂料及乙-丙乳液涂料、氯-醋-丙涂料、苯-丙外墙涂料、丙烯酸酯乳胶漆、彩色砂壁状外墙涂料、水乳型环氧树脂乳液外墙涂料等外墙涂料。

10.3.4 无机建筑涂料

无机建筑涂料是以碱金属硅酸盐或硅溶胶为主要成膜物质，加入相应的固化剂或有机合成树脂、颜料、填料等配制而成，主要用于建筑物外墙。

与有机涂料相比无机建筑涂料的耐水性、耐碱性、抗老化性等性能特别优异；其粘结力强，对基层处理要求不是很严格，适用于混凝土墙体、水泥砂浆抹面墙体、水泥石棉板、砖墙和石膏板等基层；温度适应性好，可在较低的温度下施工，最低成膜温度为5℃，负温下仍可固化；颜色均匀，保色性好，遮盖力强，装饰性好；有良好耐热性，且遇火不燃、无毒；资源丰富，生产工艺简单，施工方便等。

无机建筑涂料按主要成膜物质的不同，可分为以碱金属硅酸盐及其混合物为主要成膜物质的无机建筑涂料和以硅溶胶为主要成膜物质的无机建筑涂料，其代表产品分别为JH80-1型建筑涂料和JH80-2型建筑涂料。

有机涂料或无机涂料虽具有很多优点，但在单独使用时，总有这样或那样的不足，为取长补短，各自发挥优势，可制成由无机、有机主要成膜物质相结合的无机-有机复合涂料。

10.4 建筑胶粘剂

胶粘剂是指具有良好的粘结性能，能在两个物体表面间形成薄膜并把他们牢固地粘结在一起的材料，又称粘合剂或粘结剂。与焊接、螺纹等连接方式相比，胶接具有粘结为面际连接，应力分布均匀，耐疲劳性好；不受胶接物的形状、材质等限制；胶接后具有良好的密封性能；几乎不增加粘结物的重量；胶接方法简单等特点。因而，在建筑和装饰工程中成为不可缺少的重要配套材料。

10.4.1 胶粘剂的组成与分类

(1) 胶粘剂的组成

胶粘剂是一种多组分的材料，它一般由粘结物质、固化剂、增韧剂、填料、稀释剂和改性剂等组分配制而成。

粘结物质也称为粘料，它是胶粘剂中的基本组分，起粘结作用，其性质决定了胶粘剂的性能、用途和使用条件。一般多用各种树脂、橡胶类及天然高分子化合物作为粘结物质。

固化剂是促使粘结物质通过化学反应加快固化的组分，它可以增加胶层的内聚强度。有的胶粘剂中的树脂（如环氧树脂）若不加固化剂，本身不能变成坚硬的固体。固化剂也是胶粘剂的主要成分，其性质和用量对胶粘剂的性能起着重要的作用。

增韧剂用于提高胶粘剂硬化后粘结层的韧性，提高其抗冲击强度的组分。常用的有邻苯二甲酸二丁酯和邻苯二甲酸二辛酯等。

稀释剂又称溶剂，主要起降低胶粘剂黏度的作用，以便于操作，提高胶粘剂的湿润性和流动性。常用的有机溶剂有丙酮、苯、甲苯等。

填料一般在胶粘剂中不发生化学反应，它能使胶粘剂的稠度增加，降低热膨胀系数，减少收缩性，提高胶粘剂的抗冲击韧性和机械强度。常用的品种有滑石粉、石棉粉、铝粉等。

改性剂是为了改善胶粘剂的某一方面性能，以满足特殊要求而加入的一些组分。如为增加胶结强度，可加入偶联剂，还可以分别加入防老化剂、防腐剂、防霉剂、阻燃剂、稳定剂等。

(2) 胶粘剂的分类

1) 按粘结物质的性质分类

可分为合成树脂型（酚醛树脂、环氧树脂、不饱和聚酯、聚氨酯、脲醛树脂、醋酸乙烯酯、聚氯乙烯—醋酸乙烯酯、聚丙烯酸酯、纤维素等）、合成橡胶型（丁苯橡胶、丁基橡胶、氯丁橡胶、聚硫橡胶等）、合成混合型（酚醛－氯丁橡胶、环氧－酚醛、环氧－聚硫橡胶等）、天然有机型（淀粉、可溶性淀粉、阿拉伯树胶、骨胶、鱼胶、松香、虫胶、沥青胶等）、无机型（硫磺胶、硅溶胶等）。

2) 按强度特性分类

可分为结构胶粘剂（结构胶粘剂的胶结强度较高，至少与被胶结物本身的材料强度相当，对耐油、耐热和耐水性等都有较高的要求）；非结构胶粘剂（非结构胶粘剂要求有一定的强度，但不承受较大的力，只起定位作用）；次结构胶粘剂（又称准结构胶粘剂，其物理力学性能介于结构型与非结构型胶粘剂之间）三类。

3) 按固化条件分类

可分为溶剂型、反应型和热熔型胶粘剂。

溶剂型胶粘剂中的溶剂从粘合端面挥发或者被吸收，形成粘合膜而发挥粘合力。这种类型的胶粘剂有聚苯乙烯、丁苯橡胶等。

反应型胶粘剂的固化是由不可逆的化学变化而引起的。按照配方及固化条件，可分为单组分、双组分甚至三组分的室温固化型、加热固化型等多种型式。这类胶粘剂有环氧树脂、酚醛、聚氨酯、硅橡胶等。

热熔型胶粘剂以热塑性的高聚物为主要成分，是不含水或溶剂的固体聚合物，通过加热熔融粘合，随后冷却、固化，发挥粘合力。这类胶粘剂有醋酸乙烯、丁基橡胶、松香、虫胶、石蜡等。

建筑上常用胶粘剂的性能及应用见表3-18。应用时要根据被粘材料的物理性质和化学性质，粘结部位的受力情况，使用温度，耐介质及耐老化性、耐酸碱性，粘结工艺，胶粘剂组分的毒性，胶粘剂的价格和来源难易选择胶粘剂。在满足使用性能要求的条件下，尽可能选用价廉的、来源容易的、通用性强的胶粘剂。

建筑上常用胶粘剂的性能及应用 表3-18

种	类	特 性	主 要 用 途
热塑性合成树脂胶粘剂	聚乙烯醇缩甲醛类胶粘剂	粘结强度较高，耐水性、耐油性、耐磨性及抗老化性较好	粘贴壁纸、墙布、瓷砖等，可用于涂料的主要成膜物质，或用于拌制水泥砂浆，能增强砂浆层的粘结力。
	聚醋酸乙烯酯类胶粘剂	常温固化快，粘结强度高，粘结层的韧性和耐久性好，不易老化，无毒、无味，不易燃爆，价格低，但耐水性差	广泛用于粘贴壁纸、玻璃、陶瓷、塑料、纤维织物、石材、混凝土、石膏等各种非金属材料，也可作为水泥增强剂
	聚乙烯醇胶粘剂（胶水）	水溶性胶粘剂，无毒，使用方便，粘结强度不高	可用于胶合板、壁纸、纸张等的胶结

续表

种类		特性	主要用途
热固性合成树脂胶粘剂	环氧树脂类胶粘剂	粘结强度高,收缩率小,耐腐蚀,电绝缘性好,耐水、耐油	粘结金属制品、玻璃、陶瓷、木材、塑料、皮革、水泥制品、纤维制品等
	酚醛树脂类胶粘剂	粘结强度高,耐疲劳,耐热,耐气候老化	用于粘结金属、陶瓷、玻璃、塑料和其他非金属材料制品
	聚氨酯类胶粘剂	粘附性好,耐疲劳,耐油,耐水、耐酸、韧性好,耐低温性能优异,可室温固化,但耐热差	适于胶结塑料、木材、皮革等,特别适用于防水、耐酸、耐碱等工程中
合成橡胶胶粘剂	丁腈橡胶胶粘剂	弹性及耐候性良好,耐疲劳,耐油,耐溶剂性好,耐热,有良好的混溶性,但黏着性差,成膜缓慢	适用于耐油部位中橡胶与橡胶、橡胶与金属、织物等的胶结。尤其适用于粘结软质聚氯乙烯材料
	氯丁橡胶胶粘剂	粘附力、内聚强度高,耐燃、耐油、耐溶剂性好,储存稳定性差	用于结构粘结或不同材料的粘结。如橡胶、木材、陶瓷、石棉等不同材料的粘结
	聚硫橡胶胶粘剂	很好的弹性,粘附性,耐油,耐候性好,对气体和蒸汽不渗透,防老化性好	作密封胶及用于路面、地坪、混凝土的修补、表面密封和防滑。用于海港、码头及水下建筑物的密封
	硅橡胶胶粘剂	良好的耐紫外线、耐老化性、耐热、耐腐蚀性,粘附性好,防水防震	用于金属、陶瓷、混凝土、部分塑料的粘结。尤其适用于门窗玻璃的安装以及隧道、地铁等地下建筑中瓷砖、岩石接缝间的密封

课题11 防水材料

防水材料是建筑工程不可缺少的主要材料之一,它在建筑物中起到防止雨水、地下水与其他水分渗透的作用。目前,最常采用的是沥青和改性沥青防水材料,同时发展合成橡胶、合成树脂等各种合成高分子防水材料。

11.1 建筑石油沥青

沥青属于憎水性有机胶凝材料,其结构致密,憎水不吸水与混凝土、砂浆、木材、金属、砖、石料等材料有非常好的粘结能力;抗一般酸、碱、盐等的腐蚀;具有良好的电绝缘性。沥青是建筑和装饰工程常用的防水、防潮、防渗材料。

11.1.1 沥青的组分

目前,广泛采用的由石油精制加工得到的沥青材料,即石油沥青,是石油原油经蒸馏等工艺提炼出各种轻质油及润滑油后的残留物再进一步加工得到的产物。沥青是由一些极其复杂的高分子碳氢化合物和这些碳氢化合物的非金属(氧、硫、氮)衍生物所组成的黑色或黑褐色的固体、半固体或液体的混合物。其主要成分是碳(80%~87%)、氢(10%~15%),其余是氧、硫、氮(含量小于3%)和一些微量金属元素。由于沥青的化学组成结构的复杂性,对沥青组成进行化学分析很困难,因此,只能从使用角度将沥青中化学、物理性质及工程性能相近的成分划分为几个化学成分组,称为组分。石油沥青的组分主要有油分、树脂和地沥青质,其含量的变化直接影响着沥青的技术性质。

11.1.2　石油沥青的技术性质和分类

石油沥青的技术性质主要有反映沥青材料内部阻碍其相对流动特性的黏性(其指标为针入度,单位为1/10mm)、反映石油沥青在外力作用下产生变形而不破坏,而除去外力后仍保持变形后的形状不变性质的塑性(其指标为延度,单位为cm)和反映石油沥青的黏滞性和塑性随温度升降而变化的温度敏感性(其指标为软化点,单位为℃)。

根据我国现行石油沥青标准,石油沥青主要划分为三大类:道路石油沥青、建筑石油沥青和普通石油沥青。各品种按技术性质划分为多种牌号。三种石油沥青都是按针入度指标来划分牌号的,而每个牌号还应保证相应的延度和软化点以及其他一些技术指标。牌号越高,则黏性越好(针入度值越大)、塑性越好(延度值越大)、温度敏感性越差(软化点值越低)。

11.1.3　建筑石油沥青的选用

选用沥青材料时,应根据工程性质(房屋、道路、防腐)及当地气候条件和所处工作环境来选择不同牌号的沥青。在满足使用要求的前提下,尽量选较高牌号的石油沥青,以保证在正常使用条件下,石油沥青有较长的使用年限。

11.2　防　水　卷　材

11.2.1　沥青和改性沥青防水卷材

沥青防水卷材是传统的防水卷材,由沥青、胎体(原纸、玻璃布、玻璃纤维毡)、填充料(包括防止油毡各层彼此粘结的撒布料)经浸渍或辊压而制成。其规格为幅宽915mm或1000mm,每卷总面积为(20±0.3)m²。该类防水卷材也可制成无胎型的。传统的沥青防水卷材虽有防水、与基体连接好、价格低廉等优点,但其也有韧性差、温度适应性差、易老化等不可克服的缺点,故近年来产生了性能大大改观的以橡胶、树脂或矿物填料作为混合料的改性沥青防水卷材。

改性沥青防水卷材是以合成高分子聚合物改性沥青为涂盖层、纤维织物或纤维毡为胎体,粉状、粒状、片状或薄膜材料为覆面材料制成的可卷曲片状防水材料。

高聚物改性沥青防水卷材克服了传统沥青防水卷材的不足,具有高温不流淌、低温不脆裂、拉伸强度高、延伸率较大等优异性能,且价格适中,在我国属中高档防水卷材。常见的有SBS改性沥青防水卷材、APP改性沥青防水卷材、PVC改性焦油沥青防水卷材、再生橡胶改性沥青防水卷材等。此类防水卷材按厚度可分为2、3、4、5mm等规格,一般单层铺设,也可复合使用。根据卷材特性可采用热熔法、冷粘法、自粘法施工。

11.2.2　新型合成高分子防水卷材

(1)三元乙丙橡胶防水卷材　三元乙丙橡胶防水卷材是以三元乙丙橡胶(EPDM)为主体,掺入适量的填充料、硫化剂等外加剂,经密炼、压延或挤出成型并硫化处理而制成。

三元乙丙橡胶防水卷材具有优良的耐老化性、耐低温性、耐化学腐蚀性,而且具有重量轻,抗拉强度大,延伸率大等优点,适用于屋面、地下、水池防水及化工建筑防腐等,属高档防水卷材。

(2)氯磺化聚乙烯橡胶防水卷材　氯磺化聚乙烯橡胶防水卷材是以氯磺化聚乙烯橡胶

(CSPE)为主,加入适量软化剂、硫化剂、填料、着色剂后,经混练、压延或挤出成型及硫化而成的弹性防水卷材。

氯磺化聚乙烯橡胶防水卷材耐老化,耐酸碱且拉伸强度高,耐低温性好,断裂伸长率高,使用寿命一般在15年以上,属中高档防水卷材,适用于彩色屋面,有腐蚀介质的防水部位等防水工程。

11.3 防 水 涂 料

能形成抗水性涂层以保护建筑物或构筑物不被水渗透或湿润的涂料,称为防水涂料。它除了具有防水卷材基本功能外,还具有施工简便,容易维修的特点,特别适用于特殊结构的屋面和管道较多的厕浴间的防水。

防水涂料按分散介质的不同可分为溶剂型(以汽油、煤油、甲苯等有机溶剂为分散剂)和水乳型(以水为分散介质)。

11.3.1 溶剂型防水涂料

(1)氯丁橡胶沥青防水涂料 氯丁橡胶沥青防水涂料是氯丁橡胶溶液和沥青溶液混溶后配制而成。其成膜快,强度高,弹塑性好,抗老化。适用于屋面、混凝土板、隔热板的防水。

(2)聚氨酯防水涂料 聚氨酯防水涂料可以是双组分的,也可以是单组分的。在常温下施工,常温下固化,可形成没有接缝的防水膜层。该种涂料具有粘结力强、耐酸、耐碱、耐老化等特点,适用于造型复杂的屋面防水工程。

11.3.2 水乳型防水涂料

(1)乳化沥青 乳化沥青是以沥青为基料,通过强力搅拌,使热熔沥青分散于含有乳化剂的水溶液中所形成的乳状液体。该种防水涂料无毒、不燃,可在潮湿基层上施工。可用作防潮、防水涂料、可粘贴玻璃纤维毡作屋面防水,可拌制冷用沥青砂浆。

(2)橡胶沥青防水涂料 水乳型橡胶沥青防水涂料是以废橡胶为主要材料加入水中用高速分散的方法制成乳胶,与乳化沥青混合后而制成的改性沥青类防水涂料。该种涂料克服了沥青热淌冷脆的缺点,吸收了橡胶的弹性和耐低温性,是一种性能优良的防水涂料。适用于大面积屋面、地下室、冷库等的防水层和隔汽层。

11.4 建 筑 密 封 膏

建筑密封膏又称建筑密封材料或接封材料。主要用于屋面、墙体、门窗、幕墙、地下防水工程等各种建筑接缝中,以提高建筑物或构筑物的隔热、保温、隔声、防水性能。该种防水材料有氯丁橡胶油膏、氯磺化聚乙烯油膏为代表的橡胶基型,以丙烯酸酯密封膏和聚氨酯建筑密封膏为代表的树脂基型和沥青基型的沥青建筑密封膏。

实 训 课 题

1. 调查与分析

参观大型综合装饰材料市场或适时组织参观建筑和装饰材料展览会,调查和了解新型建筑和装饰材料的品种、特性,并分析建筑和装饰材料的发展趋势,写出调查分析报告。

2．典型实验

根据课程进行情况，进行典型建筑和装饰材料（水泥、陶瓷饰面材料、饰面石材、涂料、木材制品等）的性能试验，掌握常用建筑和装饰材料的实验方法和主要性能指标。

思考题与习题

1．当建筑装饰材料的体积密度增加时，其密度、强度、吸水率、抗冻性、导热性如何变化？
2．什么是材料的耐水性？什么样的材料为耐水材料？
3．什么是材料的耐久性？如何认识建筑材料和装饰材料耐久性的区别？
4．为什么说石膏制品防火但不耐火？
5．石灰的凝结硬化机理是什么？过火石灰有什么危害？如何克服过火石灰的有害作用？
6．硅酸盐系列水泥有哪些品种？性质有何区别？
7．白水泥的产品强度等级如何确定？白水泥和彩色水泥如何应用？
8．混凝土的主要技术性能有哪些？他们对混凝土的施工和使用有何意义？
9．与砌筑砂浆相比装饰砂浆有何特点？
10．岩石按地质形成条件可分成几类？列出常用岩石品种的名称。
11．饰面石材的表面加工方法主要有哪几种？
12．什么是装饰工程所指的大理石和花岗石？其主要性能特点是什么？指出各自常用品种的名称？
13．为什么大理石饰面板材不宜用于室外？
14．人造饰面石按生产材料和制造工艺的不同可分为几类？
15．什么是建筑陶瓷？陶瓷如何分类？各类的性能特点是什么？
16．陶瓷的主要原料组成是什么？各种原料的作用是什么？
17．什么是釉？其作用是什么？釉与玻璃有什么异同点？
18．釉面内砖墙为什么不能用于室外？
19．安全玻璃主要有哪几种？各有何特点？
20．着色玻璃和镀膜玻璃在性能和用途上有什么区别？
21．中空玻璃的最大特点是什么？适合于在什么环境下使用？
22．什么是钢？钢按化学成分和冶炼方法如何分类？
23．建筑钢材的主要技术性能有哪些？通过低碳钢的 $\sigma-\varepsilon$ 曲线可得到哪几个重要的力学指标？
24．碳素结构钢和低合金结构钢的钢号如何表示？
25．什么是不锈钢？不锈钢耐腐蚀的原理是什么？
26．建筑装饰用钢材制品和不锈钢制品主要有哪些？
27．什么是铝合金？有哪些优良性能？
28．什么是铝合金的表面处理？其主要处理过程是什么？简述铝合金阳极氧化处理的原理。
29．常用铝合金装饰板材有哪些品种？说明各自性能特点及应用范围。
30．木材是如何分类的？区别弦切板和径切板有何实用意义？

31. 什么是木材的纤维饱和点和平衡含水率？它们各有什么实际意义？
32. 常用的人造板材有哪几种？说明其性能特点和用途？
33. 热塑性树脂与热固性树脂的主要不同点是什么？
34. 塑料的组分有哪些？它们在塑料中所起的作用如何？
35. 建筑塑料有何优缺点？工程中常用的建筑塑料有哪些？
36. 建筑涂料有哪些功能？有机建筑涂料主要有哪几种类型？各有什么特点？
37. 胶粘剂有哪几种类型？在装饰工程中应如何选用胶粘剂？
38. 防水卷材和防水涂料在应用上有什么区别？

单元 4 房屋建筑构造

知识点：房屋建筑的组成；房屋建筑的各主要组成部分构造的种类、要求、做法和相互间的联系。

教学目标：通过教学使学生能对组成房屋的基本构造进行分析，了解各部分构造在房屋建筑中的作用，能正确处理装饰装修工程中常涉及到的建筑构造问题。

课题 1 基 础

1.1 地基与基础概述

1.1.1 地基与基础的概念

基础是建筑物最下面的构件，它直接与土层相接触，承受建筑物的全部荷载，并将这些荷载传给地基。

地基是基础下面承受建筑物的全部荷载的土层。地基在建筑物荷载作用下的应力和应变随着土层深度的增加而减小，在到达一定深度后就可以忽略不计。直接承受荷载的土层称为持力层，持力层以下的土层称为下卧层（图4-1）。

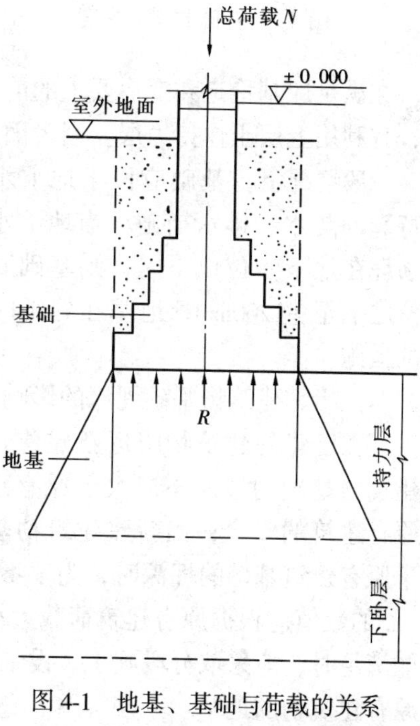

1.1.2 地基与基础的关系

若建筑物的全部荷载用 N 表示，地基每平方米所能承受的最大垂直压力称为地基的承载力（或地耐力），用 R 表示，基础底面积用 A 表示。当三者的关系式：

$$R \geqslant N/A$$

成立时，说明建筑物传给基础底面的平均压力不超过地基承载力，地基就能够保证建筑物的稳定和安全。当建筑物总荷载确定时，可通过增加基础底面积或提高地基的承载力来保证建筑物的稳定和安全。

图 4-1 地基、基础与荷载的关系

1.1.3 地基的分类

如果天然土层具有足够的承载力，不需要经过人工改良和加固，就可直接承受建筑物的全部荷载并满足变形要求,我们将它称为天然地基。如果天然土层的承载力相对较弱,必须对其进行人工加固以提高其承载力并满足变形要求，我们称之为人工地基。人工地基的处理方法有压实法、换土法、挤密法和化学加固法。

1.2 基础的埋置深度及影响因素

1.2.1 基础的埋置深度

室外设计地面到基础底面的距离称为基础的埋置深度,简称基础埋深(图 4-2)。基础根据埋深的不同分为深基础和浅基础,埋深大于 5m 的称为深基础,埋深小于 5m 的称为浅基础。一般来说,基础的埋置深度愈浅,基坑土方开挖量就愈小,基础材料用量也愈少,工程造价就愈低,但当基础的埋置深度过小时,基础底面的土层受到压力后会把基础周围的土挤走,使基础产生滑移而失去稳定;同时基础埋得过浅,还容易受外界各种不良因素的影响。所以,基础的埋置深度最浅不能小于 500mm。

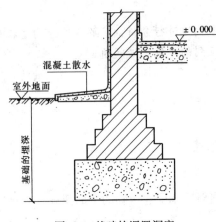

图 4-2 基础的埋置深度

1.2.2 影响基础埋置深度的因素

影响基础埋深的因素很多,主要有以下几个方面:

(1) 建筑物自身的特性

如建筑物的用途,有无地下室、设备基础和地下设施,基础的形式和构造等。

(2) 作用在地基上的荷载大小和性质

(3) 工程地质和水文地质条件

在满足地基稳定和变形要求的前提下,基础宜浅埋,当上层地基的承载力大于下层土时,宜利用上层土作持力层。当表面软弱土层很厚,可采用人工地基或深基础。

一般情况下,基础应位于地下水位之上,以减少特殊的防水、排水措施。当地下水位很高,基础必须埋在地下水位以下时,则基础底面应伸入地下水位之下至少 200mm,地基在施工时应采取不受扰动的措施。

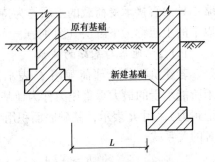

图 4-3 基础埋深与相邻基础关系

(4) 相邻建筑物基础埋深的影响

当在已建的建筑物附近新建建筑物时,一般新建建筑物基础的埋深不应大于原有建筑基础,以保证原有建筑的安全;当新建建筑物基础的埋深必须大于原有建筑基础的埋深时,为了不破坏原基础下的地基土,应与原基础保持一定的净距 L,L 的数值应根据原有建筑荷载大小、基础形式和土质情况确定(图 4-3)。当上述要求不能满足时,应采取分段施工、设临时加固支撑、打板桩、地下连续墙等施工措施,或加固原有建筑物的地基。

(5) 地基土冻胀和融陷的影响

对于季节冰冻地区,地基为冻胀土时,为避免建筑物受地基土冻融影响产生变形和破坏,应使基础底面低于当地冻结深度。如果允许建筑基础底面之下有一定厚度的冻土层时,应通过计算确定基础的最小埋深。对于冻结深度浅于 500mm 的南方地区或地基土为非冻胀土时,可不考虑土的冻结深度对基础埋深的影响。

1.3 基础的分类和构造

1.3.1 基础按构造形式分

基础按构造形式分，有条形基础、独立基础、井格基础、筏板基础、箱形基础和桩基础等。

(1) 条形基础

基础为连续的长条形状时称为条形基础。条形基础一般用于墙下，也可用于柱下。当建筑采用墙承重结构时，通常将墙底加宽形成墙下条形基础，如图 4-4（a）所示；当建筑采用柱承重结构，在荷载较大且地基较软弱时，为了提高建筑物的整体性，防止出现不均匀沉降，可将柱下基础沿一个方向连续设置成条形基础，如图 4-4（b）所示。

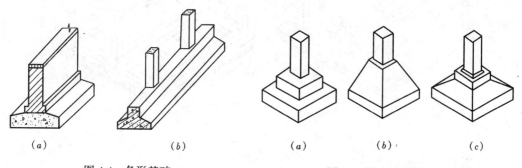

图 4-4 条形基础
(a) 墙下条形基础；(b) 柱下条形基础

图 4-5 独立式基础
(a) 阶梯形基础；(b) 锥形基础；(c) 杯形基础

(2) 独立基础

当建筑物上部采用柱承重且柱距较大时，将柱下扩大形成独立基础。独立基础的形状有阶梯形、锥形和杯形等（图 4-5）。其优点是土方工程量少，便于地下管道穿越，节约基础材料。但基础相互之间无联系，整体刚度差，因此一般适用于土质均匀、荷载均匀的骨架结构建筑中。

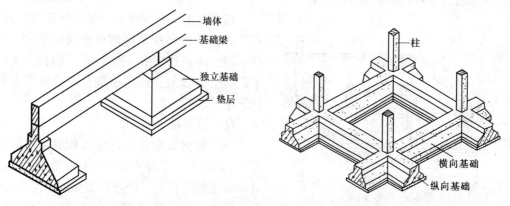

图 4-6 墙下独立基础

图 4-7 井格基础

当建筑物上部为墙承重结构，并且基础要求埋深较大时，为了避免开挖土方量过大和便于穿越管道，墙下可采用独立基础（图 4-6）。墙下独立基础的间距一般为 3~4m，上面设置基础梁来支承墙体。

(3) 井格基础

当地基条件较差或上部荷载较大时,为了提高建筑物的整体刚度,避免不均匀沉降,常将柱下独立基础沿纵向和横向连接起来,形成井格基础(图4-7)。

(4) 筏板基础

当上部荷载较大,地基承载力较低,基础底面积占建筑物平面面积的比例较大时,可将基础连成整片,像筏板一样,称为筏板基础。筏板基础可以用于墙下和柱下,有板式和梁板式两种(图4-8)。

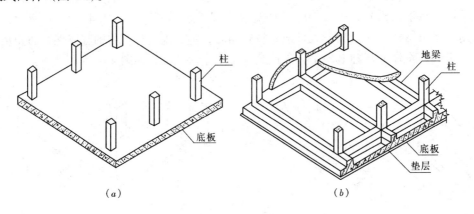

图 4-8 筏板基础
(a) 板式基础;(b) 梁板式基础

筏板基础具有减小基底压力、提高地基承载力和调整地基不均匀沉降的能力,广泛用于多高层住宅、办公楼等民用建筑中。

(5) 箱形基础

当建筑物荷载很大,或浅层地质情况较差时,为了提高建筑物的整体刚度和稳定性,基础必须深埋,这时,常用钢筋混凝土顶板、底板、外墙和一定数量的内墙组成刚度很大的盒状基础,称为箱形基础(图4-9)。

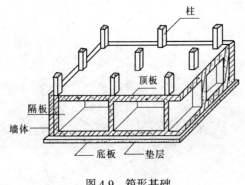

图 4-9 箱形基础

箱形基础具有刚度大、整体性好的特点,对其内部结构稍加调整即可形成地下室,提高了对空间的利用率(图4-10)。因此,适用于高层公共建筑、住宅建筑及需设地下室的建筑中。

(6) 桩基础

当建筑物荷载较大,地基软弱土层的厚度在5m以上,基础不能埋在软弱土层内,或对软弱土层进行人工处理较困难或不经济时,常采用桩基础。桩基础由桩身和承台组成,桩身伸入土中,承受上部荷载;承台用来连接上部结构和桩身。

桩基础类型很多,按照桩身的受力特点,分为摩擦桩和端承桩。上部荷载如果主要依靠桩身与周围土层的摩擦阻力来承受时,这种桩基础称为摩擦桩;上部荷载如果主要依靠下面坚硬土层对桩端的支承来承受时,这种桩基础称为端承桩(图4-11)。桩基础按材料不同，有木桩、钢筋混凝土桩和钢桩等；按断面形式不同，有圆形桩、方形桩、环形桩、六角形桩和工字形桩等；按桩入土方法的不同，有打入桩、振入桩、压入桩和灌筑桩等。

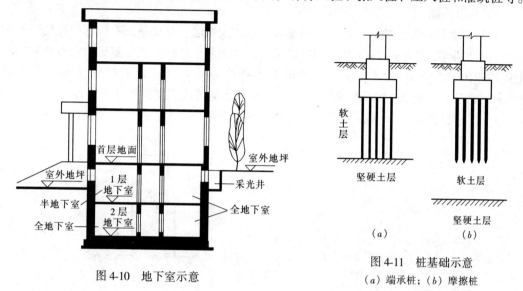

图4-10 地下室示意

图4-11 桩基础示意
（a）端承桩；（b）摩擦桩

采用桩基础可以减少挖填土方工程量，改善工人的劳动条件，缩短工期，节省材料。因此，近年来桩基础的应用较为广泛。

1.3.2 基础按材料特点分

（1）无筋扩展基础

由砖、毛石、灰土、混凝土等这类抗压强度高，而抗拉、抗剪强度较低的材料所做的基础，称为无筋扩展基础。为了保证无筋扩展基础不因受拉、受剪而破坏，基础挑出宽度 B 与高度 H 之比（叫做宽高比）要受到一定的限制（图4-12），所以往往消耗的材料较多，不经济。无筋扩展基础适用于上部荷载较小、地基承载力较好的中小型建筑。

各种无筋扩展基础的宽高比受材料强度影响，构造形式各不相同：

1）砖基础

砖基础宽出部分成台阶形，有等高式和间隔式两种，砌筑时，一般需在基底下先铺设砂、混凝土或灰土垫层（图4-13）。

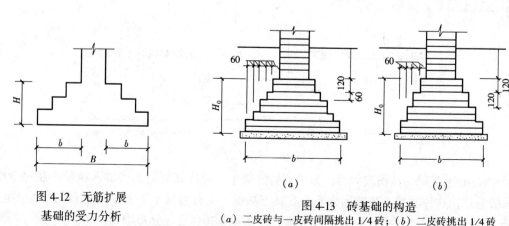

图4-12 无筋扩展基础的受力分析

图4-13 砖基础的构造
（a）二皮砖与一皮砖间隔挑出1/4砖；（b）二皮砖挑出1/4砖

砖基础取材容易，构造简单，造价低廉，但其强度低，耐久性和抗冻性较差，所以只宜用于等级较低的小型建筑中。

2）灰土基础

在地下水位较低的地区，可以在砖基础下设灰土垫层，灰土垫层有较好的抗压强度和耐久性，后期强度较高，属于基础的组成部分，叫做灰土基础。灰土基础由熟石灰粉和黏土按体积比为3∶7或2∶8的比例，加适量水拌合夯实而成。施工时每层虚铺厚度约220mm，夯实后厚度为150mm，称为一步，一般灰土基础做二至三步（图4-14）。

灰土基础的抗冻性、耐水性差，只能埋置在地下水位以上，并且顶面应位于冰冻线以下。

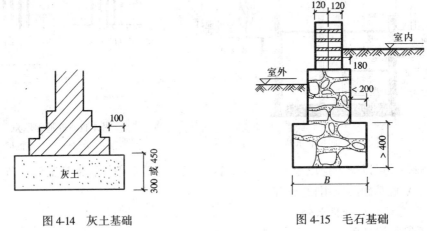

图4-14 灰土基础　　　　　　图4-15 毛石基础

3）毛石基础

毛石基础是由未加工的块石用水泥砂浆砌筑而成，毛石的厚度不小于150 mm，宽度约200～300mm。基础的剖面成台阶形，顶面要比上部结构每边至少宽出100mm，每个台阶的高度不宜小于400mm，挑出的长度不应大于200mm（图4-15）。

毛石基础的强度高，抗冻、耐水性能好，所以，适用于地下水位较高、冰冻线较深的地段。

4）混凝土基础和毛石混凝土基础

混凝土基础断面有矩形、阶梯形和锥形，一般当基础底面宽度大于2000 mm时，为了节约混凝土常做成锥形（图4-16）。

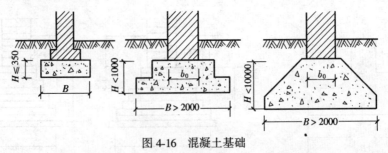

图4-16 混凝土基础

当混凝土基础的体积较大时，为了节约混凝土，可以在混凝土中加入粒径不超过300 mm的毛石，这种混凝土基础称为毛石混凝土基础。毛石混凝土基础中，毛石的尺寸不得大于基础宽度的1/3，毛石的体积为总体积的20%～30%且应分布均匀。

混凝土基础和毛石混凝土基础具有坚固、耐久、耐水的特点，可用于受地下水和冰冻作用的建筑。

无筋扩展基础适用于上部荷载较小、地基承载力较好的中小型建筑中。

（2）扩展基础

即指柱下的钢筋混凝土独立基础和墙下的钢筋混凝土条形基础，它们是在混凝土基础下部配置钢筋来承受底面的拉力，所以，基础不受宽高比的限制，可以做得宽而薄，一般为扁锥形，端部最薄处的厚度不宜小于 200 mm。基础中受力钢筋的数量应通过计算确定，但钢筋直径不宜小于 8 mm，间距不宜大于 200 mm。基础混凝土的强度等级不宜

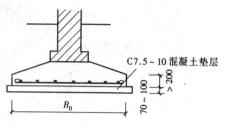

图4-17　钢筋混凝土基础

低于C20。为了使基础底面能够均匀传力和便于配置钢筋，基础下面一般用强度等级为C10的混凝土做垫层，厚度宜为 70~100 mm。有垫层时，钢筋下面保护层的厚度不宜小于40mm，不设垫层时，保护层的厚度不宜小于70mm（图 4-17）。

钢筋混凝土基础的适用范围广泛，尤其是适用于有软弱土层的地基。

基础的类型较多，在选择时，须综合考虑上部结构形式、荷载大小、地基状况等因素而定。同时，基础又是耗材较多的建筑构件，在选择基础材料时还应充分考虑材料的供应情况，尽量就地取材。

课题2　墙　　体

墙体在建筑中主要起承重、围护、分隔作用，是房屋不可缺少的重要组成部分，它和楼板与楼盖被称为建筑的主体工程。在墙承重结构的建筑中墙体的重量约占房屋总重量的40%~65%，墙体的造价约占工程总造价的 30%~40%，所以，在选择墙体的材料和构造方法时，应综合考虑建筑的造型、结构、经济等方面的因素。

2.1　墙体的类型及要求

2.1.1　墙体的类型

（1）按墙体的位置分

1）内墙：位于建筑物内部的墙。

2）外墙：位于建筑物四周与室外接触的墙。

（2）按墙体的方向分

1）纵墙：沿建筑物长轴方向布置的墙。

2）横墙：沿建筑物短轴方向布置的墙。

外横墙习惯上称山墙，外纵墙习惯上称檐墙；窗与窗、窗与门之间的墙称为窗间墙，窗洞口下部的墙称为窗下墙；屋顶上部的墙称为女儿墙或封檐墙（图 4-18）。

（3）按墙体的受力情况分

1）承重墙：凡承受上部屋顶、楼板、梁传来的荷载的墙称为承重墙。

2）非承重墙：凡不承受屋顶、楼板、梁传来荷载的墙均是非承重墙。非承重墙包括

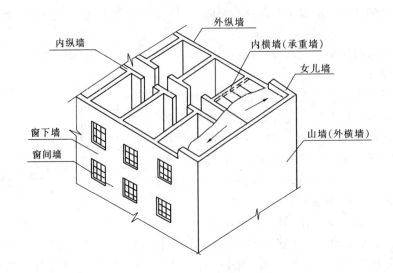

图 4-18　墙体的位置和名称

以下几种：

（a）自承重墙：不承受外来荷载，仅承受自身重量的墙。
（b）框架填充墙：在框架结构中，填充在框架中间的墙。
（c）隔墙：仅起分隔空间、自身重量由楼板或梁承担的墙。
（d）幕墙：悬挂在建筑物结构外部的轻质外墙，如玻璃幕墙、铝塑板墙等。

（4）按构成墙体的材料和制品分

有砖墙、石墙、砌块墙、板材墙、混凝土墙、玻璃幕墙等。

2.1.2　对墙体的要求

墙体在建筑中主要起承重、围护、分隔作用，在选择墙体材料和确定构造方案时，应根据墙体的作用，分别满足以下要求：

（1）具有足够的强度和稳定性

墙体的强度与采用的材料、墙体尺寸和构造方式有关。墙体的稳定性则与墙的长度、高度、厚度有关，一般通过合适的高厚比，加设壁柱、圈梁、构造柱，加强墙与墙或墙与其他构件间的连接等措施增加其稳定性。

（2）满足热工要求

不同地区、不同季节对墙体提出了保温或隔热的要求，保温与隔热概念相反，措施也不完全相同，但增加墙体厚度和选择导热系数小的材料都有利于保温和隔热。

（3）满足隔声的要求

为了获得安静的工作和休息环境，就必须防止室外及邻室传来的噪声影响，因而墙体应具有一定的隔声能力。采用密实、重度大或空心、多孔的墙体材料，内外抹灰等方法都能提高墙体的隔声能力。采用吸声材料作墙面，能提高墙体的吸声性能，有利于隔声。

（4）满足防火要求

墙体采用的材料及厚度应符合防火规范的规定。当建筑物的占地面积或长度较大时，应按规范要求设置防火墙，将建筑物分为若干个防火分区，以防止火势蔓延。

（5）减轻自重

墙体所用的材料，在满足以上各项要求时，应力求采用轻质材料，这样不仅能够减轻墙体自重，还能节省运输费用，降低建筑造价。

(6) 适应建筑工业化的要求

墙体要逐步改革以实心黏土砖为主要墙体材料的现状，采用新型墙砖或预制装配式墙体材料和构造方案，为机械化施工创造条件，适应现代化建设、可持续发展及环境保护的需要。

2.2 砌块墙的构造

2.2.1 砌块墙的一般构造

砌块墙是用砖或各种砌块用砌筑砂浆按一定技术要求砌筑而成的墙体。

(1) 砖墙

砖墙用砖的强度等级一般为 MU7.5 和 MU10，砂浆的强度等级一般为 M2.5 和 M5，有水泥砂浆、石灰砂浆和混合砂浆等。水泥砂浆属水硬性材料，强度高，和易性差，适合砌筑处于潮湿环境的砌体；石灰砂浆属气硬性砂浆，强度低，和易性好，适合于砌筑次要建筑地面以上的砌体；混合砂浆既有较高的强度也有良好的和易性，所以在砌筑地面以上的砌体中被广泛应用。

砖墙的厚度除了考虑其在建筑物中的作用外，还应与砖的规格相适应。实心黏土砖墙是指用普通黏土砖砌筑的墙。其墙的厚度是按半砖的倍数确定的，如半砖墙、3/4 砖墙、一砖墙、一砖半墙、两砖墙等，由于普通黏土砖规格为 240mm×115mm×53mm，砌筑灰缝宽为 10mm，所以相应的构造尺寸为 115、178、240、365、490mm，标志尺寸为 120、180、240、370、490mm，习惯上以它们的标志尺寸来称呼，如 12、18、24、37、49 墙等，墙厚与砖规格的关系如图 4-19 所示。

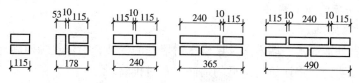

图 4-19 墙厚与砖规格的关系

为了保证墙体的强度和稳定性，砖在墙中的排列应遵循横平竖直、砂浆饱满、内外搭接、上下错缝的原则来进行，常见的砖墙的砌筑方式如图 4-20 所示。

(2) 砌块墙

砌块墙在砌筑前，必须进行砌块排列设计，尽量提高主块的使用率和避免镶砖或少镶

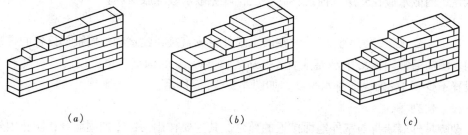

图 4-20 砖墙的砌筑方式

(a) 全顺式；(b) 梅花丁；(c) 一顺一丁

砖。砌块的排列应使上下皮错缝，搭接长度一般为砌块长度的 1/4，并且不应小于 150mm。当无法满足搭接长度要求时，应在灰缝内设 $\phi 4$ 钢筋网片连接（图 4-21）。

砌块墙的灰缝宽度一般为 10～15mm，用 M5 砂浆砌筑。当垂直灰缝大于 30mm 时，则需用 C10 细石混凝土灌实。由于砌块的尺寸大，一般不存在内外皮间的搭接问题，因此更应注意保证砌块墙的整体性。在纵横交接处和外墙转角处均应咬接（图 4-22）。

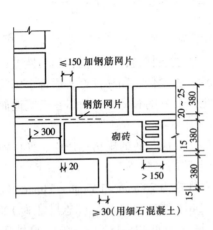

图 4-21 砌块的排列

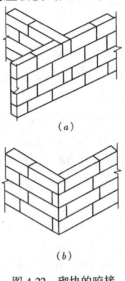

图 4-22 砌块的咬接
（a）纵横墙交接；
（b）外墙转角交接

2.2.2 砌块墙的细部构造

（1）散水和明沟

为了防止室外地面水、墙面水及屋檐水对墙基的侵蚀，沿建筑物四周与室外地坪相接处宜设置散水或明沟，将建筑物附近的地面水及时排除。

1）散水

散水是沿建筑物外墙四周做坡度为 3%～5% 的排水护坡，宽度一般不小于 600mm，并应比屋檐挑出的宽度大 200mm。

散水的做法通常有砖铺散水、块石散水、混凝土散水等，如图 4-23（a）所示。混凝土散水与外墙之间留置沉降缝，并沿长度每隔 6～12m 设伸缩缝，缝内填充热沥青。寒冷地区建筑的散水应在垫层下面设置砂垫层，以免散水被冻胀破坏。

2）明沟

对于年降水量较大的地区，常在散水的外缘或直接在建筑物外墙根部设置的排水沟称明沟。明沟通常用混凝土浇筑成宽 180mm、深 150mm 的沟槽，也可用砖、石砌筑，沟底应设置不少于 1% 的纵向排水坡度，如图 4-23（b）所示。

（2）勒脚

勒脚是外墙墙身与室外地面接近的部位。其主要作用为：①加固墙身，防止因外界机械碰撞而使墙身受损；②保护近地墙身，避免受雨雪的直接侵蚀、受冻以致破坏；③装饰立面。所以勒脚应坚固、防水和美观。常见的做法有以下几种：

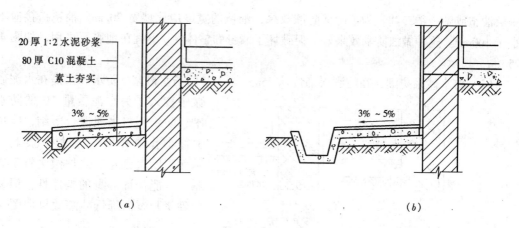

图 4-23 散水与明沟
(a) 混凝土散水；(b) 混凝土散水与明沟

1) 在勒脚部位抹 20~30mm 厚 1:2 或 1:2.5 的水泥砂浆或做水刷石、斩假石等，如图 4-24 (a) 所示。

2) 在勒脚部位将墙加厚 60~120mm，再用水泥砂浆或水刷石等罩面。

3) 在勒脚部位镶贴防水性能好的材料，如大理石板、花岗石板、水磨石板、面砖等，如图 4-24 (b) 所示。

4) 用天然石材砌筑勒脚，如图 4-24 (c) 所示。

勒脚的高度一般不应低于 500mm。在实际工程中，则应考虑立面美观，与建筑物的整体形象结合而定。

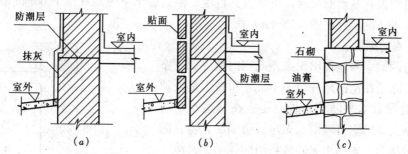

图 4-24 勒脚的构造做法
(a) 抹灰；(b) 贴面；(c) 石材砌筑

(3) 墙身防潮层

为了防止地下土壤中的潮气沿墙体上升和地表水对墙体的侵蚀，提高墙体的坚固性与耐久性，保证室内干燥、卫生，应在墙身中设置防潮层。防潮层有水平防潮层和垂直防潮层两种。

1) 水平防潮层

墙身水平防潮层应沿着建筑物内、外墙连续交圈设置，位于室内地坪以下 60mm 处，其做法有四种：

(a) 油毡防潮：在防潮层部位抹 20mm 厚 1:3 水泥砂浆找平层，然后在找平层上干铺一层油毡或做一毡二油。为了确保防潮效果，油毡的宽度应比墙宽20mm，油毡搭接应不小于100mm。这种做法防潮效果好，但破坏了墙身的整体性，不宜在地震区采用，如图4-25（a）所示。

（b）防水砂浆防潮：在防潮层部位抹25mm厚1:2的防水砂浆。防水砂浆是在水泥砂浆中掺入了为水泥质量5%的防水剂，防水剂与水泥混合凝结，能填充微小孔隙和堵塞、封闭毛细孔，从而阻断毛细水。这种做法省工省料，且能保证墙身的整体性，但易因砂浆开裂而降低防潮效果如图4-25（b）所示。

（c）防水砂浆砌砖防潮：在防潮层部位用防水砂浆砌筑3～5皮砖，如图4-25（c）所示。

（d）细石混凝土防潮：在防潮层部位浇筑60mm厚与墙等宽的细石混凝土带，内配3φ6或3φ8钢筋。这种防潮层的抗裂性好，且能与砌体结合成一体，特别适用于刚度要求较高的建筑中。

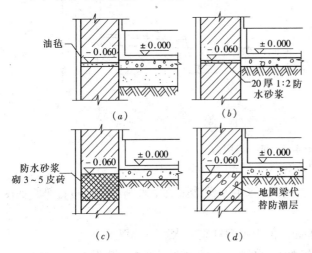

图4-25 水平防潮层的构造
(a) 油毡防潮；(b) 防水砂浆防潮；
(c) 防水砂浆砌砖防潮；(d) 细石混凝土防潮

当建筑物设有基础圈梁时，可调整其位置，使其位于室内地坪以下60mm附近时，以代替墙身水平防潮层，如图4-25（d）所示。

2）垂直防潮层

当墙身两侧室内地坪出现高差或室内地坪低于室外地坪时，除了在室内地坪以下60mm和高于室外地坪150mm处设置水平防潮层外，还应在两道水平防潮层之间靠土壤的垂直墙面上做垂直防潮层。垂直防潮层具体做法为：先用水泥砂浆将墙面抹平，再涂一道冷底子油，两道热沥青或做一毡二油油毡防潮（图4-26）。

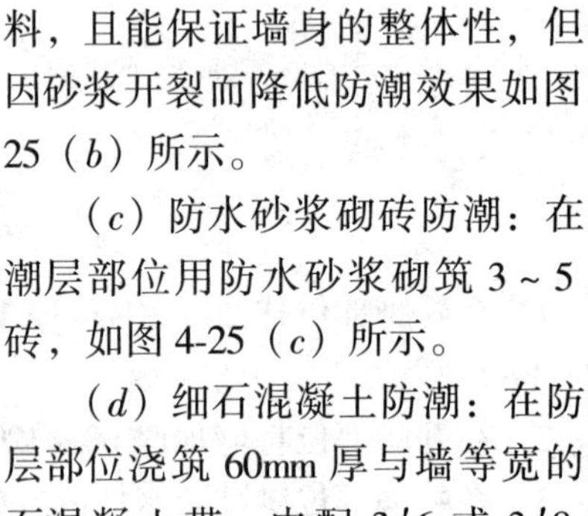

（4）窗台

图4-26 垂直防潮层的构造

窗台是窗洞下部的构造，用来排除窗外侧流下的雨水和内侧的冷凝水，并起一定的装饰作用。位于窗外的叫外窗台，位于室内的叫内窗台。当墙很薄，窗框沿墙内缘安装时，可不设内窗台。

1）外窗台

外窗台面一般应低于内窗台面，并应形成5%的外倾坡度，以利排水，防止雨水流入室内。外窗台的构造有悬挑窗台和不悬挑窗台两种。悬挑窗台常用砖平砌或侧砌挑出60mm，窗台表面的坡度可由斜砌的砖形成或用1:2.5水泥砂浆抹出，并在挑砖下缘前端抹出滴水槽或滴水线。如果外墙饰面为瓷砖、锦砖等易于冲洗的材料，可不做悬挑窗台，窗下墙的脏污可借窗上墙流下的雨水冲洗干净。窗台的构造如图 4-27 所示。

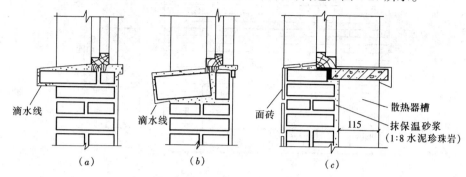

图 4-27 窗台的构造
（a）平砌砖挑窗台；（b）侧砌砖挑窗台；（c）不悬挑窗台

2）内窗台

内窗台可直接抹 1:2 水泥砂浆形成面层。北方地区墙体厚度较大时，常在内窗台下留置散热器槽，这时内窗台可采用预制水磨石或木窗台板。

(5) 过梁

过梁是指设置在门窗洞口上部的横梁，用来承受洞口上部墙体传来的荷载，并传给洞口两侧的墙体。按照过梁采用的材料和构造分类，常用的有砖拱过梁、钢筋砖过梁和钢筋混凝土过梁。

1）砖拱过梁

砖拱过梁有平拱和弧拱两种，工程中多用平拱。平拱砖过梁由普通砖侧砌和立砌形成，砖应为单数并对称于中心向两边倾斜。灰缝呈上宽（不大于 15mm）下窄（不小于 5mm）的楔形（图 4-28）。跨中应略有拱起，约为跨度的 1/50～1/100。

平拱砖过梁的跨度不应超过 1.2m，节约钢材和水泥，但施工麻烦，整体性差，不宜用于上部有集中荷载、有较大振动荷载或可能产生不均匀沉降的建筑。

2）钢筋砖过梁

钢筋砖过梁是在门窗洞口上部的砂浆层内配置钢筋的平砌砖过梁。钢筋砖过梁的高度应经计

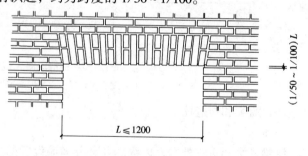

图 4-28 砖拱过梁

算确定，一般不少于 5 皮砖，且不少于洞口跨度的 1/5。过梁范围内用不低于 MU7.5 的砖和不低于 M2.5 的砂浆砌筑，砌法与砖墙相同，但须在第一皮砖下设置不小于 30mm 厚的砂浆层，并在其中放置钢筋，钢筋的数量为每 120mm 墙厚不少于 1ϕ6。钢筋两端伸入墙内 240mm，并在端部做 60mm 高的垂直弯钩（图 4-29）。

钢筋砖过梁适用于跨度不超过 1.5m、上部无集中荷载的洞口。当墙身为清水墙时，采用钢筋砖过梁，可使建筑立面获得统一的效果。

3）钢筋混凝土过梁

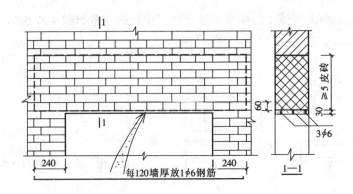

图 4-29 钢筋砖过梁

钢筋混凝土过梁适用于洞口跨度较大或洞口上部有集中荷载的情况。钢筋混凝土过梁有现浇和预制两种。它坚固耐久，施工简便，目前被广泛采用。

钢筋混凝土过梁的截面尺寸及配筋应经计算确定，并应是砖厚的整倍数，宽度等于或小于墙厚，两端伸入墙内不小于240mm。

钢筋混凝土过梁的截面形状有矩形和L形。矩形多用于内墙和外混水墙中，L形多用于外清水墙和有保温要求的墙体中，此时应注意L口朝向室外（图4-30）。

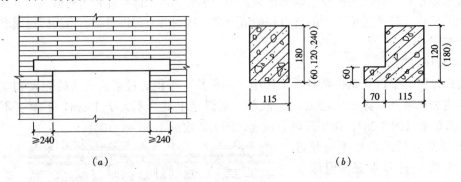

图 4-30 钢筋混凝土过梁
(a) 过梁立面；(b) 过梁的断面形状和尺寸

(6) 圈梁和构造柱

1) 圈梁

圈梁是沿建筑物外墙、内纵墙和部分横墙设置的连续封闭的梁。其作用是加强房屋的空间刚度和整体性，防止由于基础不均匀沉降、振动荷载等引起的墙体开裂。

圈梁的数量与建筑物的高度、层数、地基状况和地震烈度有关；圈梁设置的位置与其数量也有一定关系，当只设一道圈梁时，应通过屋盖处，需要增设圈梁时，应通过相应的楼盖处或门洞口上方。

圈梁一般位于屋（楼）盖结构层的下面，如图4-31 (a) 所示，对于空间较大的房间和地震烈度在8度以上地区的建筑，须将外墙圈梁外侧加高，以防楼板水平位移，如图4-31 (b) 所示。当门窗过梁与屋盖、楼盖靠近时，圈梁可通过洞口顶部，兼作过梁。

圈梁有钢筋混凝土圈梁和钢筋砖圈梁两种（图4-32）。钢筋混凝土圈梁的宽度宜与墙厚相同，当墙厚大于240mm时，允许其宽度减小，但不宜小于墙厚的2/3。圈梁高度应大

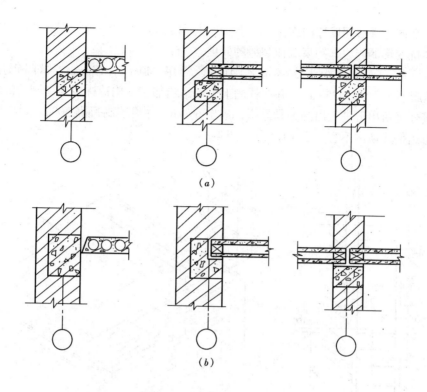

图 4-31 圈梁在墙中的位置
（a）圈梁位于屋（楼）盖结构层下面—板底圈梁；
（b）圈梁顶面与屋（楼）盖结构层顶面相平—板面圈梁

于 120mm，并在其中设置纵向钢筋和箍筋，如为 8 度抗震设防时，纵筋为 4φ10，箍筋为 φ6@200。钢筋砖圈梁应采用不低于 M5 的砂浆砌筑，高度为 4~6 皮砖。纵向钢筋不宜少于 6φ6，水平间距不宜大于 120mm，分上下两层设在圈梁顶部和底部的灰缝内。

圈梁应连续设在同一水平面上，并形成封闭状。当圈梁被门窗洞口截断时，应在洞口上部增设一道断面不小于圈梁的附加圈梁。附加圈梁的构造如图 4-33 所示。

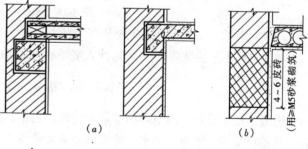

图 4-32 圈梁的构造
（a）钢筋混凝土圈梁；（b）钢筋砖圈梁

附加圈梁的断面与配筋不得小于圈梁的断面与配筋。

2）构造柱

构造柱是从构造角度考虑设置的，一般设在建筑物的四角、外墙交接处、楼梯间、电梯间的四角以及某些较长墙体的中部。其

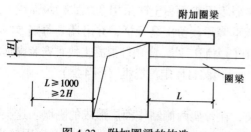

图 4-33 附加圈梁的构造

作用是从竖向加强层间墙体的连接，与圈梁一起构成空间骨架，加强建筑物的整体刚度，提高墙体抗变形的能力，约束墙体裂缝的开展。

构造柱的截面不宜小于 240mm × 180mm，常用 240mm × 240mm。纵向钢筋宜采用 4φ12，箍筋不小于 φ6@250mm，并在柱的上下端适当加密。构造柱应先砌墙后浇筑，墙与柱的连接处宜留出五进五出的大马牙槎，进出 60mm，并沿墙高每隔 500mm 设 2φ6 的拉结钢筋，每边伸入墙内不宜少于 1000mm（图 4-34）。

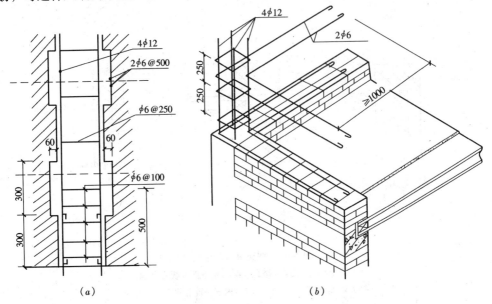

图 4-34 构造柱
（a）平直墙面处的构造柱；（b）转角处的构造柱

构造柱可不单独做基础，下端可伸入室外地面下 500mm 或锚入浅于 500mm 的地圈梁内。

2.3 隔墙的构造

隔墙是用来分隔室内空间的非承重内墙，根据其所处的室内环境条件和使用要求，隔墙应具备自重轻、隔声、防水、防潮和防火等特点。

隔墙的构造形式有砌筑隔墙、立筋隔墙、板材隔墙三种。

2.3.1 砌筑隔墙

砌筑隔墙是采用普通砖、空心砖、加气混凝土块等块状材料砌筑而成。具有取材方便，造价较低，隔声效果好的优点，缺点是自重大、墙体厚、湿作业多、拆移不便。

以 1/2 砖隔墙介绍砌筑隔墙的构造。1/2 砖隔墙用普通黏土砖采用全顺式砌筑而成，要求砂浆的强度等级不应低于 M5。隔墙两端的承重墙须预留出马牙槎，并沿墙高每隔 500mm 埋入 2φ6 拉结钢筋，伸入隔墙不小于 500mm。在门窗洞口处，应预埋混凝土块，安装窗框时打孔旋入膨胀螺栓，或预埋带有木楔的混凝土块，用圆钉固定门窗框（图 4-35）。

2.3.2 轻骨架隔墙

轻骨架隔墙是用木材或金属材料构成骨架，在骨架两侧制作面层形成的隔墙。这类隔墙自重轻，一般可直接放置在楼板上，因墙中有空气夹层，隔声效果好，因而应用较广，

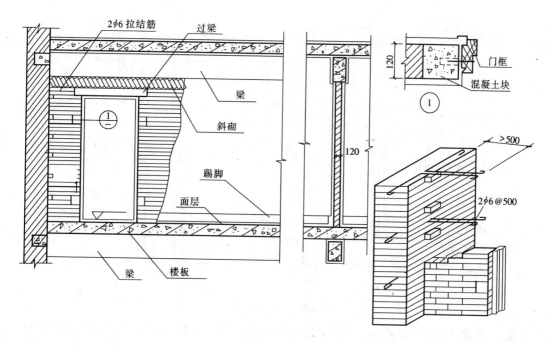

图 4-35 普通砖隔墙的构造

比较有代表性的有木骨架隔墙和轻钢龙骨石膏板隔墙。

(1) 木骨架隔墙

由上槛、下槛、立柱、横档等组成骨架，面层材料传统的做法是钉木板条抹灰，由于其施工工艺落后，现已不多用。目前，普遍做法是在木骨架上钉各种板材，如石膏板、纤维板、胶合板等，并在骨架、木基层板背面刷两遍防火涂料，提高其防火性能（图 4-36）。

(2) 轻钢龙骨石膏板隔墙

用轻钢龙骨作骨架，纸面石膏板作面板的隔墙，具有刚度大、耐火、隔声等特点。

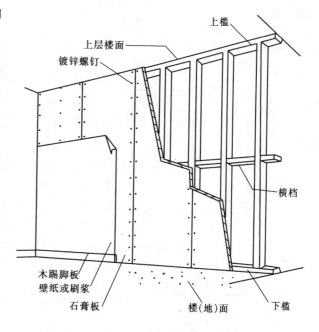

图 4-36 木筋骨架隔墙

轻钢龙骨一般由沿顶龙骨、沿地龙骨、竖向龙骨、横撑龙骨、加强龙骨和各种配套件组成，然后用自攻螺钉将石膏板钉在龙骨上，用 50mm 宽玻璃纤维带粘贴板缝后再做饰面处理（图 4-37）。

2.3.3 板材隔墙

板材隔墙是采用工厂生产的轻质板材，如加气混凝土条板、石膏条板、碳化石灰板、石膏珍珠岩板以及各种复合板，直接安装，不依赖骨架的隔墙。条板厚度一般为 60～

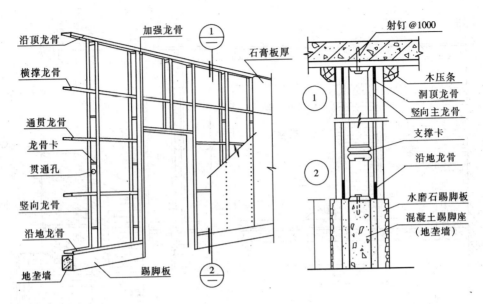

图 4-37 轻钢龙骨隔墙

100mm，宽度为 600~1000mm，长度略小于房间的净高。安装时，条板下部先用小木楔顶紧后，用细石混凝土堵严，板缝用胶粘剂粘结，并用胶泥刮缝，平整后再进行表面装修（图 4-38）。

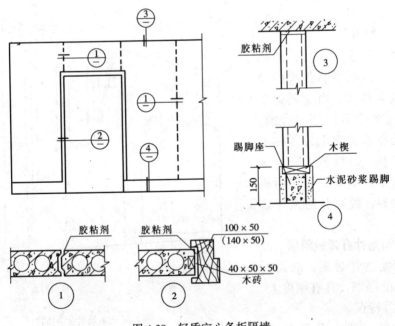

图 4-38 轻质空心条板隔墙

2.4 幕墙的构造

幕墙悬挂在建筑物的承重结构上，集防风、遮雨、保温、隔热、防噪声、防空气渗透等使用功能于一体，因其形似挂幕而得名。由于幕墙具有新颖而丰富的建筑艺术效果、重量轻、施工方便、工期短、维修方便等优点，所以近年来广泛用于建筑物的外墙和室内的部分隔墙。

2.4.1 幕墙的结构类型

幕墙按照有无框架可分为有框架幕墙和无框架幕墙。

(1) 有框架幕墙

有框架幕墙是把饰面板固定在骨架上,由框架材料、饰面板、连接紧固件和填缝密封材料组成(图4-39)。

(2) 无框架幕墙

无框架幕墙不设骨架,整个幕墙采用尺寸较大的大块玻璃,使得幕墙的全玻璃幕墙通透感更强,视线更开阔,立面更为简洁。其构造形式有吊挂式玻璃幕墙、滑轮支撑式玻璃幕墙、内钢架全玻璃幕墙等(图4-40)。

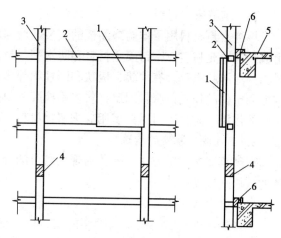

图4-39 幕墙组成示意图
1—幕墙构件;2—横档;3—竖梃;
4—竖梃活动接头;5—主体结构;6—竖梃悬挂点

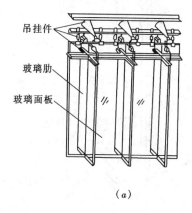 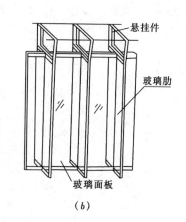

(a) (b)

图4-40 无框架玻璃幕墙
(a) 吊挂式玻璃幕墙;(b) 滑轮支撑式玻璃幕墙

2.4.2 有框架幕墙的材料

(1) 框架材料

主要由竖梃(立柱)、横档(横杆)及副框料组成,其材质一般有型钢、铝型材和不锈钢型材三大类,有多种型号供选择,可综合考虑安全、装饰、价格等因素而定。

(2) 饰面板

根据饰面板材质,幕墙有玻璃幕墙、金属幕墙、石材幕墙等。由于玻璃幕墙自重轻、造价低、晶莹剔透,所以应用广泛。

(3) 连接紧固件

连接件多用角钢、槽钢及钢板加工而成。紧固件有膨胀螺栓、普通螺栓、铝拉钉、射钉等。膨胀螺栓和射钉一般通过连接件,将骨架固定在建筑结构上;普通螺栓用于骨架型材之间及骨架与连接件之间的连接;铝拉钉用于骨架型材之间的连接。

(4) 填缝密封材料

填缝密封材料用于幕墙饰面板的安装及块与块之间缝隙的处理，通常由以下三种材料组成，即填充材料、密封固定材料和防水密封材料。填充材料主要有聚乙烯泡沫胶系、聚苯乙烯泡沫胶系等，有片状、板状和圆柱状等多种规格，用于框架凹槽内的底部，起填充空隙和定位的作用；密封固定材料多用橡胶密封条，嵌于玻璃的两侧，起密封缓冲和固定压紧的作用；防水密封材料多用硅酮密封材料，用来粘结和封闭缝隙。

2.4.3 玻璃幕墙的构造

玻璃幕墙按施工方法不同分为现场组合的分件式玻璃幕墙和在工厂预制后再到现场安装的板块式玻璃幕墙两种。

(1) 分件式玻璃幕墙

分件式玻璃幕墙一般以竖梃作为龙骨柱，横档作为梁组合成幕墙的框架，然后将窗框、玻璃、衬墙等按顺序安装，如图4-41（a）所示。竖梃用连接件和楼板固定。横档与

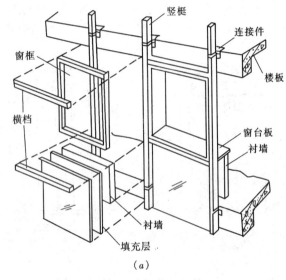

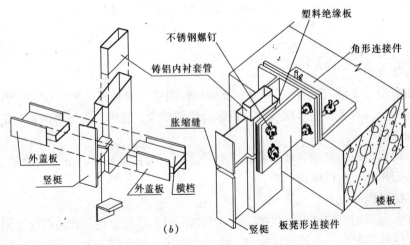

图4-41 分件式玻璃幕墙的构造
(a) 分件式玻璃幕墙；(b) 幕墙竖梃连接构造

竖梃通过角形铝合金件进行连接。上下两根竖梃的连接必须设在楼板连接件位置附近且须在接头处插入一截断面小于竖梃内孔的铸铝内衬套管作为加强措施。上下竖梃在接头端应留出15~20mm的伸缩缝，缝须用密封胶堵严，以防止雨水进入，如图4-41（b）所示。

(2) 板块式玻璃幕墙

板块式玻璃幕墙的幕墙板块须设计成定型单元，在工厂预制，每一单元一般由3~8块玻璃组成，每块玻璃尺寸不宜超过1500mm×3500mm，且大部分由3~8块玻璃组成，为了便于室内通风，在单元上可设计成上悬窗式的通风扇，通风扇的大小和位置根据室内布置要求来确定。

同时，预制板块还应与建筑结构的尺寸相配合。当幕墙预制板悬挂在楼板上时，板的高度尺寸同层高；当幕墙预制板以柱子为连接点时，板的长度尺寸则与柱距尺寸相同。为了便于幕墙预制板的固定和板缝密封操作，上下预制板的横向接缝应高于楼面标高200~300mm，左右两块板的竖向接缝宜与框架柱错开（图4-42）。

玻璃幕墙的特点为：装饰效果好、质量轻、安装速度快，是外墙轻型化、装配化较理想的形式。但在阳光照射下易产生眩光，造成光污染。所以在建筑密度高、居民人数多的地区的高层建筑中，应慎重选用。

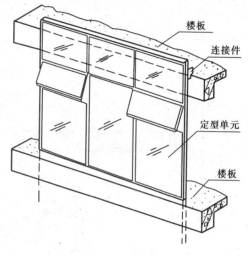

图4-42 板块式玻璃幕墙

课题3 楼地层与楼板

3.1 楼地层的组成及楼板的分类

3.1.1 楼地层的组成

楼地层是楼板层与地坪层的总称。楼板层一般由面层、楼板、顶棚组成，地坪层由面层、垫层、基层组成。楼板层的面层叫楼面，地坪层的面层叫地面，楼面和地面统称楼地面。当房间对楼板层和地坪层有特殊要求时可加设相应的附加层，如防水层、防潮层、隔声层、隔热层等（图4-43）。

3.1.2 楼板的分类

楼板是楼板层的结构层，它承受楼面传来的荷载并传给墙或柱，同时楼板还对墙体起着水平支撑的作用，传递风荷载及地震所产生的水平力，以增加建筑物的整体刚度。因此，要求楼板有足够的强度和刚度，并应符合隔声、防火等要求。

楼板按其材料不同，主要有木楼板、砖拱楼板、钢筋混凝土楼板等（图4-44）。

(1) 木楼板

木楼板是在木搁栅之间设置剪刀撑，形成有足够整体性和稳定性的骨架，并在木搁栅上下铺钉木板所形成的楼板。这种楼板构造简单，自重轻，导热系数小，但耐久性和耐火

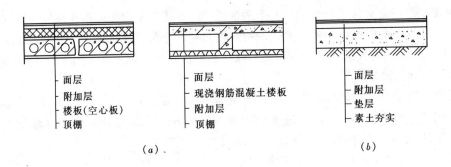

图 4-43 楼地层的组成
(a) 楼板层；(b) 地坪层

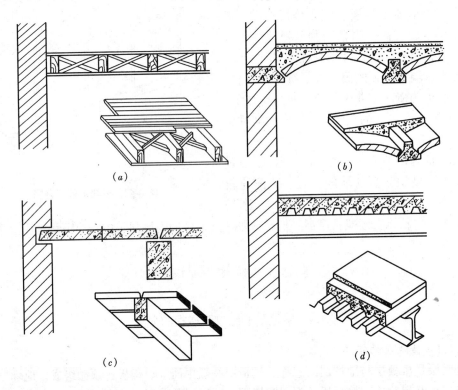

图 4-44 楼板的类型
(a) 木楼板；(b) 砖拱楼板；(c) 钢筋混凝土楼板；(d) 压型钢板组合楼板

性差，耗费木材量大，目前已很少采用。

(2) 砖拱楼板

砖拱楼板是先在墙或柱上架设钢筋混凝土小梁，然后在钢筋混凝土小梁之间用砖砌成拱形结构所形成的楼板。这种楼板节省木材、钢筋和水泥，造价低，但承载能力和抗震能力差，结构层所占的空间大，顶棚不平整，施工较繁琐，现在已基本不用。

(3) 钢筋混凝土楼板

钢筋混凝土楼板的强度高、刚度大、耐久性和耐火性好，具有良好的可塑性，便于工业化的生产，是目前应用最广泛的楼板类型。

钢筋混凝土楼板按施工方式不同，有预制装配式、整体现浇式和装配整体式三种类型。工程中，广泛采用的是预制装配式和整体现浇式楼板。

3.2 预制装配式和整体现浇式钢筋混凝土楼板

3.2.1 预制装配式钢筋混凝土楼板

预制装配式钢筋混凝土楼板是指将钢筋混凝土楼板在预制厂或施工现场进行预先制作，施工时现场安装而成的楼板。这种楼板可节约模板、减少施工工序、缩短工期、提高施工工业化的水平，但由于其整体性能差、尺寸变化不够灵活，所以近年来在实际工程中的应用逐渐减少。

（1）预制板的类型

预制装配式钢筋混凝土楼板按构造形式分有实心平板、槽形板、空心板三种。

1）实心平板

实心平板上下板面平整，跨度一般不超过 2.4m，厚度约为 60mm，宽度为 600～1000mm，由于板的厚度小，隔声效果差，故一般不用作使用房间的楼板，多用作楼梯平台、走道板、搁板、阳台栏板、管沟盖板等（图4-45）。

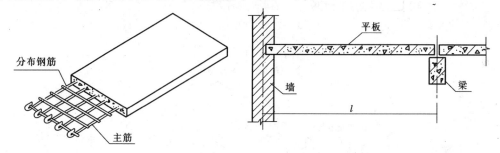

图 4-45 实心平板

2）槽形板

槽形板是一种梁板合一的构件，在板的两侧设有小梁（又叫肋），构成槽形断面，故称槽形板。当板肋位于板的下面时，槽口向下，结构合理，为正槽板。当板肋位于板的上面时，槽口向上，为反槽板（图4-46）。

槽形板的跨度为 3～7.2m，板宽为 500～1200mm，板肋高一般为 150～300mm。由于板肋形成了板的支点，板跨减小，所以板厚较小，只有 25～35mm。为了增加槽形板的刚度和便于搁置，板的端部需设端肋与纵肋相连。当板的长度超过 6m 时，需沿着板长每隔 1000～1500mm 增设横肋。

槽形板具有自重轻、节省材料、造价低，便于开孔留洞等优点。但正槽板的板底不平整、隔声效果差，常用于对观瞻要求不高或做悬吊顶棚的房间；而反槽板的受力与经济性不如正槽板，但板底平整，朝上的槽口内可填充轻质材料，以提高楼板的保温隔热效果。

3）空心板

空心板是将平板沿纵向抽孔，将多余的材料去掉，形成中空的一种钢筋混凝土楼板。板中孔洞的形状有方孔、椭圆孔和圆孔等，由于圆孔板构造合理，制作方便，因此应用广泛，如图4-47（a）所示。侧缝的形式与生产预制板的侧模有关，一般有V形缝、U形缝和凹槽缝三种，如图4-47（b）所示。

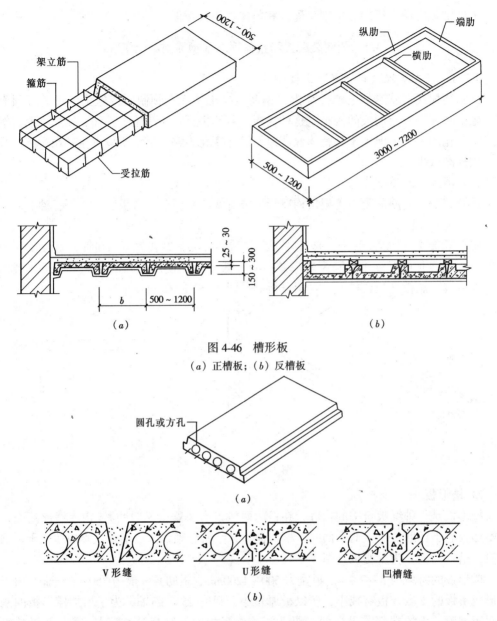

图 4-46 槽形板
(a) 正槽板;(b) 反槽板

图 4-47 空心板构造
(a) 空心板;(b) 空心板侧缝

空心板的跨度一般为 2.4~7.2m，板宽通常为 500、600、900、1200mm，板厚有 120、150、180、240mm 等。

(2) 预制板的安装构造

空心板安装前，为了提高板端的承压能力，避免灌缝材料进入孔洞内，应用混凝土或砖填塞端部孔洞。

对预制板进行结构布置时，应根据房间的平面尺寸，并结合所选板的规格来定。当房间的平面尺寸较小时，可采用板式结构，即将预制板直接搁置在墙上，由墙来承受板传来的荷载，如图4-48（a）所示。当房间的开间、进深尺寸都较大时，需先在墙上搁置梁，由梁来支承楼板，这种楼板的布置方式为梁板式结构，如图4-48（b）所示。

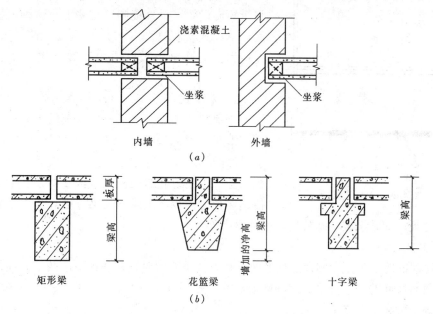

图4-48 预制板在墙上、梁上的搁置
（a）空心板在墙上的搁置；（b）空心板在梁上的搁置

预制板安装时，应先在墙或梁上铺10～20mm厚的M5水泥砂浆进行坐浆，然后再铺板，以使板与墙或梁有较好的连接，也能保证墙或梁受力均匀。同时，预制板在墙和梁上均应有足够的搁置长度，在梁上的搁置长度应不小于80mm，在砖墙上的搁置长度应不小于100mm。

预制板安装后，板的端缝和侧缝应用细石混凝土灌筑，以提高板的整体性。

3.2.2 整体现浇式钢筋混凝土楼板

整体现浇式钢筋混凝土楼板是在施工现场通过支模、绑扎钢筋、浇筑混凝土及养护等工序所形成的楼板。这种楼板具有能够自由成型、整体性强、抗震性能好的优点，但模板用量大、工序多、工期长、工人劳动强度大，并且施工受季节影响较大。

整体现浇式钢筋混凝土楼板根据受力和传力情况分为板式、梁板式、无梁式和压型钢板组合楼板。

（1）板式楼板

将楼板现浇成一块平板，四周直接支承在墙上，这种楼板称为板式楼板。板式楼板的底面平整，便于支模施工，但当楼板跨度大时，需增加楼板的厚度，耗费材料较多，所以板式楼板适用于平面尺寸较小的房间，如厨房、卫生间及走廊等。

（2）梁板式楼板

当房间平面尺寸较大时，为了避免楼板的跨度过大，可在楼板下设梁来减小板的跨度，这种由梁、板组成的楼板称为梁板式楼板。根据梁的布置情况，梁板式楼板分为单梁式楼板、双梁式楼板和井式楼板。

1）单梁式楼板

当房间有一个方向的平面尺寸相对较小时，可以只沿短向设梁，梁直接搁置在墙上，这种梁板式楼板属于单梁式楼板（图4-49）。单梁式楼板荷载的传递途径为：板→梁→墙。适用于教学楼、办公楼等建筑。

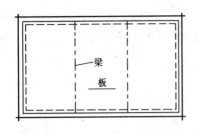

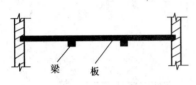

图4-49 单梁式楼板

2）双梁式楼板

当房间两个方向的平面尺寸都较大时，则需要在板下沿两个方向设梁，成双梁式楼板（图4-50）。一般沿房间的短向设置主梁，沿长向设置次梁，这种由板和主、次梁组成的梁板式楼板2叫主次梁楼板，其传递途径为：板→次梁→主梁→墙。适用于平面尺寸较大的建筑，如教学楼、办公楼、小型商店等。

3）井式楼板

当房间的跨度超过10m，并且平面形状近似正方形时，常在板下沿两个方向设置等距离、等截面尺寸的井字形梁，这种楼板称井式楼板（图4-51）。井式楼板是一种特殊的双梁式楼板，梁无主次之分，梁通常采用正交正放和正交斜放的布置形式，其结构形式整齐，具有较强的装饰性，一般多用于公共建筑的门厅和大厅式的房间，如会议室、餐厅、小礼堂、歌舞厅等。

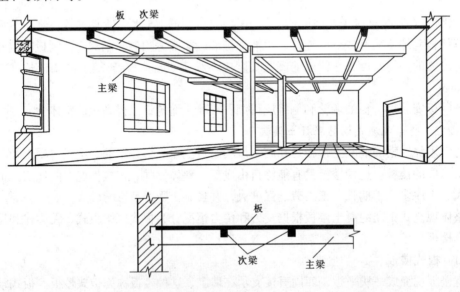

图4-50 双梁式楼板

为了保证墙体对楼板、梁的支承强度，使楼板、梁能够可靠地传递荷载，楼板和梁必须有足够的搁置长度。楼板在砖墙上的搁置长度一般不小于板厚且不小于110mm，梁在砖墙上的搁置长度与梁高有关，当梁高不超过500mm时，搁置长度不小于180mm，当梁高超过500mm时，搁置长度不小于240mm。

(3) 无梁楼板

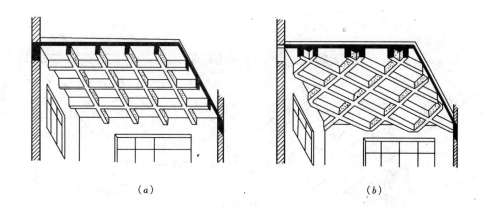

图 4-51 井式楼板
(a) 正井式；(b) 斜井式

无梁楼板是在楼板跨中设置柱子来减小板跨，不设梁的楼板（图 4-52）。无梁楼板的柱间距宜为 6m，呈方形布置。在柱与楼板连接处，柱顶构造分为有柱帽和无柱帽两种。当楼面荷载较小时，采用无柱帽的形式；当楼面荷载较大时，为提高板的承载能力、刚度和抗冲切能力，可以在柱顶设置柱帽和托板来减小板跨、增加柱对板的支托面积。由于板的跨度较大，故板厚不宜小于 150mm，一般为 160~200mm。

无梁楼板的板底平整，室内净空高度大，采光、通风条件好，便于采用工业化的施工方式，适用于楼面荷载较大的公共建筑（如商店、仓库、展览馆等）和多层工业厂房。

(4) 压型钢板组合楼板

此种楼板是以压型钢板为衬板，在上面浇筑混凝土，这种由钢衬板和混凝土组合所形成的整体式楼板称为压型钢板组合楼板。它主要由楼面层、组合板和钢梁三部分组成（图 4-53）。压型钢板的跨度一般为 2~3m，铺设在钢梁上，与

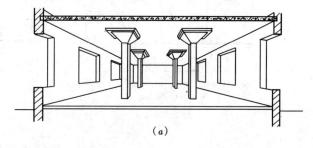

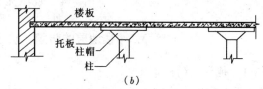

图 4-52 无梁楼板
(a) 直观图；(b) 投影图

钢梁之间用栓钉连接。上面浇筑的混凝土厚 100~150mm。

压型钢板组合楼板中的压型钢板承受施工时的荷载，是板底的受拉钢筋，也是楼板的永久性模板。这种楼板简化了施工程序，加快了施工进度，并且具有较强的承载力、刚度和整体稳定性，但耗钢量较大，适用于多、高层的框架或框剪结构的建筑中。

(5) 现浇空心楼板

现浇空心楼板是在现浇楼板施工时，在楼板的上下钢筋网片间的混凝土中埋置 GBF 管（GBF 管是由水泥、固化剂、纤维制成的复合高强度薄壁管，两端管口封闭，标准长度为 1000mm），形成中空的楼板（图 4-54）。现浇空心楼板的厚度有 250、350、600mm 等多

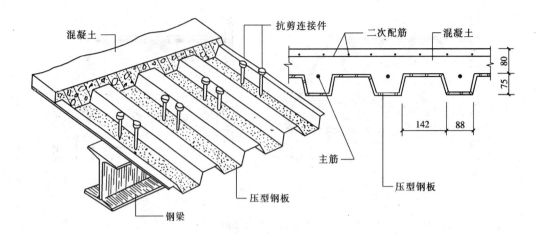

图 4-53 压型钢板组合楼板

种规格，跨度可达 15m 左右，其主要特点为：缩短工期，改善楼板层的隔声隔热效果，提高室内净空高度，降低建筑自重，大幅度降低建筑综合造价。

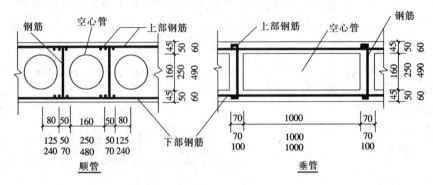

图 4-54 现浇空心楼板

3.3 楼地层的防潮、防水及隔声构造

3.3.1 地坪层的防潮

当地下水位较高或室内外高差较小时，会使地面、墙面潮湿，影响结构的耐久性、室内卫生和人的健康。因此，应对较潮湿的地坪进行必要的防潮处理。

(1) 设防潮层

一般做法是在混凝土垫层上刷热沥青或聚氨酯防水层形成防潮层，以防止潮气上升；也可在混凝土垫层下干铺粗砂、碎石等，以切断地下毛细水的上升途径，如图 4-55 (a) 所示。

(2) 设保温层

通过在垫层与面层之间设保温层来降低室内与地坪下的温差，以防止潮气上升，并在保温层下设置隔汽层，如图 4-55 (b) 所示。

(3) 架空地坪层

利用地垄墙将地坪层架空。利用架空层与室外空气的流动，带走潮气，达到防潮的目

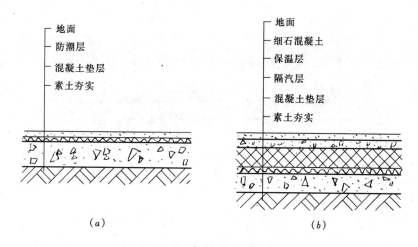

图 4-55 地坪层防潮
(a) 设防潮层；(b) 设保温层

的（图 4-56）。

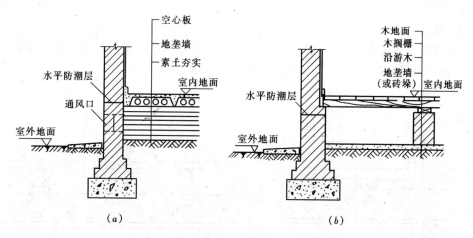

图 4-56 空铺地层
(a) 钢筋混凝土预制板空铺地层；(b) 木空铺地层

3.3.2 楼地层的防水

建筑中受水影响的房间，如卫生间、厨房、盥洗室、洗浴中心等，地面必须做好防渗漏处理。其结构层宜为整体性好的现浇钢筋混凝土楼板，面层应选用防水性、整体性好的材料，如水泥砂浆、现浇水磨石、缸砖、瓷砖、陶瓷锦砖等，并在结构层与面层之间设置防水层。防水层一般选用防水砂浆、防水卷材或防水涂料等，并沿四周墙体向上延伸不小于 150mm。

为防止溢水，受水影响的房间的地面应降低 20~50mm，并设不小于 1% 的坡度，坡向地漏（图 4-57）。

3.3.3 楼板层的隔声

楼板层隔声关键是隔绝撞击声，主要做法有以下三种。

(1) 利用面层隔声

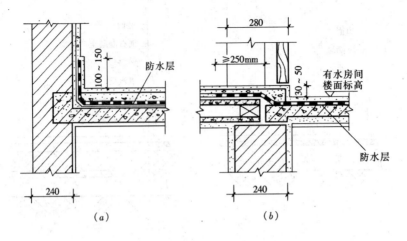

图 4-57 有水房间楼板层的防水处理
(a) 墙身防水；(b) 地面降低

即铺设有弹性的面层材料，如地毯、橡胶地毡、塑料地毡、软木板等。这种做法简单，效果显著。

(2) 楼面隔声

即在楼板与楼面之间增设一层弹性垫层，如泡沫塑料、木丝板、甘蔗板、软木、矿棉板等，或将面层架空，使面层与楼板完全隔开（图 4-58）。

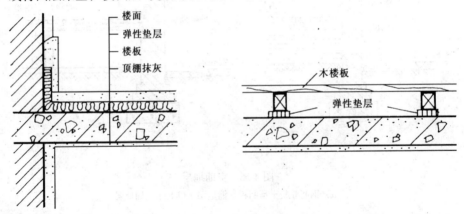

图 4-58 浮筑楼板

(3) 吊顶隔声

即在楼板下设吊顶，利用吊顶与楼板之间的空气间层来隔声，有时在吊顶上铺设吸声材料，可进一步提高隔声效果。

3.4 阳台与雨篷

3.4.1 阳台

阳台是楼房建筑中各层伸出室外的平台，它提供了一处人不需下楼，就可享用的室外活动空间，人们在阳台上可以休息、眺望、从事家务等活动。阳台由阳台板和栏杆扶手组成，阳台板是阳台的承重结构，栏杆扶手是阳台的围护构件，设在阳台临空的一侧。

阳台按照其与外墙的相对位置，分为凸阳台、凹阳台和半凸半凹阳台；按照它在建筑平面上的位置，分为中间阳台和转角阳台；按照其施工方式，分为现浇阳台和预制阳台（图4-59）。

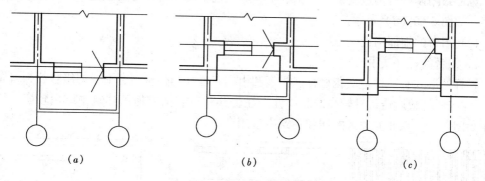

图4-59 阳台的类型
(a) 凸阳台；(b) 半凸半凹阳台；(c) 凹阳台

(1) 阳台的结构类型

1) 墙承式

即将阳台板直接搁置在墙上。这种结构形式稳定、可靠、施工方便，多用于凹阳台，如图4-60（a）所示。

2) 挑板式

将阳台板悬挑，一般有两种做法：一种是将房间楼板直接向墙外悬挑形成阳台板，如图4-60（b）所示；另一种是将阳台板和墙梁（或过梁、圈梁）现浇在一起，利用梁上部墙体的重量来防止阳台倾覆，如图4-60（c）所示。这种阳台底面平整，构造简单，外形轻巧，但板受力复杂。

3) 挑梁式

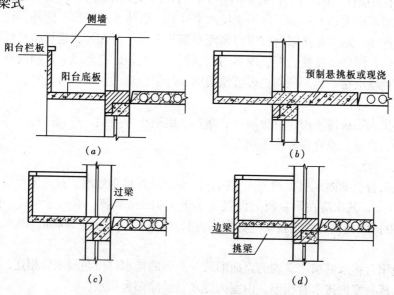

图4-60 阳台的结构布置
(a) 墙承式；(b) 楼板悬挑式；(c) 墙梁悬挑式；(d) 挑梁式

从建筑物的横墙上伸出挑梁，上面搁置阳台板。为防止阳台倾覆，挑梁压入横墙部分的长度应不小于悬挑部分长度的1.5倍。这种阳台底面不平整，挑梁端部外露，影响美观，也使封闭阳台时构造复杂化，工程中一般在挑梁端部增设与其垂直的边梁，来克服其缺陷，如图4-60（d）所示。

(2) 阳台的细部构造

1）阳台的栏杆扶手

栏杆的形式有三种：空花栏杆、栏板和由空花栏杆与栏板组合而成的组合栏板（图4-61）。空花栏杆较通透，有较高的装饰性，在公共建筑和南方地区建筑中应用较多；栏板便于封闭阳台，在北方地区的居住建筑中应用广泛。

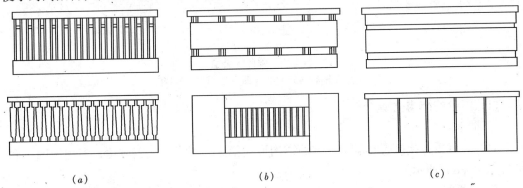

图4-61 阳台栏杆形式
(a) 空花栏杆；(b) 组合式栏杆；(c) 实心栏板

空花栏杆有金属栏杆或预制混凝土栏杆两种，金属栏杆一般采用圆钢、方钢、扁钢或钢管等制作。为保证安全，栏杆扶手应有适宜的尺度，低、多层住宅阳台栏杆净高不应低于1.05m，中高层住宅阳台栏杆净高不应低于1.1m，但也不应大于1.2m。空花栏杆垂直杆之间的净距不应大于110mm，也不应设水平分格，以防儿童攀爬。此外，栏杆应与阳台板有可靠的连接，通常是在阳台板顶面预埋扁钢与金属栏杆焊接，也可将栏杆插入阳台板的预留空洞中，用砂浆灌筑。栏板现多用钢筋混凝土栏板，有现浇和预制两种：现浇栏板通常与阳台板整浇在一起；预制栏板可预留钢筋与阳台板的预留部分浇筑在一起，或预埋钢件焊接。

扶手是供人手扶持所用，有金属管、塑料、混凝土等类型，空花栏杆上多采用金属管和塑料扶手，栏板和组合栏板多采用混凝土扶手。

2）阳台排水

为避免阳台上的雨水积存和流入室内，阳台须做好排水处理。首先阳台面应低于室内地面20～50mm，其次应在阳台面上设置不小于1%的排水坡，坡向排水口。排水口内埋设φ40～φ50的镀锌钢管或塑料管（称作水舌），外挑长度不小于80mm，雨水由水舌排除（图4-62）。

为避免阳台排水影响建筑物的立面形象，阳台的排水口可与雨水管相连，由雨水管排除阳台积水或与室内排水管相连，由室内排水管排除阳台积水。

3.4.2 雨篷

雨篷一般设置在建筑物外墙出入口的上方，用来遮挡风雨，保护大门，同时对建筑物

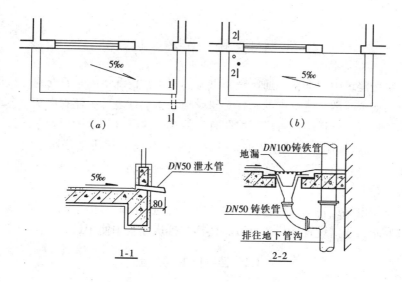

图 4-62 阳台排水构造
(a) 水舌排水；(b) 雨水管排水

的立面有较强的装饰作用。雨篷按结构形式不同，有板式和梁板式两种。

(1) 板式雨篷

板式雨篷一般与门洞口上的过梁整浇，上下表面相平，从受力角度考虑，雨篷板一般做成变截面形式，根部厚度不小于 70mm，端部厚度不小于 50mm，如图 4-63 (a) 所示。

(2) 梁板式雨篷

当门洞口尺寸较大，雨篷挑出尺寸也较大时，雨篷应采用梁板式结构。即雨篷由梁和板组成，为使雨篷底面平整，梁一般翻在板的上面成翻梁，如图 4-63 (b) 所示。当雨篷尺寸更大时，可在雨篷下面设柱支撑。

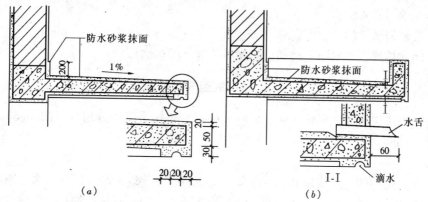

图 4-63 雨篷
(a) 板式雨篷；(b) 梁板式雨篷

雨篷顶面应做好防水和排水处理，一般采用 20mm 厚的防水砂浆抹面进行防水处理，防水砂浆应沿墙面上升，高度不小于 250mm，同时在板的下部边缘做滴水，防止雨水沿板底漫流。雨篷顶面需设置 1% 的排水坡，并在一侧或双侧设排水管将雨水排除。为了立面需要，可将雨水由雨水管集中排除，这时雨篷外缘上部需做挡水边坎。

课题4 楼梯及电梯

楼梯是楼房建筑中的垂直交通设施,供人们在正常情况下的垂直交通、搬运家具和在紧急状态下的安全疏散。建筑中的垂直交通设施除了楼梯之外,还有电梯、自动扶梯、台阶、坡道及爬梯等,电梯的设置应当按照有关的规范执行(如,七层及七层以上住宅应当设置电梯),自动扶梯用于人流量大的公共建筑中;台阶一般用来联系室内或室外局部有高差的地面;坡道属于建筑中的无障碍垂直交通设施,也用于要求有车辆通行的建筑中;爬梯则只用作检修梯。

当建筑采用电梯或自动扶梯作为主要的垂直交通设施时,为了满足特殊情况下的使用和安全疏散要求,还需设置楼梯,所以,楼梯在楼房建筑中使用最为广泛。

4.1 楼梯的类型

楼梯有多种分类方法:

(1) 按照楼梯的主要材料分

有钢筋混凝土楼梯、钢楼梯、木楼梯等。

(2) 按照楼梯在建筑物中所处的位置分

有室内楼梯和室外楼梯。

(3) 按照楼梯的使用性质分

有主要楼梯、辅助楼梯、疏散楼梯、消防楼梯等。

(4) 按照楼梯的形式分

有单跑楼梯、双跑折角楼梯、双跑平行楼梯、双跑直楼梯、三跑楼梯、四跑楼梯、双分式楼梯、双合式楼梯、八角形楼梯、圆形楼梯、螺旋形楼梯、弧形楼梯、剪刀式楼梯、交叉式楼梯等(图4-64)。

(5) 按照楼梯间的平面形式分

有封闭式楼梯、非封闭式楼梯、防烟楼梯等(图4-65)。

4.2 楼梯的组成和尺度

楼梯一般由楼梯段、楼梯平台、栏杆(栏板)和扶手三部分组成(图4-66)。它所处的空间称楼梯间。

4.2.1 楼梯段

楼梯段是楼梯的主要使用和承重部分,它由若干个连续的踏步组成。每个踏步又由两个互相垂直的面构成,水平面叫踏面,垂直面叫踢面。为了避免人们行走楼梯段时过于疲劳,每个楼梯段上的踏步数目不得超过18级,照顾到人们在楼梯段上行走时的连续性,每个楼梯段上的踏步数目不得少于3级。

(1) 楼梯段的宽度

楼梯段的宽度指楼梯段临空侧扶手中心线到另一侧墙面(或靠墙扶手中心线)之间的水平距离,一般建筑的楼梯应至少满足两股人流通行,宽度不小于1100mm。

(2) 楼梯的坡度

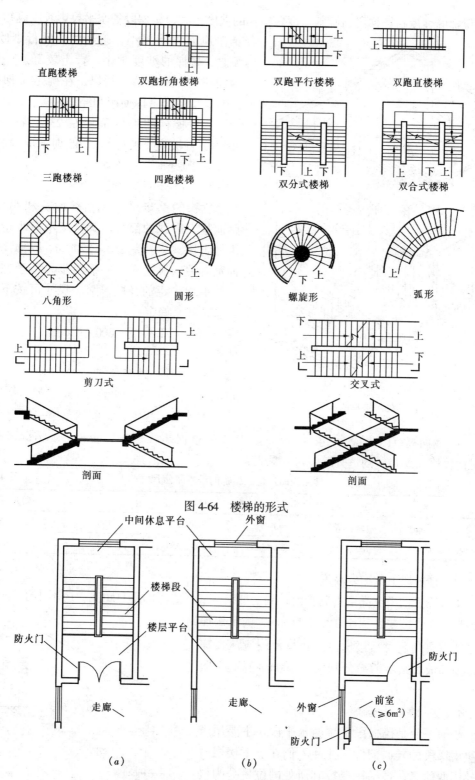

图 4-64 楼梯的形式

图 4-65 楼梯间的平面形式
（a）封闭式楼梯间；（b）非封闭式楼梯间；（c）防烟楼梯间

楼梯的坡度指楼梯段的倾斜角度。楼梯的坡度越大，楼梯段的水平投影长度越短，楼梯占地面积就越小，越经济，但行走吃力；反之，楼梯的坡度越小，行走较舒适，但占地面积大，不经济。所以，在确定楼梯的坡度时，应综合考虑使用和经济因素。

一般楼梯的坡度范围在 23°~45°之间，30°为适宜坡度。坡度超过45°时，应设爬梯，坡度小于23°时，应设坡道。

(3) 楼梯的踏步尺寸

楼梯的踏步尺寸包括踏面宽和踢面高，踏面是人脚踩的部分，其宽度不应小于成年人的脚长，一般为250~320mm。踢面高与踏面宽有关，根据人上一级踏步相当于在平地上的平均步距的经验，踏步尺寸可按下面的经验公式来确定：

$$2r + g = 600 \sim 620mm$$

式中　　r——踢面高度；

　　　　g——踏面宽度；

600~620mm——人的平均步距。

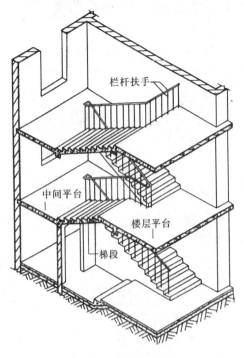

图 4-66 楼梯的组成

在建筑工程中，踏面宽范围一般为 250~320mm，踢面高范围一般为 140~180mm。具体应根据建筑物的功能和实际情况来确定，常见的民用建筑楼梯的适宜踏步尺寸见表4-1。

常见的民用建筑楼梯的适宜踏步尺寸　　　　表 4-1

名　称	住　宅	学校、办公楼	剧院、食堂	医　院	幼儿园
踢面高 r (mm)	156~175	140~160	120~150	150	120~150
踏面宽 g (mm)	250~300	80~340	300~350	300	260~300

(4) 楼梯段上的净空高度

楼梯段上的净空高度指踏步前缘到上部结构底面之间的垂直距离，应不小于2200mm。楼梯平台以上的净空应不小于 2000mm。确定楼梯段上的净空高度时，楼梯段的计算范围应从楼梯段最前和最后踏步前缘分别往外 300mm 算起（图4-67）。

4.2.2　楼梯平台

楼梯平台是楼梯段两端的水平段，主要用来解决楼梯段的转向问题，并使人们在上下楼层时能够缓冲休息。楼梯平台按其所处的位置分为楼层平台和中间平台，与楼层相连的平台为楼层平台，位于上下楼地层之间的平台为中间平台。

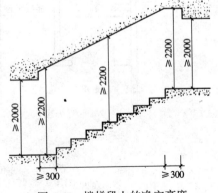

图 4-67 楼梯段上的净空高度

（1）平台宽度

为了保证通行顺畅和搬运家具设备的方便，楼梯平台的宽度应不小于楼梯段的宽度。对于双跑平行式楼梯，平台宽度方向应与楼梯段的宽度方向垂直，规定平台宽度应不小于楼梯段的宽度，并且不小于1100mm。

对于开敞式楼梯间，由于楼层平台已经同走廊连成一体，这时楼层平台的净宽为最后一个踏步前缘到靠走廊墙面的距离，一般不小于500mm（图4-68）。

（2）平台上的净空高度

平台上的净空高度指平台面到上部结构最低处之间的垂直距离，应不小于2000mm（图4-67）。

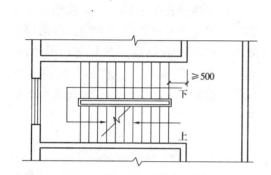

图4-68 开敞楼梯间楼层平台的宽度

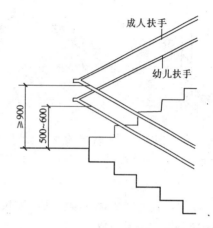

图4-69 栏杆扶手高度

4.2.3 栏杆（栏板）和扶手

栏杆（栏板）是设置在楼梯段和平台临空侧的围护构件，上部设置供人们手扶持用的扶手。在公共建筑中，当楼梯段较宽时，常在楼梯段和平台靠墙一侧设置靠墙扶手。

扶手应有适宜的高度（从踏步前缘量起到扶手顶面的垂直距离）。一般建筑物楼梯扶手高度为900mm，当平台上水平扶手长度超过500mm时，其高度不应小于1000mm。幼托建筑的扶手高度不能降低，可增加一道600～700mm高的儿童扶手（图4-69）。

4.3 钢筋混凝土楼梯的构造

钢筋混凝土楼梯坚固、耐久、耐火，所以在民用建筑中被大量采用。钢筋混凝土楼梯按施工方法不同，分为现浇式和预制装配式两种，由于预制装配式钢筋混凝土楼梯不容易形成规模化定型产品，消耗钢材量大、安装构造复杂、整体性差、不利于抗震，在实际工程很少采用，故在此只重点介绍现浇式钢筋混凝土楼梯的构造。

4.3.1 现浇式钢筋混凝土楼梯的类型

现浇式钢筋混凝土楼梯是把楼梯段和平台整体浇筑在一起的楼梯，虽然其消耗模板量大，施工工序多，施工速度慢，但整体性好、刚度大、有利于抗震，所以在现在工程中应用十分广泛。

现浇式钢筋混凝土楼梯按结构形式不同，分为板式楼梯和梁板式楼梯。

（1）板式楼梯

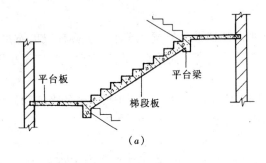

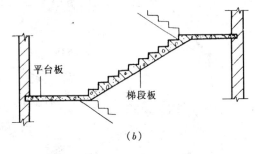

图 4-70 现浇钢筋混凝土板式楼梯
(a) 设平台梁楼梯；(b) 不设平台梁楼梯

板式楼梯是把楼梯段看作一块斜放的板，楼梯板分为有平台梁和无平台梁两种情况。有平台梁的板式楼梯的梯段两端放置在平台梁上，平台梁之间的距离为楼梯段的跨度。其传力过程为：楼梯段→平台梁→楼梯间墙，如图 4-70（a）所示。无平台梁的板式楼梯是将楼梯段和平台板组合成一块折板，这时板的跨度为楼梯段的水平投影长度与平台宽度之和。这种楼梯增加了平台下的空间，保证了平台过道处的净空高度，如图 4-70（b）所示。

板式楼梯底面平整，外形简洁，施工方便，但当楼梯段跨度较大时，板的厚度较大，混凝土和钢筋用量较多，不经济。因此，板式楼梯适用于楼梯段跨度不大（不超过 3m）、楼梯段上的荷载较小的建筑。

(2) 梁板式楼梯

梁板式楼梯的楼梯段由踏步板和斜梁组成，其传力过程为：踏步板→斜梁→平台梁→楼梯间墙。斜梁一般设两根，位于踏步板两侧的下部，这时踏步外露，称为明步，如图 4-71（a）所示。斜梁也可以位于踏步板两侧的上部，这时踏步被斜梁包在里面，称为暗步，如图 4-71（b）所示。

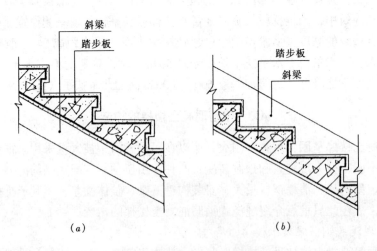

图 4-71 明步楼梯和暗步楼梯
(a) 明步楼梯；(b) 暗步楼梯

斜梁有时只设一根，通常有两种形式：一种是在踏步板的一侧设斜梁，将踏步板的另一侧搁置在楼梯间墙上，如图 4-72（a）所示；另一种是将斜梁布置在踏步板的中间，踏步板向两侧悬挑，如图 4-72（b）所示。单梁式楼梯受力较复杂，但外形轻巧、美观，多用于对建筑空间造型有较高要求时。

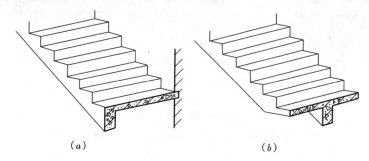

图 4-72 单斜梁楼梯
(a) 梯段一侧设斜梁；(b) 楼段中间设斜梁

梁板式楼梯的楼梯板跨度小，适用于荷载较大、层高较大的建筑，如教学楼、商场、图书馆等。

4.3.2 钢筋混凝土楼梯的细部构造

(1) 踏步面层和防滑构造

建筑物中，楼梯踏面最容易受到磨损，影响行走和美观，所以踏面应耐磨、防滑、便于清洗，并应有较强的装饰性。楼梯踏面材料一般与门厅或走道的地面材料一致，常用的有水泥砂浆、水磨石、花岗石、大理石、瓷砖等（图 4-73）。

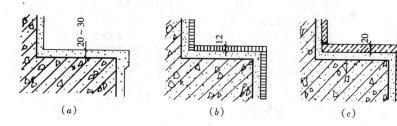

图 4-73 踏面面层的类型
(a) 水磨石面层；(b) 缸砖面层；(c) 花岗石、大理石或人造石面层

踏步表面光滑便于清洁，但在行走时容易滑倒，故应采取防滑措施，一般有三种做法：一种是在距踏步面层前缘 40mm 处设 2~3 道防滑凹槽，如图 4-74（a）所示；第二种是在距踏步面层前缘 40~50mm 处设防滑条，防滑条的材料可用金刚砂、金属条、锦砖、橡胶条等，如图 4-74（b）所示；第三种是设防滑包口，如缸砖包口、金属包口，如图 4-74（c）所示。

(2) 栏杆（栏板）和扶手

1) 栏杆和栏板

楼梯栏杆、栏板的形式、构造与阳台栏杆、栏板的基本类似，在此不再重复。

栏杆与楼梯段的连接方式有多种：一种是栏杆与楼梯段上的预埋件焊接，如图 4-75（a）所示；一种是栏杆插入楼梯段上的预留洞中，用细石混凝土、水泥砂浆或螺栓固定，如图 4-75(b)、(c)所示；也可在踏步侧面预留孔洞或预埋钢件进行连接，如图 4-75(d)、

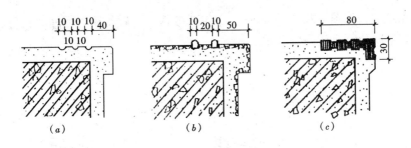

图 4-74 踏步防滑处理
(a) 防滑凹槽；(b) 金刚砂防滑条；(c) 缸砖或金属包口

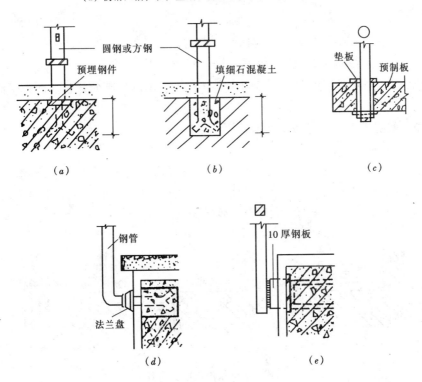

图 4-75 栏杆与梯段的连接
(a) 梯段内预埋钢件；(b) 梯段预留孔砂浆固定；(c) 预留孔螺栓固定；
(d) 踏步侧面预留孔；(e) 踏步侧面预埋钢件

(e) 所示。

2) 扶手

扶手材料一般有硬木、金属管、塑料、水磨石、天然石材等，其断面形状和尺寸除考虑造型外，应以方便手握为宜，顶面宽度一般不大于90mm（图4-76）。

顶层平台上的水平扶手端部应与墙体有可靠的连接。一般是在墙上预留孔洞，将连接栏杆和扶手的扁钢插入洞中，用细石混凝土或水泥砂浆填实，如图 4-77 (a) 所示；也可将扁钢用木螺钉固定在墙内预埋的防腐木砖上，如图 4-77 (b) 所示；当为钢筋混凝土墙或柱时，则可预埋钢件焊接，如图 4-77 (c) 所示。

(3) 首层楼梯段的基础

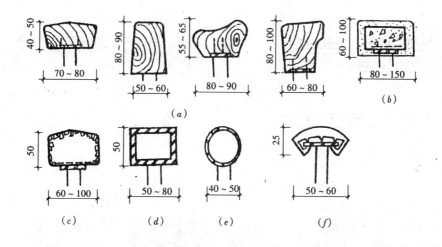

图 4-76 扶手的类型
(a) 木扶手；(b) 混凝土扶手；(c) 水磨石扶手；
(d) 角钢或扁钢扶手；(e) 金属管扶手；(f) 聚氯乙烯扶手

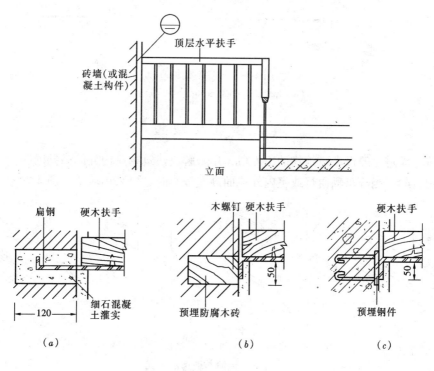

图 4-77 扶手端部与墙（柱）的连接
(a) 预留孔洞插接；(b) 预埋防腐木砖木螺钉连接；(c) 预埋钢件焊接

楼梯首层第一个楼梯段不能直接搁置在地坪层上，需在其下面设置基础。楼梯段的基础做法有两种，如图 4-78（a）所示：一种是在楼梯段下直接设砖、石、混凝土基础；另一种是在楼梯间墙上搁置钢筋混凝土地梁，将楼梯段支承在地梁上，如图 4-78（b）所示。

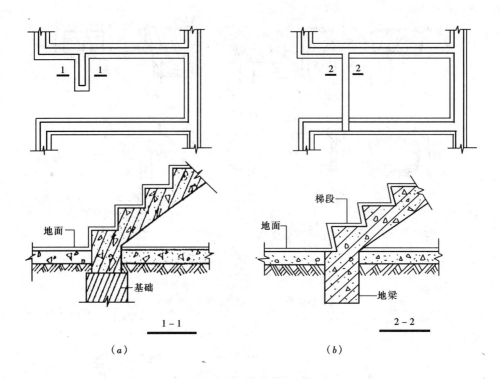

图 4-78 楼梯基础构造
(a) 梯段下设基础；(b) 梯段下设地梁

4.4 台阶与坡道

台阶与坡道一般设在建筑物的出入口，用来解决建筑物室内外的高差问题。一般建筑物多采用台阶，当有车辆通行或室内外地面高差较小时，可采用坡道（图 4-79）。

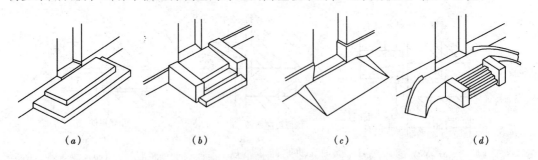

图 4-79 台阶与坡道的形式
(a) 三面踏步式；(b) 单面踏步式；(c) 坡道式；(d) 踏步坡道结合式

4.4.1 室外台阶

室外台阶由平台和踏步组成，平台面应比门洞口每边宽出 500mm 左右，并向外做出约 1% 的排水坡度。台阶踏步所形成的坡度应比楼梯平缓，一般踏步宽度不小于 300mm，高度不大于 150mm。当室内外高差超过 1000mm 时，应在台阶临空一侧设置围护栏杆或栏板。

台阶应在建筑物主体工程完成后再进行施工，并与主体结构之间留出约 10mm 的沉降缝。台阶的构造与地面相似，由面层、垫层、基层等组成，面层应采用水泥砂浆、混凝土、地砖、天然石材等耐气候作用的材料。在北方冰冻地区，室外台阶应考虑抗冻要求，面层选择抗冻、防滑的材料，并在垫层下设置非冻胀层或采用钢筋混凝土架空台阶（图4-80）。

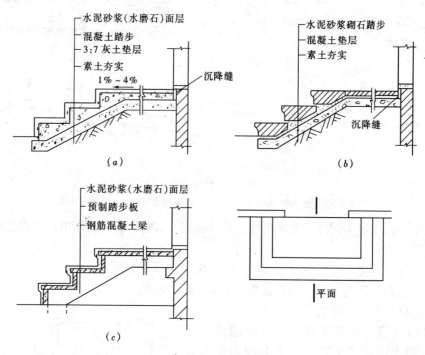

图4-80 台阶类型及构造
（a）混凝土台阶；（b）石台阶；（c）钢筋混凝土架空台阶

4.4.2 坡道

坡道分为行车坡道和轮椅坡道，行车坡道又分为普通坡道和回车坡道。普通坡道一般设在有车辆进出的建筑（如车库）的出入口处；回车坡道一般设在公共建筑（如办公楼、旅馆、医院等）出入口处，以使车辆能直接行至出入口处；轮椅坡道是专供残疾人和老人使用的，一般设在公共建筑的出入口处和市政工程中。

考虑人在坡道上行走时的安全，坡道的坡度受面层做法的限制：光滑面层坡道不大于1:12，粗糙面层坡道（包括设置防滑条的坡道）不大于1:6，带防滑齿坡道不大于1:4。

坡道的构造与台阶基本相同，垫层的强度和厚度应根据坡道上的荷载来确定，季节冰冻地区的坡道需在垫层下设置非冻胀层（图4-81）。

4.5 电梯及自动扶梯构造

4.5.1 电梯

在层数较多的建筑中设置电梯，可以避免人们上下楼时消耗较大的体力、花费较多的时间和方便搬运物品。所以，电梯已成为多、高层建筑中非常重要的垂直交通运输设备。

（1）电梯的类型

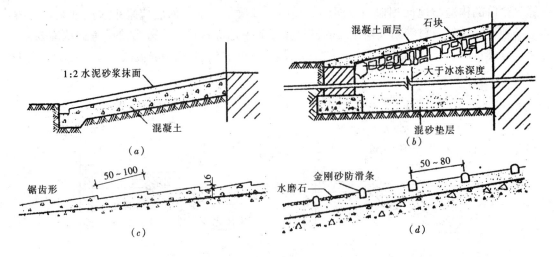

图 4-81 坡道构造

(a) 混凝土坡道；(b) 块石坡道；(c) 防滑锯齿槽坡面；(d) 防滑条坡面

按照电梯的用途不同分为乘客电梯、载货电梯、客货电梯、病床电梯、观光电梯、杂物梯等（图 4-82）。

按照电梯的速度不同分为高速电梯、中速电梯和低速电梯。

按照对电梯的消防要求分为普通乘客电梯和消防电梯。

(2) 电梯的组成与构造

电梯由井道、机房和轿厢三部分组成（图 4-83）。轿厢由电梯厂生产并由专业公司负责安装。为保证电梯的安全运行，电梯井道和机房的建筑设计应与电梯的安装要求密切配合，根据设计图纸及电梯说明书中的要求进行确定。

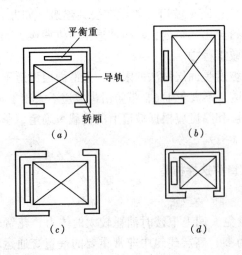

图 4-82 电梯的类型与井道平面

(a) 普通客梯；(b) 病床梯；(c) 货梯；(d) 小型杂物梯

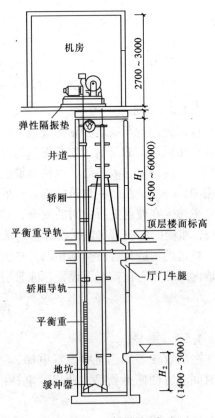

图 4-83 电梯的组成

1) 电梯井道的构造

电梯井道是电梯轿厢运行的通道，内设轿厢、导轨、导轨撑架、平衡锤等，其平面净尺寸应当满足电梯生产厂家提出的安装要求。井道壁一般采用现浇混凝土墙，当建筑物高度不大时，也可以采用砖墙，观光电梯可采用玻璃幕墙。

井道在各层留有门洞供出入电梯。井道的下部设置地坑，深度一般不小于1.4m，作为轿厢下降时所需的缓冲器的安装空间。

2) 电梯门套

电梯各层的出入口是人流、货流频繁经过之处，应坚固、适用、美观，故需在门洞的上部和两侧安装门套。门套的构造做法应与电梯厅的装修相协调，常用的做法有水泥砂浆门套、水磨石门套、大理石门套、硬木板门套、金属板门套等（图4-84）。

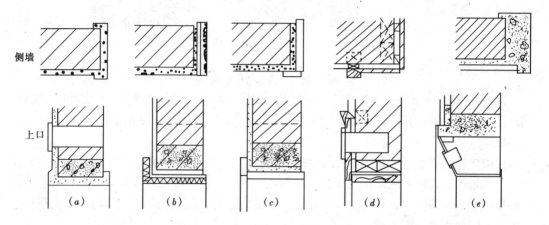

图4-84 电梯厅门套构造

（a）水泥砂浆门套；（b）水磨石门套；（c）大理石门套；（d）木板门套；（e）钢板门套

3) 电梯厅地面

电梯出入口处，应在门洞下缘的位置向井道内挑出牛腿，作为乘客进入轿厢的踏板。牛腿一般为钢筋混凝土现浇或预制构件，出挑长度通常根据电梯的规格而定（图4-85）。

4) 导轨撑架的固定

导轨撑架与井道内壁的连接构造可采用锚接、栓接和焊接（图4-86）。

5) 机房

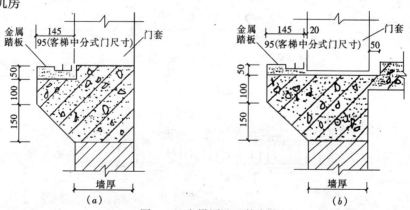

图4-85 电梯厅地面的牛腿

（a）牛腿为钢筋混凝土预制构件；（b）牛腿为钢筋混凝土现浇构件

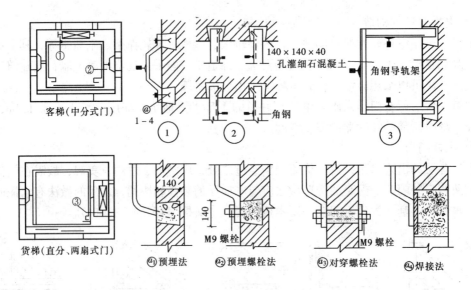

图 4-86 导轨撑架的固定

机房一般设在电梯井道的顶部，其平面及剖面尺寸均应满足布置设备、方便操作和维修，并具有良好的采光和通风条件，机房内部设备布置、孔洞位置和尺寸均由电梯生产厂家给出。

4.5.2 自动扶梯

自动扶梯适用于有大量人流上下的公共场所，如车站、商场、超市、火车站、展览馆、地铁站等，其位置应设在大厅的突出明显位置。自动扶梯由电动机械牵引，机房悬挂在楼板的下方，踏步与扶手同步，可以正向、逆向运行，在机械停止运转时，自动扶梯可作为普通楼梯使用（图 4-87）。

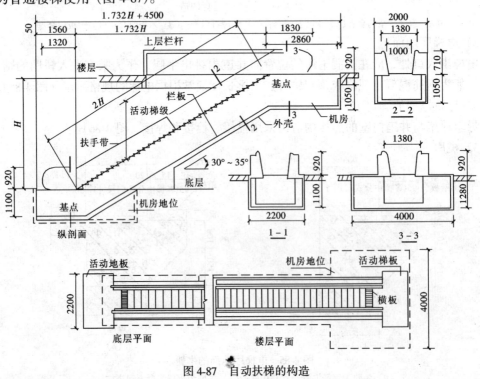

图 4-87 自动扶梯的构造

自动扶梯的坡度一般采用30°，按运输能力分为单人、双人两种型号。

课题5 窗 与 门

窗与门是房屋建筑中非常重要的两个组成配件，对保证建筑物能够正常、安全、舒适的使用具有很大的影响。窗在建筑中的主要作用是采光、通风、接受日照和供人眺望；门的主要作用是交通联系、紧急疏散，并兼起采光、通风的作用。当窗与门位于外墙上时，作为建筑物外墙的组成部分，对于保证外墙的围护作用（如保温、隔热、隔声、防风雨等）和建筑物的外观形象都起着非常重要的作用。

5.1 窗

5.1.1 窗的分类

（1）按窗的框料材质分

有铝合金窗、塑钢窗、彩板窗、木窗、钢窗等，其中铝合金窗和塑钢窗外观精美、造价适中、装配化程度高，铝合金窗的耐久性好，塑钢窗的密封、保温性能优，所以在建筑工程中应用广泛；木窗由于消耗木材量大，耐火性、耐久性和密闭性差，其应用已受到限制。

（2）按窗的层数分

有单层窗和双层窗。单层窗构造简单，造价低，在一般建筑中多用。双层窗的保温、隔声、防尘效果好，用于对窗有较高功能要求的建筑中。

（3）按窗扇的开启方式分

有固定窗、平开窗、悬窗、立转窗、推拉窗等（图4-88）。

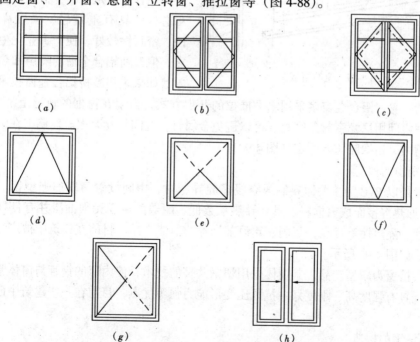

图4-88 窗的开启形式
（a）固定窗；（b）平开窗（单层外开）；（c）平开窗（双层内外开）；（d）上悬窗；
（e）中悬窗；（f）下悬窗；（g）立转窗；（h）左右推拉窗

5.1.2 窗的尺度和构造

(1) 窗的尺度

窗的尺度应根据采光、通风的需要来确定，同时兼顾建筑造型和《建筑模数协调统一标准》GBJ 2—86 等的要求。为确保窗的坚固、耐久，应限制窗扇的尺寸，一般平开木窗的窗扇高度为 800～1200mm，宽度不大于 500mm；上下悬窗的窗扇高度为 300～600mm；中悬窗窗扇高度不大于 1200mm，宽度不大于 1000mm；推拉窗的高宽均不宜大于 1500mm。目前，各地均有窗的通用设计图集，可根据具体情况直接选用。

(2) 窗的构造

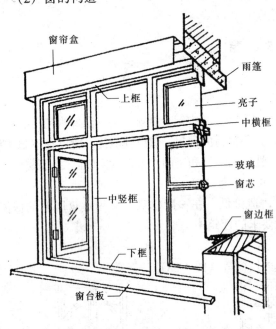

图 4-89 窗的组成

窗一般由窗框、窗扇和五金零件组成（图 4-89）。窗框是窗与墙体的连接部分，由上框、下框、边框、中横框和中竖框组成。窗扇是窗的主体部分，分为活动扇和固定扇两种，一般由上、下冒头、边梃和窗芯（又叫窗棂）组成骨架，中间固定玻璃、窗纱或百叶。五金零件包括铰链、插销、风钩等。

当建筑的室内装修标准较高时，窗洞口周围可增设帖脸、筒子板、压条、窗台板及窗帘盒等附件。

1) 铝合金窗的构造

铝合金窗是以铝合金型材来做窗框和扇框，具有重量轻、强度高、耐腐蚀、密封性较好，便于工业化生产的优点，但普通铝合金窗的隔声和热工性能差，如果采用断桥铝合金窗技术后，热工性能得到改善。铝合金窗多采用水平推拉的开启方式，窗扇在窗框的轨道上滑动开启。窗扇与窗框之间用尼龙密封条密封，可以避免金属材料之间相互摩擦。玻璃卡在铝合金窗框料的凹槽内，用橡胶压条固定（图 4-90）。

2) 塑钢窗的构造

塑钢窗是以 PVC 为主要原料制成空腹多腔异型材，中间设置薄壁加强型钢（简称加强筋），经加热焊接而成窗框料。具有导热系数低、耐弱酸碱、无须油漆并有良好的气密性、水密性、隔声性等优点，是国家建设部推荐的节能产品，目前在建筑中被广泛推广采用，其构造如图 4-91 所示。

塑钢共挤窗为新型产品，其窗体采用塑钢共挤的技术，使内部的钢管与窗体紧密地结合在一起，具有强度高、刚度好、抗风压变形能力强等优点，目前在一些建筑中已经投入使用。

3) 彩钢窗的构造

彩钢窗是以彩色涂层钢板为原料，经过独特的轧制工艺制成，具有质量轻、强度高、采光面积大、密闭性能好、色彩鲜艳夺目、颜色选择范围宽、线条挺拔清晰、装饰效果好

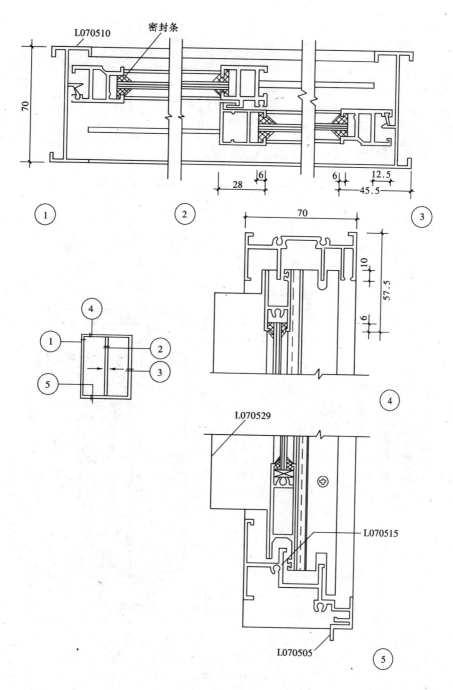

图4-90 70系列铝合金推拉窗节点举例

等诸多优点,在我国一些地区已推广使用。彩钢窗可为固定窗、平开窗或推拉窗,其构造举例如图4-92所示。

5.1.3 窗在墙洞中的位置和窗框的安装

(1) 窗在墙洞中的位置

窗在墙洞中的位置主要根据房间的使用要求和墙体的厚度来确定。

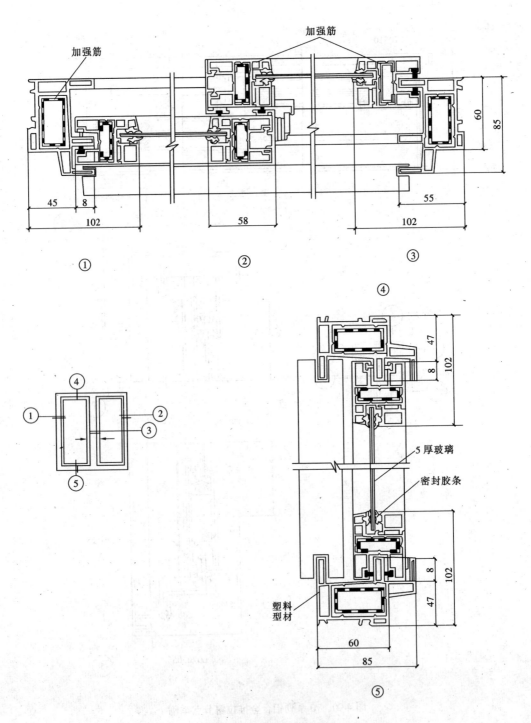

图 4-91 塑钢窗构造图

一般有三种形式：

1）窗框内平，如图 4-93（a）所示，这时窗框内表面与墙体装饰层内表面相平，窗扇开启时紧贴墙面，不占室内空间。

2）窗框外平，如图 4-93（b）所示，这时增加了内窗台的面积，但窗框的上部易进雨

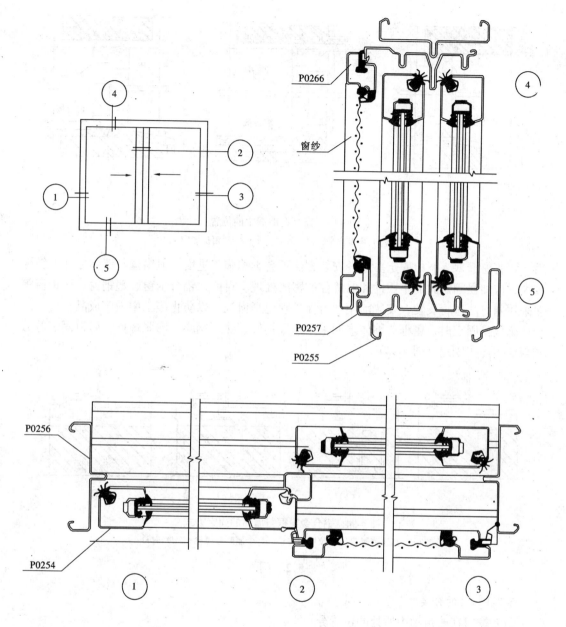

图4-92 70系列推拉彩板窗

水,为提高其防水性能,需在洞口上方加设雨篷。

3)窗框居中,如图4-93(c)所示,即窗框位于墙厚的中间或偏向室外一侧,下部留有内外窗台以利于排水。

(2)窗框的安装

窗框的安装分为立口和塞口两种。立口是砌墙时就将窗框立在相应的位置,找正后继续砌墙。这种安装方法能使窗框与墙体连接紧密牢固,但安装窗框和砌墙两种工序相互交叉进行,会影响施工进度,并且容易对窗框成品造成影响。塞口是砌墙时将窗洞口预留出来,预留的洞口一般比窗框外包尺寸大30~40mm的空隙,当整幢建筑的墙体砌筑完工

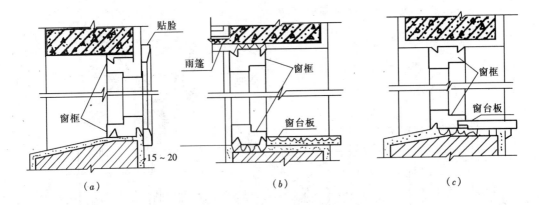

图 4-93 窗框在墙洞中的位置
（a）窗框内平；（b）窗框外平；（c）窗框居中

后，再将窗框塞入洞口固定。这种安装方法不会影响施工进度，但窗框与墙体之间的缝隙较大，应加强固定时的牢固性和对缝隙的密闭处理。目前，铝合金窗、塑钢窗、彩钢窗等多采用塞口法进行安装，安装前用塑料保护膜包裹窗框，以防止施工中损害成品。

金属窗固定时，窗框与墙体之间采用预埋钢件、燕尾钢脚、膨胀螺栓、射钉固定等方式与墙体连接固定（图 4-94）。

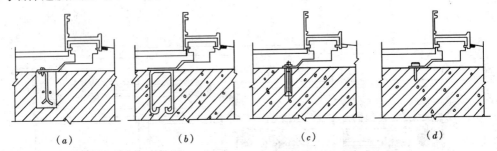

图 4-94 铝合金窗框与墙体的固定方式
（a）燕尾钢脚；（b）预埋钢件；（c）金属膨胀螺栓；（d）射钉

5.2 门

5.2.1 门的分类

(1) 按门在建筑物中所处的位置分

有内门和外门。内门位于内墙上，应满足分隔要求，如隔声、隔视线等；外门位于外墙上，应满足围护要求，如保温、隔热、防风沙、耐腐蚀等。

(2) 按门的使用功能分

有一般门和特殊门。特殊门具有特殊的功能，构造复杂，一般用于对门有特别的使用要求时，如保温门、防盗门、防火门、防射线门等。

(3) 按门的框料材质分

有木门、铝合金门、塑钢门、彩板门、玻璃钢门、钢门等。木门具有自重轻、开启方便、隔声效果好、外观精美、加工方便等优点。目前，木门在民用建筑中大量采用。

(4) 按门扇的开启方式分

有平开门、弹簧门、推拉门、折叠门、转门、卷帘门、升降门等（图4-95）。

图4-95 门的开启方式
(a) 平开门；(b) 弹簧门；(c) 推拉门；(d) 折叠门；(e) 转门

5.2.2 门的尺度与构造

(1) 门的尺度

门的尺度指门洞的高宽尺寸，应满足人流疏散，搬运家具、设备的要求，并应符合《建筑模数协调统一标准》GBJ 2—86 的规定。一般情况下，门保证通行的高度不小于2000mm，当上方设亮子时，应加高300~600mm。门的宽度应满足一个人通行，并考虑必要的空隙，一般为700~1000mm，通常设置为单扇门。对于人流量较大的公共建筑的门，其宽度应满足疏散要求，可设置两扇以上的门。

公共建筑大门的尺度在保证通行和疏散的情况下，应结合建筑立面形象确定。

(2) 门的构造

门一般由门框、门扇、五金零件及附件组成（图4-96）。门框是门与墙体的连接部分，由上框、边框、中横框和中竖框组成。门扇一般由上、中、下冒头和边梃组成骨架，中间固定门芯板。五金零件包括铰链、插销、门锁、拉手等。附件有贴脸板、筒子板等。

1) 木门的构造

(a) 门框 门框的断面形状与尺寸取决于门扇的开启方式和门扇的层数，应有足够的强度和刚度，以承受各种撞击荷载和门扇的重量作用，故其断面尺寸较大（图4-97）。

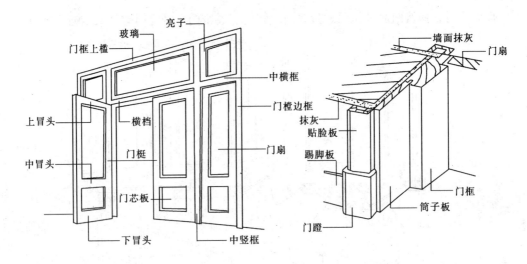

图 4-96 门的组成

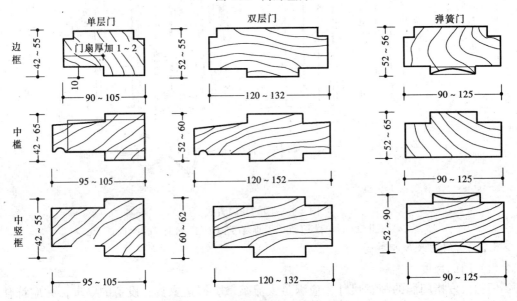

图 4-97 平开门门框的断面形状及尺寸

门框在洞口中，根据门的开启方式及墙体厚度不同分为外平、居中、内平、内外平四种（图 4-98）。一般情况下，窗框与门扇开启方向一侧的墙面平齐，以尽可能使门扇开启

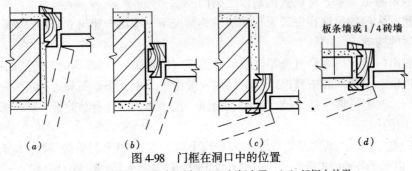

(a) (b) (c) (d)

图 4-98 门框在洞口中的位置

(a) 门框外平；(b) 门框居中；(c) 门框内平；(d) 门框内外平

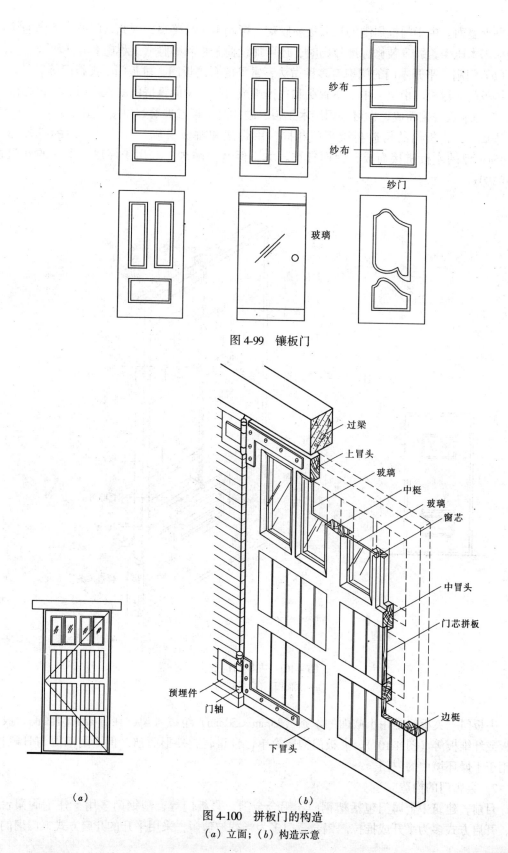

图 4-99 镶板门

图 4-100 拼板门的构造
(a) 立面；(b) 构造示意

后能贴近墙面。由于门框周围的抹灰极易脱落，影响卫生与美观，因此，门框与墙体的接缝处应用木压条盖缝，装修标准较高时，还可加设筒子板和贴脸（又称门套）。

(b) 门扇　平开木门的门扇有多种做法，常见的有镶板门、拼板门、夹板门等。

镶板门　镶板门由上、中、下冒头和边梃组成骨架，中间镶嵌门芯板，门芯板可采用15mm厚的木板拼接而成，也可采用细木工板、硬质纤维板或玻璃等拼接（图4-99）。

拼板门　拼板门的构造与镶板门相同，由骨架和拼板组成，只是拼板门的拼板用35~45mm厚的木板拼接而成，因而自重较大，但坚固耐久，多用于库房、车间的外门（图4-100）。

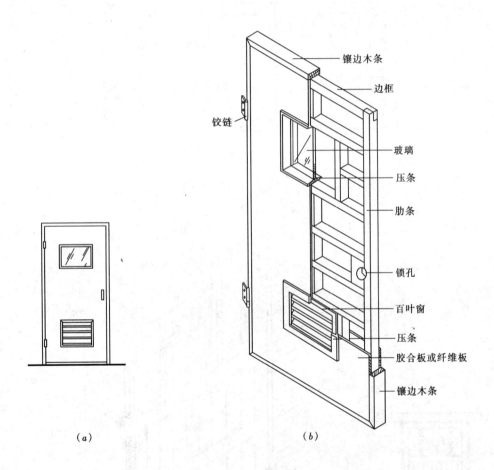

图 4-101　夹板门构造
(a) 立面图；(b) 构造示意

夹板门　夹板门是用小截面的木条（35mm×50mm）组成骨架，在骨架的两面铺钉胶合板或纤维板等（图4-101）。夹板门构造简单，自重轻，外形简洁，但不耐潮湿与日晒，多用于干燥环境中的内门。

2) 金属门的构造

目前，建筑中金属门包括塑钢门、铝合金门、彩板门等，塑钢门多用于住宅的阳台门，开启方式多为平开或推拉。铝合金门多为半截玻璃门，采用平开的开启方式，门扇的上下梃处用地弹簧连接（图4-102）。

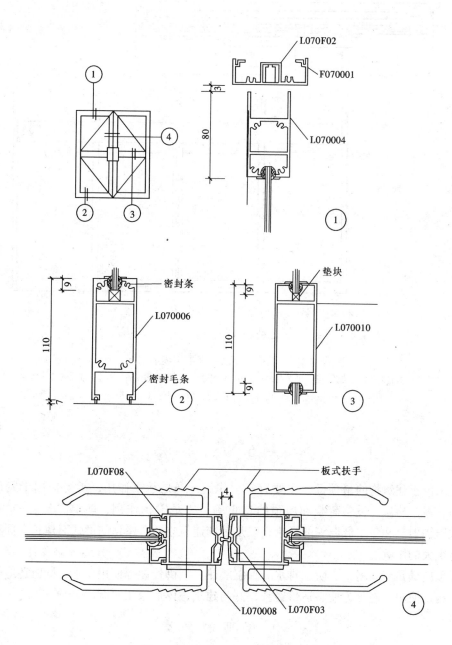

图4-102 铝合金地弹簧门的构造

3）自动门的构造

建筑物中的自动门一般属于感应式自动门，它是利用门上感应器对进入或离开感应区的人（或活动目标）的感应，来自动控制门扇的开启或关闭的，给人以舒适、方便、高品位的感受，常用于一些高档建筑的厅门、内部屋门等。

感应式自动门主要由传感部分、驱动操作部分及门体组成（图4-103）。

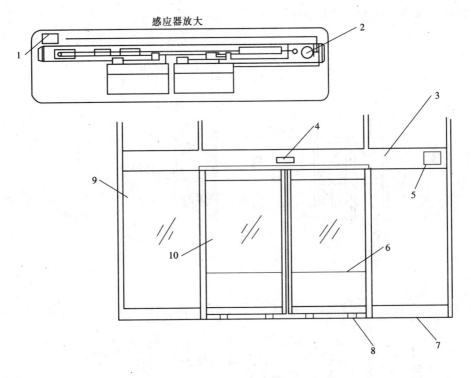

图 4-103 推拉式自动门基本构成示意图
1—变压器；2—驱动装置；3—机箱与外壳；4—传感器；5—感应器；6—安全传感器；7—轨道；
8—止摆器；9—门体（固定扇）；10—门体（活动扇）

课题 6 屋 顶

屋顶位于建筑物的最顶部，主要有三个作用：一是承重作用，承受作用于屋顶上的风、雨、雪、检修、设备荷载和屋顶的自重等；二是围护作用，防御自然界的风、雨、雪、太阳辐射热和冬季低温等的影响；三是装饰建筑立面，屋顶的形式对建筑立面和整体造型有很大的影响。

屋顶应满足坚固耐久、防水排水、保温隔热、抵御侵蚀等使用要求，同时还应做到自重轻、构造简单、施工方便、造价经济，并与建筑整体形象相协调。

6.1 屋顶的分类

屋顶按照排水坡度和构造形式分为平屋顶、坡屋顶和曲面屋顶。

6.1.1 平屋顶

平屋顶是指屋面排水坡度小于或等于10%的屋顶，常用的坡度为2%~3%。平屋顶的主要特点是坡度平缓，上部可做成露台、屋顶花园等供人使用，同时平屋顶的体积小、构造简单、节约材料、造价经济，在建筑工程中应用最为广泛（图4-104）。

6.1.2 坡屋顶

坡屋顶是指屋面排水坡度在10%以上的屋顶。坡屋顶可做成单坡、双坡、四坡，双

挑檐平屋顶　　　女儿墙平屋顶　　　挑檐女儿墙平屋顶　　　盝顶平屋顶

图 4-104　平屋顶的形式

坡屋顶的形式在山墙处可为悬山或硬山，坡屋顶稍加处理可形成卷棚顶、庑殿顶、歇山顶、圆攒尖顶等（图 4-105）。由于坡屋顶造型丰富，能够满足人们的审美要求，所以在现代的城市建筑中，人们越来越重视对坡屋顶的运用。

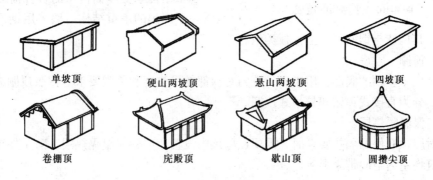

图 4-105　坡屋顶的形式

6.1.3　曲面屋顶

曲面屋顶的承重结构多为空间结构，如薄壳结构、悬索结构、张拉膜结构和网架结构等，这些空间结构具有受力合理，节约材料的优点，但施工复杂，造价高，一般适用于大跨度的公共建筑（图 4-106）。

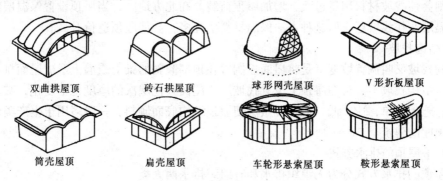

图 4-106　曲面屋顶的形式

6.2　平屋顶的构造

6.2.1　平屋顶的构造组成

平屋顶一般由屋面、承重结构、顶棚三个基本部分组成，当对屋顶有保温隔热要求时，需在屋顶设置保温隔热层（图 4-107）。

（1）屋面

屋面是屋顶构造中最上面的表面层次，要承受施工荷载和使用时的维修荷载，以及自

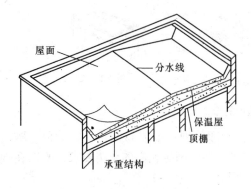

图 4-107 平屋顶的组成

然界风吹、日晒、雨淋、大气腐蚀等的长期作用，因此屋面材料应有一定的强度、良好的防水性和耐久性能。屋面也是屋顶防水排水的关键层次，所以又叫屋面防水层。在平屋顶中，人们一般根据屋面材料的名称对其进行命名，如卷材防水屋面、刚性防水屋面、涂料防水屋面等。

(2) 承重结构

承重结构承受屋面传来的各种荷载和屋顶自重。平屋顶的承重结构一般采用钢筋混凝土屋面板，其构造与钢筋混凝土楼板类似。

(3) 顶棚

顶棚位于屋顶的底部，用来满足室内对顶部的平整度和美观要求。按照顶棚的构造形式不同，分为直接式顶棚和悬吊式顶棚。

(4) 保温隔热层

当对屋顶有保温隔热要求时，需要在屋顶中设置相应的保温隔热层，防止外界温度变化对建筑物室内空间带来影响。

6.2.2 平屋顶的排水

(1) 平屋顶排水坡度的形成

1) 材料找坡

材料找坡又叫垫置坡度，是将屋面板水平搁置，然后在上面铺设炉渣等廉价轻质材料形成坡度。这种找坡方式结构底面平整，容易保证室内空间的完整性，但垫置坡度不宜太大，否则会使找坡材料用量过大，增加屋顶荷载。在北方地区，当屋顶设置保温层时，常利用保温层兼作找坡层，但这种做法保温材料消耗多，会使屋顶造价升高。

2) 结构找坡

结构找坡又叫搁置坡度，是将屋面板搁置在顶部倾斜的梁上或墙上形成屋面排水坡度的方法。结构找坡不需再在屋顶上设置找坡层，屋面其他层次的厚度也不变化，减轻了屋面荷载，施工简单，造价低，但这种做法使屋顶结构底面倾斜，一般多用于生产类建筑和做悬吊顶棚的建筑。

(2) 平屋顶的排水方式

平屋顶的排水方式分为无组织排水和有组织排水两大类。

1) 无组织排水

当平屋顶采用无组织排水时，需把屋顶在外墙四周挑出，形成挑檐，屋面雨水经挑檐自由下落至室外地坪，这种排水方式称无组织排水（图 4-108）。无组织排水不需在屋顶上设置排水装置，构造简单，造价低，但沿檐口下落的雨水会溅湿墙脚，有风时雨水还会污染墙面。所以，无组织排水一般适用于低层或次要建筑及降雨量较小地区的建筑。

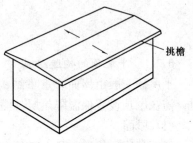

图 4-108 平屋顶四周挑檐自由落水

2) 有组织排水

有组织排水是在屋顶设置与屋面排水方向相垂直的纵向天沟,汇集雨水后,将雨水由雨水口、雨水管有组织地排到室外地面或室内地下排水系统,这种排水方式称有组织排水。有组织排水的屋顶构造复杂,造价高,但避免了雨水自由下落对墙面和地面的冲刷和污染。

按照雨水管的位置,有组织排水分为外排水(图 4-109)和内排水(图 4-110)。

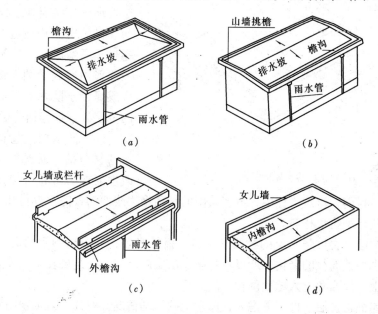

图 4-109 平屋顶有组织外排水

(a) 沿屋面四周设檐沟; (b) 沿纵墙设檐沟; (c) 女儿墙外设檐沟; (d) 女儿墙内设檐沟

6.2.3 平屋顶的防水构造

(1) 平屋顶柔性防水屋面

柔性防水屋面是用具有良好的延伸性、能较好地适应结构变形和温度变化的材料做防水层的屋面,包括卷材防水屋面和涂膜防水屋面。卷材防水屋面是用防水卷材和胶结材料分层粘贴形成防水层的屋面,具有优良的防水性和耐久性,被广泛采用,本节将重点介绍卷材防水屋面。

1) 卷材防水屋面的基本构造(图 4-111)

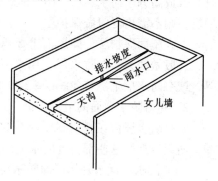

图 4-110 平屋顶有组织内排水

(a) 结构层 各种类型的钢筋混凝土屋面板均可作为柔性防水屋面的结构层。

(b) 找坡层 当屋顶采用材料找坡来形成坡度时,找坡层一般位于结构层之上,采用轻质、廉价的材料,如 1:6~1:8 的水泥焦渣或水泥膨胀蛭石垫置形成坡度,最薄处的厚度不宜小于 30mm。

当屋顶采用结构找坡时,则不需设置找坡层。

(c) 找平层 卷材防水层要求铺贴在坚固、平整的基层上,以避免卷材凹陷或被穿刺,因此,必须在找坡层或结构层上设置找平层,找平层一般采用 1:3 的水泥砂浆或细石

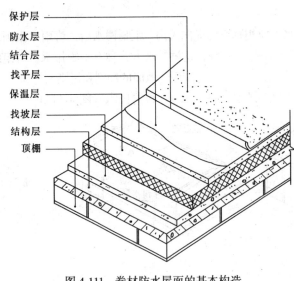

图 4-111 卷材防水屋面的基本构造

混凝土、沥青砂浆，厚度为 20～30mm。

（d）结合层　为了保证防水层与找平层能很好地粘结，铺贴卷材防水层前，必须在找平层上涂刷基层处理剂作结合层。结合层材料应与卷材的材质相适应，采用沥青类卷材和高聚物改性沥青防水卷材时，一般采用冷底子油做结合层；采用合成高分子防水卷材时，则用专用的基层处理剂作结合层。

（e）防水层　卷材防水层的防水卷材包括：沥青类卷材、高聚物改性沥青防水卷材和合成高分子防水卷材三类。目前，建筑工程中，大多采用的是高聚物改性沥青防水卷材和合成高分子防水卷材等这些新型防水材料。

（f）保护层　卷材防水层的材质呈黑色，极易吸热，夏季屋顶表面温度达 60～80℃以上，高温会加速卷材的老化，所以卷材防水层做好以后，一定要在上面设置保护层。保护层分为不上人屋面和上人屋面两种做法。

不上人屋面保护层　即不考虑人在屋顶上的活动情况。石油沥青油毡防水层的不上人屋面保护层做法是，用玛琋脂粘结粒径为 3～5mm 的浅色绿豆砂。高聚物改性沥青防水卷材和合成高分子防水卷材在出厂时，卷材的表面一般已做好了铝箔面层、彩砂或涂料等保护层，则不需再专门做保护层。

上人屋面保护层　即屋面上要承受人的活动荷载，故保护层应有一定的强度和耐磨度，一般做法为：在防水层上用水泥砂浆或沥青砂浆铺贴缸砖、大阶砖、预制混凝土板等，或在防水层上浇筑 40mm 厚 C20 细石混凝土。

2）卷材防水屋面的节点构造

卷材防水屋面在檐口、屋面与突出构件之间、变形缝、上人孔等处特别容易产生渗漏，所以应加强这些部位的防水处理。

（a）泛水　泛水是指屋面防水层与突出构件之间的防水构造。一般在屋面防水层与女儿墙通风道出屋面处、变形缝出屋面处、屋面检查口处、上人屋面的楼梯间、突出屋面的电梯机房、水箱间、高低屋面交接处等，都需做泛水。泛水的高度一般不小于 250mm，在垂直面与水平面交接处要加铺一层卷材，并且转圆角或做 45°斜面，防水卷材的收头处要进行粘结固定（图 4-112）。

（b）檐口　檐口是屋面防水层的收头处，此处的构造处理方法与檐口的形式有关。檐口的形式由屋面的排水方式和建筑物的立面造型要求来确定，一般有无组织排水檐口、挑檐沟檐口、女儿墙檐口和斜板挑檐檐口等。

无组织排水檐口　无组织排水檐口的挑檐板一般与屋顶圈梁整体浇筑，屋面防水层的收头压入距挑檐板前端 40mm 处的预留凹槽内，先用钢压条固定，然后用密封材料进行密封（图4-113）。

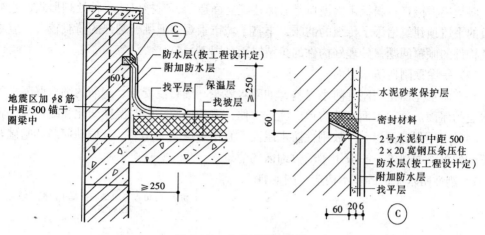

图 4-112 女儿墙泛水构造

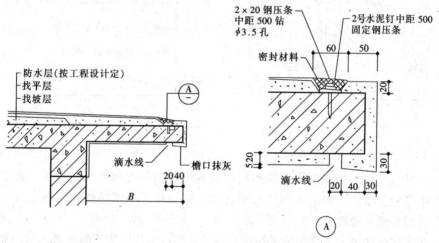

图 4-113 自由落水檐口构造

挑檐沟檐口 当檐口处采用挑檐沟檐口时，卷材防水层应在檐沟处加铺一层附加卷材，并注意做好卷材的收头（图 4-114）。

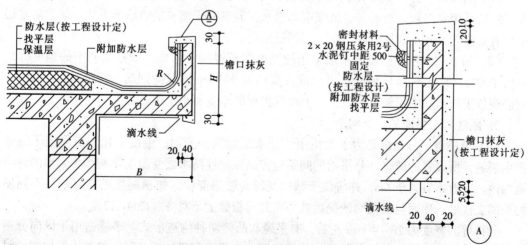

图 4-114 挑檐沟檐口构造

斜板挑檐檐口：斜板挑檐檐口是考虑建筑立面造型，对檐口的一种处理形式，它给较呆板的平屋顶建筑增添了传统的韵味，丰富了城市景观。但挑檐端部的荷载较大，应注意悬挑构件的倾覆问题，处理好构件的拉结锚固（图4-115）。

(2) 平屋顶刚性防水屋面

刚性防水屋面是用刚性防水材料，如防水砂浆、细石混凝土、配筋的细石混凝土等做防水层的屋面。这种屋面构造简单、施工方便、造价低廉，但对温度变化和结构变形较敏感，容易产生裂缝而渗漏。故刚性防水屋面不宜用于温差变化大、有振动荷载和基础有较大不均匀沉降的建筑，一般用于南方地区的建筑。

1) 刚性防水屋面的基本构造（图4-116）

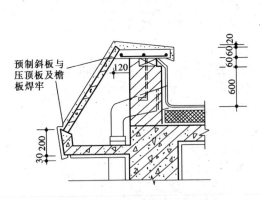
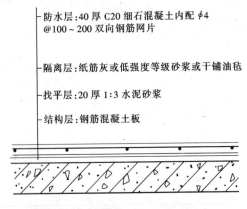

图4-115 女儿墙外檐沟檐口　　　　图4-116 刚性防水屋面构造层次

（a）结构层　刚性防水屋面的结构层应具有足够的强度和刚度，以尽量减小结构层变形对防水层的影响。一般采用现浇钢筋混凝土屋面板，当采用预制钢筋混凝土屋面板时，应加强对板缝的处理。

刚性防水屋面的排水坡度一般采用结构找坡，所以结构层施工时要考虑倾斜搁置。

（b）找平层　为使刚性防水层便于施工，厚度均匀，应在结构层上用20mm厚1:3的水泥砂浆找平。当采用现浇钢筋混凝土屋面板时，若能够保证基层平整，可不做找平层。

（c）隔离层　为了减小结构层变形对防水层的影响，应在防水层下设置隔离层。隔离层一般采用麻刀灰、纸筋灰、低强度等级水泥砂浆或干铺一层油毡等做法。如果防水层中加有膨胀剂，其抗裂性较好，则不需再设隔离层。

（d）防水层　刚性防水层一般采用配筋的细石混凝土形成。细石混凝土的强度等级不低于C20，厚度不小于40mm，并应配置直径为$\phi4 \sim \phi6$的双向钢筋，间距100～200mm。钢筋应位于防水层中间偏上的位置，上面保护层的厚度不小于10mm。

2) 刚性防水屋面的节点构造

（a）分格缝　分格缝是为了避免刚性防水层因结构变形、温度变化和混凝土干缩等产生裂缝，所设置的缝隙。分格缝的间距应控制在刚性防水层受温度影响产生变形的许可范围内，一般不宜大于6m，并应位于结构变形的敏感部位，如预制板的支承端、不同屋面板的交接处、屋面与女儿墙的交接处等，并与板缝上下对齐（图4-117）。

分格缝的宽度为20～40mm左右，有平缝和凸缝两种构造形式。平缝适用于纵向分格缝，凸缝适用于横向分格缝和屋脊处的分格缝。为了有利于伸缩变形，缝的下部用弹性材

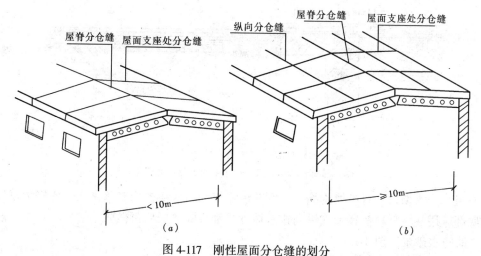

图 4-117 刚性屋面分仓缝的划分
(a) 房屋进深小于 10m，分仓缝的划分；(b) 房屋进深大于 10m，分仓缝的划分

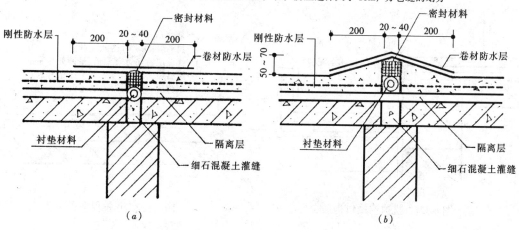

图 4-118 分格缝的构造
(a) 平缝；(b) 凸缝

料，如聚乙烯发泡棒、沥青麻丝等填塞；上部用防水密封材料嵌缝。当防水要求较高时，可再在分格缝的上面加铺一层卷材进行覆盖（图 4-118）。

(b) 泛水　刚性防水层与山墙、女儿墙处应做泛水，泛水的下部设分格缝，上部加铺卷材或涂膜附加层，其处理方法同卷材防水屋面的（图 4-119）。

(c) 檐口　刚性防水屋面的檐口形式分为无组织排水檐口和有组织排水檐口。

无组织排水檐口：通常直接由刚性防水层挑出形成，挑出尺寸一般不大于 450mm，如图 4-120 (a) 所示；也可设置挑檐板，刚性防水层伸到挑檐板之外，如图 4-120 (b) 所示。

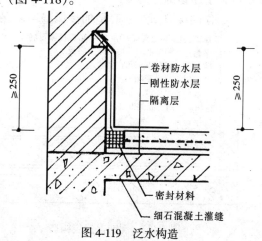

图 4-119 泛水构造

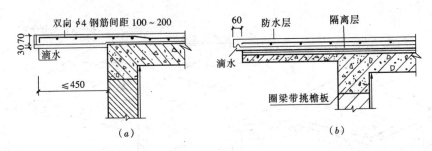

图 4-120　自由落水挑檐口
(a) 混凝土防水层悬挑檐口；(b) 挑檐板挑檐口

有组织排水檐口：有挑檐沟檐口、女儿墙檐口和斜板挑檐檐口等做法。挑檐沟檐口的檐沟底部应用找坡材料垫置形成纵向排水坡度，铺好隔离层后再做防水层，防水层一般采用1:2的防水砂浆（图4-121）。

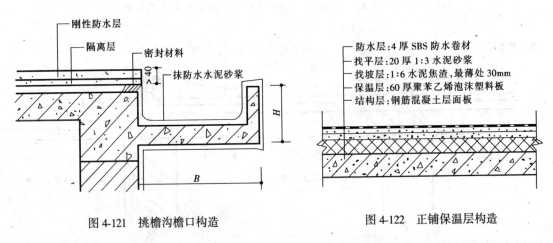

图 4-121　挑檐沟檐口构造

图 4-122　正铺保温层构造

女儿墙檐口和斜板挑檐檐口与刚性防水层之间按泛水处理，其形式与卷材防水屋面相同。

6.2.4　平屋顶的保温与隔热

(1) 平屋顶的保温

平屋顶的保温做法一般是加设保温层。保温层在屋顶上的位置有三种：保温层位于结构层与防水层之间，又叫正铺保温层（图4-122），保温层位于防水层之上，又叫倒铺保温层（图4-123）；保温层与结构层结合（图4-124）。

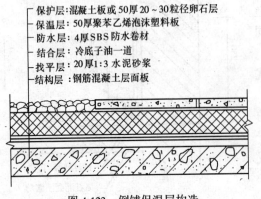

图 4-123　倒铺保温层构造

(2) 平屋顶的隔热

采用在屋顶上铺设保温材料的方法隔热，效果不明显，还不经济。实际工程中平屋顶的隔热措施有：通风隔热（图4-125）、蓄水隔热、植被隔热和反射降温等。

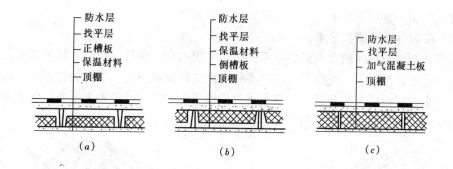

图 4-124 保温层与结构层结合
（a）保温层设在槽形板下；（b）保温层设在反槽板上；（c）保温层与结构层合为一体

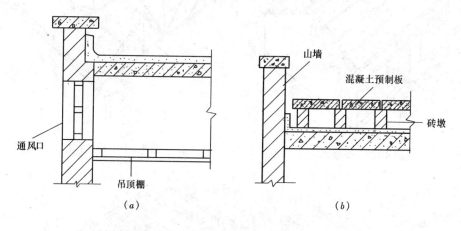

图 4-125 通风降温屋顶
（a）顶棚通风；（b）架空大阶砖或预制板通风

6.3 坡屋顶构造

坡屋顶一般由承重结构、屋面和顶棚等基本部分组成，必要时可设保温（隔热）层等（图4-126）。

6.3.1 坡屋顶的承重结构

坡屋顶的承重结构用来承受屋面传来的荷载，并把荷载传给墙或柱。其结构类型有横墙承重、屋架承重和钢筋混凝土屋面板承重等。

（1）横墙承重

横墙承重是将横墙顶部按屋面坡度大小砌成三角形，在墙上直接搁置檩条或钢筋混凝土屋面板支承屋面传来的荷载，这种承重方式称为横墙承重，又叫硬山搁檩（图4-127）。

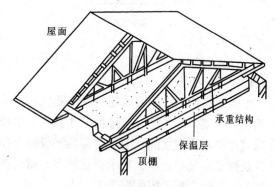

图 4-126 坡屋顶的组成

横墙承重具有构造简单、施工方便、节约木材，有利于防火和隔声等优点，但房屋开间尺寸受限制。适用于住宅、旅馆等开间较小的建筑。

(2) 屋架（屋面梁）承重

屋架是由多个杆件组合而成的承重桁架，可用木材、钢材、钢筋混凝土制作，形状有三角形、梯形、拱形、折线形等。屋架支承在纵向外墙或柱上，上面搁置檩条或钢筋混凝土屋面板承受屋面传来的荷载。屋架承重与横墙承重相比，可以省去横墙，使房屋内部有较大的空间，增加了内部空间划分的灵活性（图4-128）。

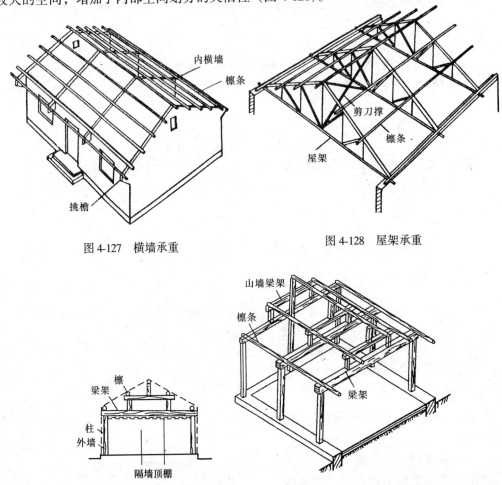

图4-127 横墙承重　　　　　图4-128 屋架承重

图4-129 木构架承重

(3) 木构架承重

木构架结构是中国古代建筑的主要结构形式，它一般由立柱和横梁组成屋顶和墙身部分的承重骨架，檩条把一排排梁架连系起来形成整体骨架（图4-129）。这种结构形式的内外墙填充在木构架之间，不承受荷载，仅起分隔和围护作用。构架交接点为榫齿结合，整体性及抗震性较好。但消耗木材量较多，耐火性和耐久性均较差，维修费用高。

(4) 钢筋混凝土屋面板承重

即在墙上倾斜搁置现浇或预制钢筋混凝土屋面板（类似于平屋顶的结构找坡屋面板的搁置方式），来作为坡屋顶的承重结构。这种承重方式节省木材，提高了建筑物的防火性能，构造简单，近年来常用于住宅建筑和风景园林建筑中。

6.3.2 坡屋顶的屋面构造

坡屋顶的屋面坡度较大，可采用各种小尺寸的瓦材相互搭盖来防水。由于瓦材尺寸小，强度低，不能直接搁置在承重结构上，需在瓦材下面设置基层将瓦材连接起来，构成屋面，所以，坡屋顶屋面一般由基层和面层组成。工程中常用的面层材料有平瓦、油毡瓦、压型钢板等，屋面基层因面层不同而异。

（1）平瓦屋面

平瓦又称机平瓦，根据基层的不同做法，平瓦屋面有下列不同的构造类型。

1）木望板平瓦屋面

木望板平瓦屋面是在檩条或椽条上钉木望板，木望板上干铺一层油毡，用顺水条固定后，再钉挂瓦条挂瓦所形成的屋面（图4-130）。这种屋面构造层次多，屋顶的防水、保温效果好，应用最为广泛。

2）钢筋混凝土板平瓦屋面

钢筋混凝土板平瓦屋面是以钢筋混凝土板为屋面基层的平瓦屋面。这种屋面的构造有两种：

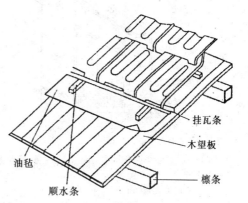

图4-130 木望板平瓦屋面

（a）将断面形状呈倒T形或F形的预制钢筋混凝土挂瓦板，固定在横墙或屋架上，然后在挂瓦板的板肋上直接挂瓦（图4-131）。这种屋面中，挂瓦板即为屋面基层，具有构造层次少，节省木材的优点，但挂瓦板的板肋上侧容易积水导致雨水渗漏。

（b）利用钢筋混凝土屋面板作为屋顶的结构层，上面固定挂瓦条挂瓦，或用水泥砂

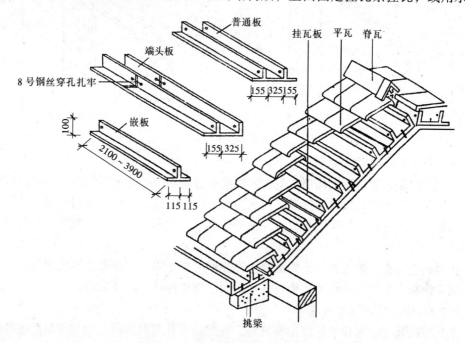

图4-131 钢筋混凝土板平瓦屋面

浆、麦秸泥等固定平瓦（图4-132）。

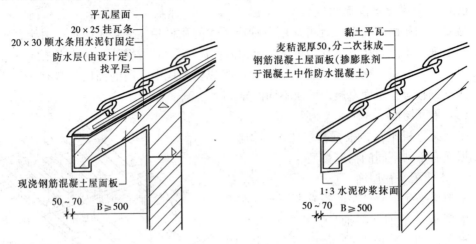

图4-132 钢筋混凝土屋面板基层平瓦屋面

（2）油毡瓦屋面

油毡瓦适用于排水坡度大于20%的坡屋面，铺设在木板基层和混凝土基层的水泥砂浆找平层上，用于坡屋面的防水层或多层防水层的面层（图4-133）。

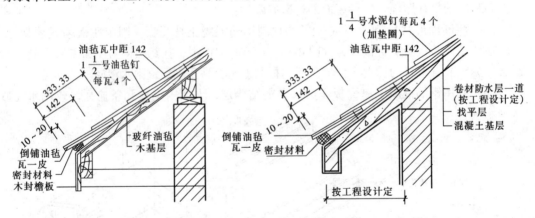

图4-133 油毡瓦屋面

（3）压型钢板屋面

压型钢板是将镀锌钢板轧制成型，表面涂刷防腐涂层或彩色烤漆而成的屋面材料，具有多种规格，有的中间填充了保温材料成为夹芯板，可提高屋顶的保温效果。这种屋面具有自重轻、施工方便、装饰性与耐久性强的优点，一般用于对屋顶的装饰性要求较高的建筑中。

压型钢板屋面一般与钢屋架相配合。先在钢屋架上固定工字形或槽形檩条，然后在檩条上固定钢板支架，彩色压型钢板与支架用固定螺栓连接（图4-134）。

6.3.3 坡屋顶的细部构造

平瓦屋面属于坡屋顶的传统屋面材料，在此以平瓦屋面为例介绍坡屋顶的细部构造。

（1）纵墙檐口

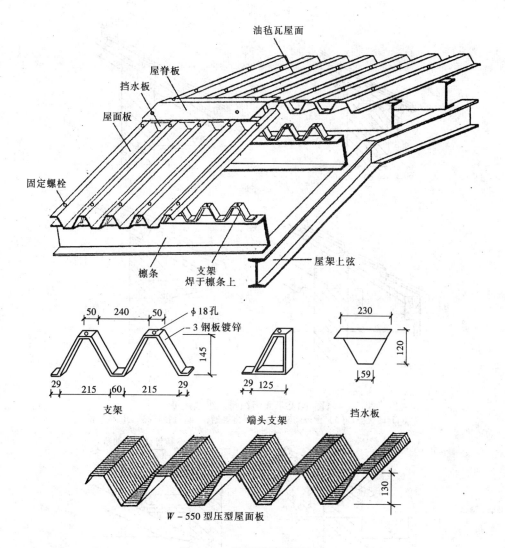

图 4-134 梯形压型钢板屋面

1）无组织排水檐口

当坡屋顶采用无组织排水时，应将屋面伸出外纵墙形成挑檐，挑檐的构造做法有砖挑檐、椽条挑檐、挑檐木挑檐和钢筋混凝土挑板挑檐等（图 4-135）。

2）有组织排水檐口

当坡屋顶采用有组织排水时，一般多采用外排水，需在檐口处设置檐沟，檐沟的构造形式一般有钢筋混凝土挑檐沟和女儿墙内檐沟两种（图 4-136）。挑檐沟多采用钢筋混凝土槽形天沟板，其排水和沟底防水构造与平屋顶相似。

(2) 山墙檐口

双坡屋顶山墙檐口的构造有硬山和悬山两种。

1）硬山

是将山墙升起，或与屋面相平包住檐口，或高出屋面形成山墙女儿墙。女儿墙与屋面交接处应做泛水，一般砂浆粘结小青瓦或抹水泥石灰麻刀砂浆泛水（图 4-137）。

2）悬山

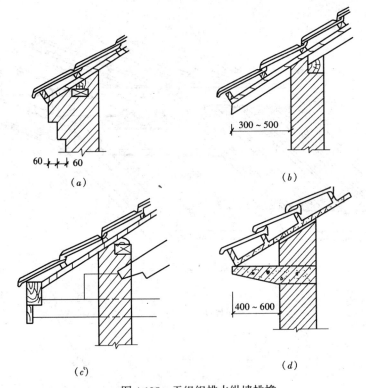

图 4-135 无组织排水纵墙挑檐
（a）砖挑檐；（b）椽条挑檐；（c）挑梁挑檐；（d）钢筋混凝土挑板挑檐

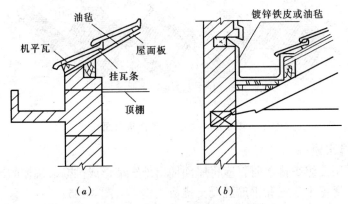

图 4-136 有组织排水纵墙挑檐
（a）钢筋混凝土挑檐；（b）女儿墙封檐构造

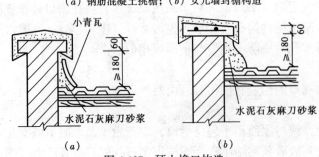

图 4-137 硬山檐口构造
（a）小青瓦泛水；（b）砂浆泛水

是将檩条伸出山墙挑出，上部的瓦片用水泥石灰麻刀砂浆抹出披水线，进行封固。檩条的端部通常钉木封檐板（又叫博风板），下部做顶棚进行处理（图4-138）。

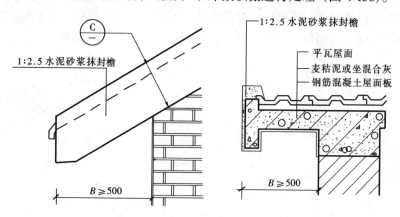

图4-138 悬山檐口构造

（3）屋脊、天沟和斜沟构造

互为相反的坡面在高处相交形成屋脊，屋脊处应用V形脊瓦盖缝，如图4-139（a）所示。在等高跨和高低跨屋面相交处，会出现天沟，两个互相垂直的屋面相交处，会出现斜沟。天沟和斜沟应保证有一定的断面尺寸，上口宽度不宜小于300~500mm，一般用镀锌铁皮铺于木基层上，镀锌铁皮两边向上压入瓦片下至少150mm。高低跨和女儿墙内檐沟采用镀锌铁皮做防水层时，应将镀锌铁皮沿墙上升形成泛水，如图4-139（b）所示。

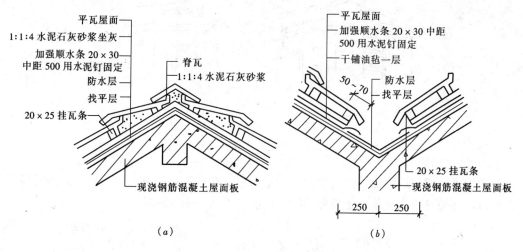

图4-139 屋脊、天沟和斜沟构造
（a）屋脊；（b）天沟和斜沟

6.3.4 坡屋顶的保温与隔热

（1）坡屋顶的保温

坡屋顶的保温有顶棚保温和屋面保温两种：

1）顶棚保温

顶棚保温是在坡屋顶的悬吊顶棚上加铺木板，上面干铺一层油毡做隔汽层，然后在油毡上面铺设轻质保温材料，如聚苯乙烯泡沫塑料保温板、木屑、膨胀珍珠岩、膨胀蛭石、矿棉等。

2) 屋面保温

传统的屋面保温是在屋面铺草秸或将屋面做成麦秸泥青灰顶或将保温材料设在檩条之间（图4-140）。这些做法工艺落后，目前已基本不用。现今工程中，一般是在屋面压型钢板下铺钉聚苯乙烯泡沫塑料保温板，或直接采用带有保温层的夹芯板。

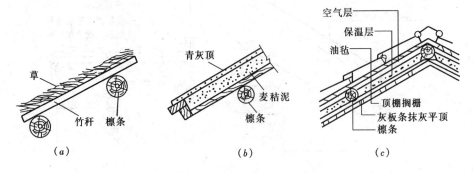

图4-140 坡屋顶的保温
(a)、(b) 保温层在屋面层中；(c) 保温层在檩条之间

(2) 坡屋顶的隔热

坡屋顶一般利用屋顶通风来隔热，有屋面通风和吊顶棚通风两种做法。

1) 屋面通风

在屋顶檐口设进风口，屋脊设出风口，利用空气流动带走屋面间层的热量，以降低屋顶的温度（图4-141）。

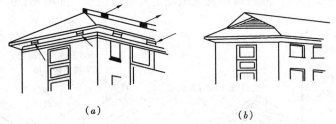

图4-141 屋面通风隔热
(a) 檐口和屋脊通风；(b) 歇山通风百叶窗

2) 吊顶棚通风

利用吊顶棚与坡屋面之间的空间作为通风层，在坡屋顶的歇山、山墙或屋面等位置设进风口。其隔热效果显著，是坡屋顶常用的隔热形式（图4-142）。

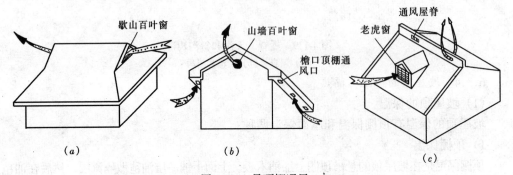

图4-142 吊顶棚通风
(a) 歇山百叶窗；(b) 山墙百叶窗和檐口通风口；(c) 老虎窗与通风屋脊

实 训 课 题

1. 调查与分析

观察住宅单元门与入户门的平面位置关系，考虑单元门处于楼梯一层中间平台下面时，如何保证净空高度，都有哪些做法？并画出示意图来。本地区通常做法是什么？试从实用性与经济性两方面分析其合理性。

2. 案例讨论

随着可持续发展观念的深入，讨论现行房屋建筑在选择构造方案时，如何走可持续发展的道路，具体做法有哪些？可行性与经济性如何？

3. 综合练习

由任课教师给定一住宅单元方案图，要求学生完成该住宅的构造图，包括单元平面图、剖面图、单元组合体立面图、楼梯详图、屋顶构造图等。

思考题与习题

1. 简述地基与基础的区别与联系。
2. 什么是基础的埋置深度，其影响因素是什么？
3. 基础按构造形式分为哪些类型？
4. 无筋扩展基础和扩展基础的使用范围有什么不同？
5. 观察你的教室和宿舍的墙体，指出它们的名称。
6. 砌墙常用的砂浆有哪些？如何选用？
7. 砖墙的砌筑要求是什么？常见的砌筑方式有哪些？
8. 绘出混凝土散水的构造图。
9. 勒脚的做法有哪些？图示其构造。
10. 墙身防潮层的作用是什么？水平防潮的做法有哪些？什么时候设垂直防潮层？
11. 试述窗台的作用及构造要点。
12. 常用的门窗过梁有哪几种，各自的适用条件是什么？图示钢筋砖过梁的构造。
13. 试述圈梁和构造柱的设置位置及构造要点。
14. 什么是附加圈梁？图示其构造。
15. 隔墙有哪些类型？
16. 图示门窗框与砖墙的连接构造。
17. 预制板的特点是什么？有哪些类型？
18. 什么是现浇钢筋混凝土楼板？有哪些类型？
19. 无梁楼板没有梁，为什么适用于荷载较大的情况？
20. 简述压型钢板组合楼板的构造组成。
21. 图示楼层、地坪层的基本构造组成。
22. 楼层的防水、隔声构造做法有哪些？
23. 阳台的结构类型有哪些？
24. 图示板式雨篷的构造。

25. 楼梯的形式有哪些？为什么双跑平行式楼梯被广泛采用？
26. 楼梯由哪几部分组成？
27. 什么是梯段宽、平台宽？
28. 楼梯的净空高度有什么要求？
29. 钢筋混凝土楼梯的结构形式有哪些？各有何特点？
30. 踏步的防滑措施有哪些？并图示其构造。
31. 简述室外台阶的构造，并图示。
32. 电梯有哪些类型，由哪几个基本部分组成？
33. 门窗的开启方式形式有哪些？各有何特点？
34. 门窗框的安装方式有几种？各自的特点是什么？
35. 简述门窗的构造组成。
36. 铝合金门窗的特点是什么？
37. 塑钢门窗的特点是什么？
38. 彩钢窗的特点是什么？
39. 常用的木门扇有哪几种？各有何特点？
40. 金属门窗与洞口的连接方式有哪几种？
41. 屋顶按排水坡度和构造形式分哪几类？
42. 如何形成平屋顶的排水坡度？
43. 平屋顶的排水方式有哪些？各自的适用范围是什么？
44. 图示 SBS 卷材防水屋面的构造，并用多层构造引出线注明各层所用的材料及厚度。
45. 卷材防水屋面上人时如何做保护层？
46. 什么是泛水？图示其构造。
47. 什么是刚性防水屋面？图示其基本构造。
48. 坡屋顶的承重方式有哪几种？各有何特点？
49. 简述平屋顶保温层的设置方式及各自的特点。
50. 平屋顶、坡屋顶的隔热措施各有哪些？

单元 5 建筑力学与结构基本知识

知识点：工程力学的基本知识。建筑结构的组成、结构构件基本构造、简单结构构件的计算。

教学目标：了解结构及构件的受力及抗力特征，能在装饰装修设计和施工中更好的依附并维护建筑结构；运用有关力学知识和建筑结构知识，使装饰装修设计和施工更合理。

概 述

建 筑 与 结 构

任何建筑物均产生于某种功能要求，包括空间大小、室内环境、日趋丰富的功能要求以及美观艺术的要求等。由于对建筑物"坚固"的要求涉及人类生命与财产，因此被人们十分重视而这一要求完全由结构来完成。结构是建筑物的骨架，如人体的骨骼。正如鸟儿筑巢要衔来一根根草木，儿童搭积木要用一个个"零件"拼接，建筑物也是由许多结构构件组合而成，这些结构构件起到承受并传递荷载、开辟空间等骨架作用。一般建筑物，通常由板、梁、柱或墙以及基础（即结构构件）组成结构体系。图 5-1 为某框架结构房屋的

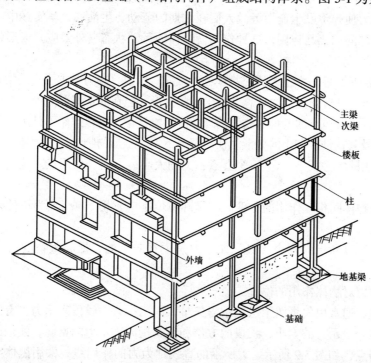

图 5-1 某框架结构房屋剖视示意

结构剖视示意。

荷载与建筑力学与结构

地球上的所有物体都受到地心引力的作用，例如，人们在楼板上活动，楼板就要承受人群、设备等重力以及自身的重量等，再如，风对建筑物墙面产生横向作用的力。这些作用在建筑物上的力，工程中称为荷载。

楼板将承受的荷载传给梁，梁将承接的荷载及自身的自重荷载再传给柱或墙，柱再将荷载传给基础并由基础传给地球（地基）。所以，建筑结构及构件的主要功能是承受并传递荷载。

小河上放一块木板（结构的作用）能作为一个小桥使用，人可以安全的通过小桥，但如果要让一只大象通过就不那么容易了。结构及构件能否承受荷载、承荷后的变形、能承受多大的荷载以及构件对与其相联的其他构件或物体会产生怎样的影响等，就成了建筑力学与结构要解决的问题。概括的说，学习建筑力学与结构的目的为：了解建筑结构及构件在荷载作用下的平衡以及承载能力（力学中称为强度）和抵抗变形的能力（力学中称为刚度）。

课题1 建筑力学基本知识

1.1 力、静力学公理以及力的合成与分解

1.1.1 力和力系的概念

正如我们用手推小车，手对小车的作用力使小车由静止开始运动；置于弹簧上的重物，对弹簧的作用力使弹簧发生变形等。人们在长期的劳动、生活和科学实践中，建立了力的概念：力是物体间的相互作用，这种作用使物体的运动状态（外效应）或形状（内效应）发生改变。

这里需要说明的是，静力学主要研究物体的外效应。所以，静力学把研究的物体均看作"刚体"。一般情况下，任何物体受力后总会产生一些变形。但在通常情况下绝大多数构件的变形都是很微小的，这种微小的变形对物体的外效应影响甚微，可以忽略不计，即不考虑力对构件作用时结构及其构件所产生的变形。任何情况下均不变形的物体称为刚体。

力对物体的作用效应决定于以下三个要素：力的大小、方向、作用点。这三个要素称为力的三要素。

力的大小表示物体间相互作用的程度。在国际单位制中，用 N 或 kN 为单位来量度力的大小。$1kN = 1000N$。

力的方向包含方位和指向两个含义。如重力是垂直向下的、提起重物的力是向上的等。

力的作用点指力对物体作用的位置。

力是定位矢量。通常用矢量图示法表示力矢量，即用一有向线段表示力。有向线段的长度（按选定比例）表示力的大小，线段的方位和箭头指向表示力的指向，线段的起点或终点表示力的作用点，如图5-2所示。力所沿的直线称为力的作用线。常用黑体字母（如 F、P）标记矢量，而对应的普通字母（如 F、P）表示矢量的大小。

作用在物体上的一组力，称为力系。按照力系中各力作用线在空间分布的不同形式，力系可分为：汇交力系，即各力作用线相交于一点；平行力系，即各力作用线相互平行；一般力系，即各力作用线既不相交于一点又不相互平行。

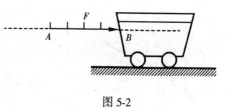

图 5-2

按照各力作用线是否位于同一平面内，上述三种力系各自又可分为平面力系和空间力系两类，如平面汇交力系、空间一般力系等。

1.1.2 静力学公理

静力学公理是从实践中总结得出的最基本的力学规律。

作用和反作用公理 两个物体间相互作用的一对力，总是大小相等，方向相反，作用线相同，并分别作用于这两个物体。这两个力互为作用力和反作用力。

二力平衡公理 作用在同一刚体上的两个力，使刚体平衡的充分与必要条件是这两个力大小相等、方向相反、作用在同一直线上，如图 5-3 所示。即

$$F_A = F_B \tag{5-1}$$

注意：对于变形体，这个条件是必要的，但是不充分。如柔索受两个等值、反向、共线的压力作用就不能平衡。

若一根杆件，在两个力作用下处于平衡，则称此杆件为二力杆。在二力杆上的两个力，它们必通过两个力作用点的连线（与杆件形状无关），且等值、反向，如图 5-4 所示。

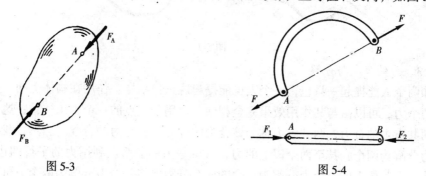

图 5-3　　　　　　　图 5-4

加减平衡力系公理 在作用于刚体的任意一个力系上，加上或减去任何一个平衡力系，并不改变原力系对刚体的作用效应。

推论：力的可传性原理 作用于刚体某点的力，可沿其作用线任意移动作用点不改变该力对刚体的效应，如图 5-5 所示。沿小车的作用线推动小车和拉动小车的效果一样，

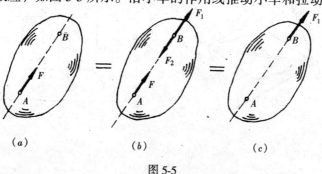

图 5-5

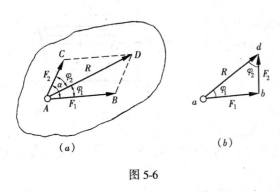

图 5-6

也是这个道理。因此，作用于刚体的力的三要素是力的大小、方向和作用线的位置。作用于刚体的力是滑动矢量。

力的平行四边形法则 作用于物体同一点的两个力可以合成为一个合力，合力也作用于该点，合力的大小和方向由这两个力为邻边所构成的平行四边形的对角线表示，即合力矢等于这两个分力矢的矢量和，如图 5-6 所示。其矢量表达式为

$$F_1 + F_2 = R \tag{5-2}$$

推论：**三力平衡汇交定理** 刚体受不平行的三个力作用（其中两个力的作用线相交于一点）而平衡时，此三个力的作用线在同一平面内且必汇交于一点，如图 5-7 所示。

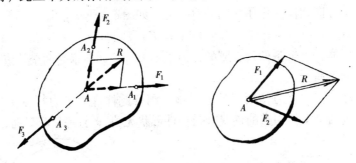

图 5-7

1.1.3 力的合成与分解

正如两个人能提起一只包，一个人也能提起这只包一样。作用在物体上同一点但方向不同的两个力，可以由与其作用效果完全相同，作用于该点的一个力来代替，这个力我们称之为两共点力的合力，两共点力称为该合力的分力。这是力的合成。当然，我们也可以将一个力分解为两个，甚至两个以上的力，这就是力的分解。利用力的平行四边形法则，可以把作用在物体上的一个力分解为相交的两个分力但将一个力分解为两个力可以有无数种分法，如图 5-8（a）所示，分力和合力作用于同一点。工程中常把一个力分解为方向已知且互相垂直的两个（平面）或三个（空间）分力。这种分解称为正交分解，所得的两个（平面）或三个（空间）分力称为正交分力，如图 5-8（b）所示。

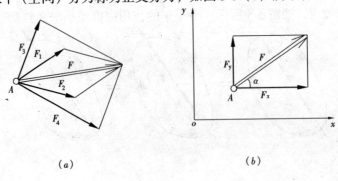

图 5-8

将一个力 F 沿两个直角坐标轴方向分解成两个相互垂直的力 F_x 和 F_y，设力 F 从 A 指向 B，通过力 F 所在的平面内任一点 O，建立直角坐标系，如图 5-8（b）所示。

则 F_x 和 F_y 为

$$\left.\begin{array}{l}F_x = \pm F\cos\alpha \\ F_y = \pm F\sin\alpha\end{array}\right\} \tag{5-3}$$

式中的 F 为力 F 的大小，α 为力 F 与 x 轴所夹的锐角，正负号由下述规定确定：当 F_x 的指向与 x 轴的方向一致时，取正号，反之取负号。同理，也可以确定投影 F_y 的正负号。

如果已知分力 F_x 和 F_y，则可由式（5-4）确定 F 力的大小和方向。

$$\left.\begin{array}{l}F = \sqrt{F_x^2 + F_y^2} \\ \mathrm{tg}\alpha = \dfrac{F_y}{F_x}\end{array}\right\} \tag{5-4}$$

1.2 力矩和力偶

1.2.1 力矩的概念

力可以使物体产生移动，还可以使物体绕某点发生转动，例如，工人用扳手拧螺母时，对扳手施加的力 F 会使扳手和螺母一起绕螺母的轴心 O 发生转动。现将力 F 对某一点的转动效应就称为力。F 对点的矩，简称力矩。O 点称为矩心。O 点到力 F 作用线的距离称为力臂，以字母 d 表示，如图 5-9 所示。力 F 对 O 点的矩可以表示成为 $m_0(F)$ 有时也用 m 表示。

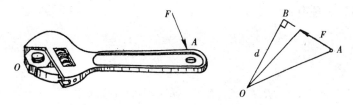

图 5-9

力矩的大小，反映了力使刚体绕某点转动的能力，它不仅取决于力的大小，还取决于力臂的长短。阿基米德的杠杆原理就引入了力矩：支点一侧较小的力借助杠杆到支点的力臂长度，就可以翘动支点另一侧很重的重物。

力使刚体绕矩心转动的方向，称为力矩的转向。习惯上是以逆时针转向为正，顺时针转向为负。在平面力系中，力矩只有正、负两种情况。因此，力矩是代数量。力矩的大小由下式进行计算：

$$m_0(F) = \pm F \cdot d \tag{5-5}$$

力矩的单位：牛·米（N·m）或千牛·米（kN·m）。

由力矩的定义可知，在下列两种情况下，力矩等于零：

（1）力 F 的大小等于零；

（2）力 F 的作用线通过矩心 O，即力臂 d 等于零。

例如：直接以手用力去推或拉螺母，由于力的作用线通过螺母中心，力臂 d 等于零。

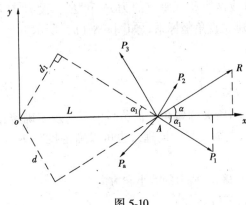

图 5-10

因此，力矩等于零，不能使螺母转动。

注：刚体上的任何一点都可以取为矩心。在计算力矩时，要根据计算的需要来确定矩心和力臂。力臂必须是矩心到力作用线的垂直距离。

合力矩定理：合力与分力的作用效应相同，那么合力的转动效应也应与分力的转动效应相同。

如图 5-10 所示，在刚体 A 点作用有平面汇交力系 P_1、P_2……P_n，其合力为 P_0，现对刚体上任一点 O 取矩，并在 O 点建立直角坐标系：xOy，Ox 轴通过力系的汇交点 A。已知 $OA = L$，则力系中各力对 D 点之矩分别为：

$$m_0(P_1) = -P_1 d_1 = -P_1 L \cdot \sin a_1 = -P_1 \sin a_1 L = -y_1 L$$

$$m_0(P_2) = y_2 L$$

……

$$m_0(P_n) = y_n L$$

$$m_0(R) = R \cdot d = RL \sin a = R_y L$$

式中，$y_1 = P_{1x} \sin a$ 为 P_1 在 O_y 轴上的投影，同理，y_2、y_3……y_n 和 R_y 分别为各分力和合力 R 在 O_y 轴上的投影。

根据合力投影定理有：

$$R_y = y_1 + y_2 …… y_n$$

上式两边同乘 L 得：

$$R_y L = y_1 L + y_2 L + …… + y_n L$$

$$m_0(R) = R_y L = m_0(P_1) + m_0(P_2) + …… + m_0(P_n) = \Sigma m_0(P) \tag{5-6}$$

由此可导出合力矩定理：平面汇交力系的合力对平面内任一点的力矩，等于各分力对同一点力矩的代数和。

【例 5-1】 一装饰构架（图 5-11），两根杆件的 E、A 端固定在墙上，且两根杆件在 B 点连接，力 F（$F = 4$kN，与水平线的夹角为 $60°$）作用在 D 点，要求计算 F 对 A 点的矩。

解：求 F 对 A 点的矩，关键是确定力臂 d，不难看出力臂 d 的确定是比较麻烦的。因此，可将力 F 分解为 F_x 和 F_y。

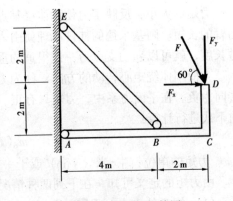

图 5-11 装饰构架简图

$$F_x = F \cos 60°$$

$$F_y = F\sin 60°$$

根据合力矩定理：

$$m_A(\boldsymbol{F}) = m_A(\boldsymbol{F}_x) + m_A(\boldsymbol{F}_y) = -F_x \cdot 2 - F_y \cdot 6 = -24.76\text{kN} \cdot \text{m}$$

1.2.2 力偶的概念

我们在生产实践和日常生活中，还经常遇到另一种情况：由两个大小相等、方向相反、作用线平行的力所组成的力系对物体的转动作用。例如，司机操纵汽车的方向盘时，两手施加在方向盘上的一对力使方向盘绕轴杆转动；木工用麻花钻钻孔时，加在钻柄上的一对力，如图5-12所示。上面所说的使刚体发生转动的一对大小相等、方向相反、作用线互相平行的力 F 和 F' 在力学上称为力偶，并记为 $(\boldsymbol{F}、\boldsymbol{F}')$。

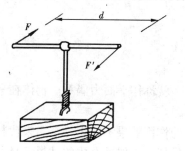
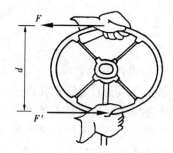

图 5-12

力偶与力一样，是力系中的一个元素。也就是说，力偶不可能用更简单的单个力来代替它对刚体的作用效果。

显然，组成力偶的两力越大或力偶臂越长，则力偶对刚体的转动作用就越大。因此，为了描述力偶对刚体的作用，我们引入一个新的物理量——力偶矩。

力偶矩等于力偶中的一个力与其力偶臂的乘积。如以 $(\boldsymbol{F}、\boldsymbol{F}')$ 表示一力偶、以 d 表示力偶臂，则此力偶的力偶矩为：

$$M = Fd \tag{5-7}$$

式（5-7）中的正负号表示力偶的转动方向。即逆时针方向转动时为正，顺时针方向转动时为负。

与力矩一样，力偶矩的单位可以表示为：kN·m，N·m，N·cm。

力偶的三要素为：力偶矩的大小、力偶的转向和力偶的作用平面。

力偶具有的特征：

(1) 一对等值、反向、作用线互相平行的力，在任何坐标轴上投影值的代数和均为零。

(2) 两个位于同一平面内的力偶，如果力偶矩大小相等，转动方向相同，则两力偶对刚体的作用效果相同。这是平面力偶的互等定理。

例如，图5-13中，作用在方向盘上的力偶 $(\boldsymbol{F}_1、\boldsymbol{F}_1')$ 或 $(\boldsymbol{F}_2、\boldsymbol{F}_2')$，虽然它们的作用位置不同，但如果它们的力偶矩大小相等，转向相同，则对方向盘的转动效果就一样。

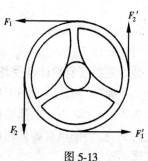

图 5-13

推论：力偶可以在它的作用平面内任意移动，而不影响它对刚体的作用；在保持力偶矩的大小和转向不变的前提下，可以改变力的大小和力偶臂的长短，而不影响它对刚体的作用。

因此，当研究某一平面内的力偶问题时，只须考虑力偶矩，不必单独研究其组成力偶的力大小和力偶臂的长短。用图 5-14 可以形象地表示力偶的等效性。

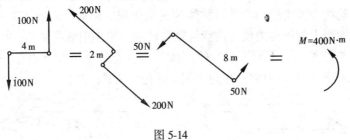

图 5-14

1.2.3 平面力偶系的合成

如果作用在物体上的力偶都在两个平面内，就称作平面力偶系。物体在平面力偶系作用下，其转动效果的度量就是力偶系的合成问题。

因为力偶没有合力，所以一个力偶对物体的作用效果不能用一个力来代替。同理，平面力偶系对物体的作用效果也不能用一个力来代替。力偶系合成的结果还是一个力偶，称作平面力偶系的合力偶。

如果作用在同一平面内有 n 个力偶，则其合力偶矩为：

$$M = M_1 + M_2 + \cdots\cdots + M_n \tag{5-8}$$

上式表明，平面力偶系的合成结果为一合力偶，合力偶矩等于各已知力偶矩的代数和。

按照前面规定的符号规则，如计算出来的力偶矩代数和为正值，则表示合力偶是逆时针转向；反之，则表示合力偶为顺时针转向。既然平面力偶系的合成结果是一个合力，如果合力偶矩等于零，那么说明力偶系处于平衡状态。由此可知，平面力偶系平衡的必要和充分条件为：力偶系中各力偶矩的代数和等于零。即：

$$\Sigma m = 0 \tag{5-9}$$

一般称式（5-9）为平面力偶系的平衡方程。

应用平面力偶系的平衡方程，可以验证平面力偶系是否平衡；或在已知平衡的条件下，求未知力偶（可以并且只能求得一个未知力偶）。

1.3 荷载、约束与受力分析

1.3.1 荷载与约束

（1）荷载

地球表面所有物体都受到地心的吸引力并指向地心，但在局部范围内，我们视地球表面为"平面"，因此，作用于物体的重力被视为是垂直向下的。作用在结构上的物体（包含结构本身），如人、上部结构构件本身等是垂直荷载。如树会随风向歪斜甚至倒下（风很大时），我们把风对物体侧面的作用，称为水平荷载等等。图 5-15 为混合结构房屋受荷示意图。

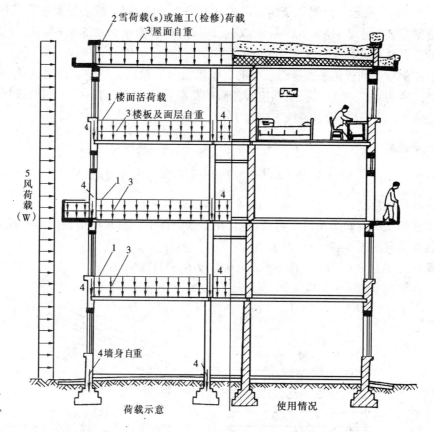

图 5-15 混合结构房屋受荷示意

1）荷载作用在结构上的方式

荷载作用在结构上的方式为：集中荷载、分布荷载（面荷载）、线荷载等。

集中荷载是指集中作用在较小范围内（可视为一点）的荷载，如主次梁相交处，次梁在与主梁相交的局部范围将荷载传给主梁，其荷载单位为 kN 或 N。

面荷载是指荷载连续地作用在整个构件或构件的一部分上（不能看作集中荷载）时的荷载，如楼板自重（恒荷载）及板上作用的活荷载，如图 5-16 所示。其荷载单位为 kN/m^2 或（N/m^2）。

线荷载是指分布在一个狭长范围内，则可以把它简化为沿狭长面的中心线分布的荷载。例如，分布在梁面上的荷载就可以简化为沿梁面中心线分布的线荷载。

如板传给梁的荷载及梁自重荷载沿梁轴线均匀分布。其荷载单位为 kN/m 或 N/m。

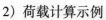

图 5-16 板上的荷载分布

2）荷载计算示例

【例 5-2】 某办公楼楼层的预制板由矩形截面梁支承，梁支承在柱子上，梁、柱的间距如图 5-17（a）所示。已知板及其面层的自重是 2.25kN/m², 板上受到活荷载按 2kN/m² 计，矩形梁截面尺寸 $b \times h = 200mm \times 500mm$，梁的材料密度为 2.5kg/m³。试计算梁所受到的线荷载，并求其合力。

解： 本例梁受到板传来的荷载及梁的自重都是分布荷载，这些荷载可简化为线荷载。由于梁的间距为 4m，所以每根梁承担板传来的荷载范围如图 5-17（a）阴影线区域所示，即承担范围为 4m，这样沿梁轴线方向每 1m 长所承受的荷载为

板传来荷载 $\qquad q' = \dfrac{(2.25 + 2) \times 4 \times 6}{6} = 17 \text{kN/m}$

梁自重 $\qquad q'' = \dfrac{0.2 \times 0.5 \times 6 \times 2.5 \times 10}{6} = 2.5 \text{kN/m}$

总计线荷载集度 $\qquad q = 17 + 2.5 = 19.5 \text{kN/m}$

梁所受的线荷载如图 5-17（b）所示。在工程计算中，通常用梁轴表示一根梁，故梁受到的线荷载可用图 5-17（c）表示。

线荷载 q 的合力 Q 为 $\qquad Q = 6q = 6 \times 19.5 = 117 \text{kN}$

作用在梁的中点。

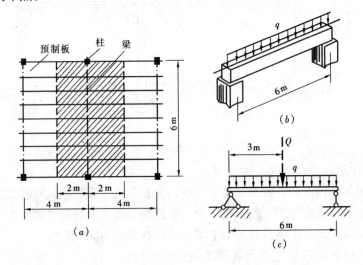

图 5-17

(2) 约束及约束反力

如在太空飞行的飞船、天空飞行的飞机等，在空中可以自由运动，其位移不受任何限制。而工程中几乎所有的物体，向某些方向的位移往往受到限制，例如，建筑物必须建在稳固的基础上或梁上的板等，我们称为非自由体。对非自由体某些方向的位移起限制作用的周围物体称为约束。如基础是建筑物的约束、梁是板的约束等。

当物体沿着约束所限制的方向有运动趋势时，约束对物体必产生一作用力。约束对被约束物体的作用力称为约束反力，工程中称为支座反力。约束反力的方向总是与非自由体被约束所限制的位移方向相反。这是用以确定各种约束反力方向的原则。

1) 常见的几种约束

柔索约束：装饰中常用绳索或链条吊挂灯具和饰物，工程中常见的钢丝绳、三角带等都可以简称为柔索。被吊挂物体所受重力作用，可视为作用线通过重心的集中荷载（垂直

向下），被吊物受地心吸引有向下移动的趋势，而柔索的约束能限制被吊物向下位移。柔索的约束反力作用在柔索与物体的接触点，其方向沿着柔索且与被约束物体作用的方向相反，即必为拉力。图 5-18 所示为两根绳索悬吊一重物。根据柔索反力的特点，可知绳索作用于重物的约束反力是沿绳索的拉力 N_1、N_2。

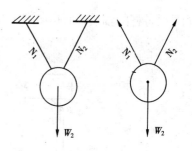

图 5-18 柔索约束

光滑表面约束：在光滑地面上放置的桌椅、钢轨上的车轮等，这些物体置于光滑表面上（即接触面之间的摩擦很小，可以忽略不计），我们可以很容易的沿光滑表面推拉物体，也可以把物体搬离光滑表面，但却不能把物体推进光滑表面。因此，光滑接触面的约束反力必通过接触点，方向沿着接触面在该点的公法线，指向被约束物体内部，即必为压力。通常这种约束反力称为法向反力。如图 5-19 中的 N_A 和 N_1、N_2。

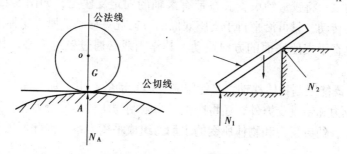

图 5-19 光滑表面约束

圆柱铰链约束：门窗用的是典型的铰链。圆柱铰链是由一个圆柱形销钉插入两个物体的圆孔中构成，且认为销钉与圆孔不计摩擦的光滑表面。销钉不能限制物体绕销钉转动，只能限制物体在垂直于销钉轴线的平面内沿任意方向移动。所以，圆柱铰链的约束反力在垂直于销钉轴线的平面内，通过销钉中心，而方向未定。在实际受力分析时，可利用力的正交分解将该约束反力表示为两个正交分力 X_c 和 Y_c，其简图如图 5-20 所示。

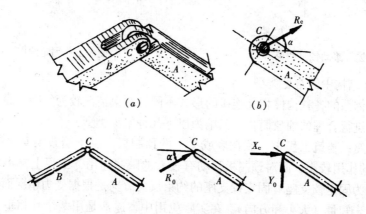

图 5-20 圆柱铰链约束

链杆约束：两端用铰链与物体连接而不计自重的刚直杆称为链杆，它能阻止物体沿链杆方向移动（分开或趋近），但不能阻止其他方向的运动。所以，链杆约束反力的方向只能是沿链杆的轴线,而指向则由受力情况而定,如图 5-21 所示。

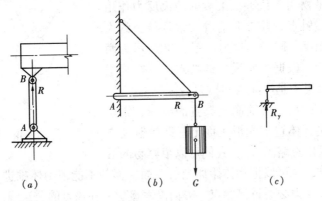

图 5-21　链杆约束

滚动铰链约束:将铰链约束安装在带有滚轴的固定支座上,如图 5-22 所示。被约束物体不但能自由转动,只可沿平行于支座底面的方向任意移动。所以这种滚动铰链支座只能阻止物体沿垂直于支座底面的方向运动,其作用线必通过铰链中心,其简图如图 5-22(b)、(c) 所示。

固定约束:既能限制物体移动,又能限制物体转动的约束,称为固定约束。这种约束除了产生水平反力和铅垂反力外,还将产生一个限制物体转动的反力偶,如图 5-23 所示。

在静力学中,约束反力和物体所受的主动力组成平衡力系,因此可用平衡条件求出约束反力。

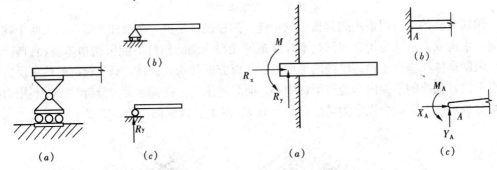

图 5-22　滚动铰链约束　　　　　图 5-23　固定约束

2) 约束在结构中的常见类型

组成结构体系的各种构件相互连接的形式不同,约束情况较为复杂。通常工程中对常见的约束情况进行合理的抽象简化,归纳为以下几种常见类型:

固定铰支座:建筑工程中,搁在墙或梁上的预制板,由于墙或梁对预制板段不转动(受荷变形)的作用较小,而对预制板移动有较大的限制作用,工程上常将墙或梁对预制板的约束抽象为固定铰支座。固定铰支座的约束反力方向是根据受力情况而定的,所以约束反力有两个未知量(大小和方向)。在实际应用中,通常是用两个互相垂直且通过铰心的分力 R_x 和 R_y 来代替。

图 5-24 (a)、(b)、(c)、(d) 为其简图的四种表示形式。

辊轴支座或可移动铰支座。在桥梁结构和屋架中,常设置辊轴(即滚动铰链)支座和

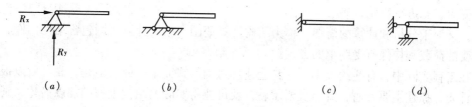

图 5-24 四种铰支座示意

固定铰链支座。这种支座能适应桥梁和屋架因温度变化而引起的伸长和缩短。

固定支座：如房屋的阳台、雨篷等悬挑结构，与杯形基础用细石混凝土浇筑成整体的预制钢筋混凝土柱子等，其构件的一端被固定，固定端既能限制构件的移动，又能限制构件转动，工程中称为固定支座。如图 5-23 所示的雨篷板，其一端插入墙内，墙即为板的固定端支座。

铰节点：如厂房的钢屋架与柱子的连接等，构件受荷后，可以发生一定的转动，则抽象为铰节点（理想铰是可以自由转动的）。

刚节点：如框架结构中主梁、次梁和柱三个构件的连接点，如果各构件的转动刚度均较大，则各构件均不能绕节点（多根构件的连结点）自由转动，受荷前后构件间夹角保持不变。刚节点不仅约束了构件的移动，也约束了构件的转动。如图 5-25 所示。

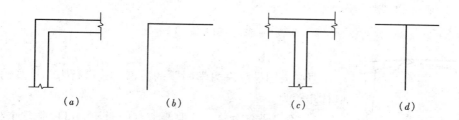

图 5-25 刚节点

组合节点：多根构件相连接，在连接处既有铰接又有刚接。如图 5-26 所示。

1.3.2 构件计算简图与受力图

结构构件承受荷载并将荷载传递给支撑它（或与之连接的且对它有约束作用）的其他构件，并在荷载与约束反力的作用下保持平衡。

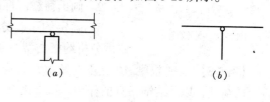

图 5-26 组合节点

在实际分析中，要根据已知的荷载情况，根据物体的平衡条件求出未知的约束反力。因此，为能清晰地表示物体的受力情况，通常将要研究的物体（称为受力体）从与其联系的周围物体（称为施力体）中分离出来，即解除周围物体对研究对象的约束，而代之以约束反力，并在受力体上标上所有的主动力（荷载），这样得到的图形即称为隔离体受力图，简称受力图。物体的受力图是表示物体所受全部外力（包括主动力和约束反力）的简图。

(1) 结构计算简图

在工程实际中，墙、柱、梁是常见的结构构件。在对建筑结构进行分析和计算时，需对其受力状态进行简化，略去次要因素，抓住主要矛盾，以便得到一个既能反映结构受力情况，又便于分析和计算的简图，称为结构计算简图。结构计算简图包含结构构件、构件上承受的荷载和构件所受约束的方式。

在工程实际中，有些约束不一定与上述理想的形式完全一样。但是，我们可以根据问题的性质，抓住主要矛盾，忽略次要矛盾，就可能将实际的结构近似的加以简化，画出结构受力图。例如，梁、板、柱可取其轴线代表构件本身并将其抽象为一根杆件用直线画出；砖墙上搁置的梁，梁上承受均布荷载，梁受荷变形时，砖墙对梁两端的翘曲转动约束较小，故可抽象为一端是固定铰支座，另一端是链杆支座。在工程中，这是典型的且是最常见的梁计算简图，称为简支梁。如图 5-27、图 5-28（b）所示的简图。将作用其上的主动力和铰支座处的支座反力画上，就可得到此三铰刚架的计算简图。

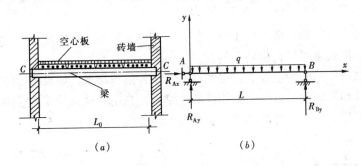

图 5-27 简支梁

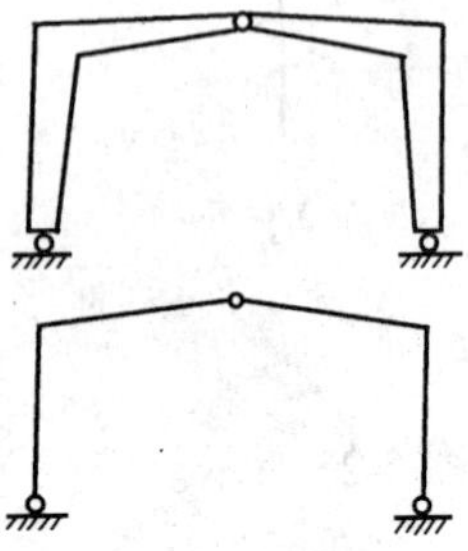

(2) 受力图

画受力图是解决力学问题的关键，是进行力学计算的依据。具体步骤为：

1) 确定研究对象。选取要考察的对象，可以是整个结构或局部构件。将研究对象与周围其他物体之间的约束全部解除，单独画出该研究对象。

2) 画出荷载。标出研究对象所受全部荷载。

图 5-28 三铰刚架

3) 确定约束。分析受荷特征，判定其使物体运动的趋势，然后分析约束类型，并确定约束反力，画出约束的力学简图。

【例 5-3】 一根梁 AB 支承在墙上，其构造如图 5-29 所示，梁承受本身自重、楼板传至的荷载，以及装饰吊灯的作用，试画出其受力图。

解：①以梁为研究对象。

②因为此梁是典型的简支梁，其约束一端是固定铰支座（A 端），另一端是链杆支座（B 端）。解除约束，A 端约束反力为两个互相垂直且通过 A 铰中心的力 R_{Ax} 和 R_{Ay}。B 支座反力为 R_{By}，其作用线垂直于支座底面，如图 5-29 所示。

③自重和楼板传至的荷载均为线荷载，其和用 q 表示；吊灯对梁的作用为集中荷载，用 P 表示。

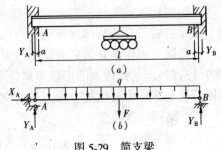

图 5-29 简支梁

④画出梁 AB 的计算简图即受力图 (图5-29)。

【例 5-4】 预制楼梯的实际构造如图 5-30（a）所示，试画出休息平台板和斜梯板的受力图。

解：①以休息平台板为研究对象。取 A 端为固定铰支座，B 端为链杆支座；将平台板上作用的面荷载化简为作用在板中心的线荷载，其自重和活荷载合计为 q_1，如图 5-30（b）所示。

②以斜梯板段 CD 为研究对象，取 C 端为固定铰支座，D 端为链杆支座；将斜梯板段 CD 上作用的面荷载化简为作用在板中心的线荷载（垂直向下，与板轴线斜交），其自重和活荷载合计为 q_2，如图 5-30（c）所示。

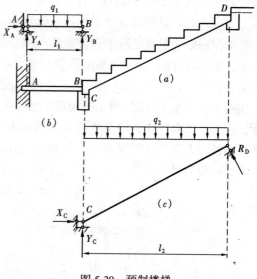

图 5-30 预制楼梯

1.4 简单结构平衡计算

1.4.1 力系的平衡及平衡条件

所有建立于地基上的建筑物及其结构都应该是"静止不动"的，即所谓的平衡状态，这样才能让我们安全使用。所谓平衡，是指物体相对于地球处于静止或作匀速直线运动的状态。作用在结构上使其处于平衡状态的力系称为平衡力系。当结构或构件在某力系作用下处于平衡状态时，该力系必须满足一定的条件，这个条件被称为力系的平衡条件。

力系的平衡条件为：

$$\left. \begin{array}{l} \boldsymbol{R} = 0 \\ \boldsymbol{M} = 0 \end{array} \right\} \tag{5-10}$$

合力为零，即"不移动"；合力矩为零，即"不转动"；应用平衡条件可以解决两类问题：

（1）判别刚体是否平衡。

（2）当刚体平衡时，求未知力。

1.4.2 平面一般力系的平衡及简单结构平衡计算

（1）平面一般力系的平衡

作用在构件上的所有力的作用线都在同一平面内，但既不汇交于一点，又不互相平行，即各力的作用线是任意分布的，则称这种力系为平面一般力系。如图 5-31 所示的屋

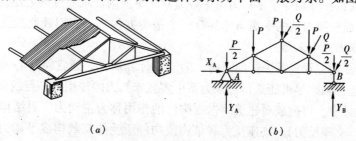

图 5-31 屋架受力的简化

架受竖向荷载 P 和风荷载 Q（注：已将分布荷载简化为集中荷载）作用，其支座反力为 X_A、Y_A 和 Y_B，显然这是一个平面一般力系。

平面一般力系是工程中最常见的一种力系，很多实际问题可以简化成平面一般力系来处理，图 5-31（a）为一典型的屋架构造，图 5-31（b）为该屋架简化为平面一般力系的结果。

再如，图 5-32（a）所示的雨篷。通常用一根悬臂梁作为其计算简图，把荷载沿着雨篷板的挑出方向简化为均布线荷载 q_1 和集中力 P 如图 5-32（b）所示，q_1 是雨篷的自重，P 是检修时人和工具的荷载（活荷载），连同梁固定端的支座反力 R_{Ax}、R_{Ay}、M_A 构成一个平面一般力系。

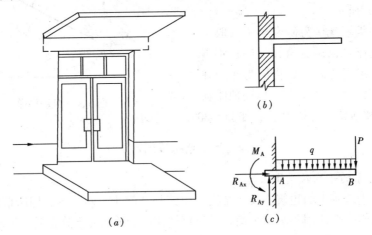

图 5-32 雨篷及其受力简图

在合力的作用下，刚体发生移动，在合力矩作用下，结构发生转动。如果合力和合力矩都等于零，则结构既不移动也不转动，说明原力系平衡；反之，若力系平衡，则合力、合力矩也一定为零。因此，平面一般力系平衡的充分必要条件为：力系的合力和合力矩必须都等于零。

因工程计算时多用解析法，所以在平面直角坐标系中有

$$\begin{cases} \Sigma F_x = 0 \\ \Sigma F_y = 0 \\ \Sigma M = 0 \end{cases} \quad (5-11)$$

换言之，平面一般力系处于平衡的必要和充分条件为：力系中所有各力在两个任选坐标轴上投影的代数和分别等于零；力系中各力对于平面内任意一点的力矩代数和等于零。

注：1) 平面一般力系的平衡条件共有三个平衡方程式，它们彼此独立。根据这些平衡方程式可以求出三个未知力。

2) 在应用平衡方程式解平衡问题时，为了使计算简化，通常将矩心选在两个未知力的交点上，而坐标轴则尽可能选得与该力系中多数未知力的作用线平行或垂直。

3) 结构设计中，将荷载对建筑结构或构件的作用称为主动力，对结构或构件的支撑称为约束反力（支座反力）。支座反力和结构或构件所受的荷载构成平衡力系。在结构计算简图上，应根据荷载情况和计算简便选用计算式，就可解决工程中的一些实际问题。

(2) 简单结构平衡计算

【例 5-5】 如图 5-32 的雨篷。若挑出长度 $L=0.8\text{m}$,雨篷自重 $q=4\text{kN/m}$,施工时的集中荷载 $P=1\text{kN}$。试求固定端的支座反力。

解:①以雨篷板(悬臂梁)AB 为研究对象,并画受力图。

雨篷支座可简化为固定端支座,在竖向荷载 q 和 P 的作用下,只有竖向反力 $-R_{Ay}$ 和力偶 M_A,因无水平荷载作用,则 $R_{Ax}=0$。

②以 A 点为坐标原点,建立坐标系 xAy。

③列平衡方程:

$$\Sigma F_y = 0 \Rightarrow R_{Ay} - P - ql = 0$$

$$\Sigma F_A = 0 \Rightarrow M_A - Pl - \frac{1}{2}ql^2 = 0$$

解联立方程得:

$$\begin{cases} R_{Ay} = P + ql = 1 + 4 \times 0.8 = 4.2\text{kN} \\ M_A = PL + \frac{1}{2}ql^2 = 1 \times 0.8 + \frac{1}{2} \times 4 \times 0.8^2 = 2.08\text{kN} \cdot \text{m} \end{cases}$$

计算结果都为正值,表明 R_{Ay} 和 M_A 的方向与假定的方向一致。

【例 5-6】 某房屋的外伸梁尺寸如图 5-33(a)所示。该梁的 AB 段受荷载 $q_{l1}=20\text{kN/m}$ 的作用,BC 段受荷载 $q_{l2}=25\text{kN/m}$ 的作用。试求支座 A 和 B 的反力。

解:①选外伸梁 AC 为研究对象。A 端可认为是固定铰支座,B 点可看作是铰链支座。在竖向荷载 q_{l1} 和 q_{l2} 作用下,外伸梁 AC 处于平衡状态,其的受力图如图 5-33(b)所示。

②选定坐标系 xAy 轴。

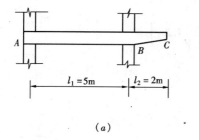
(a)

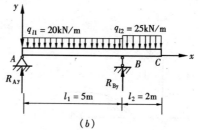
(b)

图 5-33

③列平衡方程:

$$\begin{cases} \Sigma M_A = 0 \Rightarrow R_{By}l_1 - q_{l1} \times l_1 \times \frac{l_1}{2} - q_{l2}l_2\left(l_1 + \frac{l_2}{2}\right) = 0 \\ \Sigma M_B = 0 \Rightarrow q_{l1} \times l_1 \times \frac{l_1}{2} - q_{l2} \times l_2 \times \frac{l_2}{2} - R_{Ay}l_1 = 0 \end{cases}$$

解联立方程得:

$$\begin{cases} R_{By} = \frac{1}{5}(q_{l1} \times 5 \times 2.5 - q_{l2} \times 2 \times 6) \\ \quad = 2.5 \times 20 + 2.4 \times 25 = 110\text{kN} \\ R_{Ay} = \frac{1}{5}\left(q_{l1} \times 5 \times 2.5 - q_{l2} \times 2 \times \frac{2}{2}\right) \\ \quad = 2.5 \times 20 - 0.4 \times 25 = 40\text{kN} \end{cases}$$

校核：
$$\Sigma F_y = R_{Ay} + R_{By} - q_{l1} \times 5 - q_{l2} \times 2 = 40 + 110 - 20 \times 5 - 25 \times 2 = 0$$
计算正确。

1.4.3 重心

(1) 重心

地球表面附近的物体，都受到地心引力的作用，即物体的重力。将物体看作由许多微小部分组成，每一微小部分受到的重力作用形成空间平行力系，这个空间平行力系的合力就是物体的重力，如图 5-34 所示。重力的大小称为物体的重量。实践证明，不论物体的空间方位如何，重力的作用线始终通过一个特定点，这个点就是物体的重力作用点，即物体的重心。

(2) 匀质物体重心（形心）的坐标计算式

对于匀质物体，形心与重心重合。所以，计算匀质物体的重心就可转化为物体形心的计算，其坐标计算式为：

$$\left. \begin{array}{l} x_c = \dfrac{\Sigma \Delta V \cdot x}{V} \\ y_c = \dfrac{\Sigma \Delta V \cdot y}{V} \\ z_c = \dfrac{\Sigma \Delta V \cdot z}{V} \end{array} \right\} \quad (5\text{-}12)$$

对于等厚的薄平板，其重心必在板厚的中平面上，这样，可将空间的重心转化到平面上计算（图 5-35），其坐标计算式为：

$$\left. \begin{array}{l} x_c = \dfrac{\Sigma \Delta V \cdot x}{V} \\ y_c = \dfrac{\Sigma \Delta V \cdot y}{V} \end{array} \right\} \quad (5\text{-}13)$$

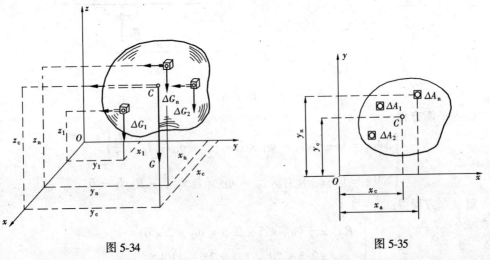

图 5-34   图 5-35

注：工程上常见的构件多为简单形体，或由几个简单形体组成的组合体。简单形体的形心位置可从有关工程手册中查到。

1.5 结构的内力与内力图

前面讨论结构的受力情况时,结构所承受的荷载及支座反力都称为外力。那么,结构是怎样将荷载传给支座的呢?结构通过"结构内"的力传递荷载,这些力在结构材料内产生应力(截面上应力之合力即为内力)。结构在内力作用下发生变形,其变形程度取决于结构的刚度。

内力结构受外力作用发生变形时,其内部各质点间的相对位置将发生变化,而质点间就产生了"一种相互作用的力"来阻止这类变化,这种结构内部材料间相互作用的力就是内力。即所谓内力是指构件内部的一部分对另一部分的作用力。

内力计算是分析构件强度、刚度、稳定性的基础。

内力图:结构构件不同截面上的内力是不同的,即内力随着截面位置变化而变化。为了表明构件各横截面上的内力随横截面位置而变化的情况,可按选定的比例尺,用平行于构件轴线的坐标表示横截面的位置,并用垂直于构件轴线的坐标表示横截面上内力的数值,从而绘出表示内力与截面位置关系的图线,即构件内力图。

从内力图上可知道构件最大内力的数值及其位置,这是结构构件强度设计的重要依据。

1.5.1 内力计算的一般方法——截面法

由于内力是物体内部相互作用的力,因此,可将物体假想地截开后来确定内力。

截面法包括以下两个步骤:

(1) 在构件欲求内力的截面处,假想地将构件截开分为两部分;取其中的一部作为研究对象,另一部分对其的作用(相当两部分之间的相互"约束")即该截面上的内力(力或力偶)。画受力图。

(2) 建立平衡方程计算内力。

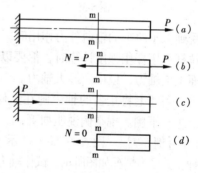

图 5-36

注:在采用截面法之前是不允许使用力(或力偶)的可移性定理的,这是因为将外力移动后就改变了杆件的变形性质,并使内力也随之改变。现以图 5-36(a) 所示拉杆为例来说明,该杆在自由端处受集中力 P 作用,此时,由截面法可算出其任一横截面 m-m 上的轴力 N 在数值上均等于 P,如图 5-36(b) 所示。但若预先将荷载 P 的着力点沿其作用线移至杆的固定端,如图 5-36(c) 所示,再采用截面法,如图 5-36(d) 所示,则其任一截面 m-m 上的轴力都将等于零。

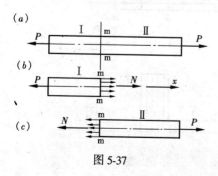

图 5-37

下面介绍几种常见结构构件的内力及内力图。

1.5.2 拉、压杆件的轴力及轴力图

如桁架结构的拉杆和压杆、受压柱等,其构件受荷后产生的内力为轴力。所谓轴力,就是杆件内产生内力的合力作用线与杆件的纵轴线重合。

对于图 5-37 所示的拉杆,可假想地用任一个横截面 m-m 将它截为两部分,弃去一部分,并将弃去部分对留下部分的作用以截开面上的内力来代

替,如图 5-37(b)所示。截面上的内力是连续分布的,通常用其合力 N 来表示。

对于留下部分Ⅰ来讲,由于整个杆件处于平衡状态,对留下部分当然也如此,所以可以通过留下部分Ⅰ建立平衡方程来计算杆在截开面 m—m 上的力 N。由平衡方程:

$$\Sigma x = 0 \quad N - P = 0 \tag{5-14}$$

得
$$N = P$$

式中,N 为杆件任一截面上的内力,其作用线与杆件轴线重合,即轴力。

若取Ⅱ为留下部分,则由作用与反作用原理可知,Ⅱ部分在截开面上的轴力与前述Ⅰ部分上的轴力数值相等而指向相反,如图 5-37(b)所示。当然,同样也可以从Ⅱ部分上的外力,通过平衡方程来确定此轴力 N。

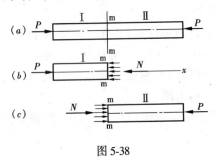

图 5-38

对于压杆,也可通过上述过程求得其任一横截面 m—m 上的轴力 N,其指向如图 5-38 所示。

为了区别拉伸和压缩,可以联系到变形的情况来规定轴力的正负号:杆件变形沿纵向伸长,其轴力为正,称为拉力,拉力指向背离截面;杆件变形沿纵向缩短,其轴力为负,称为压力,压力指向截面。

表示轴力与截面位置关系的图是轴力图。当杆受到多于两个的轴向外力作用时,在杆的不同部分中其横截面上的轴力也不同。对于等直拉杆或压杆作强度计算时,都要以杆的最大轴力作为依据,为此就必须知道杆的各个横截面上的轴力,以确定最大轴力。

习惯上将正值的轴力画在上侧,负值画在下侧。现举例说明如下:

【例 5-7】 图 5-39(a)所示一等直杆,其受力情况如图所示。试作轴力图。

解:①为了计算方便,先求出支座反力,如图 5-39(b)所示,由整个杆的平衡方程:

$$\Sigma x = 0 \Rightarrow R = -P_1 + P_2 - P_3 + P_4 = 10 \text{kN}$$

②求 AB 段内的轴力,截开 AB 段并取左段为研究对象。设 N_1 为拉力,如图 5-39(f)所示,由平衡方程可求得 AB 段内任一横截面上的轴力为:

$$N_1 = R = 10 \text{kN}_Ⅱ \quad (拉力)$$

同理,可求得 BC 段内任一横截面上的轴力,如图 5-39(d)所示。在求 CD 和 DE 段内的轴力时,将杆截开后取右段为研究对象较为方便,因为右段杆比左段杆上包含的外力较少,如图 5-39(e)所示。由平衡方程得

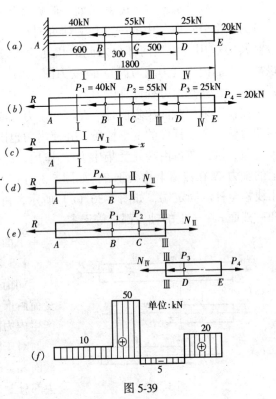

图 5-39

$$N_{III} = R + P_1 = 50\text{kN} \quad （拉力）$$
$$N_{III} = -P_3 + P_4 = -5\text{kN} \quad （压力）$$

结果为负值，与假定的 N_{III} 的指向相反。

同理可求出：$N_{III} = P_4 = 20\text{kN}$ （拉力）

按前述作轴力图的规则，选择一定的比例，可作出杆的轴力图，如图 5-39（f）所示。

1.5.3 简单受弯构件的内力及内力图

（1）受弯构件——梁

楼盖、屋盖中的板、梁搁于梁柱顶上承受垂直荷载，并将力传递到梁柱上。竖向荷载一般与板梁正交，称为横向力。在横向力作用下，板梁主要发生弯曲变形，称为受弯构件。工程中通常也称作梁。

梁是建筑结构中应用得最广泛的一种构件，它在建筑工程中占有重要地位。受弯构件包括各种各样的板与梁，如楼盖、屋盖中的板与梁、门窗过梁、楼梯踏步板、楼梯斜梁、雨篷板等。竖向的围墙、独立的雨篷柱、大玻璃窗的直棂等，在水平风荷载作用下也是受弯构件，如图 5-40 所示。

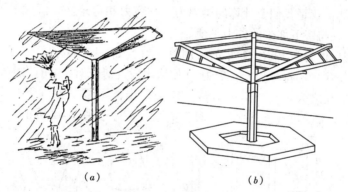

图 5-40 竖向受弯构件
（a）受荷情形；（b）某街心小品

1）弯曲内力——弯矩和剪力

梁受到外力作用时，在梁的各个横截面上会引起与外力相应的内力。计算梁截面上的内力是解决梁的强度问题的基础，同时也是选择梁的横截面尺寸的依据。

同样可用截面法计算梁的内力。图 5-41（a）所示的是一简支梁，梁上作用有集中荷载 P_1、P_2 以及已经求得的支座反力 R_A、R_B。如果要求距离 B 支座为 x 处的截面上的内力，可用一个与梁轴垂直的假想平面 I-I 将梁切开，以右段作为研究对象。

在图 5-41（b）中，右段梁上作用的外力为：集中荷载 P_2，支座反力 R_B。P_2 有使梁段向下移动的趋势，R_B 有使梁段向上移动的趋势。一般两者并不相等。那么，梁段

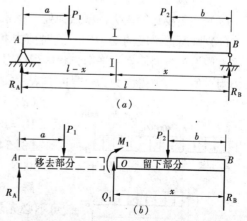

图 5-41 受弯构件截面产生的弯矩和剪力

就有移动的趋势。为了阻止移动，截面Ⅰ-Ⅰ上就要产生一个方向与运动趋势相反的力来平衡。这个力就是截面上的内力 Q。内力 Q 与截面Ⅰ-Ⅰ平行，称为剪力。

从图中还可以看出，R_B 和 P_2 不但有使梁段上下移动的可能，而且还有使梁以截面形心 O 为中心转动的趋势。力 R_B 产生一个大小为 R_{Bx} 的力矩，使梁段有逆时针转动的趋势；力 P_2 产生一个大小为 $P_2 = (x-b)$ 的力矩，使梁段有顺时针转动的趋势。一般说来，两者并不相等，那么梁段就要绕截面形心 O 转动。为了阻止这个转动，截面Ⅰ-Ⅰ上就要产生一个力偶矩 M 与之平衡。这个力偶矩 M 就是截面上的另一内力，称之为弯矩。

由此可知，梁弯曲时，截面上产生剪力 Q 和弯矩 M。

计算方法：以右段梁为研究对象，用静力平衡条件

由 $\Sigma F_y = 0$ $R_B - P_2 + Q = 0$

得 $Q = P_2 - R_B$

由 $\Sigma M_0 = 0$ $R_B x - P_2(x-b) - M_1 = 0$

得 $M_1 = R_B x - P_2(x-b)$

式中的 Q 和 M 就是我们要计算的梁内力——剪力和弯矩。它们代表了移去部分对留下部分的作用，并与留下部分的外力平衡。

剪力的常用单位为 N、kN，弯矩的常用单位为 N·m、kN·m。

剪力 Q 与弯矩 M 的符号规定：剪力 Q 使取出段（研究对象）有顺时针方向转动趋势时为正号（+），反之为负号（-）；弯矩 M 使取出段下部受拉（下凸变形）时为正号（+），使取出段上部受拉（上凸变形）时为负号（-），如图5-42所示。

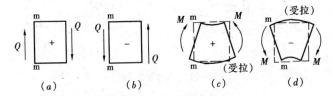

图5-42 剪力与弯矩的符号规定

2) 截面法计算梁指定截面内力步骤

（a）计算梁的支座反力。

（b）在需要计算内力的横截面处，将梁假想地切开，并任选一段为研究对象。

（c）画所选梁段的受力图，这时剪力和弯矩的方向都按规定的正方向标记，即假设这些力均为正方向。当由平衡方程解得内力为正号时，表示实际方向与假设方向一致，即内力为正值。若解得内力为负号时，表示实际方向与假设方向相反，即内力为负值。

（d）通常以所切横截面的形心 C 为矩心，由平衡方程 $\Sigma M_c = 0$ 计算弯矩 M。

【例5-8】 图5-43所示一悬臂梁。已知 $q = 400\text{N/m}$，$P = 500\text{N}$。计算距梁自由端 B 为 2m 的 1-1 截面的内力。

解：对于悬臂梁，因为有一个自由端，所以求内力可不必先求固定支座反力。将梁从 1-1 截面处截成两段，取右段梁为研究对象，则计算将更为简便。

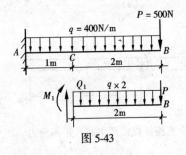

图5-43

由平衡方程

$$\Sigma F_y = 0 \quad Q_1 - q \times 2 - P = 0$$

得 $Q_1 = q \times 2 + P = 400 \times 2 + 500 = 1300N$

由 $\Sigma M_0 = 0$ 即 $-M_1 - q \times 2 \times 1 - P \times 2 = 0$

得 $M_1 = -q \times 2 \times 1 - P \times 2 = -400 \times 2 \times 1 - 500 \times 2 = -1800N \cdot m$

弯矩值为负号，表明在竖直向下荷载作用下悬臂梁上部受拉，下部受压。这一点与简支梁正好相反。

【例 5-9】 简支梁 AB 如图 5-44（a）所示，试求截面 C 处的剪力和弯矩。

解：计算内力时，须先求出支座反力。然后，用一个假想的I-I截面在 C 点把梁截开，以I-I截面的右面部分为脱离体。在I-I截面上把剪力和弯矩都画上，假定它们均为正值，如图 5-44（b）所示。如果求得的结果为正值，即原假定方向正确；反之，则表明它们的方向与原先假定的方向相反。

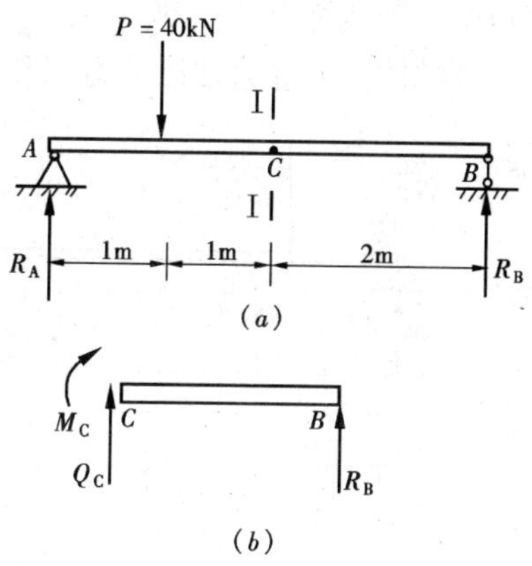

求支座反力

由 $\Sigma M_A = 0$ $R_B \times 4 - P \times 1 = 0$

得 $R_B = \dfrac{P}{4} = \dfrac{40}{4} = 10kN(\uparrow)$

$\Sigma F_y = 0 \quad R_A + R_B - P = 0$

$R_A = P - R_B = 40 - 10 = 30kN(\uparrow)$

图 5-44

取右段梁 CB，计算截面 C 处的剪力 Q_C 和弯矩 M_C。

右段梁 CB 处于平衡状态。根据静力平衡条件得：

$$\Sigma F_y = 0 \quad R_B + Q_C = 0$$

$$Q_C = -R_B = -10kN$$

（此处负号表明）Q_C 的方向与假定方向相反，是负剪力。

$$\Sigma M_C = 0 \quad 2R_B - M_C = 0$$

$$M_C = 2R_B = 2 \times 10 = 20kN \cdot m(正弯矩)$$

用简易法绘剪力图和弯矩图：

从上面的讨论中可以看出，在一般情况下，梁横截面上的剪力和弯矩都是随截面位置不同而变化的。若以横坐标 x 表示横截面沿梁轴线的位置，，则梁内各横截面上的剪力和弯矩均为 x 的函数。

为了解剪力和弯矩的变化规律，找出最危险的截面位置，从而进行梁的设计或校核，我们可以将梁的不同截面的剪力和弯矩用图形——剪力图、弯矩图表示出来，方法如下：

1）取坐标轴

以梁的左端为坐标原点，以梁轴为 z 轴，取向右方向为 x 轴的正方向。

2）将梁分段

分别以集中荷载和集中力偶的作用点、均布荷载的起止点以及梁的支承点为分界点，将梁分成几段。

3）列剪力方程和弯矩方程

把任一截面的剪力和弯矩均看作 x 的函数,列出各段梁的剪力方程和弯矩方程。

剪力方程: $Q_x = f(x)$

弯矩方程: $M_x = g(x)$

4) 描点成图

与计算简图上下对齐,以平行于梁轴的直线为基线,按比例以算出的内力值为纵坐标,画在与截面相应的位置,连接相应的特殊点,即得到梁的剪力图和弯矩图,图上任一点的纵坐标即代表与此点相应的梁截面上的内力值。

作图时一般规定:正剪力在轴线之上,负剪力在轴线之下;正弯矩图在轴线之下。负弯矩图在轴线之上。

现举例说明静力法绘剪力图和弯矩图的方法和步骤。

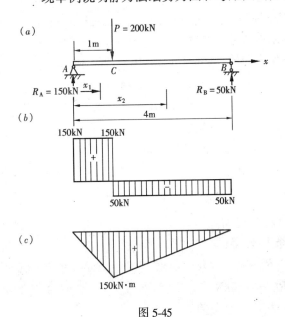

图 5-45

【例 5-10】 试绘制简支梁 AB 的剪力图和弯矩图,如图 5-45 (a) 所示。

解: ① 求支座反力。

$R_A = 150\text{kN}(\uparrow)$; $R_B = 50\text{kN}(\uparrow)$

② 画剪力图、弯矩图。

③ 梁的左端为坐标原点,以梁轴为 X 轴 (取向右方向为正方向),如图 5-45 所示。

④ 以梁的支承点 A、B 以及集中力 P 的作用点 C 为分界点,将梁分成 AC 和 CB 两段。

⑤ 分段列出相应的剪力方程和弯矩方程,并作 Q 图、M 图。

作剪力图

AC 段距离 A 端为 x_1 处的剪力值等于所有作用在该截面之左的梁上各外力的代数和 (注意各力的方向,向上为正,向下为负)。

$$Q_{x1} = R_A = 150\text{kN} \quad (0 \leqslant x_1 \leqslant 1\text{m})$$

因为上式中不含 x_1,即 AC 段上没有荷载,所以 AC 段梁上的剪力是一个常数,而剪力图为一纵坐标等于 150kN 的水平线,如图 5-45 (b) 所示。

CB 段梁的剪力方程为:

$$Q_{x2} = R_A - P = 150 - 200 = -50\text{kN} \quad (1\text{m} \leqslant x_2 \leqslant 4\text{m})$$

CB 段梁上的剪力是一个常数,剪力图也是一纵坐标等于 -50kN 的水平线。

作弯矩图

AC 段梁距离 A 端为 x_1 处的弯矩值等于所有作用在该截面左边梁上各外力对截面形心的力矩代数和。

$$M_{x1} = R_A \cdot x_1 = 150 x_1 \quad (0 \leqslant x_1 \leqslant 1\text{m})$$

M_{x1} 是 x_1 的一次函数,所以取出两点即可定出这一段的弯矩图直线;

当 $x_1 = 0$ 时（即端点 A 处），截面上的弯矩 $M_A = 0$；
当 $x_1 = 1$ 时（即端点 C 处），截面上的弯矩 $M_C = 150\text{kN}\cdot\text{m}$。
将这两点连成一直线，即得 AC 段的弯矩图。
CB 段梁的弯矩方程为

$$Mx_2 = R_A \times x_2 - P(x_2 - 1) = 150x_2 - 200(x_2 - 1)$$
$$= 200 - 50x_2 (1\text{m} \le x_2 \le 4\text{m})$$

Mx_2 是 x_2 的一次函数，故图形也是一条直线。
当 $x_1 = 1$ 时，截面上的弯矩为 $M_C = 150\text{kN}\cdot\text{m}$。
当 $x_2 = 4$ 时（B 点处），截面上的弯矩为 $M_B = 0$。
连接两点成一直线，即为 CB 段梁的弯矩图。

注意规律：① 构件上无荷载作用时，其剪力图是一条纵坐标为常数的水平线。在集中力的作用处，剪力图发生突变，突变值正好等于该集中力 P 的大小。如例中 $Q_C^{左} + Q_C^{右} = 150\text{kN} + 50\text{kN} = 200\text{kN} = P$。② 构件上只有集中荷载作用时，$M$ 图为斜线，在集中荷载作用点处形成折角，只有一个集中荷载时为最大弯矩值，如例中 $M_{max} = 150\text{kN}\cdot\text{m}$，在铰支座处，弯矩均为零。

【例 5-11】 简支梁 AB 跨度 $l = 6\text{m}$，梁上均布荷载 $q_2 = 2\text{kN/m}$，如图 5-46（a）所示试绘制梁的剪力图和弯矩图。

解：由于全梁布满均布荷载，因此在 A 点任取一截面 C，距左端点 A 为 x。列出剪力方程和弯矩方程即可据此画图。

① 求支座反力

$$R_A = R_B = \frac{ql}{2} = \frac{1}{2} \times 2 \times 6 = 6\text{kN}(\uparrow)$$

② 作剪力图。剪力方程为

$$R_x = R_A - q_l x = 6 - 2x$$

这是 x 的一次式，剪力随截面位置 x 呈直线变化。

当 $x = 0$ 时，$Q_A = 6\text{kN}$；
当 $x = 6$ 时，$Q_B = -6\text{kN}$。
将两点连成一直线，即得剪力图，如图 5-46（b）所示。

③ 作弯矩图。弯矩方程为

$$M_x = R_A \cdot x - q_l \cdot x \cdot \frac{x}{2}$$

这是一个 x 的二次式，说明弯矩 M 随截面位置 x 按抛物线变化，可选取一定值列表计算并作图，如图 5-46（c）所示：

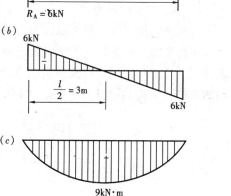

图 5-46

X (m)	0	1.5	3	4.5	6
M_x (kN·m)	0	6.75	9	6.75	0

注意规律：均布荷载下梁的剪力图为斜线，弯矩图为抛物线。最大弯矩处剪力刚好为零（如例中均布荷载下简支梁的剪力与弯矩，弯矩的最大值 $M_{max} = 9kN \cdot m$，发生在梁的跨中，且该截面的剪力等于零）。

1.6 构件的强度、刚度与稳定

对于任何结构，承担并传递荷载的所有构件都必须足以抵抗由荷载所引起的内力。然而，对于任一构件，各截面的内力不都相同，且内力最大处不一定是构件最弱的截面（如截面较小处）。所以，仅知道构件的最大内力是不够的，还需获得有关不同材料和结构构件特性的相关信息，如应力概念、应力分布与强度以及变形（刚度）和稳定等有关材料信息。

应力的概念　对于任何结构，都必须足以抵抗由荷载所产生的内力。例如，对相同的拉力，细杆件可能被拉断，而同材料的粗杆件就不会被拉断。这就需要认识应力的概念和应力分布的情况（前面介绍内力时，讲过"截面上应力之合力即为内力"）。所谓应力，即单位面积上的内力。应力分布，则反映了应力大小在单位面积上的变化情况。

强度的概念　为了保证结构构件在外力作用下安全正常的工作，必须使构件上的工作应力不超过材料的容许应力。即构件截面单位面积上所能承受的力，称为强度。

应力和强度的单位为 Pa（帕斯卡），$1Pa = 1N/m^2$ 或兆帕（MPa），$1MPa = 10^6 Pa$。

刚度的概念　工程中的结构构件，为保证安全要求有足够的强度，同时为保证正常使用，还要求其变形不超过工程设计允许的范围，称为刚度。

1.6.1 轴向拉压杆件

（1）轴向拉（压）杆件横截面上的正应力

我们来观察用橡胶（匀质弹性材料）作为受拉杆件的受力变形情形。在受拉橡胶拉杆表面划上若干与轴线平行及垂直的直线，如图 5-47 所示，使之表面显现许多大小完全相同的方格。施加轴向拉力 F 后，可以观察到小方格变成了长方形格子。

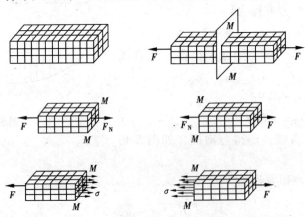

图 5-47　受拉杆件的受力变形情形

试验显示：所有纵线拉长，仍相互平行，所有横线缩短，仍为直线。

由此，得到在工程力学中有关应力和应力分布概念的两个基本假定：即匀质弹性材料假定和平截面假定。

对于轴心受拉和轴心受压的杆件，在横截面上应力的分布是均匀的，这种垂直于横截面的应力称为正应力，用 σ 表示。若轴力为 N，横截面面积为 A，正应力表达式为：

$$\sigma = \frac{N}{A} \tag{5-15}$$

式中显示正应力 σ 与轴力 N 成正比，与横截面面积成反比。当为轴向拉力时，σ 为拉应力，符号为"＋"；当为轴向压力时，σ 为压应力，符号为"－"。

(2) 拉（压）杆的强度

要保证结构构件在外力作用下正常工作，构件必须满足的强度条件为

$$\sigma_{max} \leq [\sigma] \tag{5-16}$$

利用强度条件可以解决强度校核、选择截面和求容许荷载三方面的问题。

1) 拉伸和压缩时的强度计算

对于轴力沿杆轴变化而截面尺寸不变的等截面杆，则杆中最大轴力 N_{max} 所在截面的应力即为最大应力 σ_{max}，其强度计算式为：

$$\sigma_{max} = \frac{N_{max}}{A} \leq [\sigma] \tag{5-17}$$

式中 σ_{max}——最大正应力；

N——最大轴力；

A——截面面积。

当已知杆件尺寸、许用应力和所受外力时，检验其是否满足强度条件的要求。如果满足，则表示构件具有足够的强度。否则，就需要增加构件的截面面积，以使构件的 σ_{max} 减小，使构件强度增加能承担相应的外力。

若已知构件所受的轴向拉力（压力），根据实际选用的材料，由有关手册中查得该材料的许用应力 $[\sigma]$ 后，即可以利用强度条件 (5-17) 式为杆件选择合理的截面面积。

$$A \geq \left| \frac{N_{max}}{[\sigma]} \right|$$

在得出杆件所必需的截面面积后，再进一步按照结构构件的用途和性质，确定截面形状，并选择合适的截面尺寸。

此外，可利用强度条件计算许用荷载。

【例 5-12】　某装饰需在墙上安装一木质三角托架，如图 5-48 所示。三角托架用正方形木杆制作。B 点作用的外力 $F = 10$kN，材料的许用应力 $[\sigma] = 6$MPa，设计斜杆的横截面尺寸。

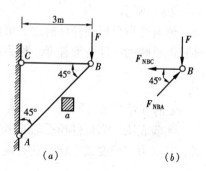

图 5-48

解： ① 计算杆 AB 的轴力

杆 AB、BC 均为二力杆，取节点 B 为研究对象，画受力图。

由平衡条件

$$\Sigma F_y = 0 \quad F_{NBA}\sin45° - F = 0$$

解出

$$F_{NBA} = 14.14\text{kN} \quad (受压)$$

②由强度条件确定出杆 AB 的截面尺寸

$$A \geqslant \frac{F_{Nmax}}{[\sigma]} = \frac{F_{NAB}}{[\sigma]} = \frac{14.14 \times 10^3}{6} = 2.35 \times 10^3 \text{mm}^2$$

截面的边长

$$a = \sqrt{A} = \sqrt{2350} = 48.55 \text{mm}$$

取 $a = 50\text{mm}$。

(3) 拉(压)杆的变形

轴向拉伸(压缩)时的变形特点是杆件在纵向伸长、横向缩小(压缩时纵向缩短、横向增大),如图 5-49 所示。

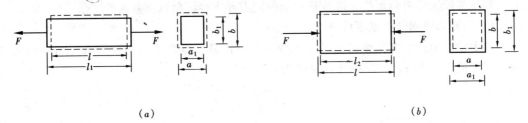

图 5-49 轴向拉(压)杆的变形

1) 胡克定律

杆件拉伸或压缩时,杆件长度方向发生的改变量称为绝对变形,用 Δl 表示。则绝对变形为:

$$\Delta l = l - l_1 \tag{5-18}$$

式中　l——杆件原长(m 或 mm);

l_1——变形后杆件长度(m 或 mm);

Δl——杆件的绝对变形量(m 或 mm)。

杆件伸长,绝对变形为正,如图 5-49(a)所示;杆件缩短,绝对变形为负,如图 5-49(b)所示。

绝对变形只反映杆件的总变形量,无法表明杆件的变形程度。用单位长度杆件的纵向伸长能反映的杆件变形程度,称为相对变形,又称为线应变。通常用 ε 表示。即

$$\varepsilon = \frac{\Delta l}{l} \tag{5-19}$$

ε 的符号与 Δl 同。

实验表明,当杆件所受轴向拉(压)力使构件杆件拉伸(压缩)变形在弹性范围内时,其应力与应变成正比。这种应力与应变的正比关系,称为胡克定律,表示为:

$$\sigma = E\varepsilon \tag{5-20}$$

式中,E 为比例常数,称为材料的弹性模量(弹性系数)。常用材料的弹性模量 E 由实验测定,可在相关的工程手册中查到。

又因:

$$\sigma = \frac{F}{A}$$

所以,胡克定律又可表示为:

$$\Delta l = \frac{Fl}{EA} \tag{5-21}$$

从式中可知，EA 越大，杆件的纵向变形越小。所以，EA 反映杆件抵抗变形的能力，称为抗拉（压）刚度。

2）横向变形与泊松比

杆件在轴向外力作用下，不仅发生纵向变形，而且还要发生横向变形。如杆件变形前横向尺寸为 a，变形后为 a_1，则杆的横向线变形 ε' 为：

$$\varepsilon' = \frac{\Delta a}{a} \tag{5-22}$$

拉伸时，ε' 为负值；压缩时，ε' 为正值。

实验表明，在弹性范围内，横向线应变 ε' 和纵向线应变 ε 的比值是一个常数。这个比值的绝对值称为横向变形系数或泊松比，用 μ 表示。即

$$\mu = \left|\frac{\varepsilon'}{\varepsilon}\right| \tag{5-23}$$

泊松比是一个量纲为一的量，常用材料的弹性模量 μ 由实验测定，可在相关的工程手册中查到。

1.6.2 受弯构件

(1) 受弯构件截面上的应力及其分布

1) 受弯构件截面上的正应力

对于受弯构件，通常在横截面上产生的内力主要是弯矩和剪力。如果横截面上只有弯矩，而剪力为零（如图 5-50 所示的 CD 段），则被称为纯弯段。纯弯段上的应力与横截面垂直也为正应力。

要了解受弯构件会发生怎样的变化，我们观察一橡皮模型梁（匀质弹性材料）受弯试验，观察其纯弯段的变形情形。若在橡皮梁的侧面画上许多方格，如图 5-51 (a) 所示，受到一对对称的集中荷载作用时，可看到侧面上的纵线弯曲；侧面上的横线（与轴线垂直）发生偏转，但仍为直线，如图 5-51 (b) 所示。

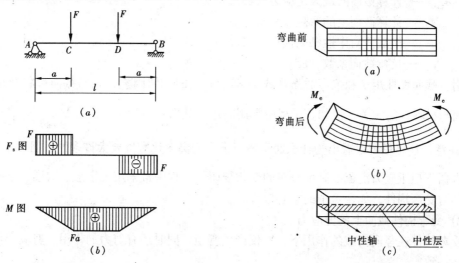

图 5-50 受弯构件的内力　　图 5-51 纯弯弹性梁的变形

注：橡皮模型梁和横截面（横线代表横截面）受弯时发生偏转但仍为平面，即匀质弹性材料和平截面假定是工程研究材料力学的两个基本假定。

假想梁由许多纤维薄层组成（纤维与梁的轴线平行），梁受荷弯曲时，在凸出的一面各层纤维被拉长，在凹进的一面纤维被缩短。正应力在横截面上的分布也是不均匀的，如图5-52所示。两者之间一定有一层纤维既不伸长也不缩短。这个长度不变的纤维层叫做中性层。中性层与横截面的交线叫做中性轴 z。中性轴通过截面的形心。

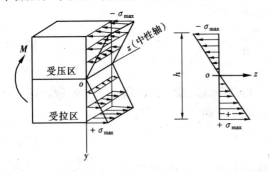

可以看到，在截面应力图中，压应力作用所产生的"推力"和拉应力作用所产生的"拉力"（合力作用在三角形应力分布的"形心"上）以及"推力"和"拉力"间的距离（即"力臂"），在截面上产生了"弯矩"的内力。

离开中性层越远的纤维变形（伸长或缩短）越大。也就是说，纤维的变形是与距中性层的距离成正比的。当然，变形越

图5-52 受弯构件正截面上应力分布

大应力也就越大。所以，梁截面上正应力的分布情况如下：

（a）中性轴上各点的正应力等于零；

（b）离中性轴越远，正应力值越大；

（c）与中性轴等距离的各点正应力相等。

由试验及理论得受弯构件正应力计算式为：

$$\sigma = \frac{M_y}{I_z} \tag{5-24}$$

受弯构件某截面最大正应力为：

$$\sigma_{max} = \frac{My_{max}}{I_z} = \frac{M}{I_z/y_{max}} = \frac{M}{W} \tag{5-25}$$

式中 σ_{max}——计算截面的最大正应力（Pa）；

M——计算截面上的弯矩（N·m）；

I——横截面对中性轴的惯性矩（m^4）；

W——抗弯截面系数（m^3）。

附：截面惯性矩 I 和抗弯截面系数 W 都是截面的几何因素，只与截面形状及尺寸有关，而与材料性能无关。例如，工程中常用的矩形截面（高为 h、宽为 b），$I = \frac{bh^3}{12}$，$W = \frac{bh^2}{6}$（注意：从这里可以看出为什么通常情况下梁的高度比宽度要大许多的原因）。

根据弯矩正应力沿截面高度分布的变化规律，工程中常采用工字形、槽形、空心管等截面作为受弯构件，如楼盖中的空心板等。

2）受弯构件截面上的剪应力

受弯构件在竖向荷载的作用下，不仅产生弯矩，同时还有剪力的作用。剪应力与剪力的方向一致。

截面上任一点的剪应力计算式为：

$$\tau = \frac{QS}{I_z b} \tag{5-26}$$

式中 Q——横截面上的剪力（N 或 kN）；

I_z——横截面对中性轴的惯性矩（m^4 或 mm^4）；

S——面积矩。横截面上所求切应力处的水平线以上（或以下）部分的面积 A^* 对中性轴的静距（m^3）；

b——横截面宽度（m）。

剪应力在截面上的分布规律要比正应力复杂的多。一般截面上剪应力的分布有以下规律：

（a）截面上任一点处的剪应力 τ 都与剪力 Q 平行而且指向与 Q 相同。

（b）离中性轴 z 轴等距离各点上的剪应力 τ 大小相等。

（c）剪应力的大小沿截面高度 h 按二次抛物线的规律变化。当 $y = \pm \dfrac{h}{2}$ 时，$\tau = 0$，即截面上下边缘处剪应力等于零，当 $y = 0$ 时，τ 最大。

注：工字形截面翼缘和腹板上剪应力的分布规律不同，翼缘上的剪应力比腹板上的剪应力小得多，如图 5-53 所示。

(2) 受弯构件的强度及强度计算

1) 梁的正应力强度

在对梁进行强度计算时，应先画梁的弯矩图，找出数值最大的弯矩 M_{max}（不计正负号）及所在的截面，这个截面称为危险截面。在危险截面上，距中性轴最远各点的正应力为全梁最大的正应力值，其计算式为：

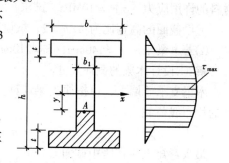

图 5-53 工字形截面上的剪应力分布

$$\sigma_{max} = \frac{M_{max}}{W_z}$$

梁的正应力强度条件为：

$$\sigma_{max} = \frac{M_{max}}{W_z} \leqslant [\sigma] \tag{5-27}$$

式中 $[\sigma]$——弯曲时材料的许用正应力，常用材料的许用应力见表 5-1。

由式（5-27）可对工程中的受弯构件进行强度校核、截面尺寸设计和确定允许外荷载。

常用材料的许用应力　　表 5-1

材料名称		许用应力（MPa）		材料名称	许用应力（MPa）	
		轴向拉伸	轴向压缩		轴向拉伸	轴向压缩
低碳钢 Q235		170	170	红松（顺纹）	6.4	10
低合金钢 16Mn		230	230	杉木（顺纹）	7.0	10
混凝土	C20	0.44	7	灰口铸铁	34~54	160~200
	C30	0.6	10.3			

注：许用应力已含有工程规定的一定安全储备量。

【例 5-13】 若在两道墙上架铺木地板，用矩形截面的松木做梁，承受由楼板传来的荷载（图 5-54）。木梁的间距 $a = 1.2m$，梁的跨度 $l = 5m$，楼板的均布面荷载 $p = 3kN/m^2$，

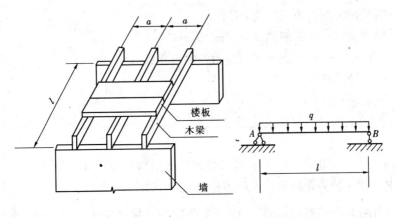

图 5-54

材料的许用应力 $[\sigma] = 10\text{MPa}$。试求：

① 设截面的高宽比为 $h/b = 2$，试设计木梁的截面尺寸 b、h；

② 若木梁采用 $b = 140\text{mm}$，$h = 210\text{mm}$ 的矩形截面，计算楼板的许可面荷载 $[p]$。

解： ① 设计木梁的截面尺寸

木梁支承于墙上，可按简支梁计算。每根木梁的受荷宽度 $a = 1.2\text{m}$，所以每根木梁承受的均布线荷载为：

$$q = p \cdot a = 3 \times 1.2 = 3.6\text{kN/m}$$

最大弯矩发生在跨中截面

$$M_{max} = \frac{1}{8}ql^2 = \frac{1}{8} 3.6 \times 5^2 = 11.25\text{kN} \cdot \text{m}$$

由强度条件式（5-28）可得所需的抗弯截面系数为：

$$W_z = \frac{M_{max}}{[\sigma]} = \frac{11.25 \times 10^6}{10} = 1.125 \times 10^6 \text{mm}^3$$

由于 $h/b = 2$，则

$$W_z = \frac{bh^2}{6} = \frac{b(2b)^2}{6} = \frac{2}{3}b^3$$

所以
$$\frac{2}{3}b^3 \geq 1.125 \times 10^6$$

得
$$b \geq \sqrt[3]{1.125 \times 10^6 \times \frac{3}{2}} = 119\text{mm}$$

② 采用 $b = 120\text{mm}$，$h = 240\text{mm}$ 时，求楼板的许可面荷载 $[p]$

当木梁的截面尺寸为 $b = 140\text{mm}$，$h = 210\text{mm}$ 时，抗弯截面系数为

$$W_z = \frac{bh^2}{6} = \frac{140 \times 210^2}{6} = 1.029 \times 10^6 \text{mm}^3$$

木梁能承受的最大弯矩为

$$M_{max} \leq W_z [\sigma] = 1.029 \times 10^6 \times 10 = 10.29 \times 10^6 \text{N} \cdot \text{mm} = 10.29\text{kN} \cdot \text{m}$$

而
$$M_{max} = \frac{ql^2}{8} = \frac{pal^2}{8}$$

即 $$\frac{pal^2}{8} \leqslant 10.29$$

得 $$p \leqslant \frac{10.29 \times 8}{1.2 \times 5^2} = 2.74 \text{kN/m}^2$$

故 $$[p] \doteq 2.74 \text{kN/m}^2$$

讨论：①中梁截面面积（$A = 0.12 \times 0.24 = 0.0288\text{m}^2$）小于②中梁截面面积（$A = 0.14 \times 0.21 = 0.0294\text{m}^2$），但承载力却减小了。

【例 5-14】 某房屋因装修要求，需加设一外挑阳台，可采用植筋及焊接技术用工字钢截面的悬臂梁承受荷载，其简图如图 5-55 所示，跨度 $l = 1.5\text{m}$，荷载简化为作用在梁自由端的集中荷载 $P = 12\text{kN}$ 处。设钢材的容许应力 $[\sigma] = 140\text{MPa}$，试选择工字梁截面的尺寸。

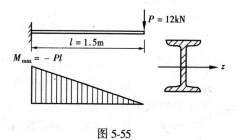

图 5-55

解：悬臂梁在集中荷载 P 作用下，最危险截面在固定端，最大弯矩值为：

$$M_{\max} = -pl = -12 \times 1.5 = -18 \text{kN} \cdot \text{m}$$

抗弯截面系数 W

$$W \geqslant \frac{M_{\max}}{[\sigma]} \doteq \frac{18 \times 10^6}{140} = 128.6 \text{cm}^3$$

查型钢表，选用 NO.16 工字钢，$W = 141\text{cm}^3$。

如果考虑梁的自重，由型钢表查得 NO.16 工字钢的自重为 0.205kN/m，自重产生的最大弯矩 $M'_{\max}$ 为

$$M'_{\max} = -\frac{1}{2}ql^2 = -\frac{1}{2} \times 0.205 \times 1.5^2 = -0.2306 \text{kN} \cdot \text{m}$$

验算梁的最大正应力

$$\sigma_{\max} = \frac{M_{\max} + M'_{\max}}{W} = \frac{(18 + 0.2306) \times 10^6}{141} = 129.3 \text{MPa} < [\sigma] = 140\text{MPa}$$

可选用 NO.16 工字钢。

2) 梁的剪应力强度

一般情况下，梁的弯曲正应力是梁强度计算的主要依据。但在特殊情况下，如短梁或截面窄而高的梁，切应力可能出现较大的数值。为保证梁的安全正常工作，梁在荷载作用下产生的最大切应力，不能超过材料的许用切应力。

对全梁来讲，最大切应力发生在剪力最大的横截面的中性轴上。由式（3-3）可知

$$\tau_{\max} = \frac{F_{\text{Smax}} S^*_{z,\max}}{I_z b}$$

所以梁的剪应力强度条件为

$$\tau_{\max} = \frac{F_{\text{Smax}} S^*_{z,\max}}{I_z b} \leqslant [\tau] \tag{5-28}$$

式中　$[\tau]$——弯曲时材料的许用切应力，可在规范中查到。

（3）弯曲变形及刚度计算

当外力作用在梁的纵向对称平面内，梁就会变形——平面弯曲。这时梁的轴线在该平面内是一条连续而光滑的曲线，称为弹性曲线或挠曲线。

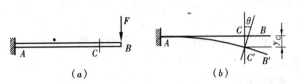

图 5-56 梁的平面弯曲变形

观察梁在平面弯曲时的变形，可以看出梁的横截面产生两种位移（图 5-56）。

1) 挠度　沿垂直于梁轴线方向上的线位移，用 f 表示，向下为正。

2) 转角　横截面绕中性轴转动的角位移，用 θ 表示，并以顺时针转动为正，单位是弧度。

梁的挠度和转角，是表示梁变形大小的主要指标。在建筑工程中，通常用最大挠度来衡量梁变形的大小。

一般情况下，作用在梁上的荷载越大，弯曲变形也就越大，所以挠度和转角与荷载大小之间存在着一定的比例关系。另外，挠度和转角与梁的跨度、截面材料的形状都存在着密切的关系，在此不做详细讨论。

设计一根梁时，通常先用强度条件选择梁的截面尺寸，然后进行刚度校核。梁的变形在允许值范围内，说明梁具有足够的刚度。梁的刚度条件为：

$$\frac{f}{l} \leq \left[\frac{f}{l}\right] \tag{5-29}$$

式中　$\dfrac{f}{l}$——梁的相对挠度，即梁的最大挠度与跨度的比值；

$\left[\dfrac{f}{l}\right]$——梁的允许相对挠度。

根据梁的不同使用要求，各种结构规范对允许相对挠度 $\left[\dfrac{f}{l}\right]$ 都有相应的规定。

1.6.3　压杆稳定

轴向受压构件的承载能力是根据强度条确定的。实际工程中发现，许多细长杆件受压破坏是在满足强度条件下发生的。

例如，两根长度不同矩形等截面松木条，如图 5-57 所示。在对两杆缓慢施力过程中，长杆在 $P \approx 30\text{N}$ 时，发生弯曲，压力再增加，弯曲迅速增大，随即折断。而短杆受力可达 6000N，且破坏前保持直线，显然条杆破坏不是由于强度不足引起的。

当细长杆承受的轴向压力还未达到强度破坏时，就已经不能维持杆件的直线平衡状态，这就是失稳的问题。

轴心受压构件，当压力小于某一数值 F_{cr} 时，杆件总能保持原来的直线状态；而当压力 F 稍大于 F_{cr} 时，压杆就会发生弯曲而失去原直线稳定状态。这个压力值 F_{cr} 称为临界

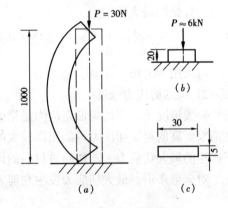

图 5-57　松木受压破坏
(a) 长松木条失稳破坏；(b) 长松木条承载力极限；(c) 截面尺寸

压力。临界压力计算由欧拉公式确定，即

$$F_{cr} = \frac{\pi^2 EI}{(\mu l)^2} \tag{5-30}$$

式中　F_{cr}——临界荷载（N）；

　　　E——材料的弹性模量（MPa）；

　　　I——压杆的截面对形心轴的惯性矩（m⁴），按失稳方向确定；

　　　H——压杆的长度（m）；

　　　μ——长度系数，与压杆两端的支承有关。表5-2为不同支承情况的 μ 值。

压杆的长度系数表　　　　表5-2

支承情况	两端铰支	一端固定一端铰支	两端固定	一端固定一端自由
μ	1.0	0.7	0.5	2
挠曲线形状				

从欧拉公式中得出的结论为：杆件的稳定不仅与杆件本身的材料、截面尺寸及长度有关，而且与杆件两端的支承也有关。材料的弹性模量 E 越大，临界荷载越大；截面惯性矩 I 越大，临界荷载就越大；杆件越细长，临界荷载就越低。

根据以上分析，受压构件截面上的压力必须满足构件的稳定要求，即

$$\sigma \leqslant \phi[\sigma] \tag{5-31}$$

式中　ϕ——压杆的折减系数，由表5-3查得。

压杆的折减系数　　　　表5-3

长细比（λ）	ϕ				
	Q235钢	16锰钢	铸铁	木材	混凝土
0	1.000	1.000	1.000	1.000	1.00
20	0.981	0.973	0.91	0.932	0.96
40	0.927	0.895	0.69	0.822	0.83
60	0.842	0.776	0.44	0.658	0.70
70	0.789	0.705	0.34	0.575	0.63
80	0.731	0.627	0.26	0.460	0.57
90	0.669	0.546	0.20	0.371	0.46
100	0.604	0.462	0.16	0.300	
110	0.536	0.384		0.248	
120	0.466	0.325		0.209	
130	0.401	0.279		0.178	
140	0.349	0.242		0.153	
150	0.306	0.213		0.134	
160	0.272	0.188		0.117	
170	0.243	0.168		0.102	

续表

长细比/λ	φ				
	Q235 钢	16 锰钢	铸 铁	木 材	混 凝 土
180	0.218	0.151		0.093	
190	0.197	0.136		0.083	
200	0.180	0.124		0.075	

注：$\lambda = \dfrac{\mu l}{\sqrt{\dfrac{I}{A}}}$，λ 称为压杆的长细比或柔度。它综合反映了压杆的长度、支承情况、截面形状和尺寸等因素，对临界力的影响。

1.7 结构的几何稳定分析和超静定结构

1.7.1 结构的几何稳定

图 5-58（a）为一个梁和柱组成的结构，在水平荷载下图 5-58（b）会倾倒。若加上一根斜拉杆，如图 5-58（c）所示，或用填充墙将框架平面空间填实，如图 5-58（d）所示，或将梁柱连接处的铰节点改变为刚节点，如图 5-58（e）所示。经过这样的处理，结构在水平荷载下也不会倾倒。

图 5-58（a）、（b）这样的结构并不是由于组成它的构件被破坏而倾倒，而是由于体系的几何形状或几何特征的可变性而产生的破坏。同样，图 5-58（c）、（d）、（e）这样的结构，并不是通过加大原来梁和柱的截面，而是通过调整体系之间的几何组成来解决问题的。前者称为几何可变体系，后者称为几何不变体系。

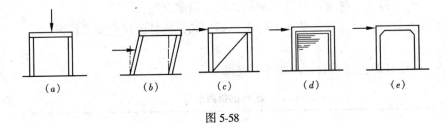

图 5-58

房屋建筑都必须是几何不变体系，因此，下面研究几何不变体系的特征。

为了叙述问题的方便，把房屋的构件叫做刚片，也可叫做链杆。

(1) 体系几何稳定的原则

规则一 两个刚片用不全交于一点也不全平等的三根链杆相连，则所组成的体系是没有多余联系的几何不变体系。

如图 5-59（a）所示，若将刚片 1 和 2 用两根不平等的链杆 AB 和 CD 连接，设刚片 1 固定不动，则 A、C 两点将为固定；当刚片 2 运动时，其上 B 点将沿与 AB 杆垂直的方向运动，而其上 D 点则将沿与 CD 杆垂直的方向运动，故刚片 2 运动时将绕 AB 与 CD 杆延长线的交点 O 而转动。同理，若刚片 2 固定，则刚片 1 也将绕 O 点而转动。O 点称为刚片 1 和 2 的相对转动中心。此情形就像把刚片 1 和 2 用圆柱铰在 O 点相连接的情形一样，这说明两根链杆的作用相当于一个单铰。不过，这个铰的位置是在链杆的轴线延长线上，且其位置随链杆的转动而变，与一般情况的铰不同，我们将这样铰称为虚铰，所谓虚铰是反映实际上看不见的铰。在分析问题时，虚铰对几何稳定的效果与实铰相同。

为了制止刚片 1 和 2 发生相对转动，还需要加上一根链杆 EF，如图 5-59（b）所示。如果链杆 EF 的延长线不通过 O 点，那么刚片 2 如果要转动，就既要绕 O 点也要绕 E 点，这种情况显然不可能。故只能处于稳定的静止状态。

若三根链杆全平等时刚片 2 的几何可变性呈现"一边倒"，故属于几何可变体系。

规则二　三个刚片用不在同一直线上的三个铰两两相连，则所组成的体系是没有多余联系的几何不变体系。

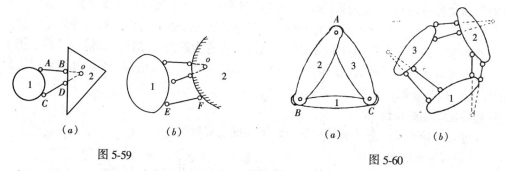

图 5-59　　　　　　　　　图 5-60

如图 5-60（a）所示，刚片 1、2、3 用不在同一直线上的 A、B、C 三个铰两两相连。显然，这三个刚片本身构成了一个几何不变的三角形，不需要进一步证明了。

如图 5-60（b）所示，由于虚铰的作用相当于实铰，因此，它也实际上组成了一个三角形体系且几何不变。

规则三　在一个刚片上增加一个二元体仍为几何不变体系。

所谓二元体是指由两根不在同一直线上的链杆连接一个新节点的装置，如图 5-61 中所示 ABC 部分。本规则也是三角形体系，几何不变性是很明显的。

（2）几何稳定分析的步骤

1）首先直接观察出几何不变部分，把它当作刚片处理，再逐步运用规则。

2）撤销二元体，使结构简化，便于分析。

【例 5-15】　试对图 5-62 所示结构体系进行几何稳定分析。

解：AB 部分有三个支杆连于基础，此三个支杆不同交于一点，所以 AB 部分是不动的，已完全固定于基础上；CD 部分也是由不交于一点的三个支杆连于基础；进而我们可以把 AB、CD 各视为基础的一部分，BC 视为支杆，所以，整个体系是几何不变的，并且没有多余约束。

图 5-61

【例 5-16】　试对图 5-63 所示桁架进行几何稳定分析。

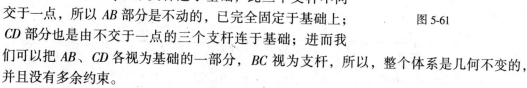

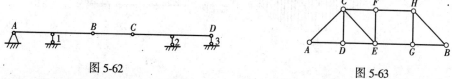

图 5-62　　　　　　　　　图 5-63

解：桁架中的 ADEFC 是从一个基本铰接三角形开始，按规则三依次增加二元体所组成的没有多余约束的几何不变体系，可作为一个大刚片；HBG 也是基本铰接三角形，仍为几何不变体系，可作为另一个大刚片。这两个大刚片之间仅用了 FH 和 EG 两根链杆连接，还少一个约束，不符合两刚片连接规则。

故此桁架为几何可变体系。

1.7.2 超静定结构

一般情况，将结构简化为平面问题时，一个结构有三个自由度，需加三个约束（两个方向的移动和转动），一般力的平衡条件正好能解三个未知量。平衡条件常用于计算结构的约束反力，凡结构约束反力的未知个数与平衡方程个数相等时，被称为静定结构。凡结构约束反力的未知个数超过平衡方程个数时，被称为超静定结构。超静定结构仅用平衡条件是不能解决约束反力的问题的，还需用变形协调条件（《结构力学》知识可解决此问题），这里不再做介绍。

超静定结构的特性

与静定结构比较，超静定结构具有以下一些重要特性：

1) 具有多余约束

静定结构无多余约束，任一约束被破坏后，就变成几何可变体系。

超静定结构有多余约束，一旦某一个或几个多余约束被破坏后，结构仍为几何不变体系。在实际工程中，多余约束并非浪费，有时是必要的，它能使超静定结构具有一定抗突变破坏的能力，不会因局部约束的失效，而使整个结构变得机动，安全储备大。

2) 抗变形能力强

超静定结构的抗变形能力要比相应的静定结构强一些，且内力分布比较均匀，峰值也较小。

将简支梁（静定结构）和两端固定梁（超静定结构）进行比较，如图 5-64 所示。可以看到：超静定结构与相应的静定结构比较具有较高的抗变形能力，且能调整局部最大弯

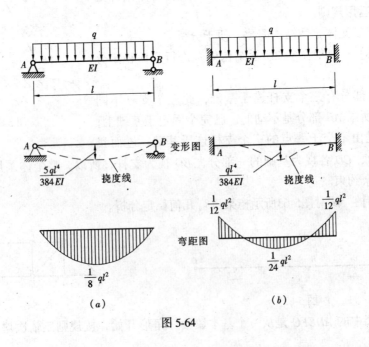

图 5-64

矩值,使内力分布较均匀。

因此,如果根据同样的许用应力和允许位移进行设计,显然超静定结构的设计截面要比静定结构的设计截面要小得多。一般超静定结构多采用钢筋混凝土和钢结构,其节点构造简单,施工方便,线条简洁优雅,有效空间更大,比简支静定结构更具有使用和美学价值。

3) 温度改变、支座移动等因素都可以引起内力

在超静定结构中,温度改变、支座移动等都会引起超静定结构相应部位发生变形,由于多余约束的存在,限制了结构的自由变形和支座的移动,使超静定结构不能自由伸展而产生内力。对超静定结构有负面影响,甚至会导致超静定结构的破坏。在工程中,为保证结构的安全,通常采取设沉降缝、收缩缝等措施缓减多余约束产生的内力。

课题2 建筑结构基础

2.1 结构承载体系及结构设计方法简介

2.1.1 常见建筑物承载结构体系

(1) 砖混结构

砖混结构是指由砌体结构构件、钢筋混凝土楼板、屋盖和其他材料制成的构件所组成的的结构,如图 5-65 所示。它多用于六层以下的住宅、旅馆、办公楼、教学楼以及单层工业厂房中。

砖混结构的竖直承重构件多用砌体(如黏土砖、空心砖、粉煤灰砌块等块材用砂浆砌筑而成的结构),而水平承重构件用钢筋混凝土梁、板结构。由于墙体为主要承载结构构件。因此,这种结构的建筑空间布置受到限制,不容易形成大体量、形状多变的建筑空间,在一定程度上限制了建筑装饰多样性的发挥。

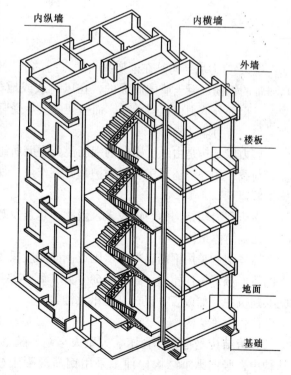

图 5-65 砖混结构

(2) 框架结构

框架结构主要由钢筋混凝土框架梁、框架柱组成的结构。多用于大空间的公共建筑、工业生产车间、住宅、办公楼、医院、学校。建筑框架结构有较高的强度和整体性。框架结构建筑平面布置灵活,可任意分割房间,为建筑装饰提供了更大的创作空间。

(3) 框架-剪力墙结构

房屋在风荷载或地震作用下，靠近底层的承重构件的内力（弯矩 M、剪力 V）和房屋的侧向位移随房屋高度的增加而急剧增大。因此，当房屋高度超过一定限度后，通常采用框架–剪力墙结构。所以，高层建筑多用这种结构，如图 5-66 所示。

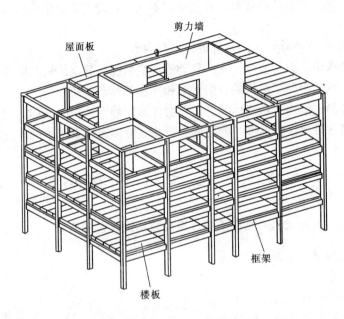

图 5-66　框架–剪力墙结构

框架-剪力墙结构是在框架纵、横方向的适当位置，在柱与柱之间设置几道厚度大于 140mm 的钢筋混凝土墙体而成的，在风荷载或地震作用下产生的剪力主要由剪力墙来承受，一小部分剪力由框架承受，而框架主要承受竖向荷载。

(4) 剪力墙结构

剪力墙结构是由纵、横向的钢筋混凝土墙所组成的结构，这种墙体除抵抗水平荷载和竖向荷载作用外，还对房屋起围护和分割作用，如图 5-67 所示。这种结构用于高层住宅、旅馆等建筑。

由于剪力墙结构的墙体较多，因此，建筑及装饰空间都受到限制。

(5) 筒体结构

筒体结构是用钢筋混凝土墙围成侧向刚度很大的筒体，其受力特点与一个固定于基础上的筒形悬臂构件相似，如图 5-68 所示。筒体结构多用于高层或超高层（高度 $H \geq 100m$）公共建筑中，如饭店、银行、通讯大楼等。

(6) 大跨结构

大跨结构是指在体育馆、大型火车站、航空港等公共建筑中所采用的结构。在这种结构中，竖向承重结构构件多采用钢筋混凝土柱，屋盖采用钢网架、薄壳或悬索结构等。

曲面状的网架结构或称作网壳结构，如图 5-69 所示。

悬索结构是由拉索、边缘杆件和下部支承构件所组成的结构体系，如图 5-70 所示。

对该类结构的建筑装饰，应充分利用结构本身独特的美学价值。

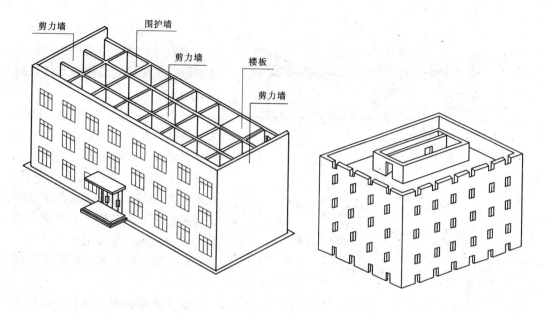

图 5-67 剪力墙结构　　　　　图 5-68 筒体结构

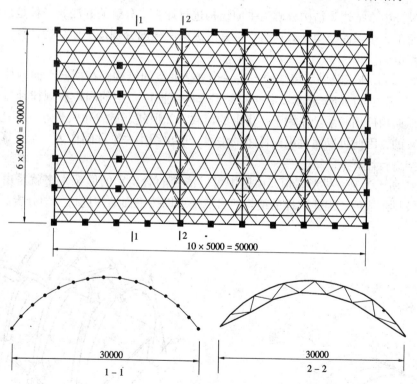

图 5-69 某体育馆网壳屋盖

(7) 排架结构

排架结构由屋架（或屋面梁）、柱和基础组成。屋架与柱顶铰接，柱与基础刚接。排架结构多采用装配式体系。它广泛用于生产较重或尺寸较大产品的生产车间，如汽车制造、冶金等单层厂房。

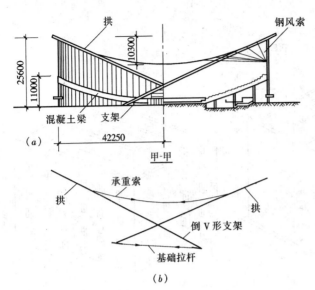

图 5-70 某体育馆悬索结构示意

2.1.2 结构体系化简

前面讨论结构中某些构件的简化问题，现在讨论结构整个体系的简化问题。

一般结构实际上都是空间结构，各部分互相连接成为一个空间整体，以便抵抗各种方向可能出现的荷载。因此，在适当的条件下，根据受力状态的特点，通常把空间结构简化为平面结构，并根据受力状态的特点进一步简化。

(1) 将空间结构分解为平面结构

在工程结构中，经常遇到柱支承结构以及由一系列平面单元组成的结构。设计中常把这类结构分解为平面结构进行计算。分解的方法，一种是从结构中取出一个平面单元按平面结构计算；另一种是沿纵向和横向分别按平面结构计算。

取平面单元计算

图 5-71 (a) 所示单层厂房结构，是一个复杂的空间结构。在横向平面内柱子和屋架组成排架，如图 5-71 (b) 所示，各个排架沿车间纵向以一定的间距有规律地排列着，中间有许多纵向构件相联系。作用于厂房上的荷载，如恒载、雪载和风载等一般是沿车间纵向均匀分布的，因此可以通过纵向柱距的中线，取出图中一个柱间作为一个计算单元，并按平面排架进行计算。

图 5-72 所示为某一拱形屋顶，由图中可以清楚的看出它的屋架本来就是由一个一个的平面三铰拱组成的，因此这样的结构便自然地可以按平面结构进行力学分析。

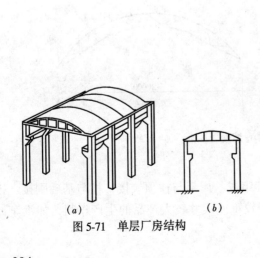

图 5-71 单层厂房结构

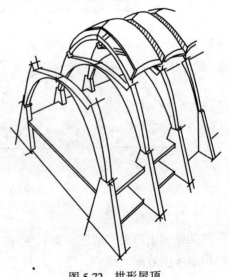

图 5-72 拱形屋顶

多跨多层房屋框架结构中，梁和柱实际上组成一个空间刚架，设计中则按平面刚架计算。对于水平荷载，如风载和地震力说来，结构的横向刚度比较小，纵向的刚度也比较小。为了保证结构的承载力，通常截取横向刚架进行计算。

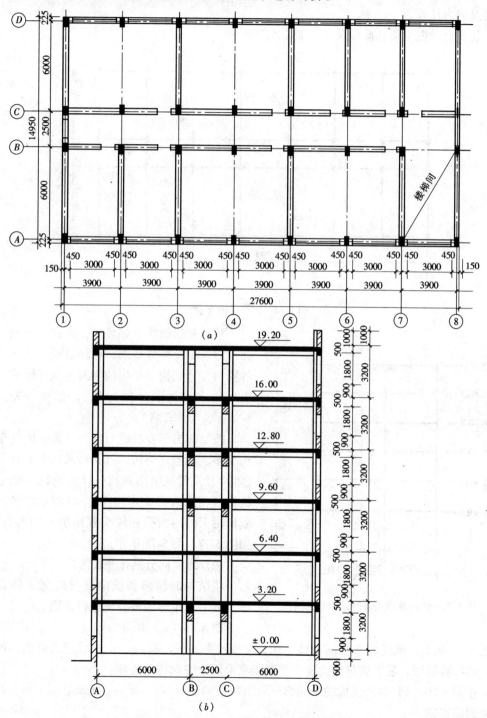

图 5-73 建筑平面图、剖面图
（a）建筑平面图；（b）建筑剖面图

以横向刚架为主刚架的优点是刚架形式简单，便于计算。

实例简介：某六层办公楼，采用多层框架结构，建筑平面图、剖面图如图 5-73 所示。

设计计算时，将作为空间骨架的框架结构简化为某一榀横向框架为计算简图，并进行受荷及内力计算。

建筑设计框架梁柱截面尺寸，如图 5-74 所示。

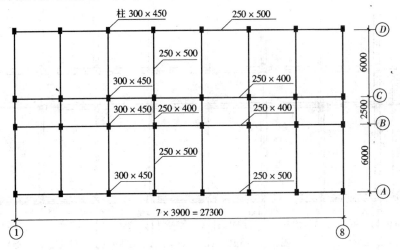

图 5-74　建筑平面布置图

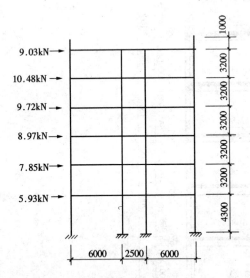

根据建筑做法（如墙身、地面、屋面、楼面、门窗）及构造要求、构件自重、建筑功能等资料计算结构上作用的竖向荷载（恒载和活载）和水平荷载（风荷载），如图 5-75、图 5-76 所示（计算略）。

按结构力学方法进行内力计算。因框架结构为多次超静定结构，计算可采用近似计算法（参阅有关建筑结构教材）计算或计算机进行机算（相关结构设计软件）。本例示出竖向恒载作用下的内力图和风荷载作用下的内力图，如图 5-77、图 5-78 所示。

(2) 纵横向分别按平面考虑

将结构的纵向和横向同时按交叉体系考虑。以一块矩形楼板为例进行说明。

图 5-79 (a) 所示一矩形板，四边简支，

图 5-75　风荷载作用下的结构计算简图

边长为 l_1 和 l_2，承受均布竖向荷载。图 5-79 (b) 中的 a、b、c、d 表示交叉梁系，可作为板的计算简图。板上的荷载由这个交叉梁系沿两个方向传到支座。

在图 5-79 (b) 中，从板的中间部分取出两根梁 ab 和 cd。梁 ab 和 cd 近似于承受均布荷载的简支梁。

试验及理论表明，如果 $l_2 > l_1$，大部分的荷载沿短向传递。当 $l_2/l_1 \geq 2$ 时，设计中可

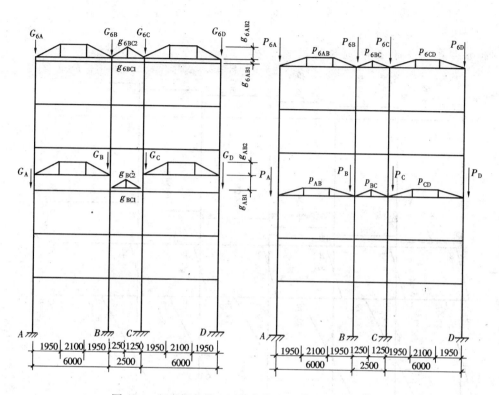

图 5-76 竖向恒荷载、活荷载作用下的结构计算简图

以近似地认为荷载只沿短的方向传递板上的荷载沿一个方向传至支座。长的方向不起作用,为单向板,如图 5-79（c）和图 5-79（e）所示。当 $l_2/l_1 < 2$ 时,板上的荷载沿两个方向传至支座,为双向板,如图 5-79（d）和图 5-79（f）所示。

2.1.3 结构设计方法概述

随着文明程度的提高,人们对建筑物安全性能及使用性能的要求越来越高。建筑物结构的作用是承受并传递荷载（称为直接作用）,以及因混凝土的收缩、温度变化、基础的差异沉降、地震等引起结构外加变形或约束的间接作用。因此,结构对建筑物的使用起着极其重要的作用。

我国根据建筑物的重要程度以及建筑结构破坏时可能产生的后果严重程度,将建筑物的安全等级分为三等级,见表 5-4。对人员比较集中使用频繁的影剧院、体育馆等建筑物,其安全等级一般按一级设计。建筑物中梁、柱等各类构件的安全等级一般应与整个建筑物的安全等级相同。

建筑物的安全等级划分　　　　　表 5-4

安全等级	破坏后果的影响程度	建筑物的类型	安全等级	破坏后果的影响程度	建筑物的类型
一级	很严重	重要的建筑物	三级	不严重	次要建筑物
二级	严重	一般的建筑物			

（1）建筑结构的功能

为保证结构安全可靠,设计的结构和结构构件应该在规定的设计使用年限内（一般建筑结构的设计使用年限为 50 年）,在正常维护条件下,能保持其使用功能,而不需进行

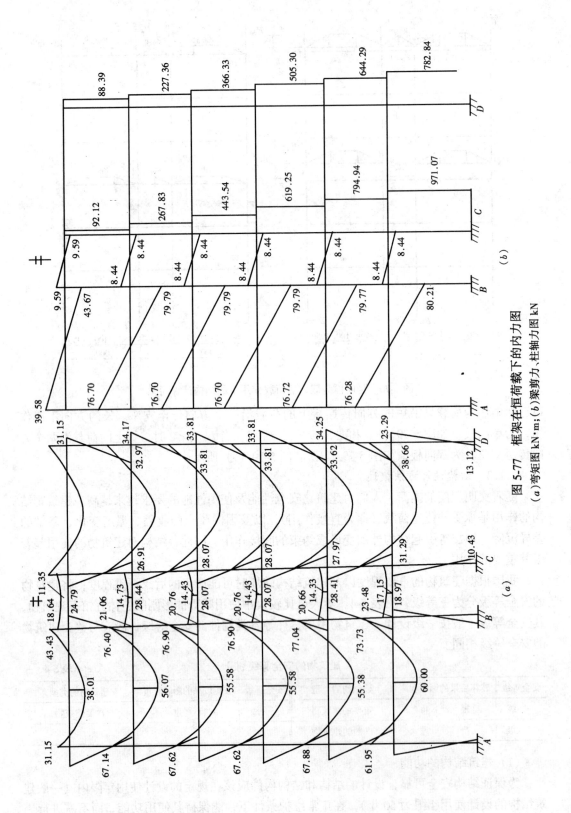

图 5-77 框架在恒荷载下的内力图
(a)弯矩图 kN·m；(b)梁剪力、柱轴力图 kN

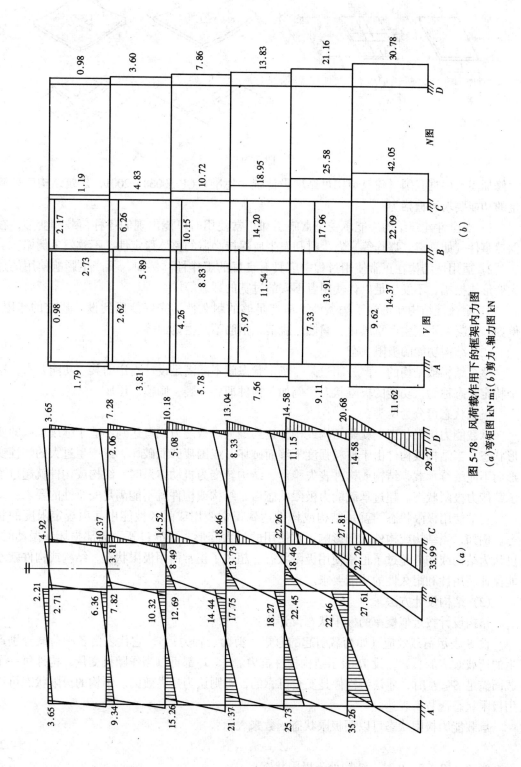

图 5-78 风荷载作用下的框架内力图
(a)弯矩图 kN·m;(b)剪力、轴力图 kN

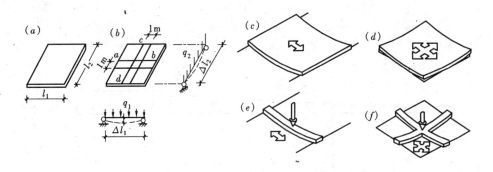

图 5-79

大修加固。根据我国《建筑结构可靠度设计统一标准》GB 50068—2001，建筑结构应该满足的功能要求可概括为：

1) 安全性建筑结构应能承受正常施工和正常使用时可能出现的各种荷载和变形，在偶然事件（如地震、爆炸等）发生时和发生后保持必需的整体稳定性，不致发生倒塌。

2) 适用性结构在正常使用过程中应具有良好的工作性。例如，不产生影响使用的过大变形或振幅，不发生足以让使用者不安的过宽的裂缝等。

3) 耐久性结构在正常维护条件下应有足够的耐久性，完好使用到设计规定的年限。例如，混凝土不发生严重风化、腐蚀、脱落，钢筋不发生锈蚀等。

(2) 结构功能的极限状态

整个结构或结构的一部分超过某一特定状态就不能满足设计指定的某一功能要求，这个特定状态称为该功能的极限状态。例如，构件即将开裂、倾覆、压屈、失稳等。

极限状态可分为两类：

承载能力极限状态 就是结构或构件达到最大承载能力或者达到不适于继续承载的变形状态。当结构或构件由于材料强度不够而破坏，或因疲劳而破坏，或产生过大的塑性变形而不能继续承载，结构或构件丧失稳定；结构转变为机动体系时；结构或构件就超过了承载能力极限状态。超过承载能力极限状态后，结构或构件就不能满足安全性的要求。

正常使用极限状态 就是结构或构件达到正常使用或耐久性能中某项规定限度的状态。例如，当结构或构件出现影响正常使用的过大变形、裂缝过宽、局部损坏和振动时，可认为结构或构件超过了正常使用极限状态。超过了正常使用极限状态，结构或构件就不能保证适用性和耐久性的功能要求。

(3) 结构设计方法

结构设计按近似概率的极限状态设计法。

设 S 表示荷载效应（如荷载引起的弯矩、剪力、轴力等），它代表由各种荷载分别产生的荷载效应的总和，设 R 表示结构构件抗力。S、R 都可以当作随机变量。构件每一个截面满足 $S \leqslant R$ 时，才认为构件是安全可靠的，否则认为是失效的。结构的极限状态可以用极限状态函数来表达。

承载能力极限状态可以用极限状态函数来表示：

$$Z = R - S \tag{5-32}$$

当 $Z = R - S = 0$ 时，结构处于极限状态；

当 $Z = R - S < 0$ 时，结构处于失效（破坏）状态；

当 $Z = R - S > 0$，结构处于可靠状态。

一般情况，抗力 R 和 S，都是服从正态分布的随机变量且二者为线性关系。S、R 的平均值分别为 μ_s 和 μ_R，标准差分别为 σ_s、σ_R，荷载效应为 S 和抗力为 R 的概率密度曲线如图 5-80 所示。按照结构设计的要求，显然 μ_s 应该小于 μ_R，从图中的概率密度曲线可以看出，在多数情况下构件的抗力 R 大于荷载效应 S。但是，由于离散性，在 S、R 的概率密度曲线的重叠区（阴影部分），仍有可能出现构件的抗力 R 小于荷载效应 S 的情况。重叠区的大小反映了抗力 R 和荷载效应 S 之间的概率关系，即结构的失效概率。重叠的范围越小，结构的失效概率越低。从结构安全角度考虑，提高结构构件的抗力（承载能力），减小抗力 R 和荷载效应 S 的离散程度（例如，减小不定因素的影响），可以提高结构构件的安全保障机制。

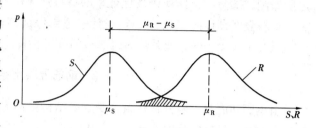

图 5-80　结构设计要求的 R、S 的概率分布关系

对于一般常见的工程结构，《建筑结构可靠度设计统一标准》GB 50068—2001 应用数理统计的概率方法并考虑工程经验优选确定，采用以荷载和材料强度的标准值以及相应的"分项系数"来表示的实用设计表达式。

按承载能力概率极限状态设计法的实用设计表达式为：

$$\gamma_0 \gamma_s S_k \leq R \tag{5-33}$$

式中　γ_0——结构构件的重要性系数。一般安全等级为二级的结构构件，γ_0 取 1.0；

γ_s——荷载分项系数，对由可变荷载效应控制的组合一般 γ_G（永久荷载分项系数）取 1.2；对由永久荷载效应控制的组合一般 γ_G 取 1.35。可变荷载分项系数 γ_{Q1}、γ_{Q2} 一般取 1.4。

R——构件承载能力函数。一般取决于材料的设计值和构件的几何因数。

(4) 结构上的荷载和材料强度取值

1) 作用在结构上的荷载

荷载根据其作用在结构上是否随时间的变化而变化分为：

永久荷载也称恒荷载，如物体的自重、结构上固定的设备、土压力等，这些荷载在设计基准期内一般不随时间的变化而变化。

可变荷载也称活荷载，如楼面活荷载（人员活动、桌椅摆设等的搬动）、风荷载、雪荷载等，这些荷载在设计基准期内随时间的变化而变化。

偶然荷载是指设计基准期内不一定出现的，而一旦出现时，持续时间短，影响力很大，如地震、爆炸等。

说明：荷载标准值是荷载的基本代表值。各种荷载标准值，可在《建筑结构荷载规范》GB 50009—2001 查取。一般按概率极限状态设计法进行设计，取荷载设计值进行计算，即对查取的荷载标准值乘以相应的荷载分项系数。

结构设计时，一般都考虑荷载组合。常见的组合为：

组合1：永久荷载 + 可变荷载组合值

组合2：永久荷载+特定方向上风荷载

2）材料强度取值

材料强度标准值（f_k）是结构设计采用的材料强度基本代表值，通常取在对材料按规定所做测试试验中，具有95%保证率的材料强度作为强度的标准值。

材料强度设计值（f）是结构设计中考虑保证结构可靠指标的要求，对材料强度标准值除以一个大于1的分项系数而得的材料强度指标。

2.2 钢筋混凝土结构

由钢筋和混凝土两种材料组合制成的结构被称为钢筋混凝土结构。钢筋混凝土结构以其易于取材、良好的抗力性能、良好的可模性以及具有较好的防火、防腐性能等特点，被广泛应用于各类建筑中。如混合结构的梁、板，框架结构，框剪结构，筒体结构等房屋。

2.2.1 钢筋混凝土结构材料

（1）钢筋

前面我们介绍了建筑中最常用的两种材料——钢筋和混凝土的力学性能。然而，在建筑工程中，更习惯使用按生产工艺的不同进行分类的钢筋名称，如光圆热轧钢筋、热轧带肋钢筋、冷轧扭钢筋等。

热轧钢筋：HPB235级钢筋，符号Φ；HRB335级钢筋，符号Φ；HRB400级钢筋，符号Φ和余热处理Ⅲ级钢筋，符号Φ^R（RRB400）四个等级。HPB235级钢筋强度最低，HRB335级钢筋强度次之，HRB400级钢筋强度最高。HPB235级钢筋具有较高的强度和良好的塑性、韧性、易于焊接，主要用于板和基础的受力筋和荷载不大的梁、柱的受力筋、箍筋和构造筋；HRB335级钢筋和HRB400级钢筋主要用于构件中的受力主筋。热轧钢筋外形，如图5-81（a）所示。

冷轧带肋钢筋 常用于普通混凝土结构的钢筋牌号为CRB550。也可用于板类构件或作为梁、柱的箍筋和构造筋。冷轧带肋钢筋外形，如图5-81（b）所示。

冷轧扭钢筋 是由低碳钢热轧圆盘条经专用钢筋冷轧扭机经调直、冷轧并冷扭为具有规定截面形状和节距的连续螺旋状钢筋，如图5-81（c）所示。常用于板类受力筋。

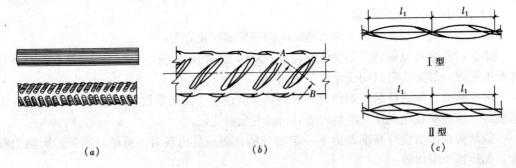

图5-81 建筑工程常用钢筋外形
（a）热轧钢筋外形；（b）冷轧带肋钢筋外形；（c）冷轧扭钢筋外形

冷拉钢筋常用于普通钢筋混凝土和小型预应力混凝土构件的配筋，但不适用于承受冲击和振动荷载的结构和吊环。

冷拔钢丝、高强圆形钢丝和钢绞线主要用于预应力混凝土构件的配筋。

普通钢筋强度的标准值和设计值见表5-5。

普通钢筋强度的标准值、设计值（N/mm²）　　　　表5-5

种类		符号	直径 d（mm）	f_{yk}	f_y、f'_y
热轧钢筋	HPB235（Q235）	Φ	8~20	235	210
	HRB335（20MnSi）	Φ	6~50	335	300
	HRB400（20MnSi、20MnSi Nb、20MnTi）	Φ	6~50	400	360
	RRB400（K20MnSi）	Φ R	8~40	400	360

注：在钢筋混凝土结构中，轴心受拉和小偏心受拉构件的钢筋抗拉强度设计值大于300N/mm²时，仍应按300N/mm²取用。

表中符号 f_{yk}——表示钢筋抗拉强度标准值。

f_y、f'_y——分别表示钢筋抗拉强度、抗压强度设计值。

（2）混凝土

工程中常用的混凝土强度指标有：立方体抗压强度、轴心抗压强度、轴心抗拉强度。

《混凝土结构设计规范》GB 50010—2002规定混凝土强度等级按立方体抗压强度标准值（f_{cu}）确定。混凝土强度等级越高，其强度就越高。混凝土强度等级有C15、C20、C25、C30、C35、C40、C45、C50、C55、C60、C65、C70、C75、C80共14级。混凝土轴心抗压、轴心抗拉强度标准值和设计值见表5-6。

混凝土强度标准值和设计值（N/mm²）　　　　表5-6

强度种类	混凝土强度等级													
	C15	C20	C25	C30	C30	C40	C45	C50	C55	C60	C65	C70	C75	C80
f_{ck}	10.0	13.4	16.7	20.1	23.4	26.8	29.6	32.4	35.5	38.5	41.5	44.5	47.4	50.2
f_{tk}	1.27	1.54	1.78	2.01	2.20	2.39	2.51	2.64	2.74	2.85	2.93	2.99	3.05	3.11
f_c	7.2	9.6	11.9	14.3	16.7	19.1	21.1	23.1	25.3	27.5	29.7	31.8	33.8	35.9
f_t	0.91	1.10	1.27	1.43	1.57	1.71	1.80	1.89	1.96	2.04	2.09	2.14	2.18	2.22

表中符号：f_{ck}、f_{tk}——分别表示混凝土的抗拉强度、抗压强度标准值。

f_c、f_t——分别表示混凝土抗压强度、抗拉强度设计值。

（3）钢筋与混凝土两种材料的结合

1）钢筋和混凝土这两种特性不同材料的组合

钢筋与混凝土两种材料的温度线膨胀系数大致相同，能共同变形。更主要的是混凝土硬化后，钢筋与混凝土收缩时产生良好的粘结力（混凝土硬化收缩握裹钢筋产生摩阻力、混凝土的水泥浆体对钢筋表面的胶结力以及由于钢筋表面的凸凹不平与混凝土之间形成的机械咬合力），将混凝土与钢筋可靠的粘结在一起。构件在受力时，钢筋与混凝土不产生相对滑移。所以能结合在一起共同工作。

注：装饰施工中，不应破坏混凝土对钢筋的"包裹"作用。

2）两种材料组合的优点

钢筋主要承受拉力、混凝土主要承受压力，充分发挥材料的特性。因此，两种料组合后强度高，适用于各类承重结构。

混凝土被钢筋包裹在内，阻止钢筋与外界接触，使钢筋在正常情况不易锈蚀，使混凝土结构具有较好的耐久性能。由于混凝土是阻燃的不良传热导体，在遇到火灾时，钢筋也不易丧失承载能力，使混凝土结构具有较好的耐火性能。

钢筋和混凝土可制成不同的形状和尺寸的构件，具有良好的可模性，并能把不同构件整体浇筑为一体（如梁、板、柱可浇筑为整体），故结构的整体性好。而结构的防震能力与结构的整体性有关。因此，钢筋混凝土结构具有良好的防震性。

3）钢筋混凝土常用材料选择

实际工程中，钢筋混凝土强度等级不应低于C15；当采用HRB335级钢筋时，混凝土强度等级不宜低于C20；当采用HRB400和RRB400级钢筋时以及承受重复荷载的构件，混凝土强度等级不得低于C20。

C50以上等级的混凝土为高强度混凝土。

2.2.2 钢筋混凝土梁的基本构造

(1) 梁的基本构造

1）梁截面形状和尺寸

梁常见的截面形式有矩形、T形、工字形以及花篮形等，如图5-82所示。截面尺寸应满足强度、刚度和裂缝三方面的要求，其截面高度 h 可根据梁的计算跨度（l_0）来估计。通常情况下：$h = (l_0/6) \sim (l_0/25)$。

图5-82 梁截面形状

常用的梁高有250、300、350、400、450、500、550、600、650、700、750、800、900、1000mm等。

2）梁内配筋

纵向受力钢筋布置在梁的受拉区，承受由于弯矩作用而产生的拉力，常用 HPB235、HRB335、HRB400级钢筋。有时在构件受压区也配置纵向受力钢筋与混凝土共同承受压力。纵向受力钢筋的数量由计算确定，常用的直径为10~28mm，且不得少于两根。纵向受力钢筋应沿梁宽均匀分布，尽量排成一排，当钢筋根数较多时，可排成两排。纵向受力钢筋的间距应满足图5-83的要求，以保证混凝土浇筑质量。

箍筋在构造上主要是固定受力钢筋与架立钢筋形成钢筋骨架，抗力作用主要是承担剪力和（或）扭矩。箍筋采用HPB235级钢筋，其数量（直径和间距）由计算确定。对高度

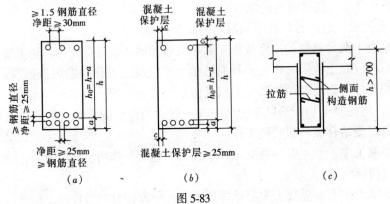

图5-83

大于300mm的梁，箍筋沿梁全长按照构造均匀设置。

常用的箍筋直径为：6～12mm；间距：50～350mm。

箍筋主要有单肢箍、双肢箍和四肢箍等。箍筋肢数主要与梁宽 b 以及受力钢筋根数有关。双肢以上的箍筋多采用封闭状，如图5-84所示。

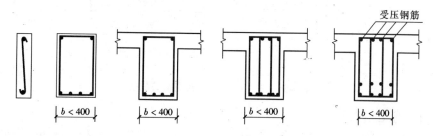

图5-84　梁中箍筋

架立钢筋设置在梁的受压区并平行纵向受拉钢筋，承担因混凝土收缩和温度变化产生的应力。如有受压纵筋时，受压纵筋可兼作架立钢筋，架立钢筋应伸至梁的支座。常用的架立钢筋直径为：8～25mm。

侧向构造钢筋是当梁截面较高时，为防止混凝土收缩和温度变形而产生竖向裂缝，同时加强钢筋骨架的刚度，在梁的两侧沿梁高每隔300～400mm处设置的纵向构造钢筋。纵向构造钢筋直径不小于10mm。两侧的两根构造筋用拉筋连接以加强钢筋骨架。拉筋间距一般为箍筋的2倍，如图5-83所示。

3）梁内纵向受力钢筋混凝土的保护层厚度

一般民用建筑，地下水位线以上梁的保护层厚度为25mm，如图5-83所示。

（2）建筑结构中常见梁的配筋

1）简支梁

在梁的内力计算中，我们已知简支梁的最大弯矩发生在梁的中部。最大正弯矩处，构件会产生与梁轴线垂直的裂缝；最大剪力通常在支座附近或与次梁交接的部位。剪力与弯矩的共同作用会导致构件产生斜裂缝。

在制作梁的钢筋骨架时，梁的跨中下部受力钢筋总是较多的，用于抵抗较大的正弯矩，且钢筋不应在跨中被切断，如图5-85所示。加密箍筋或弯起钢筋通常在梁端一定范围内，用于抵抗弯矩和剪力的共同作用。

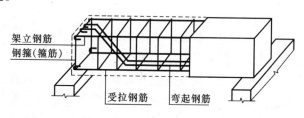

图5-85　简支梁的配筋剖视图

在有集中剪力的位置，例如主次梁连接处，主梁对次梁的支撑作用在主梁上形成较大的集中剪力。所以，在与次梁连接的主梁处有加密箍筋或吊筋，配筋图示例如图5-86所示。

2）外伸梁

雨篷板和外伸阳台的梁多为外伸梁。外伸梁的弯矩和剪力在支座处最大，且弯矩为负弯矩（注：为充分利用材料强度并减轻自重，常将雨篷板和外伸阳台的梁或板做成变截

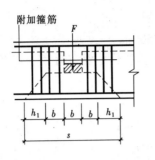
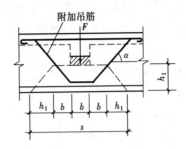

图 5-86 主、次梁连接处主梁的配筋

面，截面在支座处增大）。

外伸梁的受力筋一定是放在受拉部位（上部），且在弯矩最大处不得切断钢筋，如图 5-87 所示。

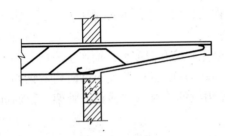

图 5-87 外伸梁配筋

3）连续梁

一道较长的现浇梁分段与支承构件（如柱子或墙体）连接，形成多个跨度。梁在受荷作用时，跨中一般仍为向下的弯曲变形，支座处产生转角变形趋势，但被支座限制。

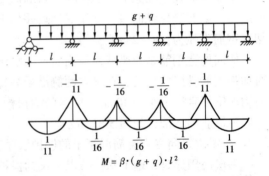
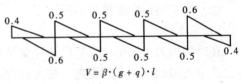

图 5-88 多跨连续梁的内力图示例

梁上作用均布荷载时的弯矩图和剪力图，如图 5-88 所示。从图中看出，最大正弯矩仍然在跨中，最大负弯矩和最大剪力在支座（梁或柱）处。

在制作多跨连续梁的钢筋骨架时，承受正弯矩的主筋在跨中下部，且不得有接头。在支撑处（与柱连接时称为节点），承受负弯矩的主筋一定是放在上部，且不得在穿过节点处切断钢筋。如有加密箍筋，也在支撑处一定范围内，如图 5-89 所示。

2.2.3 钢筋混凝土板

（1）板的基本构造

在房屋建筑中，板为典型的受弯构件。板的有关构造措施如下：

1）板的厚度

板的厚度应满足强度和刚度的要求，同时考虑经济和施工上的方便。一般板的厚度 h 以板的计算跨度（l_0）来估计，通常情况下：$h = (l_0/10) \sim (l_0/50)$。

常用的板厚尺寸有 60、70、80、90、100、110、120、140mm 等，以 10mm 为模数。

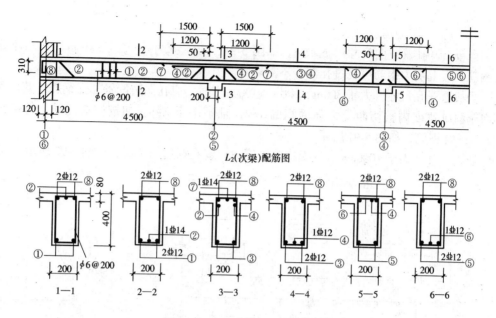

图 5-89 多跨连续梁的配筋示例

2) 板中配筋

板中通常配置两种钢筋：受力钢筋和分布钢筋，如图 5-90 所示。

受力钢筋沿板的跨度方向设置位于受拉区，承受由弯矩作用产生的拉力，其数量由计算确定，并满足构造要求。

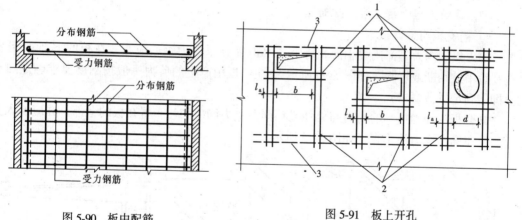

图 5-90 板中配筋　　　　图 5-91 板上开孔
　　　　　　　　　　　1—板上部负筋；2—板下部钢筋

受力钢筋常采用 HPB235 钢筋和冷扭钢筋，常采用的钢筋直径为 6～14mm。受力钢筋的间距一般不小于 50mm，不宜大于 250mm。

分布钢筋是与受力钢筋垂直均匀布置的构造钢筋，位于受力钢筋内侧，用细钢丝与受力筋绑扎或焊接在一起形成钢筋骨架，并使受力钢筋受力更加均匀。此外，分布钢筋能抵抗因混凝土收缩及温度变化而产生的微裂缝。

分布钢筋采用 HPB235 钢筋，直径不宜小于 6mm，单位长度上分布钢筋的截面面积不应小于单位宽度上受力钢筋截面面积的 15%，且不宜小于该方向板截面面积的 0.15%；分布钢筋间距不宜大于 300mm。

3）板上开洞的构造要求

当板上开孔（空洞尺寸用 b 或 d，如图 5-91 所示）尺寸不大于 300mm 时，可不设附加钢筋，板上受力钢筋可绕过孔洞，不需切断。

当板上开孔尺寸（大于 300mm 且小于 1000mm 时，应在洞边配置加强钢筋，其面积应不小于洞口宽度内被切断受力筋面积的 1/2，且不小于 $2\phi8$。如按构造配筋，每侧可加 $2\phi8 \sim 2\phi12$ 钢筋，如图 5-91 所示。

当板上开孔大于 1000mm，且无特殊要求时，宜在洞边加小梁，如图 5-92 所示。

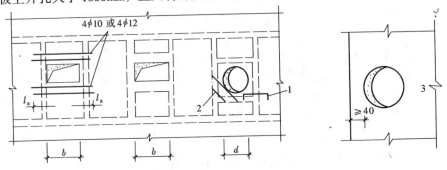

图 5-92 板开孔较大时的构造
1—放在 2 的上部钢筋；2—下部钢筋；3—梁

4）板、梁的纵向钢筋混凝土保护层厚度

一般民用建筑，地下水位线以上板的保护层厚度为 15mm。

(2) 建筑工程中常见板的配筋

1）简支板与悬臂板

简支板的内力与简支梁相同，跨中产生正弯矩，受力钢筋应布置在板的下部，且不应在跨中被切断或弯起，如图 5-93 所示（注：板中产生的剪力一般按刚度要求确定的板厚即能满足抗剪要求）。

悬臂板（如雨篷）的内力与外伸梁相同。受力筋应均匀布置在板的上部，并应伸入支座；分布筋与受力筋垂直，如图 5-93 所示。

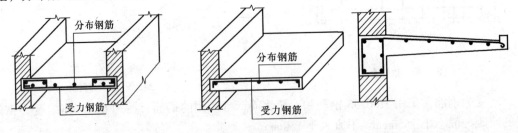

图 5-93 简支板、悬臂板的配筋

2）板式楼梯

民用建筑常用的板式楼梯由梯段板、平台板和平台梁组成。梯段板的计算可简化为斜向简支梁，平台板和平台梁都为简支梁。板式楼梯的配筋构造，如图 5-94 所示。

3）连续单向板

连续单向板多用于梁板柱整体浇筑的楼盖中。板受荷后主要沿短跨方向传递荷载，次

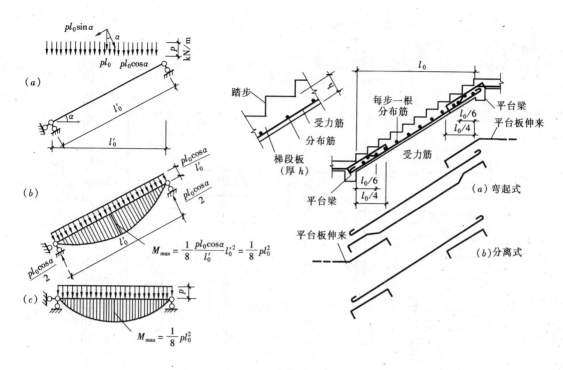

图 5-94 板式楼梯的配筋

梁或墙体是其主要支承结构,因此,连续单向板的计算简图为沿短跨方向的多跨连续梁。

连续单向板的配筋形式有弯起式和分离式两种。分离式配筋是目前常用的方式。

板中受力筋主要是沿短跨方向在板的下部承受正弯矩的钢筋,以及与梁交接处(与连续梁的内力图相似,为负弯矩)在板上部的受力短钢筋,如图 5-95 所示。

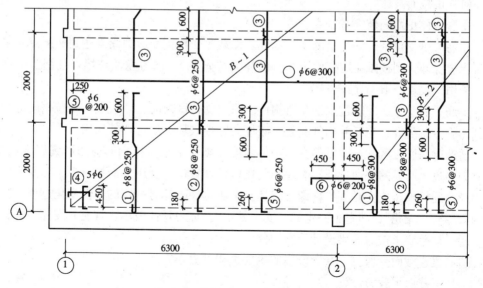

图 5-95 某连续单向板的配筋示例

4) 双向板

双向板多用于梁板柱整体浇筑的楼盖中。板受荷后沿纵横向传递荷载,板块四周的梁都是其支承结构，因此，双向板的受力筋沿纵向和横向都要设置。图5-96为某双向板配筋示例。

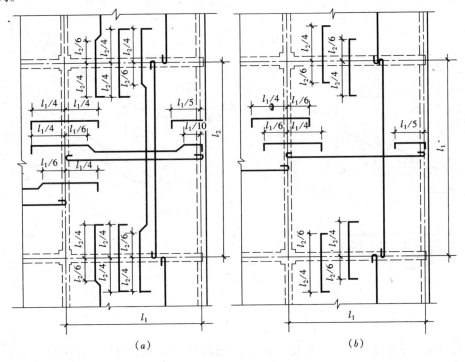

图5-96 某双向板配筋示例

2.2.4 受弯构件的破坏形式及承载力计算

(1) 正截面破坏

受弯构件正截面破坏有三类：

超筋梁是受拉区配筋过量的受弯构件。加载时受拉钢筋应力尚未达到屈服点，受压区混凝土边缘即达到极限压应变而破坏。破坏无"先兆"，称为脆性破坏，且钢筋强度未被充分利用，设计一般不允许采用。

少筋梁是受拉区配筋过少的受弯构件。只要受拉区混凝土一开裂，受拉钢筋应力很快达到屈服点，裂缝迅速延伸构件断裂。破坏为脆性破坏，设计严禁采用。

适筋梁是受拉区配筋适量的受弯构件。构件破坏是从受拉钢筋应力达到屈服点开始，此时钢筋显示明显的塑性特征，裂缝向受压区延伸较快，受压区面积减少，当受压区混凝土边缘达到极限压应变时，构件即告破坏。由于构件破坏有一定的塑性变化过程，我们常说的破坏有"先兆"，即有了一定的"安全警示"，称为延性破坏，且充分发挥了材料的性能，所以规范要求按适筋梁设计受弯构件。

适筋梁正截面受弯三个受力阶段的主要过程见表5-7。

(2) 正截面承载力计算

工程设计以适筋梁破坏过程的阶段Ⅲ建立计算模型。为简化计算，将压区混凝土应力曲线用等效矩形来代替，混凝土的压应力为 $\alpha_1 f_c$。以单筋矩形截面受弯构件为例，得到受弯构件正截面破坏强度计算图形，如图5-97所示。

适筋梁正截面受弯的三个主要受力阶段 表 5-7

阶 段	简 图	应 力 图	工 作 状 况
Ⅰ			弹性工作，构件未开裂
I_A			构件即将开裂
Ⅱ			构件开裂，拉力全部由钢筋承担
$Ⅱ_A$			钢筋屈服，裂缝显著扩大挠度显著增加
Ⅲ			钢筋屈服，随后受压区压坏构件破坏

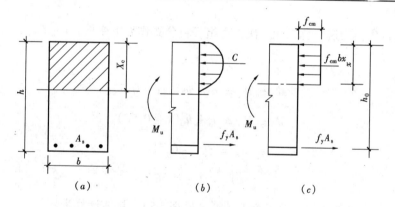

图 5-97 受弯构件正截面承载力计算图形
(a) 横截面；(b) 实际应力图；(c) 等效应力图

单筋矩形截面受弯构件正截面承载力基本计算式：

$$\alpha_1 f_c bx = f_y A_s \tag{5-34}$$

$$\begin{cases} M \leqslant M_u = \alpha_1 f_y bx \left(h_0 - \dfrac{x}{2} \right) \\ M \leqslant M_u = f_y A_s \left(h_0 - \dfrac{x}{2} \right) \end{cases} \tag{5-35}$$

式中　M——弯矩设计值；

　　　M_u——正截面受弯承载力设计值；

　　　α_1——等效矩形应力图形系数。α_1 与混凝土强度等级有关，当混凝土强度等级 $\leqslant C50$ 时，取 $\alpha_1 = 1.0$；

f_c——混凝土抗压强度设计值(查表);

f_y——钢筋抗拉强度设计值(查表);

b——截面宽度;

x——混凝土等效应力区高度;

h_0——截面有效高度。当梁配置单排钢筋时,$h_0 = h - 35$(mm),配置双排钢筋时,$h_0 = h - 60$(mm)。

为计算方便,令 $\xi = x/h_0$

ξ 为相对受压区高度,与截面配筋率 $\rho = A_s/bh_0$(%)有直接关系。

为保证受弯构件不出现超筋和少筋破坏,应满足下列条件:

$$\xi \leqslant \xi_b, \rho \geqslant \rho_{\min}$$

ξ_b——界限相对受压区高度。对Ⅰ级钢筋 $\xi_b = 0.614$;对Ⅱ级钢筋 $\xi_b = 0.55$。

设计中,为保证结构的安全性及经济性,一般控制配筋率在一定范围内,对一般梁、板,其配筋范围为:

矩形截面梁:$\rho = 0.6\% \sim 1.5\%$

T形截面梁:$\rho = 0.9\% \sim 1.8\%$

板:$\rho = 0.4\% \sim 1.8\%$

利用正截面强度计算式可以对受弯构件进行截面设计(主要为配筋设计)和复核已知截面的承载力。

实际设计中,为避免解二元二次方程组,将公式作如下变换:

$$\alpha_1 f_c b h_0 \xi = f_y A_s \tag{5-36}$$

或

$$M \leqslant M_u = \alpha_1 f_c b h_0^2 \xi(1 - 0.5\xi)$$
$$M \leqslant M_u = f_y A_s h_0 (1 - 0.5\xi) \tag{5-37}$$

令

$$\alpha_s = \xi(1 - 0.5\xi)$$

$$\gamma_s = 1 - 0.5\xi$$

式中 α_s、γ_s 均为 ξ 的函数,故可查表计算(见表5-8),具体计算步骤:

(a)计算 $\alpha_s = \dfrac{M}{\alpha_1 f_c b h_0^2}$。

(b)由 α_s 查表得 ξ,或由计算式 $\xi = 1 - \sqrt{1 - 2\alpha_s}$ 算出 ξ。注:要求 $\xi \leqslant \xi_b$。

(c)由 $A_s = \xi b h_0 \dfrac{\alpha_1 f_c}{f_y}$ 或 $A_s = \dfrac{M}{f_y \gamma_s h_0}$ 计算 A_s。注意控制最小配筋率。

(d)选择合适的钢筋直径及根数。

【例5-17】 某矩形截面梁截面尺寸 $b \times h = 250\text{mm} \times 500\text{mm}$,计算跨度 $l_0 = 6\text{m}$,作用在梁上的总荷载 $q = 33.3\text{kN/m}$,混凝土强度等级为C30,钢筋采用HRB335级,其配筋计算为:

内力计算:梁跨中最大弯矩设计值 $M = \dfrac{1}{8} q l_0^2 = 150\text{kN} \cdot \text{m}$

配筋计算:设配置一排钢筋,$h_0 = 500 - 35 = 465\text{mm}$

钢筋混凝土矩形截面和 T 形截面受弯构件强度计算表　　　表 5-8

ξ	γ_s	α_s	ξ	γ_s	α_s
0.01	0.995	0.010	0.32	0.840	0.269
0.02	0.990	0.020	0.33	0.835	0.273
0.03	0.985	0.030	0.34	0.830	0.282
0.04	0.980	0.039	0.35	0.825	0.289
0.05	0.975	0.048	0.36	0.820	0.295
0.06	0.970	0.058	0.37	0.815	0.301
0.07	0.965	0.068	0.38	0.810	0.309
0.08	0.960	0.077	0.39	0.805	0.314
0.09	0.955	0.085	0.40	0.800	0.320
0.10	0.950	0.095	0.41	0.795	0.326
0.11	0.945	0.104	0.42	0.790	0.332
0.12	0.940	0.113	0.43	0.785	0.337
0.13	0.935	0.121	0.44	0.780	0.343
0.14	0.930	0.130	0.45	0.775	0.349
0.15	0.925	0.139	0.46	0.770	0.354
0.16	0.920	0.147	0.47	0.765	0.359
0.17	0.915	0.155	0.48	0.760	0.365
0.18	0.910	0.164	0.49	0.755	0.370
0.19	0.905	0.172	0.50	0.750	0.375
0.20	0.90	0.180	0.51	0.745	0.380
0.21	0.895	0.188	0.518	0.741	0.384
0.22	0.890	0.196	0.52	0.740	0.385
0.23	0.885	0.203	0.53	0.735	0.309
0.24	0.880	0.211	0.55	0.730	0.394
0.25	0.875	0.219	0.550	0.725	0.400
0.26	0.870	0.226	0.56	0.720	0.403
0.27	0.865	0.234	0.57	0.715	0.408
0.28	0.860	0.241	0.58	0.710	0.412
0.29	0.855	0.248	0.59	0.705	0.416
0.30	0.850	0.255	0.60	0.700	0.420
0.31	0.845	0.262	0.614	0.693	0.426

查表得：$f_c = 14.3 \text{N/mm}^2$，$f_y = 300 \text{N/mm}^2$

$$\alpha_1 = 1.0, \quad \xi_b = 0.55$$

计算：
$$\alpha_s = \frac{M}{\alpha_1 f_c b h_0^2} = \frac{150 \times 10^6}{1.0 \times 14.3 \times 250 \times 465^2} = 0.194$$

计算：$\xi = 1 - \sqrt{1 - 2\alpha_s} = 1 - \sqrt{1 - 2 \times 0.194} = 0.218 < \xi_b = 0.55$

$$A_s = \frac{\alpha_1 f_c b h_0 \xi}{f_y} = \frac{1.0 \times 14.3 \times 250 \times 465 \times 0.218}{300} = 1208 \text{mm}^2$$

选用 4φ20，$A_s = 1256 \text{mm}^2$（选用钢筋时，应满足有关间距、直径及根数等的构造要求）。

验算 $\rho = \dfrac{1256}{250 \times 465} = 1.08\%$ 在经济配筋率范围之内，所以，配筋合理。

在装饰工程中，一般在原结构上进行二次装修，若二次装修附加荷载较大，则应对原结构构件进行截面承载力复核。

【例 5-18】 某现浇钢筋混凝土走道板，板厚为 80mm（自重 25kN/m³，构件安全等级

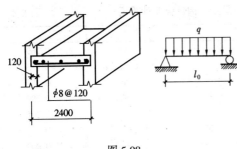

图 5-98

为二级,可变荷载标准值 $2kN/m^2$),水磨石地面厚 30mm(面层 10mm,水泥砂浆打底 20mm,自重 $0.65kN/m^2$);板底抹灰砂浆厚 15mm(自重 $17kN/m^2$)。混凝土强度等级为 C15,钢筋为 HPB235 级,板中已配置 $\phi8@120$ 受拉钢筋,如图 5-98 所示。板下采用木丝板进行二次装修吊顶棚(一级棚面,自重 $0.26kN/m^2$)。试验算该走道板是否安全。

解:①荷载计算(取 1m 宽板带为计算单元)
永久荷载标准值:

水磨石地面	$0.65 \times 1 = 0.65kN/m$
钢筋混凝土板自重	$25 \times 0.08 \times 1 = 2kN/m$
板下抹白灰砂浆	$17 \times 0.015 \times 1 = 0.255kN/m$
板下吊顶	$0.26 \times 1 = 0.26kN/m$
	$3.165kN/m$

可变荷载标准值: $\qquad 2 \times 1 = 2kN/m^2$
荷载设计值: $\qquad q = 1.2 \times 3.165 + 1.4 \times 2 = 6.599kN/m$

②内力计算
板的计算简图为承受均布荷载的简支梁,如图 5-98 所示。
板的计算跨度 $l_0 = 2.16 + 0.08 = 2.24m$(注:板的净跨 + 板厚)。
荷载引起的最大弯矩设计值
$$M = \frac{1}{8}ql_0^2 = \frac{1}{8} \times 6.599 \times 2.24^2 = 4.139 kN \cdot m$$

③板的正截面承载力计算
由已知资料得: $\alpha_1 = 1.0$(混凝土强度等级低于 C50): $f_c = 7.2MPa$;
$$f_y = 210MPa$$
$$h_0 = 80 - 20 = 60mm$$

按理论计算,每 1m 范围内钢筋截面面积为:
$$1000/120/50.3 = 419mm^2$$
$$\rho = \frac{A_s}{bh} = \frac{419}{1000 \times 80} \times 100\% = 0.524 > \rho_{min} = 0.20\%$$
$$\xi = \frac{A_s f_y}{\alpha_1 f_c bh} = \frac{419 \times 210}{1.0 \times 7.2 \times 1000 \times 60} = 0.204 < \xi_b = 0.614$$
$$M_u = \alpha_1 f_c bh_0^2 \xi(1 - 0.5\xi) = 1.0 \times 0.184 \times 7.2 \times 1000 \times 60^2 = 4.77kN \cdot m$$

④复核
$M_u > M$,所以走道板安全,可以进行吊顶装修。

(3)受弯构件的斜截面破坏及计算
受弯构件各个截面上不仅有弯矩作用(按正截面强度计算,弯矩在拉区的拉力主要由纵向受力筋承担),还同时受到剪力作用,弯矩和剪力共同作用在构件内引起的主拉应力而产生斜裂缝，当剪力较大时，构件可能发生斜截面破坏。斜截面破坏如图 5-99 所示。

抵抗斜截面破坏，除了受拉区纵向受力筋外，主要由箍筋、弯起筋来承担"剪力"。一般称箍筋和弯起筋为"腹筋"或"横向钢筋"。注：通常情况下，受弯构件支座处或集中荷载作用处剪力较大。因此，在梁中支座附近常配有加密箍筋和弯起钢筋；主次梁交接处（主梁承受次梁传来的"集中荷载"）主梁配有吊筋或加密箍筋。

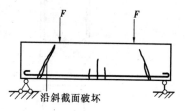

图 5-99　受弯构件斜截面破坏

2.3.5　受压构件

主要承受轴向压力的构件就属于受压构件。建筑结构中的柱、剪力墙、烟囱、筒体、屋架上的弦杆等都属于受压构件。

（1）受压构件的一般构造

1）受压构件的截面形式及尺寸

柱截面常采用正方形、矩形、圆形、工字形等多边形等截面形式。

方形柱的截面尺寸不宜小于 250mm × 250mm。受压柱柱截面尺寸宜采用整数，常取 50mm 的倍数。

2）柱内钢筋

纵向钢筋在与混凝土共同承担轴向压力和初始偏心引起的附加弯矩产生的拉力，其数量由计算确定，且不少于 4 根并沿构件截面四周均匀设置。纵向钢筋的直径在 12～32mm 范围内，宜采用较粗的钢筋，以保证钢筋骨架的刚度及防止受力后过早压屈。受压构件全部纵向钢筋的经济配筋率为：$\rho = 0.6\% \sim 5\%$，同时，一侧钢筋的配筋率不得少于 0.2%。当截面尺寸较大时（≥600mm），在侧面应设置侧向构造钢筋。

箍筋的作用是箍住纵筋，防止纵筋压屈，增强柱的抗剪强度。柱中箍筋应做成封闭式，其数量（直径和间距）由构造确定。

箍筋形式根据截面形状、尺寸及纵向钢筋根数确定。当柱子短边不大于 400mm 且各边纵向钢筋不多于 4 根时，可采用单个箍筋；当柱子截面短边尺寸大于 400mm 且各边纵向钢筋多于 3 根或当柱子短边不大于 400mm，纵向钢筋多于 4 根时，应设置复合箍筋；对于截面形式复杂的柱子，不能采用内折角箍筋。

箍筋直径当采用热轧钢筋时不应小于 $d/4$（d 为纵向钢筋的最大直径），且不应小于 6mm；箍筋的间距不应大于 400mm 及构件截面的短边尺寸，且不应大于 $15d$（d 为纵向钢筋的最小直径）。

柱内钢筋配置，如图 5-100 所示。

（2）受压构件的受力情形

观察配有纵向钢筋和箍筋的混凝土柱受到轴心压力时的试验情形，如图 5-101 所示。

先看短柱（长细比较小）：荷载较小时，柱子的压缩变形与荷载的增加成正比。当荷载不断增加时，混凝土出现塑性变形，柱子从中间出现微裂缝直到柱子四周出现明显的纵向裂缝，箍筋间的纵筋被压曲而外凸，混凝土被压碎而破坏。

再看长柱（长细比较大）的试验情形：由于构件较长，加荷时，构件很容易产生侧向

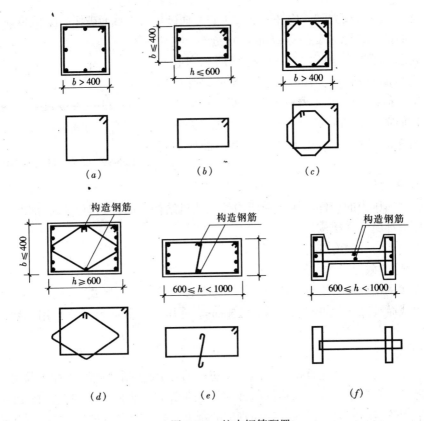

图 5-100 柱内钢筋配置

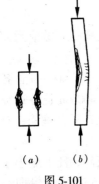

图 5-101
(a)短柱破坏;(b)长柱破坏

挠曲变形（可以用一段粗短的竹子与一段细长的竹枝进行比较），使柱子不仅受到压力的作用，还受因弯曲变形而引起的弯矩作用。构件破坏时，凹侧出现纵向裂缝，混凝土被压碎，凸侧被压曲而外凸，混凝土出现与纵轴方向垂直的横向裂缝，侧向挠曲变形急剧增大，柱子破坏。

(3) 轴心受压构件承载力计算

轴心受压构件的承载力由混凝土和纵向受力钢筋两部分组成。基本计算式为：

$$N \leqslant 0.9\varphi(f_c A + f'_y A'_s) \tag{5-38}$$

式中 N——轴向力设计值；

0.9——可靠度调整系数；

φ——钢筋混凝土轴心受压构件的稳定系数；

f_c——混凝土轴心受压强度设计值；

f'_y——纵向受力钢筋抗压强度设计值；

A'_s——全部纵向受力钢筋的截面面积；

A——构件截面面积。

由计算式可计算出纵向受力钢筋的截面面积：

$$A_s = \left(\frac{N}{0.9\varphi} - f_c A\right)\bigg/ f'_y \tag{5-39}$$

说明：在实际工程中，受压构件多为偏心受压，而偏心受压类似于构件受轴心压力和弯矩作用情形的组合（这也是我们看到一些受压柱在一个侧面纵向受力筋较多的原因），这里不再做详细介绍。

2.3 其他结构简介

2.3.1 砌体结构简介

（1）砌体结构的特点及适用性

砌体结构是由块材和砂浆砌筑而成，由墙、柱作为建筑物主要受力构件的结构，是砖砌体、砌块砌体和石砌体结构的统称。

砌体结构的主要特点为：

1) 施工方便，工艺简单；
2) 具有承重与围护双重功能；
3) 自重大，抗拉、抗剪、抗弯能力低；
4) 防震性能差。

在房屋建筑中，砌体结构主要应用于以承受竖向荷载为主的内、外墙体，柱子，基础，地沟等构件。

（2）房屋的承重体系及结构静力计算方案

1）房屋的承重体系

混合结构房屋通常采用钢筋混凝土结构作屋盖和楼盖，采用砌体结构作墙体或柱等，其承重体系主要有：

横墙承重体系是将楼板直接支承在横向墙上的承重体系。横墙为主要承重墙，纵墙仅承受本身自重及墙体内门窗重量，起围护、分隔和将横墙连成整体的作用；房屋空间刚度大，整体性好，对抵抗风荷载和地震作用等水平荷载的作用和调整地基的不均匀沉降有利；楼板沿短向布置，结构简单，如图5-102（a）所示。

横墙承重体系便于在纵墙上设置洞口较大的门窗，外墙面的装饰容易处理。

横墙承重体系的主要传荷途径为：板→横墙→横墙基础→地基。

该承重体系多用于横墙较多的宿舍、住宅等建筑。

纵墙承重体系是将楼板直接支承在纵向墙上的承重体系。纵墙是主要承重墙，横墙较少，如图5-102（b）所示。

这种承重体系的横向刚度较横墙承重体系小，在纵墙上开门、开窗时，洞口的大小和位置都要受到一定的限制；但这种承重体系房间的空间较大，楼盖的跨度较大，适于房间装修隔断。

纵墙承重体系的主要传荷途径为：板→纵墙→纵墙基础→地基。

该承重体系适用于使用上要求有较大空间的房屋，或者隔断墙位置可能变化的房间，如教学楼、办公楼、实验楼等建筑。

纵横墙承重体系是由纵墙和横墙混合承受屋盖、楼盖荷载的承重体系，兼有上述两种承重体系的优点。在多层房屋中多采用纵横墙混合承重体系，如图5-102（c）所示。

纵横墙承重体系的主要传荷途径为：板→横墙和纵墙→地基。

内框架承重体系是指房屋内部为钢筋混凝土框架承重，外部为砌体（墙）承重的体系，如图5-102（d）所示。墙和柱都是主要承重构件；横墙较少，房屋的刚度较差；在荷载作用下墙、柱的压缩变形不同（两种材料的性能不同）易使结构引起较大的内应力。由于内框架承重体系用柱代替了承重内墙，有较大的空间，平面装饰布置较灵活。该承重体系多见于需要较大使用空间的商场、食堂等建筑。

内框架承重体系的主要传荷途径为：板→梁→柱和墙→基础。

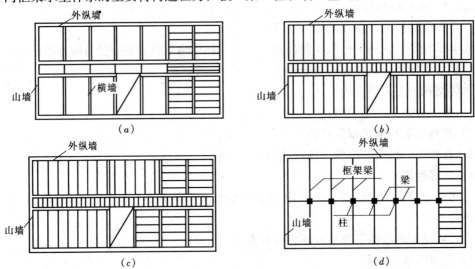

图 5-102 房屋的承重体系
(a) 横墙承重体系；(b) 纵墙承重体系；(c) 纵横墙承重体系；(d) 内框架承重体系

2）房屋结构的静力计算方案

《砌体结构设计规范》GB 50003—2001（后简称《砌体规范》）规定，房屋结构的静力计算，根据房屋的工作性能分为刚性方案、刚弹性方案和弹性方案，见表5-9。

房屋结构的静力计算方案　　　　　　　　表 5-9

	屋盖或楼盖类别	刚性方案	刚弹性方案	弹性方案
1	整体式、装配整体式和装配式无檩体系钢筋混凝土屋盖或钢筋混凝土楼盖	$s<32m$	$32m \leq s \leq 72m$	$s>72m$
2	装配式有檩体系钢筋混凝土屋盖、轻钢屋盖和有密铺望板的木屋盖或木楼盖	$s<20m$	$20m \leq s \leq 48m$	$s>48m$
3	瓦材屋面的木屋盖和轻钢屋盖	$s<16m$	$16m \leq s \leq 36m$	$s>36m$

注：表中 s 为房屋的横墙间距。

一般多层住宅、办公楼、宿舍、食堂等均为刚性方案房屋。

刚性方案房屋应符合的要求：横墙中开有洞口时，洞口的水平截面积不应超过横墙截面面积的50%；横墙的厚度不宜小于180mm。

(3) 多层黏土砖房屋抗震构造措施

砌体结构的抗震构造应以《建筑抗震设计规范》GB 50011—2001 的有关规定为准。这里仅介绍增设的现浇钢筋混凝土圈梁和构造柱的设置要求。

多层普通砖、多孔砖房屋的现浇钢筋混凝土圈梁设置应符合下列要求：

1）装配式钢筋混凝土楼、屋盖或木楼、屋盖的砖房、横墙承重时应按表5-10要求设置圈梁；纵墙承重时每层均应设置圈梁，且抗震横墙上的圈梁间距应比表内要求适当加密。

2）现浇或装配整体式钢筋混凝土楼、屋盖与墙体有可靠连接的房屋，应允许不另设置圈梁，但楼板沿墙体周边应加强配筋并应与相应的构造柱钢筋可靠连接。

3）多层普通砖、多孔砖房屋的现浇钢筋混凝土圈梁应闭合，遇有洞口时圈梁应上下搭接，如图5-103所示。圈梁宜与预制板设在同一标高处或紧靠板底；当按表5-10要求间距内无横墙时，应利用梁或板缝中配筋替代圈梁。

砖房屋的现浇钢筋混凝土圈梁设置要求 表5-10

墙 类	烈 度		
	6、7	8	9
外墙和内纵墙	屋盖处及每层楼盖处	屋盖处及每层楼盖处	屋盖处及每层楼盖处
内横墙	同上；屋盖处间距不应大于7m；楼盖处间距不应大于15m；构造柱对应部位	同上；屋盖处沿所有横墙，且间距不应大于7m；楼盖处间距不应大于7m；构造柱对应部位	同上；各层所有横墙

砌体结构受力较为复杂，影响砌体承载力的因素很多，有关砌体结构的构造措施，详见《砌体结构设计规范》GB 50003—2001的规定。

砖房屋构造柱设置要求 表5-11

房屋层数				设 置 部 位	
6度	7度	8度	9度		
4、5	3、4	2、3		外墙四角，错层部位横墙与外纵墙交接处，大房间内外墙交接处，较大洞口两侧	7、8度时，楼、电梯间的四角；隔15m或单元横墙与外纵墙交接处
6、7	5	4	2		隔开间横墙（轴线）与外墙交接处，山墙与内纵墙交接处；7~9度时，楼、电梯间的四角
8	6、7	5、6	3、4		内墙（轴线）与外墙交接处，内墙的局部较小墙垛处；7~9度时，楼、电梯间的四角；9度时内纵墙与横墙（轴线）交接处

注：1. 外廊式和单面走廊式的多层房屋，应根据房屋增加一层后的层数，按表中的要求设置构造柱，且单面走廊式两侧的纵墙均应按外墙处理。

2. 教学楼、医院等横墙较少的房屋，应根据房屋增加一层后的层数，按表中的要求设置构造柱；当教学楼、医院等横墙较少的房屋为外廊式和单面走廊式时，应按注1要求设置构造柱，但6度不超过4层、7度不超过3层和8度不超过2层时，应按增加2层后的层数对待。

2.3.2 钢结构与木结构

(1) 钢结构

1) 钢结构的特点

钢结构是用钢材制造的结构，与使用其他材料的结构相比，具有强度高、结构自重轻

（在承载能力相同的条件下，钢结构与钢筋混凝土结构、砌体结构等相比，具有构件较小、重量较轻，便于运输和安装的特点）、塑性和韧性好、结构制作和安装的工业化程度高、结构的密闭性好等优点，但耐腐蚀性差、防火性能差。

随着材料和技术的快速发展，特别是化学粘着材料和防腐材料的高水平发展，在装饰工程中，对局部结构空间的改造加固，越来越多的使用钢结构有关材料和技术。例如，改造共享空间时，可采用"粘钢"技术对受压柱进行加固，加型钢对改造楼盖进行加固；后加悬挑梁结构的设置，可在起承载作用的混凝土结构上"植筋"（即将钢筋"植"入混凝土中，借助化学黏着材料使钢筋混凝土牢固连接），再焊后置埋件（钢板或型钢），再加焊型钢作为悬挑梁。

2）钢结构的连接

设计任何钢结构都会遇到连接问题。钢结构常用的连接方法有焊接连接、螺栓连接，如图 5-103 所示。

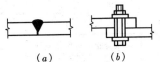

图 5-103 钢结构的连接方式
（a）焊接连接；（b）螺栓连接

焊接连接不削弱构件截面，被焊件直接连接，构造简单，是钢结构最主要的连接方式。焊接方法有电弧焊、气焊、接触焊等。

手工电弧焊采用的焊条应与焊件钢材相匹配。Q235 钢焊件采用 E42×× 型焊条，16Mn 钢焊件采用 E50×× 型焊条，15MnV 钢焊件则采用 E55×× 型焊条。

螺栓连接分普通螺栓连接和高强度螺栓连接。

普通螺栓连接是用 Q235-AF 钢材制成，分粗制螺栓（C 级）和精制螺栓（A 级或 B 级）。粗制螺栓制作精度较差，栓孔与孔径之间相差为 1.0~1.5mm，存在较大的空隙，便于制作与安装；精制螺栓制作精良，栓孔与孔径之间只相差 0.3~0.5mm，受力性能较粗制螺栓好。

钢结构采用的普通螺栓常用的规格有 M16、M20、M24 等。一般情况下，同一结构宜采用一种栓径和孔径的螺栓。

高强度螺栓是用高强度钢制成。高强度螺栓受力性能好、耐疲劳、便于安装和拆卸，常用于强度高的连接中。

(2) 木结构

木结构是由木材或主要由木材组成的承重结构，与其他材料组成的结构相比，具有重量轻、强度高、弹性和韧性好、保温隔热性能好、易于加工和安装、装饰性好（阔叶木材具有美丽的天然纹理，用于室内装修与装饰，给人以自然、典雅的美感）。但安全性较差（如胀缩变形大、易腐蚀、燃烧、虫蛀、有天然疵病等）。

1）木结构的应用范围

鉴于木结构的一系列缺点，承重木结构应在正常温度和湿度环境下的建筑物中使用。在极易引起火灾，受生产性高温影响使木材表面温度经常高于 50℃，以及经常受潮且不易通风的环境下，不得使用木结构。

在装饰工程中，木制构件被广泛用于建筑物室内装修与装饰，例如门窗、楼梯扶手、栏杆、地板、护壁栏、顶棚、踢脚板、装饰吸声板、挂面条等。它给人以自然美的享受，还能使室内空间产生温暖感、亲切感。

2) 木结构的选材

承重构件宜采用针叶材；重要的木制连接件应采用细密、直纹、无节和无其他缺陷的耐腐硬质阔叶材。

承重结构用的木材，其材质分为Ⅰ、Ⅱ、Ⅲ等三级。设计时，应根据构件的受力种类按表5-12的要求选用适当等级的木材。吊顶小龙骨应选用Ⅲ级木材制作。

承重结构木构件材质等级　　　　　　　　　　　　　表5-12

项次	构件类别	材质等级	项次	构件类别	材质等级
1	受拉或拉弯构件	Ⅰ	3	受压构件及次要受弯构件	Ⅲ
2	受弯或压弯构件	Ⅱ			

注：在制作木构件时，木材含水率应符合下列要求：
（a）对于原木或方木、板材应分别不大于25%、18%。
（b）对于木制连接件不应大于15%。
（c）对于装饰用的木材不应大于15%。

（3）木结构的连接构造

单根木料的长度、截面面积都是有限的，不能满足结构的使用要求。必须将单根木料通过不同种类的连接方式，如进行拼合、接长和各角度节点的连接等，构成实际所需的木结构。

木结构连接的基本要求：必须构造简单、传力明确；连接应高度紧密；尽量采用韧性好的连接；尽可能减少构件截面削弱；在同一连接中不宜采用两种或两种以上不同的连接；连接必须考虑到易于制作。

木结构连接的种类有：齿连接、螺栓连接、胶连接和承拉连接。

齿连接是在一构件的端头做齿，另一构件上刻槽，将齿嵌入槽中，通过构件与构件之间直接咬合抵承传力。齿连接一般应用在受压构件与其他构件连接的节点上，例如木屋架的节点连接。

齿连接的优点是传力分明，构造简单，结构外露便于检查。缺点是被连接的构件在磨合处局部削弱大，且手工操作，费工又不易连接准确。

图5-104所示为木结构双齿连接。

螺栓连接是采用螺栓穿过被连接件并加以夹紧，以阻止被连接件的相对移动。螺栓连接一般应用在木构件的接长和节点的连接中，它是一种比较可靠的连接方式。

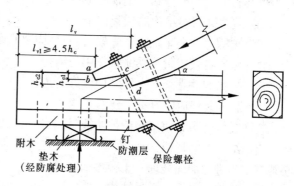

图5-104　木结构的双齿连接

连接用的木夹板，应选用纹理平直，没有木节和髓心的气干木材制作。

连接用的螺栓直径不宜过大，一般为12～22mm。螺栓数目应较多，这样可形成排列分散、受力均匀的"柔性连接"，增加连接的可靠性。

螺栓排列应按两纵行齐列或错列布置，如图 5-105 所示。螺栓排列的最小间距见表 5-13。

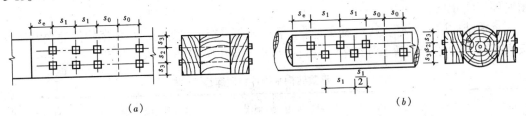

图 5-105 螺栓的排列
(a) 两纵行齐列；(b) 两纵行错列

螺栓排列最小间距　表 5-13

构造特点	顺纹		横纹	
	端距	中距	边距	中距
	s_0/s_e	s_1	s_3	s_2
两纵行齐列	7d	7d	d	3.5d
两纵行错列		10d		2.5d

注：d——螺栓直径。

胶连接是用胶将小板料在长度、宽度和高度三个方向拼合成各种截面的构件。各层木板之间的胶层在凝固以后很牢固，可使胶合构件完全像整体构件一样工作。在工程上，胶连接能将小板料拼合成各种截面的构件和较大跨度的桁架。

胶连接要求胶合时木材的含水率不应大于 15%。结构用胶应符合《木结构设计规范》GBJ 5—88 中相关规定。

2.4 建筑装饰装修工程与建筑结构及构造的关系

2.4.1 建筑装饰装修工程与建筑结构的关系

装饰装修工程是建筑工程的有机组成部分，是建筑工程的继续并能体现精神追求和审美情趣。而建筑结构则是整个建筑物的"骨架"。

(1) 装饰装修对结构的保护作用

在建筑物室内外表面做装饰，可以避免建筑构件直接受到风吹、雨淋、日晒、霜雪等袭击以及腐蚀空气成分和微生物的破坏，更好的使建筑物满足预定的耐久性功能要求。

(2) 装饰装修对结构的依附作用

建筑结构是整个建筑的"骨架"，而装饰装修则是建筑不可缺少的"血肉和肌肤"，因此，装饰装修必须依附承受荷载作用的结构，其本身的荷载也将由结构承担并传递。

装饰装修构件必须与主体结构可靠的连接。

(3) 装饰装修应"尊重"建筑结构

装饰装修在满足使用和精神功能时，常有自己独特的空间创意。此时，应充分认识并理解建筑结构空间形成的作用，"尊重"并利用结构空间。如确实需要破坏结构空间，则必须对结构进行加固处理，以确保结构安全。

(4) 装饰装修本身也是结构

装饰装修材料或构件本身也有自重及需要传递的荷载，因此其构件也是结构，也必须满足结构所要求的强度、刚度和耐久性要求。

2.4.2 建筑装饰装修工程与建筑结构间常见问题的处理案例

案例一　南京某肯德基店装修改建

南京某肯德基店拥有某商务楼底层一片区域的使用权,为扩大店堂使用面积,又减小投入成本(底层租金很高),商店又租下同区域二层的建筑区域。为了将一、二层连为一体、方便使用,业主(肯德基店)要求在自己的使用区域内"破开"楼盖,搭建楼梯形成自用垂直通道,而且在所"破开"楼盖处,要断开一道主梁。详见附图中"二层结构平面图"。

业主在向有关部门申报并得到批准后,请南京某设计院做了结构改造设计。

结构处理要点为:

1) 为保证破开楼盖的安全,结构设计加设了两道新梁。新梁1主要承受二层楼板荷载及对"断梁"的支撑,新梁1用植筋与原结构梁牢固连接;新梁2主要承受楼板荷载以及"断板"上设置的护栏荷载。新梁1和新梁2的截面尺寸及配筋已在图中标明(注意:新梁1中的吊筋主要承受断梁传来的集中荷载)。

2) 架设两跑钢筋混凝土现浇板式楼梯。主梯段跨度为4.48m,一端用植筋与二层楼盖原框架梁连接,另一端与新加设平台梁连接;一跑梯段设为微弧形,共6级台阶,梯段两侧搁置于砌在地面的墙体上(梯板荷载传至两侧墙体,可视为沿墙体跨度方向的简支梁)。结构设计详见附图。

3) 对梯段休息平台的支撑处理:在平台板下加设构造柱及承载墙体,墙体伸入地下支承在地下(直接破开底板,挖开土体至地下0.9m深)至新设独立基础上。详见结构施工说明及附图1、附图2。

案例二 中国科学院南京古生物所女儿墙坡屋顶的改造

中国科学院南京古生物所位于南京鸡鸣寺旁、北极阁下,地处南京有名的人文景观区域。因此,依区域规划要求,古生物所对原建筑物做了较大的改动装修,对"屋顶女儿墙改坡"的改造装修工程就是其中的一部分。

结构处理要点:

(a) 加高的女儿墙植筋进入原结构混凝土或砌体中,植筋与墙板钢筋连接。

(b) 在女儿墙内侧加设了一道悬挑板,起到与外挑女儿墙平衡的作用,即抗倾覆作用。

具体结构设计详见结构施工说明及附图3。

案例三 南京千帆大厦一层局部框架梁加固改造

南京千帆大厦因二层使用功能的需要,荷载增加,因此需对一层框架梁进行加固处理。设计选用了目前加固工程中的新材料和技术,采用碳纤维布进行加固处理。碳纤维布在加固工程中替代钢筋起钢筋的作用,其强度等性能优于钢筋,且施工快捷方便,是目前加固工程中常用的材料。

加固处理详见结构施工说明及附图4。

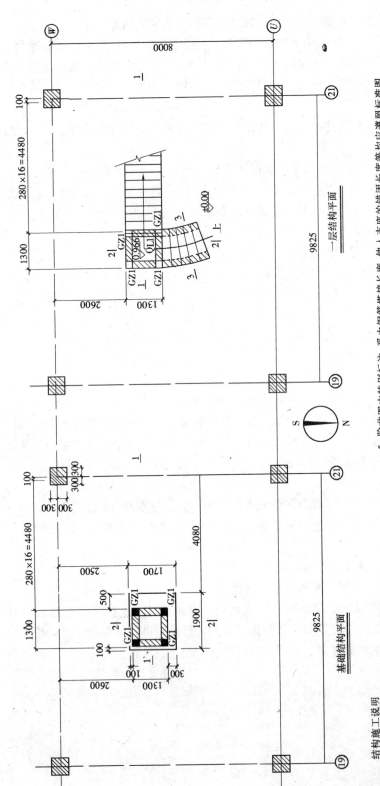

附图1

结构施工说明

本图应由使用单位提出的修改要求进行设计。

1. 为减轻对原结构的损害,施工中应采取严格措施,打除原结构混凝土时,应采用钻、凿的方法,而不得意图砸剪切,原有钢筋应仔细整理而不得任意砸弯或剪断,新旧混凝土交接处应按照施工缝的处理要求严格施工。
2. 施工单位应自己做好原结构的支撑工作,以保证浇补混凝土处的原构件达到于工作状态,所有支撑模板须待新浇筑混凝土达到强度跨度后方可拆除。
3. 混凝土强度等级C30,使用C₂级微膨胀水泥。
   钢筋:符号φ—Ⅰ级钢,Ⅱ—Ⅱ级钢,Ⅱ级钢预埋件采用A3钢。
   焊条:Ⅰ级钢—E43型,Ⅱ级钢—E50型。
4. 除非图中特别标注,受力钢筋搭接长度、锚固长度等均应遵照标准图集《00G101》第25页的要求,若钢筋端头不够,须向上或向下弯折,以保证锚固长度;Ⅰ级钢伸入支座长度不够,须向上或向下弯折,以保证锚固长度。
5. 钢筋接头先采用焊接(优先采用闪光对焊)或机械连接的接头,钢筋的位置直设置在钢筋受力较小处。
6. 混凝土中受力钢筋保护层厚度:基础板内纵向钢筋为35,一般梁、柱纵向钢筋为25,现浇板为15。
7. 地基与基础:
   直接铲开原地面深0.9m后夯实原基础所围地黏土,再回填200厚1:1砂石,夯实后浇筑100厚C10级素混凝土垫层,每边突出基础100,再做上面250厚基础板。

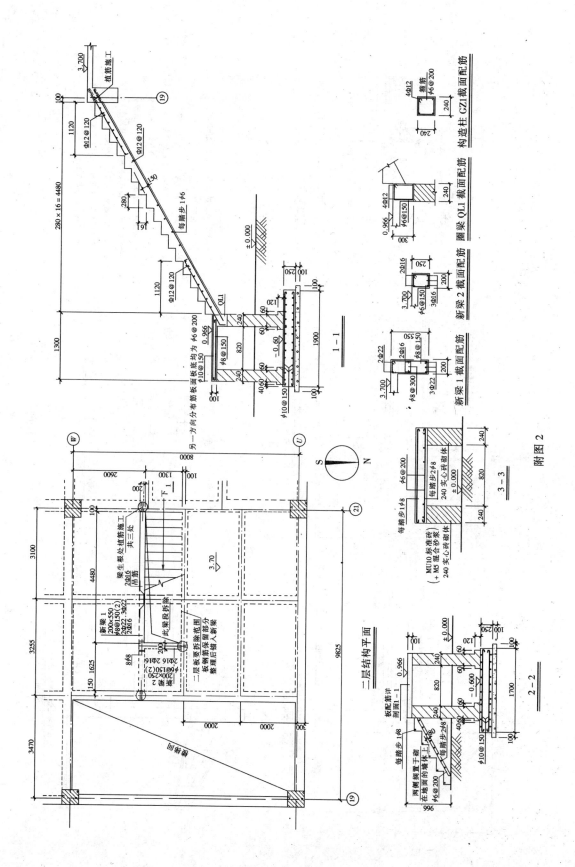

附图 2

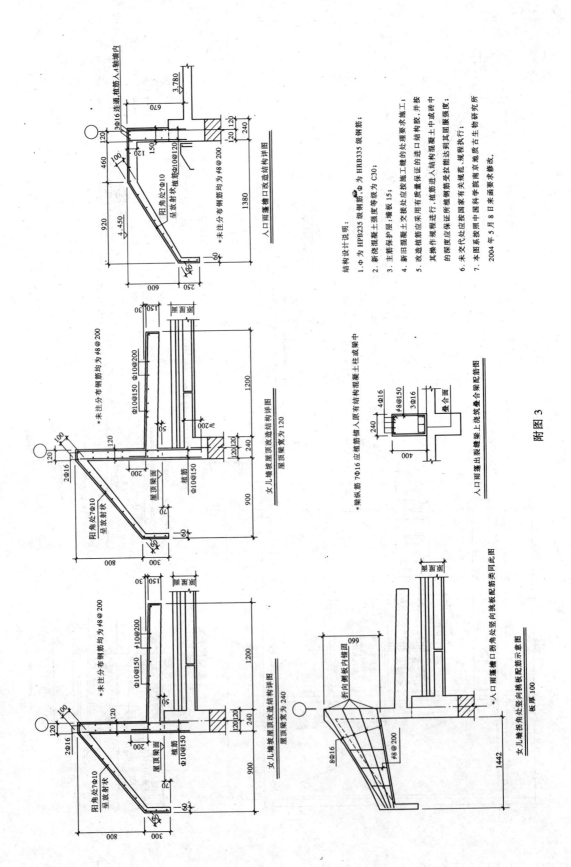

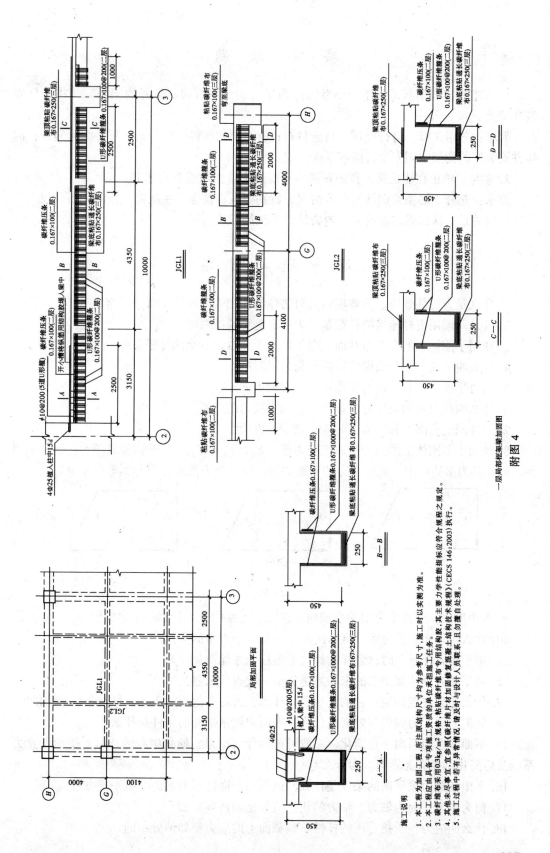

附图 4 一层局部框架梁加固图

实 训 课 题

1. 在本校实训车间,制作一小型装饰构架(如三角构架、悬臂构架等)并将构件安装在墙上。

要求:分组进行,自行设计,自选材料;有必要的构件受力分析,杆件强度验算;制作并安装好的构架牢固安全且能够承受一定荷载。

2. 参与一项正在建建筑工程的现浇钢筋混凝土楼盖钢筋工的施工。

要求:充分了解楼盖钢筋的布置情况,特别要认识楼盖中主次梁、板的关系,以及与墙或柱的关系;认识梁、板的最大内力位置及钢筋配置情况。

思 考 题 与 习 题

1. 什么是力的外效应、内效应?力对物体的作用效果取决于哪些因素?
2. 凡是两端用链杆连接的杆都是二力杆,这种说法对吗?
3. 作用于刚体上的三个力共面,但不汇交于一点,这个刚体平衡吗?
4. 什么叫平衡?为什么说物体的平衡是相对的?
5. 二力平衡公理和作用与反作用公理有何不同?
6. 什么叫约束及约束反力?如何确定约束反力的作用点、方向?
7. 怎样画受力图?画受力图时应注意哪些方面?
8. 作用于某刚体上的三个平面汇交力系,F_1、F_2、F_3、F_4 分别组成图示三个力多边形,问在各力多边形中,此四个力的关系如何?这三个力系的合力分别等于多少?

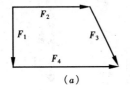 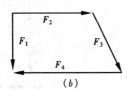 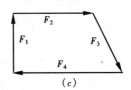

(a)　　　　　　　　(b)　　　　　　　　(c)

题 8 图

9. 多边形中,此四个力的关系如何?这三个力系的合力分别等于多少?
10. 什么叫平面一般力系?试举出几个平面一般力系的实例。
11. 用平衡方程解题时,怎样选择投影坐标轴才能简化计算?
12. 用平衡方程计算出来的未知力是负值,代表什么意义?
13. 什么是力对点的矩?它的大小如何计算?力对点的矩的正、负号是怎样规定的?
14. 何谓力偶?力偶的三要素是什么?平面力偶系平衡的条件是什么?
15. 平面任意力系向一点简化,一般可得到什么结果?简化中心的选取对平面任意力系的最后简化结果有无影响?为什么?
16. 平面任意力系平衡的条件是什么?试写出平面任意力系的三组平衡方程式。
17. 何为内力?何为轴力?轴力的正、负号是如何规定的?
18. 什么叫应力?受拉、压的杆件,横截面上的应力是如何分布的?

19. 何谓梁？梁的基本类型有几种？

20. 如何计算梁某一截面上剪力和弯矩？剪力和弯矩的正负号是如何规定的？

21. 弯曲正应力在横截面上是如何分布的？

22. 梁的强度计算包括哪些内容？有哪些计算公式？

23. 提高梁承载能力的措施有哪些？

24. 试比较截面积相同的圆形、正方形和矩形（$h=2b$，竖放）截面梁的抗弯截面系数的大小。

25. 利用强度条件可以解决工程中哪些方面的强度计算问题？

26. 两刚片怎样才能组成无多余约束的几何不变体系？

27. 一个固定在墙上的圆环受三根绳子的拉力作用，如题 27 图所示。已知 $F_1=2\text{kN}$，$F_2=2.5\text{kN}$，$F_3=1.5\text{kN}$，力 F_1 是水平的，求这三力的合力。

28. 用几何法和解析法求图示四个力的合力。已知力 F_3 水平，$F_1=60\text{N}$，$F_2=80\text{N}$，$F_3=50\text{N}$，$F_4=100\text{N}$。

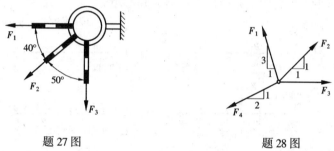

题 27 图　　　　题 28 图

29. 画出下列各物体的受力图。凡未特别注明者，物体的自重均不计，所有的接触面都是光滑的。

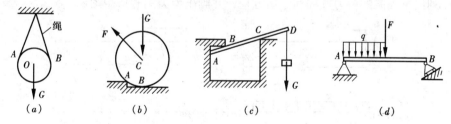

题 29 图

30. 画出下列各图中指定物体的受力图。凡未特别注明者，物体的自重均不计，且所

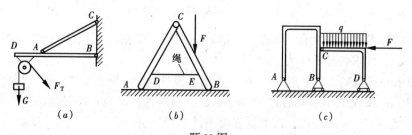

题 30 图

（a） AC 杆，BD 杆连同滑轮，整体；（b） AC 杆，BC 杆，整体；（c） AB，CD，整体

有的接触面都是光滑的。

31. 图示一装饰支架,它所分担的装饰圆环重 G 为 2kN。圆环横截面的中心与铰 Q 在同一铅垂线上。杆 AB 水平,各杆的自重不计,求铰 B 的反力和杆 AC 所受的力。

32. 求图示门式刚架由于作用在 B 点的水平力 F 所引起的 A、D 两支座的反力。

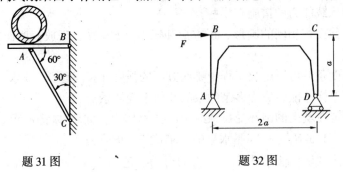

题 31 图　　　　　　题 32 图

33. 用截面法求下列梁中 n-n 截面上的剪力和弯矩。

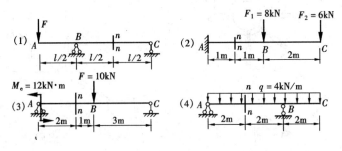

题 33 图

34. 列出下列梁的剪力方程和弯矩方程,并画出剪力图和弯矩图。

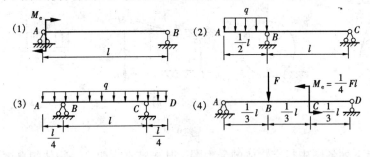

题 34 图

35. 某广告支架如图所示,所有各杆都是钢制的,横截面面积均等于 $3 \times 10^{-3} m^2$,力 F 等于 100kN,试求各杆的应力。

36. 图示一三角架,在节点 A 受 F 力作用。设杆 AB 为钢制空心圆管,其外径 D_{AB} = 60mm,内径 $d_{AB} = 0.8 D_{AB} = 48$mm,杆 AC 也是空心圆管,其内、外径的比值也是 0.8;材料的许用应力 $[\sigma] = 160$MPa。试根据强度条件选择杆 AC 的截面尺寸,并求出 F 力的最大许用值。

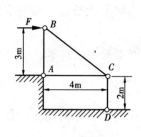
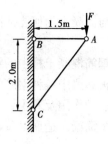

题 35 图　　　　　　　　　　题 36 图

37. 一矩形截面简支梁，跨中作用集中力 F，已知 $l=4\text{m}$，$b=120\text{mm}$，$h=180\text{mm}$，弯曲时材料的许用应力 $[\sigma]=10\text{MPa}$，求梁能承受的最大荷载 $F_{\max}$。

38. 一圆形截面木梁，梁上荷载如图所示，已知 $l=3\text{m}$，$F=3\text{kN}$，$q=3\text{kN/m}$，弯曲时木材的许用应力 $[\sigma]=10\text{MPa}$，请选择圆木的直径 d。

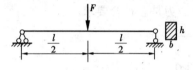
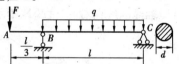

题 37 图　　　　　　　　　　题 38 图

39. 一外伸钢梁由两个 $16a$ 槽钢组成，梁上荷载如图所示，已知 $l=6\text{m}$，钢材的许用应力 $[\sigma]=170\text{MPa}$，求梁能承受的最大荷载 $F_{\max}$。

40. 试对图示平面体系进行几何分析。

41. 结构上的荷载有哪几种？什么是荷载的代表值？

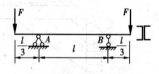

题 39 图

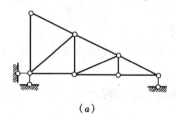

(a)

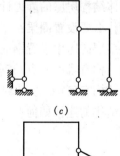

(c)

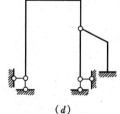

(d)

(b)

题 40 图

42. 建筑结构功能要求有哪些？什么是承载能力极限状态？什么是正常使用极限状态？

43. 钢筋与混凝土为何能共同工作？装饰装修中为何不能破坏钢筋对混凝土的包裹作用？

44. 简述钢筋混凝土柱中的纵向受力钢筋和箍筋的主要构造要求。

45. 试述板和梁中各种钢筋的作用。

46. 保护层的作用及其主要规定。

47. 试述少筋梁、适筋梁及超筋梁的破坏特征。在设计中如何防止少筋梁和超筋梁破坏？

48. 某办公楼采用钢筋混凝土空心板楼盖，如图所示。120mm 厚空心板（板重 1.83kN/m²），板上铺 40 厚配筋细石混凝土面层（重力密度 25 kN/m³），板下抹 20mm 厚石灰砂浆（重力密度 17 kN/m³）；结构安全等级为二级，楼面活载为 2 kN/m；采用 C20 混凝土，HRB335 级钢筋（已配 4Φ22 的钢筋，截面积 $A_s = 1520mm^2$），梁截面尺寸为 220mm × 500mm；梁的计算跨度为 $l_0 = 6m$。由于二次装修，在墙上做双面抹灰隔墙，墙重为 2.9 kN/m（沿梁轴线的线荷载）。试验算梁的正截面承载力是否符合要求。

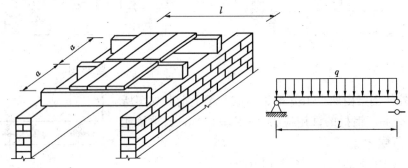

题 48 图

49. 砌体结构房屋的静力计算有哪几种方案？

50. 为什么要设置圈梁？怎样设置？有何构造要求？

51. 在多层砖房中设置钢筋混凝土抗震构造柱有何作用？其构造要求如何？

52. 钢结构有哪些特点？钢结构有哪些连接种类？

53. 木结构有何特点？木结构用材的种类、规格及要求如何？

54. 木结构的连接如何？

主要参考文献

1. 金虹. 房屋建筑学（第一版）. 北京：科学出版社，2003
2. 王远正等. 建筑识图与房屋构造（第一版）. 重庆：重庆大学出版社，2002
3. 舒秋华. 房屋建筑学（第二版）. 武汉：武汉理工大学出版社，2002
4. 王崇杰. 房屋建筑学（第一版）. 北京：中国建筑工业出版社，2003
5. 李必瑜. 建筑构造.（第二版）. 北京：中国建筑工业出版社，2003
6. 吴键. 装饰构造. 南京：东南大学出版社，2002
7. 虞季森. 建筑力学. 北京：中国建筑工业出版社，2000
8. 王怀真，吴国平主编. 建筑力学与结构. 北京：高等教育出版社，2002
9. 中华人民共和国国家标准. 混凝土结构设计规范 GB50010—2002. 北京：中国建筑工业出版社，2002
10. 全国建设职业教育教材编委会. 建筑结构施工基本理论知识. 北京：中国建筑工业出版社，1998
11. 东南大学，天津大学，同济大学主编. 混凝土结构. 北京：中国建筑工业出版社，2003